高等学校应用型特色规划教材

# 电子技术基础

## (第2版)

虞文鹏 主 编

喻 嵘 赵 安 王艳庆 副主编

清华大学出版社

北 京

# 内 容 简 介

根据教育部向高等职业教育提出的为制造业和现代服务业培养高技能型紧缺人才的任务,我们组织编写了供数控、模具等专业使用的系列教材。本书是依据这套教材中对"电子技术课程"的要求而编写的。

本书包括模拟电子技术和数字电子技术两大部分,共 11 章。主要内容有：半导体器件、基本放大电路、集成运算放大器的应用、信号产生电路、直流稳压电源、数字电路基础、组合逻辑电路、时序逻辑电路、半导体存储器、脉冲单元电路、电子设计自动化软件 EWB 的应用。每章配有思考题与习题,帮助学生消化和掌握基本概念与基本知识。EWB 部分为学生提供了虚拟实验平台,使学生可以边学边练,培养学生利用现代化手段分析和设计电子电路的能力。本书具有内容精练、实用性强、通俗易懂、注重新技术和新器件的应用等特点。

本书可作为普通高等院校,高等职业技术学院,高等专科学校及成人和民办高校数控、机电、模具、计算机及自动控制等专业电子技术课程的教材,也可作为机电一体化专业电子技术课程的自学考试教材,还可供有关工程技术人员学习参考。

**图书在版编目(CIP)数据**

电子技术基础/虞文鹏主编. —2 版. —北京：清华大学出版社,2018(2023.6重印)
(高等学校应用型特色规划教材)
ISBN 978-7-302-49289-4

Ⅰ. ①电… Ⅱ. ①虞… Ⅲ. ①电子技术—高等学校—教材 Ⅳ. ①TN

中国版本图书馆 CIP 数据核字(2018)第 001414 号

责任编辑：陈冬梅 李玉萍
装帧设计：王红强
责任校对：吴春华
责任印制：朱雨萌

出版发行：清华大学出版社
　　　　网　　址：http://www.tup.com.cn, http://www.wqbook.com
　　　　地　　址：北京清华大学学研大厦 A 座　　　　邮　　编：100084
　　　　社 总 机：010-83470000　　　　　　　　　　邮　　购：010-62786544
　　　　投稿与读者服务：010-62776969, c-service@tup.tsinghua.edu.cn
　　　　质量反馈：010-62772015, zhiliang@tup.tsinghua.edu.cn
　　　　课件下载：http://www.tup.com.cn, 010-62791865
印 装 者：三河市君旺印务有限公司
经　　销：全国新华书店
开　　本：185mm×260mm　　印　张：23.25　　　　字　　数：559 千字
版　　次：2006 年 1 月第 1 版　2018 年 4 月第 2 版　　印　次：2023 年 6 月第 3 次印刷
印　　数：2201～2500
定　　价：66.00 元

产品编号：075826-02

# 第 2 版前言

本书第 1 版出版以后，受到广大读者的肯定。

第 2 版保留了第 1 版的基本结构，仍具有实用性强、通俗易懂、方便自学的特点。电子技术课程的教学与实验教学是相互配合的。良好的配合会带来良好的学习效果。考虑到很多读者不具备需要的实验条件，但基本上都有计算机。第 2 版，考虑了这方面的问题，大部分实验均可在计算机上仿真完成，给读者带来了实验的方便。另外，第 2 版对第 1 版做了全面仔细的勘校，对那些由于书写、输入、排版、打印以及校对疏忽而引起的错误，进行了全面的订正，还对第 1 版个别阐述不清、不妥，导致二义性的地方做了修正。

本书由虞文鹏任主编，并负责审稿和统稿；喻嵘、赵安、王艳庆任副主编。具体编写分工如下：江西经济管理干部学院虞文鹏编写第 3、4、5、8、9、11 章，南昌大学喻嵘编写第 6、7、10 章，南昌大学赵安编写第 1 章，王艳庆编写第 2 章。

由于编者水平和时间有限，难免有错误和不妥之处，恳请同行和读者批评指正。

编　者

# 前　言

　　本书是高等职业技术教育组编写的供机电、数控、模具等专业使用的系列教材之一。它是根据"电子技术课程"教学要求编写，可作为高等职业技术学院，高等专科学校，成人和民办高校数控、机电、模具、计算机及自动控制等专业电子技术课程的教材，也可供有关工程技术人员参考。

　　根据高等职业技术教育的特点，以培养工程应用型人才为主要目标，作者在继承原有高职高专和成人高等院校教材建设成果的基础上，充分汲取近年来各类学校在探索培养技术应用型人才方面取得的成功经验，并结合当前电子技术的最新发展编写了此书。在此书编写过程中始终遵循"精选内容、培养能力、突出应用和理论联系实际"的原则，力求内容深入浅出、文字简明通俗，方便自学。对于常用的基本电路，如反馈放大电路、集成运放、信号运算及处理电路、信号产生电路、直流电源等进行了适当的理论分析和定性分析，且避免了烦琐的公式推导，使概念清楚、实用性强。对于集成触发器、半导体存储器等中大规模的集成电路不讲内部结构的组成，着重于外部特性的分析和应用。最后一章 EWB部分利用现代化手段为学生提供了虚拟的实验平台。在教师指导下，学生可以在学习理论课程的同时自学 EWB 使用和操作方法。应用 EWB，可使电子技术课程教学方便地实现边学边练的教学模式，从而使学生更快更好地掌握理论知识，并熟悉常用电子仪器的使用方法和电子电路的测量方法。每章配有思考题与习题，以帮助学生消化和掌握基本概念和基本知识。

　　本书在编写过程中也兼顾了全国高等教育自学考试指导委员会颁布的机电一体化专业"电子技术基础自学考试大纲"的要求，因此也可作为机电一体化专业"电子技术课程"的自学考试教材，供个人自学和社会助学使用。

　　本书具有内容精练、实用性强、通俗易懂、注重新技术和新器件的应用等特点。

　　本书共 11 章，参加本书编写的有南昌大学沈志勤副教授(第 3、4、5 章)、南昌大学虞礼真教授(第 8、9 章)、南昌大学喻嵘讲师(第 6、7、10 章)、南昌大学赵安副教授和王艳庆讲师(第 2 章)、南昌大学张福阳副教授(第 1 章)和江西省经济管理干部学院虞文鹏(第 11 章)，本书由沈志勤任主编，虞礼真、喻嵘任副主编，沈志勤负责全书的审稿和统稿。

　　由于编者水平和时间有限，书中难免存在错误和不妥之处，恳请读者和同行批评指正。

编　者

# 目　录

# 第1章 半导体器件

**本章学习目标**

本章在简单介绍了半导体的基础知识后，重点介绍三种半导体器件的特性曲线及主要参数。通过对本章的学习，读者应掌握和了解以下知识。

- 了解本征半导体的导电性能，理解 N 型、P 型半导体及 PN 结的形成。
- 了解二极管、稳压管、晶体三极管和场效应管内部结构及电路符号。
- 熟练掌握二极管单向导电性，并理解二极管的电流方程。
- 理解二极管、稳压管、晶体三极管和场效应管的特性曲线及主要参数，并了解选管原则。
- 熟练掌握三极管在放大状态下电流分配关系及放大条件。理解三极管的三种工作状态(放大、饱和、截止)。
- 理解场效应管工作特点，了解一般注意事项。

## 1.1 半导体基础知识

自然界中存在着各种物质，按导电能力强弱可分为导体(如铜、铝、银等金属)、绝缘体(如橡皮、陶瓷、塑料等)，还有一种物质，它的导电能力介于导体和绝缘体之间，这就是半导体。硅(Si)和锗(Ge)是目前制作半导体器件的主要材料。半导体之所以被人们重视，主要原因是它的导电能力在不同条件下有着显著的差异。例如，当有些半导体受到热或光的激发时，导电率明显增长；又如，在纯净的半导体中掺以微量"杂质"元素，此"杂质半导体"导电能力将猛增几千、几万乃至上百万倍。人们就是利用半导体的热敏、光敏特性制作成半导体热敏元件和光敏元件，并利用半导体的掺杂性制造了种类繁多的具有不同用途的半导体器件，如二极管、三极管、场效应管及晶闸管等。

为了解半导体的特殊导电性质，下面将对半导体元素的内部结构、导电原理做一简单介绍。

### 1.1.1 本征半导体

硅和锗的原子结构模型如图 1.1(a)、(b)所示。两者外层都有四个价电子，都是四价元素。价电子直接影响半导体的导电性能。现将硅和锗的原子结构简化为图 1.1(c)所示的结构。把原子分为惯性核和外围价电子两部分。原子呈电中性，图中的惯性核是将原子核和内层电子看成一个整体，而将外层价电子单独画出，因此惯性核的正电荷量与电子的电荷量相等。

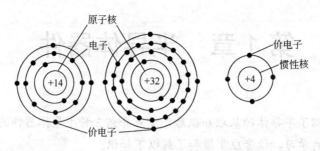

(a) 硅原子　　　　(b) 锗原子　　(c) 硅和锗原子结构简化图

**图 1.1　硅和锗的原子结构**

天然的硅和锗材料提炼成纯净的单晶体后能制作成各种半导体器件。在单晶半导体中所有原子排列都非常整齐，原子按四角系统组成晶体点阵，每个原子间距相等，每一个原子与相邻的四个原子结合，每一原子的价电子与另一原子的一个价电子组成共用电子对，这对价电子由两个相邻的原子所共有，组成了相邻原子间的共价键结构。共价键对价电子是有束缚作用的。晶体共价键结构的平面示意图如图 1.2 所示。本征半导体就是完全纯净的、具有晶体结构的半导体。

在共价键结构中，原子中最外层的 8 个价电子虽被束缚在共价键中，但不像绝缘体中束缚得那样牢固，当本征半导体受到热或光激发获得一定能量后，价电子即可摆脱原子核的束缚成为自由电子，温度越高，光照越强，晶体中产生自由电子数便越多，导电能力就越强。

在价电子挣脱共价键的束缚成为自由电子的同时，在共价键上留下了一个空位，称其为空穴，如图 1.3 中 A 处的价电子跑到 B 处，而在 A 处出现了空穴。可见，本征半导体中的自由电子和空穴是成对出现的。因空穴能吸引电子而具有正电性，可认为空穴带正电荷。在外电场的作用下，邻近的价电子极容易挣脱原子核的束缚来填补这个空穴，这时，原有的空穴消失而出现了新的空穴，如此进行下去，在半导体中就形成了与价电子的填补运动方向相反的空穴运动，而空穴的移动则可看作是正电荷的运动。

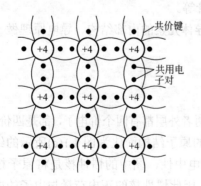
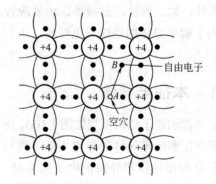

**图 1.2　本征半导体的结构示意图**　　　**图 1.3　本征半导体自由电子、空穴的形成**

当半导体两端加上外加电压后，半导体中有两类做相反运动的导电粒子形成的电流：一类是自由电子做定向运动形成的电流；另一类是被原子核束缚的价电子填补空穴而形成的空穴电流。自由电子和空穴在半导体中都是导电粒子，称它们为载流子。

半导体中同时存在着自由电子和空穴的导电，这是半导体导电方式的最大特点，也是半导体与金属导体在导电机理上的本质差别。

在一定温度下，本征半导体中一方面存在着自由电子-空穴对的产生过程，同时还存在着自由电子-空穴对的复合过程。这两个相反作用过程不断地进行，最后达到动态平衡。在本征半导体中，两种载流子数相等。

随着温度的升高，载流子因受热激发而增多，导电能力增强。所以，温度对半导体器件的特性有较大影响。在室温下，本征半导体材料硅中，约在 $10^{12}$ 个原子中才有一个共价键产生一个自由电子-空穴对，而本征半导体材料锗中，约在 $10^9$ 个原子中就有一个共价键产生一个自由电子-空穴对。虽然，锗半导体较硅半导体受温度的影响大，但在室温下，本征半导体中的载流子数仍极少，这对半导体技术无实用价值。

## 1.1.2　杂质半导体

在本征半导体中掺入微量有用的杂质，使杂质半导体的导电特性得到极大的改善，并能加以控制，从而使半导体材料得到广泛的应用。由于掺入的杂质不同，杂质半导体可分为 N 型半导体和 P 型半导体。

### 1．N 型半导体

在本征半导体硅和锗中，掺入微量五价元素磷后，并不改变半导体材料总的晶格结构，只是晶体中某些原子被磷原子所取代，如图 1.4(a)所示。五价元素中的四个价电子与硅原子组成共价键后，多余一个价电子。这个价电子很容易受激发，变成自由电子。在杂质半导体中，除了杂质元素释放出自由电子外，半导体本身还存在着本征激发，产生自由电子-空穴对。由于增加了杂质元素所释放出来的电子数，导致这类杂质半导体中的自由电子数远大于空穴数。自由电子导电成为这类杂质半导体的主要导电方式，所以称为电子型半导体，而电子带负电(Negative)，又称为 N 型半导体。在 N 型半导体中，自由电子为多数载流子(简称多子)，空穴为少数载流子(简称少子)。

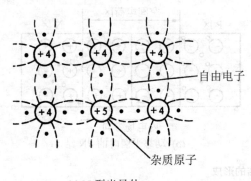

(a) N 型半导体

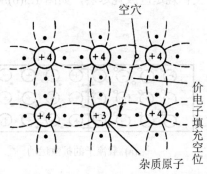

(b) P 型半导体

**图 1.4　杂质半导体结构示意图**

### 2. P型半导体

在本征半导体硅和锗中，掺入微量三价元素如硼，杂质原子取代晶体中某些晶格中的硅或锗原子，如图1.4 (b)所示。三价元素的三个价电子与周围四个原子组成共价键时缺少一个电子而产生了空位。在室温下，价电子几乎能填满杂质元素上的全部空位，由此半导体中产生了与杂质元素原子数相同的空穴，另外，半导体中同时还有少量的本征激发产生的自由电子-空穴对。显然，在这类半导体中，空穴数就远大于自由电子数。导电时以空穴为主，故称空穴型半导体，而空穴带正电(Positive)，又称P型半导体。在P型半导体中，空穴为多数载流子(简称多子)，自由电子为少数载流子(简称少子)。

无论是N型半导体，还是P型半导体，都是一种载流子占多数，另一种载流子数量较少，因此，杂质半导体又称为双极型(两种极性)半导体。

## 1.1.3 PN结及其单向导电性

杂质半导体增强了半导体的导电能力。利用半导体制作工艺，使一块半导体的一边是N型，另一边是P型，在它们的交界面，就形成了PN结。PN结具有单一型(N型或P型)半导体所不具有的新特性，利用这种新特性可以制造出各种半导体器件，如二极管、三极管和场效应管等。

### 1. PN结的形成

P区的多子是空穴，N区的多子是自由电子，由于PN结交界处两侧同类载流子浓度(单位体积内的载流子数)差异极大，形成了高浓度的多子向低浓度的少子一侧的扩散运动，即图1.5(a)中，P区的多子空穴向N区扩散，而N区的多子自由电子则向P区扩散。自由电子和空穴都是载流子，扩散的结果，在交界面P区一侧因失去了空穴而出现了负离子区，而N区一侧因失去自由电子出现了正离子区。正负离子都被束缚在晶格内不能移动。于是在交界面两侧形成了正、负空间电荷区。在空间电荷区内可以认为载流子已被"耗尽"，故又称耗尽区或耗尽层，如图1.5(b)所示。

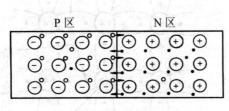

(a) 载流子的扩散运动

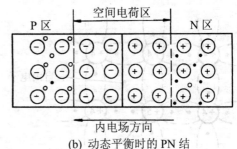

(b) 动态平衡时的PN结

**图1.5 PN结的形成**

由图1.5(b)可见，空间电荷区形成以后，电荷区产生了一个由PN结自身建立的电场，称自建电场(或内电场)。自建电场的方向由N区指向P区。因自建电场阻碍了多子的继续扩散，所以空间电荷区又称阻挡层。自建电场虽阻挡多子的扩散，却有利于少数载流子的运动。P 区的少子自由电子和 N 区的少子空穴循着自建电场方向的运动，称为少子的漂移。可见，多子的扩散和少子的漂移是两类方向相反的运动。当扩散和漂移的载流子数相等，PN 结两侧的两种运动达到动态平衡时，自建电场的强度及 PN 结的宽度就处于稳定状态。一般 PN 结的宽度约为数十微米。

由于空间电荷区内有不能移动的正、负离子，相当于平行板电容器，因此，PN 结具有电容效应，称其为结电容。

### 2．PN 结的单向导电性

处于平衡状态下的 PN 结是没有实用价值的。PN 结的基本特性——单向导电性，只有在 PN 结上外加电压时才能显示出来。

1) 外加正向电压

图 1.6 表示 PN 结加上正向电压时的电路图。P 区接电源正极，N 区接负极，称 PN 结正向偏置(简称正偏)。由图 1.6 可见，外加电场与自建电场的方向相反。P 区的空穴和 N 区的自由电子都要向空间电荷区移动，要和原有的一部分正、负离子中和，致使空间电荷量减少，空间电荷区变窄，内电场相应被削弱，这种情况更有利于 P 区空穴和 N 区的电子向相邻区的扩散运动，由此形成扩散电流即 PN 结的正向电流。PN 结正向导通时的电阻和压降都很小，理想情况下，可认为正向导通时的电阻等于 0，导通压降等于 0。

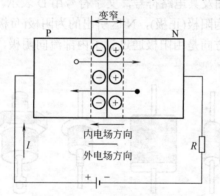

图 1.6　PN 结加上正向电压时的电路

2) 外加反向电压

图 1.7 表示 PN 结加上反向电压时的电路图。P 区接电源的负极。N 区接正极，称 PN 结反向偏置(简称反偏)。由图 1.7 可见，外加电场与自建电场的方向一致。P 区的空穴和 N 区的自由电子由于外电场的作用都将背离空间电荷区，结果使空间电荷量增加，空间电荷区即阻挡层加宽，内电场加强。内电场加强进一步阻碍了扩散，有利于漂移，P 区的自由电子和 N 区的空穴越过 PN 结形成漂移电流，就是 PN 结的反向电流。由于少数载流子数很少，因此反向电流极其微小。反向偏置时的PN 结呈高电阻值，理想情况下，反向电阻趋于无穷大，此时 PN 结的反向电流约为 0，称为 PN 结的截止状态。

由于少数载流子在热激发下载流子数增加，因此，PN 结的反向电流将随温度上升而增大。由以上分析可知，当 PN 结在一定的电压范围内外加正向电压时，处于低电阻的导通状态；当外加反向电压时，处于高电阻的截止状态，这种导电特性，就是 PN 结的单向导电性。

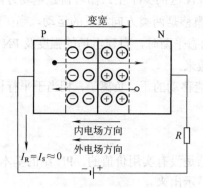

图 1.7　PN 结加上反向电压时的电路

# 1.2　二　极　管

## 1.2.1　二极管结构

半导体二极管是由一个 PN 结加上相应的电极和引线及管壳封装而成。图 1.8 是几种常见的半导体二极管的外形图及其电路符号，文字符号用 D 表示。

由 P 区引出的电极称为阳极(正极)，N 区引出的为阴极(负极)。因为 PN 结的单向导电性，二极管导通时的电流方向是由阳极通过管子内部流向阴极，即图形符号中箭头所示的方向。

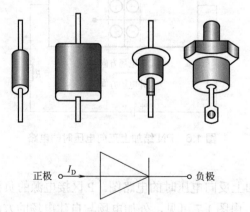

图 1.8　半导体二极管的外形及符号

二极管按结构不同可分面接触型和点接触型两类。按所用晶片材料不同，可分为硅或锗二极管。

面接触型二极管的 PN 结面积大，结电容量大，允许流过的电流也大，适宜于作大功率整流器件；点接触型二极管 PN 结面积小，结电容量小，能在高频下工作，适用于高频检波和计算机里的开关元件，但它允许流过的电流很小。

## 1.2.2 伏安特性及主要参数

### 1. 二极管伏安特性曲线

二极管伏安特性是指流过二极管的电流 $I$ 与二极管两端电压 $U$ 的关系，可以用特性曲线或电流方程来描述。用实验方法，在二极管的正极和负极两端加上不同极性和不同数值的电压，同时测量流过二极管的电流值，就得到二极管的伏安特性。曲线为非线性，形状如图 1.9 所示。

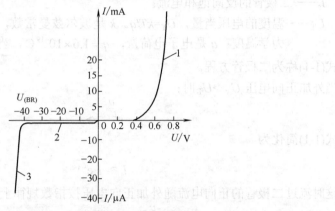

图 1.9 二极管的伏安特性曲线

#### 1) 正向特性

对应于图 1.9 的 1 段，当正向电压很低时，正向电流几乎为零，这是因为外加电压的电场还不能克服 PN 结的自建电场阻挡多数载流子扩散运动的缘故，二极管呈现高电阻值，基本上还处于截止状态。当正向电压超过某一值(称此电压为"死区"电压，记作 $U_{th}$，它随管子材料及环境温度而变化)，此时二极管才呈现低电阻值，处于正向导通状态。硅管的死区电压约为 0.5V，锗管约为 0.1V。正向导通后的二极管管压降变化较小，硅管为 0.6～0.7V，锗管为 0.2～0.3V，记作 $U_{D(on)}$。

温度对二极管的正向特性有显著影响，温度升高时二极管正向特性曲线向左移，死区电压及导通压降都有所减小。实验表明，温度每升高 1℃，二极管导通压降下降 2～2.5mV。

#### 2) 反向特性

对应于图 1.9 的 2 段，反向电压在一定范围内增大时，反向电流极其微小且基本不变(理想情况认为反向电流为零)，所以称反向饱和电流，记作 $I_s$。当温度上升10℃，反向饱和电流增加一倍，这点应注意。

#### 3) 击穿特性

对应于图1.9的3段，当反向电压增加到所产生的外电场能把原子外层电子强制拉出，而使载流子数目急剧增加，反向电流突然增大，此时对应的电压称反向击穿电压。结果使二极管失去单向导电性，管子在正、反向电压下都导通。管子因通过较大电流会过热而损坏，使用时一定要注意。

### 2. 二极管的电流方程

根据理论分析，半导体二极管的伏安特性可用下述方程描述

$$I = I_s \left( e^{\frac{U}{U_T}} - 1 \right) \tag{1-1}$$

式中　$I$——通过二极管的电流；

$\quad\quad U$——加在二极管两端的电压；

$\quad\quad I_s$——二极管的反向饱和电流；

$\quad\quad U_T$——温度的电压当量，$U_T = kT/q$。$k$ 是玻尔兹曼常数，$k = 1.38 \times 10^{-23}$ J/K；$T$ 是热力学温度；$q$ 是电子电荷量，$q = 1.6 \times 10^{-19}$ C，当 $T$=300K 时，$U_T$=26mV。

式(1-1)称为二极管方程。

当外加正向电压 $U \gg U_T$ 时：

$$e^{\frac{U}{U_T}} \gg 1$$

式(1-1)简化为

$$I \approx I_s e^{\frac{U}{U_T}} \tag{1-2}$$

这时流过二极管的正向电流随外加正向电压按指数规律上升。

当外加反向电压 $|U| \gg U_T$ 时，$e^{\frac{-U}{U_T}} \ll 1$，则

$$I = -I_s \tag{1-3}$$

可见，反向电压达到一定值后，反向电流就是反向饱和电流 $I_s$，$I_s$ 不随反向电压大小而变化，但与温度有关。

### 3. 二级管的主要参数

参数和伏安特性同样反映出二极管的电性能，它们是正确选用二极管的依据。

1) 最大整流电流 $I_F$

它是指管子长期工作时，允许流过二极管的最大正向平均电流，这是二极管的重要参数，如果使用中超出此值，会引起 PN 结过热而损坏。对于大功率二极管，为了降低结温，提高管子的负载能力，要求管子安装在规定散热面积的散热器上使用。

2) 最高反向工作电压 $U_{RM}$

它是保证二极管不被反向击穿而规定的反向工作峰值电压，一般为反向击穿电压的 1/3～1/2。例如 2CP10 硅二极管的击穿电压为50V，那么，该二极管工作时所能承受的反向峰值电压应小于 16V，可保证不被反向击穿。

3) 反向峰值电流 $I_R$

它是二极管加上反向工作电压时的反向饱和电流。$I_R$ 值越小，二极管的单向导电性越好。使用时应注意温度对反向电流的影响。硅管反向电流较小，一般在几微安以下，而锗管的反向电流为硅管的几十到几百倍。硅管热稳定性好，且反向击穿电压也高，但锗管的死区电压及导通管压降较硅管低，有些场合就需要选用锗管。

4) 最高工作频率 $f_{max}$

$f_{max}$ 主要由 PN 结电容大小来决定。超过此值，二极管的单向导电性变差，甚至会失去

单向导电性。

## 1.2.3　二极管电路的分析方法及应用

二极管的应用范围极广，它可用于整流电路、检波电路及限幅电路，也可用于元件的保护以及在脉冲数字电路中用作开关元件等。

在具体应用时如果二极管的正向压降远小于和它串联的电路的电压，反向电流远小于和它并联的电路的电流，则可忽略二极管的正向压降和反向电流对电路的影响，即认为二极管具有理想伏安特性，常用图 1.10 中的曲线和符号来表示。

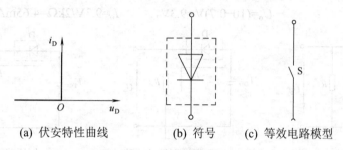

(a) 伏安特性曲线　　　(b) 符号　　　(c) 等效电路模型

**图 1.10　理想二极管模型**

在分析电路时，理想二极管可用一个理想开关 S 来等效，如图 1.10(c)所示。正偏时 S 闭合，反偏时 S 断开。

若二极管的工作电流处于伏安特性曲线的近似指数部分，即使电流变化，二极管的端电压也基本不变。因此可用一条与实际伏安特性曲线基本重合的垂直曲线，如图 1.11(a)所示。相应的电路模型叫恒压源模型，如图1.11(b)所示。电路模型中 $U_{D(on)}$ 是二极管恒定导通电压，对硅管可取 0.7V，对锗管可取 0.3V。利用二极管恒压源模型时，只有当二极管两端正向电压大于 $U_{D(on)}$ 时，二极管才有电流通过，小于 $U_{D(on)}$ 时，二极管理想截止。这个模型与二极管实际伏安特性较为接近。

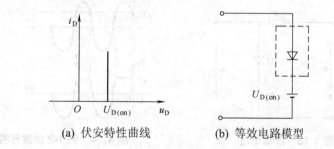

(a) 伏安特性曲线　　　　(b) 等效电路模型

**图 1.11　二极管恒压模型**

【**例 1-1**】　简单的二极管电路如图 1.12 所示，二极管为硅管，$R=2k\Omega$，试用二极管的理想模型和恒压降模型求出 $V_{DD}=2V$ 和 $V_{DD}=10V$ 时回路电流 $I_o$ 和输出电压 $U_o$ 的值。

**解**　将二极管用图 1.10 所示理想模型和图 1.11 所示恒压降模型代入，可分别作出图 1.12(a)所示电路的等效电路，如图 1.12(b)、(c)所示，由图可分别求出 $I_o$ 和 $U_o$。

(1) $V_{DD}=2V$。

由图 1.12(b)可得

$$U_o=V_{DD}=2V, \qquad I_o=V_{DD}/R=2V/2k\Omega=1mA$$

由图1.12(c)可得

$$U_o=V_{DD}-U_{D(on)}=(2-0.7)V=1.3V$$

$$I_o=U_o/R=1.3V/2k\Omega=0.65mA$$

(2) $V_{DD}=10V$。

由图1.12(b)可得

$$U_o=V_{DD}=10V, \qquad I_o=10V/2k\Omega=5mA$$

由图1.12(c)可得

$$U_o=(10-0.7)V=9.3V, \qquad I_o=9.3V/2k\Omega=4.65mA$$

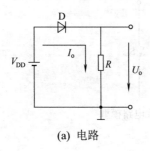 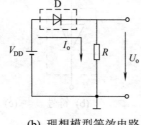 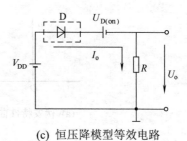

(a) 电路　　　　　　(b) 理想模型等效电路　　　　(c) 恒压降模型等效电路

图1.12　简单的二极管电路

上例说明，$V_{DD}$越大，$U_{D(on)}$的影响就越小。如果电源电压远大于二极管的管压降时，可采用理想二极管模型，将$U_{D(on)}$略去进行直流电路的计算，所得到的结果与实际值误差不大，如果电源电压较低时，采用恒压降模型较为合理。

图1.13是利用二极管作为正向限幅器的电路图。所谓限幅器是限制输出电压的幅度。

【例1-2】已知图1.13所示正向限幅器，输入波形$u_i=U_{im}\sin\omega t(V)$，$U_{im}>U_s$，试分析工作原理，并对应图1.14的$u_i$波形画出输出电压$u_o$的波形。D为理想二极管。

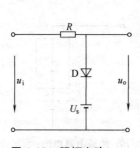 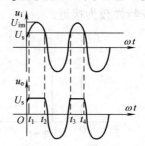

图1.13　限幅电路　　　　　图1.14　例1-2的波形图

解　(1) $u_i>U_s$，二极管导通，D为理想二极管，导通后，管压降为零，此时$U_o=U_s$。

(2) 当$u_i\leq U_s$时，二极管D截止。该支路断路，$R$中无电流，其压降为零，所以$U_o=u_i$。

(3) 根据以上分析，可作出$u_o$波形图，如图1.14所示。由图可见，输出波形的正向幅度被限制在$U_s$值。

作图时应注意$u_i$和$u_o$的波形在时间轴上要对应，如图1.14中，$0\sim t_1$期间$u_i\leq U_s$，$U_o=u_i$；$t_1\sim t_2$期间$u_i>U_s$，$u_o=U_s$；$t_2\sim t_3$期间，$u_i\leq U_s$，$u_o=u_i$……只有时间轴对应了，才能正确反映$u_o$的变化过程。

# 1.3　稳压二极管

稳压管是利用半导体特殊工艺制成，实质上也是一个半导体二极管，外形也相似，因为它有稳定电压的作用，称它为稳压管。

在电子电路中，稳压管工作于反向击穿状态。击穿电压从几伏到几十伏，反向电流也较一般二极管大。在反向击穿状态下正常工作而不损坏，是稳压管的特点。

图 1.15(a)表示稳压管在电路中的正确连接方法。图 1.15(b)是由实验得出的伏安特性，图 1.15(c)是稳压管的电路符号，并用 $D_Z$ 字符表示。

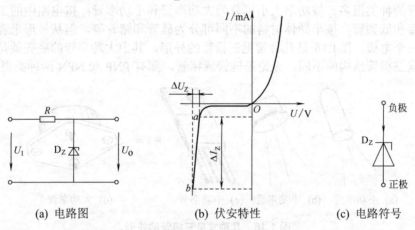

(a) 电路图　　　　　(b) 伏安特性　　　　　(c) 电路符号

**图 1.15　稳压管电路、伏安特性及电路符号**

由伏安特性可见，正向特性和普通二极管基本相同，但反向特性较陡。反向电压较低时，反向电流几乎为零，管子处于截止状态，当反向电压增大到击穿电压 $U_Z$ (也是稳压管的工作电压)时，反向电流 $I_Z$(稳压管的工作电流)急剧增加。在特性曲线 $ab$ 段，当 $I_Z$ 在较大范围内变化时，管子两端电压 $U_Z$ 却基本不变，具有恒压性。使用时，只要 $I_Z$ 不超过管子的允许值，PN 结不会过热损坏。当外加反向电压去除后，稳压管恢复原性能，因为稳压管具有良好的重复击穿特性。

稳压管的主要技术参数如下。

1)　稳定电压 $U_Z$

$U_Z$ 是稳压管正常工作时管子两端的电压，也是与稳压管并联的负载两端的工作电压，按需要可在半导体器件手册中选用。由于制造工艺的分散性，同一型号的稳压管其稳压值有所不同。如 2CW14 稳压管，$U_Z$ 为 6.0～7.5V。

2)　最大稳定电流 $I_{Zmax}$ 和最小稳定电流 $I_{Zmin}$

$I_{Zmin}$～$I_{Zmax}$ 是稳压管正常工作时的电流范围。如果稳压管中的电流 $I_Z<I_{Zmin}$，管子两端电压不够稳定(管子未工作在反向特性区较陡的工作段)；若 $I_Z>I_{Zmax}$，管子会因过热而损坏。

3)　动态电阻 $r_Z$

它是指稳压管在正常工作范围内，管子两端电压 $U_Z$ 的变化量和管中电流 $I_Z$ 的变化量之比。稳压管的反向特性曲线越陡，$r_Z$ 越小，稳压性能越好。

$$r_Z=\Delta U_Z/\Delta I_Z \tag{1-4}$$

# 1.4　半导体三极管

半导体三极管又称晶体三极管，简称三极管。它由两个PN结构成，由于两者间相互影响，三极管表现出单个 PN 结不具备的功能——电流放大作用，因而使 PN 结的应用发生了质的飞跃。本节围绕晶体管的电流放大作用这一核心问题来讨论其结构、工作原理、特性曲线及主要参数。

## 1.4.1　基本结构和类型

三极管的种类很多。按功率大小可分为大功率管和小功率管；按电路中的工作频率可分为高频管和低频管；按半导体材料的不同可分为硅管和锗管等，但从外形来看，各种三极管都有三个电极。图1.16 是几种常见三极管的外形，其中大功率管的底壳就是管子的集电极。根据三极管结构的不同，无论是硅管或锗管，都有 PNP 和 NPN 两种类型。

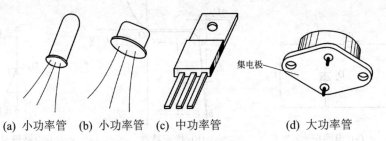

(a) 小功率管　(b) 小功率管　(c) 中功率管　　　　(d) 大功率管

**图 1.16　几种常见三极管的外形**

在一块半导体基片上(硅或锗)，用特殊的半导体工艺生成两个 PN 结。两个 PN 结将基片分为三个区域：发射区、基区和集电区。每一区引出一个电极，分别为发射极(e)、基极(b)和集电极(c)。发射区和基区交界处的 PN 结称为发射结，集电区和基区交界处的 PN 结称为集电结。

图 1.17 是两类三极管的结构示意及相应的图形符号，其中发射极箭头表示发射结正偏时发射极电流的流向。在电子电路中，晶体管用字母 T 表示。

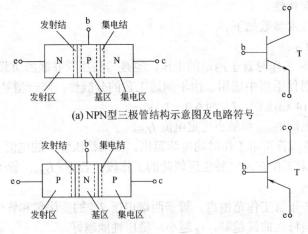

(a) NPN型三极管结构示意图及电路符号

(b) PNP型三极管结构示意图及电路符号

**图 1.17　两类三极管的结构示意及电路符号**

从图 1.17 可见，三极管犹如两个反向串联的 PN 结，如果孤立地来看待这两个反向的 PN 结，或将两个普通二极管串联起来，是不可能有电流放大作用的。具有电流放大作用的三极管，在内部结构上有其特殊性，这就是：①发射区掺杂浓度远高于基区的掺杂浓度；②发射区和集电区虽为同一性质的掺杂半导体，但发射区的掺杂浓度要高于集电区；③联系发射结和集电结两个PN 结的基区非常薄，约为几微米。这些结构上的特点是三极管具有电流放大作用的内在依据。

## 1.4.2　电流分配与放大

将三极管按图 1.18 连成实验电路，图中晶体管 T 为 NPN 型管。$E_B$ 为基极电源，与基极电阻 $R_B$ 及晶体管的基极 b、发射极 e 组成基极-发射极回路(称作输入回路)；$E_C$ 为集电极电源，与集电极电阻 $R_C$ 及晶体管的集电极 c、发射极 e 组成集电极-发射极回路(称作输出回路)。由图可见，其中发射极 e 是输入输出回路的公共端，故称这种电路结构为共发射极放大电路，简称共射放大电路。它是基本的常用放大电路，故以此典型电路加以讨论。

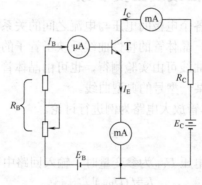

**图 1.18　NPN 型三极管共发射极放大实验电路**

上面曾提到晶体管具有电流放大作用的内在依据，而只有同时具备电路结构的正确连接和元件参数的合理选择的外部条件时，晶体管才可能在放大状态下工作，才呈现出电流放大特性。所谓外部条件是指电路中有关电源及元件参数应使晶体管的发射结正偏(加上正向电压)，集电结反偏(加上反向电压)。若是 PNP 型晶体管放大电路，同样应该具备上述条件。但要改变 $E_B$ 及 $E_C$ 的电源极性。实验中，改变 $R_B$ 的大小使基极电流 $I_B$ 随之改变，然后测量 $I_B$、$I_C$ 及 $I_E$ 数值。实验结果列于表 1.1 中。

**表 1.1　晶体管电流测试数据**

| $I_B/\mu A$ | 0 | 20 | 40 | 60 | 80 | 100 |
|---|---|---|---|---|---|---|
| $I_C/mA$ | 0.005 | 0.99 | 2.08 | 3.17 | 4.26 | 5.40 |
| $I_F/mA$ | 0.005 | 1.01 | 2.12 | 3.23 | 4.34 | 5.50 |

从表 1.1 中实验数据可得以下结论。

(1) 表中每一列的测试数据有 $I_E=I_C+I_B$ 的关系。此关系表明晶体三极管电极间的电流分配规律，它符合基尔霍夫电流定律，若将三极管看成一个节点，根据基尔霍夫电流定律可认为：流入晶体管的电流之和等于流出晶体管的电流之和。如图1.18 所示，在 NPN 管中，$I_B$、$I_C$ 流入，$I_E$ 流出，在 PNP 管中 $I_B$、$I_C$ 流出，$I_E$ 流入。

与正偏二极管相似，晶体管发射极电流 $i_E$ 与 $u_{BE}$ 呈指数关系

$$I_E = I_{EBS}(e^{u_{BE}/U_T} - 1) \tag{1-5}$$

式中，$U_T$ 为温度的电压当量，室温时 $U_T$=26mV。

(2) $I_E \approx I_C \gg I_B$。发射极电流和集电极电流几乎相等，且远大于基极电流 $I_B$。由实验数据可求出第三和第四列的 $I_C$ 和 $I_B$ 的比值，以 $\beta$ 表示，分别为

$$\beta_1 = I_C/I_B = 2.08/0.04 = 52$$

$$\beta_2 = I_C/I_B = 3.17/0.06 \approx 52.8$$

(3) $I_B$ 的微小变化会引起 $I_C$ 较大的变化。仍由第三和第四列实验数据可得

$$\beta_3 = \Delta I_C/\Delta I_B = (I_{C4} - I_{C3})/(I_{B4} - I_{B3}) = (3.17 - 2.08)/(0.06 - 0.04) = 54.5$$

计算结果表明，微小的基极电流的变化，可以控制比之大数十乃至数百倍的集电极电流的变化，这就是晶体三极管的电流放大作用。$\beta_1$、$\beta_2$ 及 $\beta_3$ 称为电流放大系数。

### 1.4.3  晶体管的特性曲线及主要参数

晶体管的特性曲线是指各个电极间电压与电流之间的关系，它们是三极管内部载流子运动规律在管子外部的表现。晶体管的特性曲线反映了管子的技术性能，是分析放大电路技术指标的重要依据。特性曲线可由实验测得，也可由晶体管图示仪直观地显示出来。手册上所给出的特性曲线仅是某一型号的典型曲线。

仍以共射极 NPN 型晶体管放大电路为例进行讨论。

#### 1. 输入特性曲线

输入特性曲线表示输出电压 $U_{CE}$ 为参变量时，输入回路中 $I_B$ 与 $U_{BE}$ 间的关系，即

$$I_B = f(U_{BE})\big|_{U_{CE}=常数}$$

图 1.19 是 NPN 型硅管共射极输入特性曲线。

由特性曲线可见：

(1) 输入特性也有一个"死区"。在"死区"内，$U_{BE}$ 虽已大于零，但 $I_B$ 几乎仍为零。当 $U_{BE}$ 大于某一值后，$I_B$ 才随 $U_{BE}$ 增加而明显增大。和二极管一样，硅晶体管的死区电压约为 0.5V，发射结导通电压 $U_{BE}$ = 0.6～0.7V；锗晶体管的死区电压约为 0.1V，导通电压为 0.2～0.3V。若为 PNP 型晶体管，则发射结导通电压 $U_{BE}$ 分别为-0.6～-0.7V 和-0.2～-0.3V。

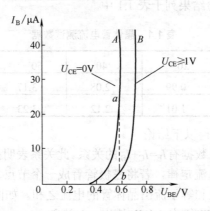

图 1.19　共射极 NPN 型硅管输入特性曲线

(2) 曲线 $A$ 和 $B$ 为 $U_{CE} = 0$ 和 $U_{CE} = 1V$ 时的输入特性。当 $U_{CE} = 0$ 时，集电结还未反向偏置。当 $U_{CE} = 1V$ 时，晶体管的集电结已经反向偏置，管子工作在放大区。在同一 $U_{BE}$ 值的情况下，流向基极的电流 $I_B$ 减小，输入特性随着 $U_{CE}$ 的增大而右移(比较 $A$ 和 $B$ 曲线的 $a$ 点与 $b$ 点时的 $I_B$ 值)。

(3) 当 $U_{CE} > 1V$ 以后，输入特性几乎与 $U_{CE} = 1V$ 时的特性重合，因为 $U_{CE} > 1V$ 后，$I_B$ 无明显变化。

晶体管工作在放大状态时，$U_{CE}$ 总是大于 1V 的(集电结反偏)，因此只要给出 $U_{CE} = 1V$ 时的输入特性就可以了。

**2．输出特性曲线**

输出特性表示输入电流 $I_B$ 为参变量时，输出回路中 $I_C$ 与 $U_{CE}$ 的关系，即

$$I_C = f(U_{CE})\big|_{I_B=\text{常数}}$$

图 1.20 是 NPN 型硅管共射极输出特性。当 $I_B$ 改变时，可得一簇曲线。由特性曲线可见，输出特性分截止区、饱和区和放大区三个区域。

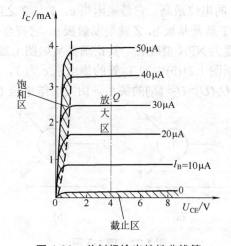

图 1.20　共射极输出特性曲线簇

1) 截止区

$I_B = 0$ 的特性曲线以下区域为截止区。此时晶体管的集电结处于反偏，发射结电压 $U_{BE} \leqslant 0$，也是处于反偏状态，即 $U_C > U_E > U_B$。由于 $I_B = 0$，$I_C = \beta I_B$，严格说来也应该为零，晶体管无放大作用。反偏的PN结有反向电流，因此，集电极有很小的电流 $I_{CEO}$ 流过，称为穿透电流。晶体管接在电路中，因 $I_C = I_{CEO} \approx 0$，犹如一个断开的开关。

2) 饱和区

NPN 型三极管共发射极放大电路如图 1.18 所示，集电极(或发射极)要接入电阻，如果电源 $E_C$ 一定，那么当 $I_C$ 增大时，$U_{CE}$ 将相应降低。$U_{CE}$ 降低会削弱吸引电子的能力，即使 $I_B$ 再增大，$I_C$ 几乎不再增大，晶体管失去了放大作用处于饱和状态。规定 $U_{CE} = U_{BE}$ 时的状态为临界饱和，此时，$I_{CS} = (E_C - U_{CES})/R_C = \beta I_{BS}$，$U_{CES}$、$I_{CS}$ 和 $I_{BS}$ 表示临界饱和时管子两端电压及集电极和基极的电流。$U_{CE} < U_{BE}$ 时的状态为深饱和，此时 $I_{CS} < \beta I_B$，$U_B > U_C > U_E$，即晶体管的发射结和集电结都处于正向偏置。

深度饱和时，硅管的 $U_{CE}$ 约为 0.3V，锗管的 $U_{CE}$ 约为 0.1V。由于深度饱和时，$U_{CE} \approx 0$，晶体管在电路中犹如一个闭合的开关。

特性曲线的饱和区，接近输出特性的左侧 $I_C$ 近乎直线上升的部分，如图 1.20 所示。

3）放大区

晶体管输出特性曲线的饱和区和截止区之间的部分为放大区。工作在放大区的晶体管才具有电流放大作用。此时晶体管的发射结必须正偏，而集电结则为反向偏置，即 $U_C > U_B > U_E$。由放大区的特性曲线可见，特性曲线非常平坦，当 $I_B$ 等量变化时，$I_C$ 几乎也按一定比例等距平行变化。由于 $I_C$ 只受 $I_B$ 控制，几乎与 $U_{CE}$ 的大小无关，曲线反映出恒流源的特点。但必须注意，工作在放大区的晶体管不是独立恒流源，而是受基极电流控制的受控电流源。

【例 1-3】 用直流电压表测得放大电路中晶体管 $T_1$ 各电极的对地电位分别为 $U_X = +9V$，$U_Y = 3.6V$，$U_Z = +3V$，如图 1.21(a)所示，$T_2$ 管的各电极电位 $U_X = -5V$，$U_Y = -10V$，$U_Z = -5.3V$，如图 1.21(b)所示。试判别 $T_1$ 和 $T_2$ 各是何类型、何种材料的管子，$X$、$Y$、$Z$ 各是何电极？

解 分析时，先从电极的最高电位(NPN)或最低电位(PNP)确定集电极，然后由其他两极的电位差值确定基极和发射极，从而明确是硅管还是锗管。

(1) 在图1.21(a)中，$X$ 的电位最高，它是集电极 c。$Y$ 与 $Z$ 之间的电压为 0.6V，可确定是硅管发射结电压，因此，$Y$ 就是基极 b，$Z$ 就是发射极 e，它符合 $U_C > U_B > U_E(U_X > U_Y > U_Z)$ 的关系，而且也明确了此管为 NPN 型硅管，其正确答案如图 1.22(a)所示。

(2) 同样理由，可判断图 1.21(b)中的 $T_2$ 管的集电极 c 为 $Y$，$X$ 与 $Z$ 分别为发射极 e 和基极 b，它们符合 $U_E > U_B > U_C(U_X > U_Z > U_Y)$ 的关系。由发射结电压 $U_{BE} = -0.3V$，可知

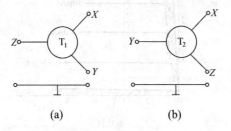

图 1.21 例 1-3 图

$T_2$ 是 PNP 型锗管。其正确答案如图 1.22(b)所示。

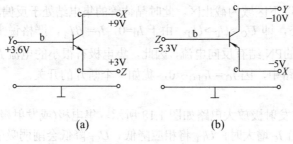

图 1.22 例 1-3 答案

【例 1-4】 试根据图 1.23 所示管子的对地电位，判断管子是硅管还是锗管，处于哪种工作状态？

解 (1) 在图 1.23(a)中，晶体管为 NPN 型。由发射结电压 $U_{BE} = 0.7V$，知道处于正偏，且是硅管，但是 $U_B > U_C(0.7V > 0.3V)$，因此集电结也处于正向偏置，所以，此 NPN 型硅管

处于饱和状态。

(2)　在图 1.23(b)中，晶体管为 PNP 型。发射结电压 $U_{BE} = -0.3V$ 为正向偏置，所以该管为锗管，又因为 $U_B > U_C$，集电结为反向偏置，所以，此 PNP 型锗管工作在放大状态。

(3)　在图 1.23(c)中，发射结电压 $U_{BE} = 0.6 - 0 = 0.6(V)$(注意此管为 PNP 管)而处于反向偏置，集电结也是反偏($U_B > U_C$)，因此，管子处在截止状态。此处无法判别其为硅管还是锗管。

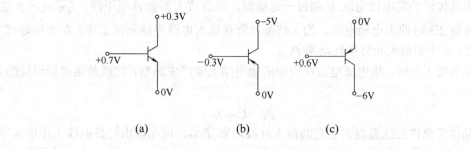

$$(a) \qquad\qquad (b) \qquad\qquad (c)$$

**图 1.23　例 1-3 的各管电位**

### 3. 主要参数

特性曲线和主要参数是设计晶体管电路和选用晶体管的依据，也是表征晶体管性能的主要指标。主要参数有以下几个。

1)　共射极电流放大系数 $\overline{\beta}$ 和 $\beta$

共射极放大电路中，无交流输入信号时，管子各极间的电压和电流都为直流量，此时的集电极直流电流 $I_C$ 和基极的直流电流 $I_B$ 之比就是 $\overline{\beta}$，$\overline{\beta}$ 称为共射极放大电路的直流电流放大系数：

$$\overline{\beta} = I_C / I_B$$

当共射极放大电路的输入端有交流输入信号时，必然有 $\Delta I_B$ 的变化，还会引起 $\Delta I_C$ 的相应变化。变化量 $\Delta I_C$ 与 $\Delta I_B$ 之比称为共射放大电路的交流电流放大系数：

$$\beta = \Delta I_C / \Delta I_B$$

上述两个电流放大系数 $\overline{\beta}$ 和 $\beta$ 的含义虽不同，但工作于输出特性曲线的放大区域的平坦部分时，两者差异极小(见表 1.1 实验及计算结果)，故在今后估算时，常用 $\overline{\beta} \approx \beta$ 的近似关系。

由于制造工艺上的分散性，同一型号三极管的 $\beta$ 值差异较大。常用的小功率晶体三极管，$\beta$ 值一般为 20～100。$\beta$ 过小，管子电流放大作用小，$\beta$ 过大，工作稳定性差。一般选用 $\beta$ 在 40～80 的管子较为合适。

2)　极间反向饱和电流 $I_{CBO}$ 和 $I_{CEO}$

(1) 集电结反向饱和电流 $I_{CBO}$ 是指发射极开路、集电结加反向电压时测得的集电极电流。

在常温下，硅管的 $I_{CBO}$ 在 nA 数量级，锗管为 μA 级。良好的晶体管 $I_{CBO}$ 应该很小。

(2) 集电极-发射极反向电流 $I_{CEO}$ 是指基极开路时，集电极与发射极之间的反向电流，又叫穿透电流(输出特性曲线 $I_B = 0$ 时的集电极电流)。因为基极开路，集电极和发射极间加上电压时，发射结为正偏，集电结则为反偏，即 $V_C > V_B > V_E$(NPN 管)。由晶体管电流分配及扩散与复合成比例的原理可知：

$$I_{CEO} = I_{CBO} + \beta I_{CBO} = (1+\beta)I_{CBO} \qquad (1-6)$$

穿透电流 $I_{CEO}$ 也是衡量管子质量的一个指标。当管子的穿透电流逐渐增大时，意味着管子已临近使用期限，必须更换。

3) 极限参数

(1) 集电极最大允许电流 $I_{CM}$。

当晶体管的集电极电流 $I_C$ 超过一定值时，电流放大系数 $\beta$ 值下降。$I_{CM}$ 表示 $\beta$ 值下降到正常值 2/3 时的集电极电流。为了使晶体管在放大电路中能正常工作，$I_C$ 不应超过 $I_{CM}$。

(2) 集电极最大允许损耗功率 $P_{CM}$。

晶体管工作时，集电极电流在反偏的集电结上要产生热量，这就是集电极消耗的功率，即

$$P_C = U_{CE} I_C \qquad (1-7)$$

晶体管允许的结温规定了它的最大耗散功率 $P_{CM}$，可在输出特性曲线上作出晶体管的允许功率损耗线，如图1.24所示。曲线的左下方为安全工作区，右上方为过损耗区。

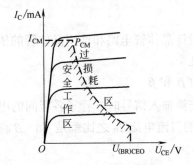

**图1.24 晶体管允许功耗线**

$P_{CM}$ 受结温限制，结温又与环境温度、管子是否有散热器等条件有关。手册上给出的 $P_{CM}$ 值是在常温(25℃)下测得的。硅管集电结上限温度为150℃，锗管为70℃，使用时应注意不要超过上限温度，否则管子会损坏。

(3) 反向击穿电压 $U_{(BR)CEO}$。

反向击穿电压 $U_{(BR)CEO}$ 是指基极开路时，加于集电极与发射极之间的最大允许电压。使用中如果管子两端电压 $U_{CE} > U_{(BR)CEO}$ 时，集电极电流 $I_C$ 将急剧增大，这种现象称为击穿。管子击穿后将造成永久性损坏。晶体管电路的电源 $E_C$ 值选得过大，有可能当管子截止时，$U_{CE} > U_{(BR)CEO}$ 导致晶体管击穿而损坏。一般情况下，取电源 $E_C \leq (1/3 \sim 1/2)U_{(BR)CEO}$。

4) 温度对晶体管参数的影响

几乎所有晶体管参数都与温度有关，因此不容忽视。温度对下列三个参数的影响最大。

(1) 对 $\beta$ 的影响：$\beta$ 随温度的升高而增大。温度每上升1℃，$\beta$ 值增大 0.5%～1%，其结果是在相同的 $I_B$ 情况下，集电极电流 $I_C$ 随温度上升而增大。

(2) 对反向饱和电流 $I_{CBO}$ 的影响：$I_{CBO}$ 是由少数载流子构成，它与环境温度关系很大，$I_{CBO}$ 随温度上升会急剧增加。温度每上升10℃，$I_{CBO}$ 将增加一倍。由于硅管 $I_{CBO}$ 在纳安数量级，温度对硅管的 $I_{CBO}$ 影响不大。

(3) 对发射结电压 $U_{BE}$ 的影响：和二极管的正向特性一样，温度上升 1℃，$|U_{BE}|$ 将下降 $2\sim2.5\text{mV}$。

综上所述，随着温度上升，$\beta$ 增大，使输出特性曲线的间距增大；$|U_{BE}|$ 下降使输入特性曲线左移，在同样的外加发射结电压下，意味着 $I_B$ 值增大；$I_{CBO}$ 增大，使 $I_{CEO}$ 增大，而

$$I_C=\overline{\beta}\,I_B+I_{CEO}=\overline{\beta}\,I_B+(\overline{\beta}+1)I_{CBO} \tag{1-8}$$

因此，温度升高，$\beta$、$U_{BE}$、$I_{CBO}$ 均随之改变，最终都使集电极电流 $I_C$ 升高。换言之，集电极电流 $I_C$ 随温度变化而改变。

# 1.5 场 效 应 管

场效应管是较新型的半导体器件，利用电场效应来控制晶体管的电流，因而得名。它的外形也是一个三极管，但与晶体三极管相比，无论是内部的导电机理或者是外部的特性曲线都不相同。尤为突出的是，场效应晶体管具有很高的输入电阻，可达 $10^7\sim10^{15}\Omega$，几乎不取信号源的输出电流，因而功耗小、体积小、易于集成化。这些优点使场效应管被广泛应用于模拟集成电路和数字集成电路中，尤其在大规模和超大规模数字集成电路中，用 MOS 管组成的 MOS 集成电路使用更为广泛。

场效应管按其结构可分为结(J)型和绝缘栅(MOS)型场效应管；从工作性能上可分耗尽型和增强型两类；根据所用基片(衬底)材料不同，又可分 P 沟道和 N 沟道两种导电沟道，因此，有结型 P 沟道和 N 沟道，绝缘栅耗尽型 P 沟道和 N 沟道及增强型 P 沟道和 N 沟道六种类型的场效应管，下面作简单介绍。

## 1.5.1 结型场效应管

### 1. 结构示意及工作原理

(1) N 沟道结型场效应管的结构示意图如图 1.25(a)所示。

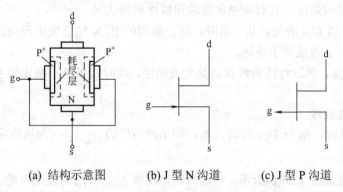

(a) 结构示意图　　(b) J 型 N 沟道　　(c) J 型 P 沟道

**图 1.25 结型场效应管结构示意及电路符号**

N 型硅棒上端为漏极(d)，下端为源极(s)，两侧有高浓度掺杂 P$^+$ 区，连成一体，引出电极，称为控制栅极(g)。中间是载流子的通道，称 N 型导电沟道。若衬底为 P 型硅棒，栅极为 N$^+$ 区，称为 P 沟道结型场效应管，它们在电路中的符号如图 1.25(b)、(c)所示。用栅极连线上的箭头区分是 N 沟道还是 P 沟道。场效应管电路符号上的箭头总是由 P 指向 N 的。

场效应晶体管在本书中仍用字符 T 表示。

(2) 工作原理。

将栅极和源极短路(即 $U_{GS}=0$)，而在漏、源极间加上直流电压 $U_{DD}$，N 沟道中的自由电子就由源端向漏端移动，在外电路形成漏极电流 $I_D$ (与外电路连成闭合电路)。如果令 $U_{DD}$ ($U_{DD} > U_{GS(off)}$)维持不变，而在栅、源间加一直流电压 $U_{GS}$，极性应使 $P^+$ N 结为反偏。$U_{GS}$ 越大，$P^+$ N 结耗尽层越宽，沟道变窄，沟道电阻增大，$I_D$ 减小。当 $U_{GS}$ 增大导致两边耗尽层相碰使导电沟道夹断时，$I_D$ 几乎为零。使 $I_D \approx 0$ 时的 $U_{GS}$ 反偏电压，称为该管的夹断电压，用 $U_{GS(off)}$ 表示。

因为 $U_{GS}$ 是使 $P^+$ N 结反偏的，场效应管工作时，无栅极电流。以栅、源极作为输入回路时，管子的输入电阻就是反偏的 $P^+$ N 结的结电阻，它可达 $10^7 \Omega$ 量级。

### 2. 特性曲线

1) 输出特性曲线

$U_{GS}$ 为参变量时，$I_D$ 和 $U_{DS}$ 间的关系就是场效应管的输出特性，即

$$I_D = f(U_{DS})|_{U_{GS} = 常量}$$

根据特性测试电路测试，可以得出图 1.26(a)所示结型 N 沟道场效应管的输出特性。即固定 $U_{GS}$，改变 $U_{DS}$ 时所得的一条输出特性，当 $U_{GS}$ 取不同固定值时，可得一簇曲线。由图 1.26(a)可见，其输出特性与晶体三极管的输出特性相似。不同的是，场效应管是以栅、源极间的反向偏压 $U_{GS}$ 作为参变量，而晶体三极管是以基极电流 $I_B$ 为参变量的。

特性曲线分以下三个区域。

(1) 可变电阻区。在 $U_{DS}$ 较小，靠近特性曲线纵轴处，$I_D$ 几乎随 $U_{DS}$ 线性增加。随着 $U_{GS}$ 的改变，$I_D$ 随 $U_{DS}$ 线性增加的比值也相应改变，因此，此区可把场效应管的漏、源极之间看作受 $U_{GS}$ 控制的可变电阻。

(2) 恒流区(饱和区)。此区的特点是：$I_D$ 只受 $U_{GS}$ 的控制而几乎与 $U_{DS}$ 无关，具有恒流特点。因为 $I_D$ 不随 $U_{DS}$ 增大而增大，达到饱和状态，故又称饱和区。放大状态的场效应管工作在特性曲线的恒流区，它对应晶体管输出特性的放大区。

(3) 击穿区。当 $U_{DS}$ 增大到某一值时，栅、漏间的 $P^+$ N 结会发生反向击穿，$I_D$ 急剧增加，如不加限制，会造成管子损坏。

当 $U_{GS} < U_{GS(off)}$，靠近特性曲线横轴处为夹断区，此时管子处于截止状态，在图 1.26(a)中未标出。

2) 转移特性曲线

$U_{DS}$ 为参变量时，$I_D$ 与 $U_{GS}$ 间的关系，即 $I_D = f(U_{GS})|_{U_{DS}=常数}$，为场效应管的转移特性曲线。

转移特性曲线如图 1.26(b)所示，它能直观地反映 $U_{GS}$ 对 $I_D$ 的控制性能。在恒流区，不同的 $U_{DS}$ 对应的转移特性基本上是重合的，图中给出 $U_{DS}=10V$ 时的转移特性，可用下式近似表示 $I_D = f(U_{GS})$ 的关系：

$$I_D = I_{DSS}\left(1 - \frac{U_{GS}}{U_{GS(off)}}\right)^2 \qquad (U_{GS(off)} < U_{GS} \leqslant 0) \tag{1-9}$$

式中 $I_{DSS}$ 称漏极饱和电流，它是 $U_{GS}=0$ 时的漏极电流。$U_{GS(off)}$ 为夹断电压，从图 1.26(b)

所示转移特性曲线可读出夹断电压为-3.4V。

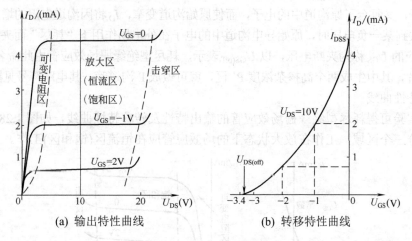

(a) 输出特性曲线　　　　　　　　(b) 转移特性曲线

**图 1.26　结型场效应管特性曲线**

## 1.5.2　绝缘栅型场效应管

### 1．N 沟道耗尽型绝缘栅场效应管

#### 1)　结构及工作原理

图 1.27(a)是 N 沟道耗尽型绝缘栅场效应管的结构示意图，图 1.27(b)是它在电路中的图形符号。在 P 型硅半导体基片上形成两个 $N^+$ 型区，分别称为漏极(d)和源极(s)。在硅表面两个 $N^+$ 区之间生成薄层绝缘层(一般用 $SiO_2$ 绝缘材料)，并在其上覆盖薄层金属铝，引一电极为控制栅极(g)。由于栅极与漏、源极及半导体绝缘，故名绝缘栅场效应管。因构造上有金属(铝)、氧化物和半导体，所以又叫 MOS 器件或 MOS 管。MOS 是 Metal、Oxide 和 Semiconductor 三个英文单词的首字母。因栅、源间有绝缘层，管子的输入电阻可高达 $10^9 \sim 10^{15} \Omega$。

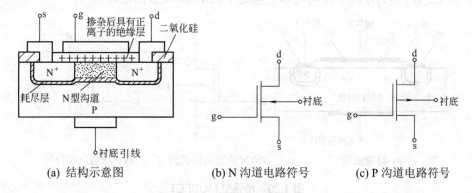

(a) 结构示意图　　　　(b) N 沟道电路符号　　　　(c) P 沟道电路符号

**图 1.27　耗尽型 MOSFET**

因制造工艺的特殊性，两个 $N^+$ 区之间在未工作时已形成原始导电沟道(在二氧化硅中掺入大量正离子，使两个 $N^+$ 区之间的 P 型衬底中感应较多的自由电子，如图 1.27 中 N 型沟道箭头所示)，因此，当漏、源极间加上直流电压 $U_{DS}$ 后，漏、源极间有电流 $I_D$。如在栅、源极间加上直流电压 $U_{GS}$，当 $U_{GS} > 0$ 时，将产生垂直于 P 衬底的电场，吸引 P 衬底中的自由电子

而加宽了原始导电沟道，$I_D$ 将因沟道电阻的减小而加大；当 $U_{GS}<0$ 时，电场排斥 P 型衬底中的自由电子，又复合了原沟道中的电子，而使原始沟道变窄，$I_D$ 将因沟道电阻的增大而减小；当 $U_{GS}$ 增大到某一负电压时，原始导电沟道中的电子在外电场作用下"耗尽"而夹断，此时，$I_D \approx 0$。相应的 $U_{GS}$ 称为夹断电压，以 $U_{GS(off)}$ 表示，耗尽型绝缘栅场效应管由此命名。若衬底为 N 型硅片，其中生成两个高掺杂浓度 $P^+$ 区，就可做成 P 沟道管，其电路符号见图 1.27(c)。

  2) 特性曲线

  通过实验可得耗尽型绝缘栅场效应管的输出特性及转移特性曲线，如图 1.28 所示。输出特性也分三个区域，工作在放大状态下的场效应管应在恒流区(饱和区)工作。

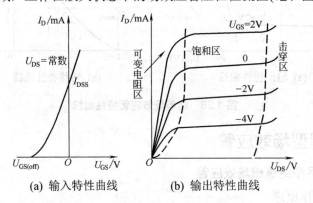

(a) 输入特性曲线     (b) 输出特性曲线

图 1.28 N 沟道耗尽型 MOSFET 特性曲线

**2. N 沟道增强型绝缘栅场效应管**

  N 沟道增强型绝缘栅场效应管的结构如图 1.29(a)所示。它以一块掺杂浓度低的 P 型半导体为衬底，用扩散法在 P 型衬底形成两个高浓度的 $N^+$ 区，分别称为漏极(d)和源极(s)。在硅表面两个 $N^+$ 区之间生成薄层绝缘层(一般用 $SiO_2$ 绝缘材料)，并在其上覆盖薄层金属铝，引一电极为控制栅极(g)。由于栅极与漏、源极及半导体绝缘，故漏、源极之间不存在导电沟道。图 1.29(b)和(c)分别是 N 沟道和 P 沟道增强型 MOS 管的电路符号。

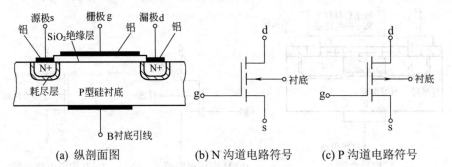

(a) 纵剖面图    (b) N 沟道电路符号  (c) P 沟道电路符号

图 1.29 增强型 MOSFET

  这种管子的构造与耗尽型类似，但当 $U_{GS}=0$ 时，管中不存在原始导电沟道，因而当漏、源极间加上直流电压 $U_{DS}$ 时，$I_D=0$，只有 $U_{GS}>0$，且增大到某一值时，在 P 型衬底表面由于外加电场而感应出薄层 N 型半导体，沟通了漏、源极间的导电沟道，电路中才有 $I_D$。对应此时的 $U_{GS}$ 称为增强型场效应管的开启电压，用 $U_{GS(th)}$ 表示。一定的 $U_{DS}$ 下，$U_{GS}$ 值越大，电场作用越强，感应层越宽，导电沟道越宽，沟道电阻越小，$I_D$ 就越大，这就是增强型管

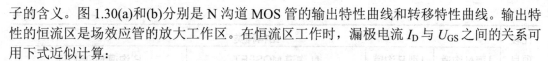

子的含义。图 1.30(a)和(b)分别是 N 沟道 MOS 管的输出特性曲线和转移特性曲线。输出特性的恒流区是场效应管的放大工作区。在恒流区工作时，漏极电流 $I_D$ 与 $U_{GS}$ 之间的关系可用下式近似计算：

$$I_D = I_{D0}\left(\frac{U_{GS}}{U_{GS(th)}} - 1\right)^2 \qquad (U_{GS} > U_{GS(th)}) \tag{1-10}$$

式中，$I_{D0}$ 是 $U_{GS} = 2U_{GS(th)}$ 时的 $I_D$ 值。

若输出特性曲线是实际测量出的某管的曲线，请读者思考一下，图 1.30(b)所示 $U_{DS} = 6V$ 时的转移特性曲线该如何画出？此管的 $U_{GS(th)}$ 为多少？$I_{D0}$ 值为多少？

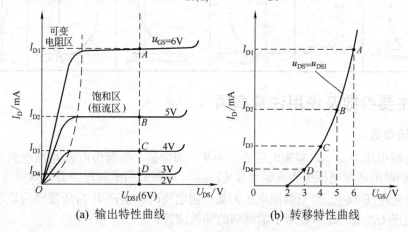

(a) 输出特性曲线　　　　　　　　　(b) 转移特性曲线

图 1.30　N 沟道增强型 MOSFET

P 沟道 MOS 管的结构与 N 沟道的相对应(N 衬底对应 P 衬底，$P^+$ 区对应 $N^+$ 区)。使用时，外加电压 $U_{GS}$ 和 $U_{DS}$ 的极性和 $I_D$ 电流的流向以及开启电压 $U_{GS(th)}$ 和耗尽型中的夹断电压 $U_{GS(off)}$ 的极性，P 沟道场效应管均与 N 沟道场效应管相反。

MOS 管的衬底也引出一个电极。使用时，通常将衬底与源极连在一起(短接)。

由特性曲线可见，耗尽型 MOS 管的 $U_{GS}$ 值在正、负的一定范围内都可以控制管子的 $I_D$，因此，此类管子较结型场效应管使用灵活，在模拟电子技术中得到广泛应用。增强型场效应管在集成数字电路中被广泛采用，可利用 $U_{GS} > U_{GS(th)}$ 和 $U_{GS} < U_{GS(th)}$ 来控制场效应管的导通与截止，使管子工作在开关状态，因为数字电路中的半导体器件正是工作在此种状态。

为了便于学习和记忆，现把各类场效应管的比较列于表 1.2 中。

表 1.2　各类场效应管比较表

| 比较项目 | 结构种类 | | | | | |
|---|---|---|---|---|---|---|
| | J 型 N 沟道 | J 型 P 沟道 | N 沟道 MOSFET | | P 沟道 MOSFET | |
| 工作方式 | 耗尽型 | 耗尽型 | 增强型 | 耗尽型 | 增强型 | 耗尽型 |
| 符号 | | | | | | |

| 比较项目 | 结构种类 | | | | | |
|---|---|---|---|---|---|---|
| | J型N沟道 | J型P沟道 | N沟道MOSFET | | P沟道MOSFET | |
| 电压极性 | $U_{GS(off)}<0$ | $U_{GS(off)}>0$ | $U_{GS(th)}>0$ | $U_{GS(off)}<0$ | $U_{GS(th)}<0$ | $U_{GS(off)}>0$ |
| | $U_{GS}$ 为负 | $U_{GS}$ 为正 | $U_{GS}$ 为正 | $U_{GS}$ 可正可负或零 | $U_{GS}$ 为负 | $U_{GS}$ 可正可负或零 |
| | $U_{DS}$ 为正 | $U_{DS}$ 为负 | $U_{DS}$ 为正 | $U_{DS}$ 为正 | $U_{DS}$ 为负 | $U_{DS}$ 为负 |
| 转移特性 | (转移特性曲线) | (转移特性曲线) | (转移特性曲线) | (转移特性曲线) | (转移特性曲线) | (转移特性曲线) |

## 1.5.3 主要参数及使用注意事项

### 1. 直流参数

(1) 夹断电压 $U_{GS(off)}$。漏源电压 $U_{DS}$ 为某一固定值，而漏极电流 $I_D$ 减小到某一微小值(例如 $50\mu A$)时的栅源电压值为夹断电压 $U_{GS(off)}$。此参数用于耗尽型的场效应管。

(2) 开启电压 $U_{GS(th)}$。当漏源电压为某一固定值时，能产生 $I_D$ 所需要的最小栅源电压即为开启电压 $U_{GS(th)}$。此参数用于增强型的场效应管。

(3) 饱和漏电流 $I_{DSS}$。耗尽型场效应管在 $U_{GS}=0$ 时的条件下，管子预夹断时的漏极电流。测试时通常取 $U_{GS}=0V$，$U_{DS}=10V$ 时的 $I_D$。由于转移特性是在 $U_{DS}=10V$ 条件下测出的，因此在转移特性曲线上，当 $U_{GS}=0$ 时，$I_D=I_{DSS}$。

(4) 直流输入电阻 $R_{GS(DC)}$。$R_{GS(DC)}$ 为 $U_{DS}=0$ 时，栅源电压与栅极电流的比值，即 $R_{GS(DC)}=U_{GS}/I_G$。结型场效应管 $R_{GS(DC)}$ 一般在 $10^8\Omega$ 左右，绝缘栅型场效应管 $R_{GS(DC)}$ 一般在 $10^{15}\Omega$ 左右。

### 2. 交流参数

1) 低频跨导 $g_m$

低频跨导的定义是：当 $U_{DS}$ 为常数时，$U_{GS}$ 的微小变量与由它引起的 $I_D$ 的微小变量之比，即

$$g_m = \frac{dI_D}{dU_{GS}}\Big|_{U_{DS}=常数}$$

它是表征栅、源电压对漏极电流控制作用大小的一个参数。$g_m$ 的单位为西门子(s)或(ms)。$g_m$ 就是转移特性曲线上某点的斜率。

2) 极间电容

场效应管三个电极间的电容为栅、源电容 $C_{GS}$ 和栅、漏电容 $C_{GD}$，它们一般为 $1\sim3pF$，漏、源电容 $C_{DS}$ 为 $0.1\sim1pF$。极间电容与管子的工作频率和工作速度有关。

### 3．极限参数

(1) 最大漏极电流 $I_{DM}$ 是管子工作时允许的最大漏极电流。

(2) 最大耗散功率 $P_{DM}$ 是由管子工作时允许的最高温升所决定的参数。

(3) 漏、源击穿电压 $U_{(BR)DS}$ 是 $U_{DS}$ 增大时使 $I_D$ 急剧上升时的 $U_{DS}$ 值。

(4) 栅、源击穿电压 $U_{(BR)GS}$ 是在结型管中使 PN 结击穿的电压；在 MOS 管中，是使绝缘层击穿的电压。

### 4．使用注意事项

绝缘栅场效应管的输入电阻很高，这方面虽然是优点，但栅极的感应电荷就很难通过它泄放，电荷的积累导致电压的升高，加之，极间电容量较小，因而小量感应电荷就会产生较高的电压，致使当管子还未使用或在焊接时就已经击穿或发生指标下降现象。可采取以下措施防止上述问题出现：存放时，使三个电极短路；焊接时，烙铁要良好接地，最好去掉电源插头再焊；在电路中，应使栅、源间有直流通路；取用管子时注意人体静电对栅极的感应，可在手腕上套一接地的金属箍。

### 5．与晶体三极管的比较

(1) 场效应管是电压控制器件，基本不取信号电流，在只允许向信号源索取极小电流的情况下，应采用场效应管；而三极管是电流控制器件，取用一定的信号电流。

(2) 场效应管为单极型器件，只有多子参与导电；三极管既有多子参与导电也有少子参与导电，因此为双极型器件。场效应管具有较好的温度稳定性，且输入电阻高，抗辐射、抗干扰能力强。

(3) 由于场效应管结构对称，源极和漏极可互换，且耗尽型的 MOS 管的控制电压 $U_{GS}$ 可正、可负，具有一定的灵活性。

(4) 场效应管还具有工艺简单、易集成和占用芯片面积小的优点，尤其适用于大规模的集成电路。

# 1.6　思考题与习题

1.1　能否用 1.5V 的干电池，以正向接法直接加至二极管的两端？试分析这样做会出现什么问题？

1.2　图 1.31 所示电路，$D_1$、$D_2$ 为理想二极管，则 $a$、$o$ 端的电压为多少？

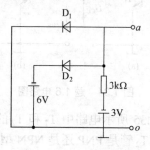

图 1.31　题 1.2 电路图

1.3　图 1.32 所示电路中，已知 $U_s$=5V、$u_i$=10sin$\omega t$ (V)，D 为理想二极管，求输出电压

$u_o$ 的波形。

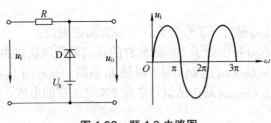

图 1.32　题 1.3 电路图

1.4　图 1.33 所示电路中，硅稳压管 $D_{Z1}$ 的稳定电压为 8V，$D_{Z2}$ 的稳定电压为 6V，正向压降均为 0.7V，试求图中输出电压 $u_o$。

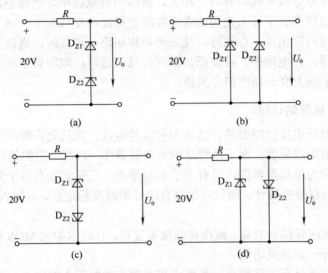

图 1.33　题 1.4 电路图

1.5　简述当温度升高时，对晶体管的电流放大系数 $\beta$、反向饱和电流 $I_{CBO}$、正向导通电压 $U_{BE(on)}$ 的影响？为什么？

1.6　为了使图 1.34 中的晶体管 $T_1$ 工作在截止状态，$T_2$ 工作在放大状态，请在管子各极上标出电位极性及各电位间的大小关系。

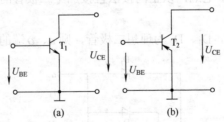

图 1.34　题 1.6 电路图

1.7　用电压表分别测得图 1.35 所示电路中 $T_1$ 和 $T_2$ 的各极对地电位(标在图中)，试问当它们工作在放大状态时，$T_1$ 和 $T_2$ 管是 PNP 还是 NPN 型管？是硅管还是锗管？并在图上标出各个电极。

1.8　试判断图 1.36 所示各管的工作状态(放大、饱和、截止)？

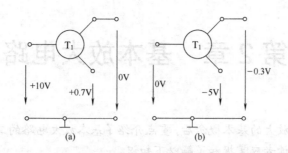

图 1.35  题 1.7 电路图

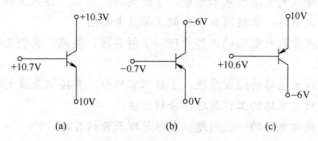

(a)                (b)                (c)

图 1.36  题 1.8 电路图

1.9  某一晶体管的极限参数为 $P_{CM}=100mW$，$I_{CM}=20mA$，$U_{BR(CEO)}=15V$，试问在下列情况下，哪种为正常工作状况？① $U_{CE}=3V$，$I_C=10mA$；② $U_{CE}=2V$，$I_C=40mA$；③ $U_{CE}=8V$，$I_C=18mA$。

1.10  分析图1.37所示电路在输入电压$U_I$为以下各值时，晶体管的工作状态(放大、截止或饱和状态)。

(1)  $U_I=0$。

(2)  $U_I=3V$。

(3)  $U_I=5V$。

提示：把图中虚线框内的电路用戴维南定理化简后再分析。

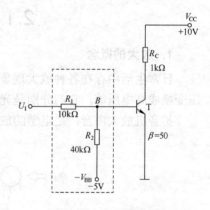

图 1.37  题 1.10 电路图

1.11  场效应管和晶体三极管相比有何特点？

1.12  N 沟道结型场效应管的 $U_{GS}$ 值为什么取负值？

1.13  说明场效应管的开启电压 $U_{GS(th)}$ 和夹断电压 $U_{GS(off)}$ 的含义。N 沟道、P 沟道、耗尽型和增强型的 MOS 管，何者具有 $U_{GS(th)}$？何者具有 $U_{GS(off)}$？它们的极性如何？

# 第2章 基本放大电路

**本章学习目标**

本章在简单介绍放大的基本概念后，重点介绍了基本放大电路的工作原理及分析方法。通过对本章的学习，读者应掌握和了解以下知识。

- 理解三极管放大电路的基本原理，了解共射、共集、共基三种基本放大电路，学会分析放大电路，掌握图解法和微变等效电路法。
- 掌握场效应管放大电路的工作原理，了解共源、共漏、共栅三种基本放大电路及分析方法。
- 掌握多级放大电路的组成原理，了解阻容耦合、直接耦合放大电路。
- 掌握差分放大电路的工作原理、分析方法。
- 了解功率放大电路的一般问题、电路原理及分析方法。
- 了解放大电路的频率特性。

## 2.1 放大电路的概念

### 1. 放大的概念

日常生活中存在各种放大现象，如放大镜放大物体，用杠杆移动重物，变压器将低电压变换成高电压等，它们分别是光学、力学、电学的放大。

扩音机放大声音，是电学的放大，其原理框图如图2.1所示。

**图 2.1 扩音机示意图**

话筒将小的声音信号转换成电信号，经过放大电路放大成足够大的电信号，再通过扬声器将电信号转换成大的声音，放大信号必须是不失真的，即小的声音与大的声音只有大小的区别。不失真是放大电路的前提条件。放大电路的核心器件是三极管和场效应管，只有当三极管工作在放大区，场效应管工作在饱和区时才能实现放大。小的声音变成大的声音，能量增加了，这个增加的能量是直流电源提供的。合理设计放大电路，便是我们本章要解决的主要问题。

### 2. 放大电路的性能指标

对于一个放大电路，我们总希望知道信号被放大了多少倍，信号与放大器、负载与放大器之间如何连接，相互间有什么影响，怎样衡量一个放大器的好坏，等等。为了反映放大电路各方面的性能，引出如下性能指标。

图 2.2 所示为放大电路的示意图。左边为输入端，当内阻为 $R_s$ 的正弦波信号源 $u_s$ 作用时，放大电路有输入电压 $u_i$，同时产生输入电流 $i_i$；右边为输出端，输出电压为 $u_o$，输出电流为 $i_o$，$R_L$ 为负载电阻。任何一个稳态信号都可以分解为若干频率正弦信号的叠加，因此，放大电路总是用正弦信号来分析电路。

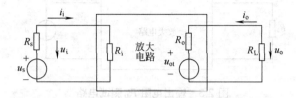

图 2.2　放大电路示意图

1)　放大倍数(增益)

放大倍数是直接衡量放大电路放大能力的重要指标，其值为输出量与输入量之比。

电压放大倍数定义为输出电压 $u_o$ 与输入电压 $u_i$ 之比，即

$$A_u = \frac{u_o}{u_i} \qquad (2-1)$$

电流放大倍数定义为输出电流 $i_o$ 与输入电流 $i_i$ 之比，即

$$A_i = \frac{i_o}{i_i} \qquad (2-2)$$

放大倍数还可以用分贝(dB)表示，把用分贝作单位的放大倍数称为增益。

如：电压增益

$$A_u = 20 \lg A_u \quad (\text{dB}) \qquad (2-3)$$

电流增益

$$A_i = 20 \lg A_i \quad (\text{dB}) \qquad (2-4)$$

本章重点讨论电压放大倍数。

2)　输入电阻

如图 2.2 所示，输入电阻 $R_i$ 是从放大电路输入端看进去的等效电阻，定义为输入电压 $u_i$ 与输入电流 $i_i$ 之比，即

$$R_i = \frac{u_i}{i_i} \qquad (2-5)$$

$R_i$ 越大，放大电路得到的输入电压 $u_i$ 越大，信号源 $u_s$ 在其内阻 $R_s$ 上的损失就越小；反之，$u_i$ 越小，信号源 $u_s$ 在其内阻 $R_s$ 上的损失越大。

3)　输出电阻

如图2.2所示，任何放大电路的输出端都可等效成一个有内阻的电压源，从放大电路输出端看进去的等效内阻，称为输出电阻 $R_o$。

输出电阻可用下列方法求得。

(1)　$u_{ot}$ 为放大电路输出端开路时的输出电压，$u_o$ 为带负载后的输出电压，则输出电阻

$$R_o = \left( \frac{u_{ot}}{u_o} - 1 \right) R_L \qquad (2-6)$$

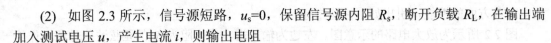

(2) 如图 2.3 所示，信号源短路，$u_s=0$，保留信号源内阻 $R_s$，断开负载 $R_L$，在输出端加入测试电压 $u$，产生电流 $i$，则输出电阻

$$R_o = \frac{u}{i} \tag{2-7}$$

图 2.3　输出电阻 $R_o$ 测试电路

$R_o$ 越小，负载电阻 $R_L$ 变化时，$u_o$ 的变化越小，放大电路带负载能力越强。

输入电阻 $R_i$ 和输出电阻 $R_o$ 是描述电子电路相互连接所产生的影响而引入的参数。如图 2.4 所示，当两个放大电路相互连接时，放大电路 2 的输入电阻 $R_{i2}$ 是放大电路 1 的负载电阻，而放大电路 1 可以看成为放大电路 2 的信号源，内阻就是放大电路 1 的输出电阻 $R_{o1}$，因此，输入电阻与输出电阻均会直接或间接地影响放大电路的放大能力。

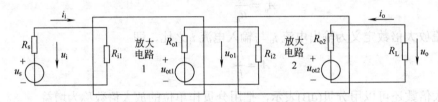

图 2.4　两个放大电路相连接的示意图

4)　通频带

通频带用于衡量放大电路对不同频率信号的放大能力。一般情况下，放大电路只能放大一个特定频率范围内的信号，当信号频率太低或太高时，放大倍数都会下降。图2.5 所示为阻容耦合放大电路电压放大倍数随信号频率变化的关系曲线，称幅频特性。当 $A_u$ 的幅值下降到中频增益 $A_{um}$ 的 $1/\sqrt{2}$ 时，对应的低频频率称下限截止频率 $f_L$，对应的高频频率称上限截止频率 $f_H$。

放大电路的通频带定义为

$$f_{BW} = f_H - f_L \tag{2-8}$$

通频带越宽，表明放大电路的频率特性越好。放大声音信号，其通频带应大于音频 20Hz～20kHz 范围，才不会失真。

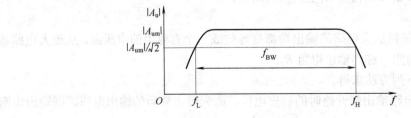

图 2.5　放大电路的通频带

5)　非线性失真

由于放大器件的非线性而引起的失真，如输入信号过大时，输出信号将产生非线性失真。
对于不同的放大电路，还会有其他的性能指标，这将在以后的具体电路中介绍。

# 2.2　三极管放大电路

放大电路广泛用于各种电子设备之中，种类很多，根据用途的不同，一般将其分为电
压放大电路和功率放大电路。电压放大电路主要放大电压信号，功率放大电路主要放大功
率，以驱动负载。三极管、场效应管是组成放大电路的主要器件。下面我们首先讨论三极
管放大电路。按电路结构的不同，可分为共发射极、共集电极、共基极三种基本放大电路。

## 2.2.1　放大电路的组成以及直流通路与交流通路

### 1. 放大电路的组成

组成一个放大电路，必须满足以下三个条件。

(1)　有直流电源：为放大电路提供能源，将微弱的小信号放大。

(2)　有能实现放大作用的器件：三极管、场效应管均可实现放大作用。三极管必须工
作在放大区，即发射结正偏，集电结反偏。场效应管工作在恒流区。

(3)　有信号传输的通道：小信号能有效地从放大电路输入端输入，放大后的信号能从
输出端输出。

基于上述原则，组成图 2.6 所示的共发射极放大电路，简称共射放大电路。

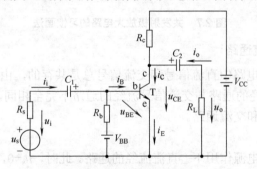

**图 2.6　共发射极放大电路**

首先，对电路中的电流、电压符号做如下规定。

大写字母、大写下标表示直流量，如 $I_B$、$U_{BE}$ 等。

小写字母、小写下标表示交流量，如 $i_b$、$u_{be}$ 等。

小写字母、大写下标表示总瞬时量，如 $i_B$、$u_{BE}$ 等。

大写字母、小写下标表示有效值，如 $I_b$、$U_{be}$ 等。

组成一个放大电路，必须使三极管 T 处于放大状态，电源 $V_{BB}$、基极电阻 $R_b$ 使发射结
正偏，产生直流电压 $U_{BE}$、电流 $I_B$；电源 $V_{CC}$ 是放大电路的能源，为输出信号提供能量，
同时保证集电结反偏，产生直流电压 $U_{CE}$、电流 $I_C$；集电极电阻 $R_c$ 将集电极电流的变化转
换成电压的变化，以实现电压的放大，$R_c$ 的阻值一般为几千欧到几十千欧。选择合适的 $V_{BB}$、

$R_b$、$V_{CC}$、$R_c$，就可使三极管处于放大状态。

$u_s$ 为交流信号源，$R_s$ 为内阻，$u_i$ 为输入电压，$R_L$ 为负载，$u_o$ 为输出电压，电容 $C_1$、$C_2$ 具有隔离直流、通过交流的作用，$C_1$ 使直流信号与 $u_i$ 隔离，$C_2$ 使直流信号与 $u_o$ 隔离，这样输入信号的加入将不会影响放大电路的直流工作状态。只要 $C_1$、$C_2$ 足够大，可视为对交流信号短路，要被放大的小信号 $u_i$ 通过 $C_1$ 顺利地加到三极管基极，经三极管放大，通过 $C_2$ 从负载 $R_L$ 上取出输出电压 $u_o$。

这样，就可实现对输入信号的放大了。

上述电路采用了两个电源 $V_{BB}$、$V_{CC}$，为了减少电源个数，可以改变 $R_b$ 的值，用一个电源 $V_{CC}$ 供电，如图 2.7(a) 所示。

电子电路中，通常把输入回路、输出回路的公共端视为 "地"，设其电位为零，并作为其他各点电位的参考点，习惯上不画电源 $V_{CC}$ 的符号，而只标出对地电位的数值和极性，习惯画法如图 2.7(b) 所示。

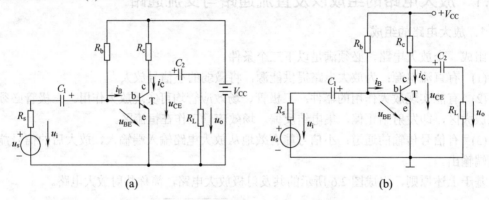

(a)　　　　　　　　　　　(b)

**图 2.7　共发射极放大电路的习惯画法**

**2. 直流通路与交流通路**

一般情况下，放大电路中直流信号和交流信号总是共存的，由于电容、电感等电抗元件的存在，直流信号流经的通路与交流信号流经的通路不完全相同，为了研究问题的方便，常把电路分为直流通路和交流通路。

**1) 直流通路**

直流通路是在直流电源作用下，直流流经的通路。此时，$u_s=0$，$u_i=0$，电路中各处的电压、电流都是直流量，称为静态。静态时，三极管各极的电流、电压可用三极管特性曲线上一个确定的点表示，习惯上称为静态工作点，用 $Q$ 表示。

画直流通路时，电容可视为开路，电感视为短路，信号源短路，保留其内阻，图 2.7(b) 所示电路的直流通路如图 2.8(a) 所示。

**2) 交流通路**

交流通路是在输入信号作用下，交流信号流经的通路。此时，$u_s \neq 0$，$u_i \neq 0$，电路中的电流、电压都是交流量，也称为动态。

画交流通路时，电容可视为短路，无内阻的直流电压源可视为短路。图 2.8(b) 所示为交流通路。交流通路中输入回路与输出回路共用三极管发射极，故称共发射极放大电路。

交流通路用来分析放大电路的动态特性，如电压放大倍数、输入电阻、输出电阻等。

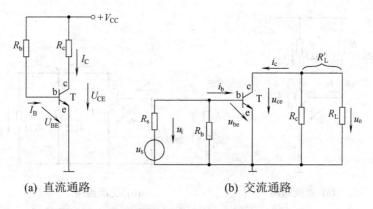

(a) 直流通路　　　　　　　　　(b) 交流通路

图 2.8　共发射极放大电路的直流通路和交流通路

## 2.2.2　放大电路的分析方法

由于放大电路中存在三极管、场效应管等非线性器件，并且交、直流共存，在分析放大电路时，一般采用图解法和微变等效电路法。

### 1．图解法

以三极管特性曲线为基础，通过作图来分析放大电路工作情况的方法称为图解法。

如图 2.9 所示放大电路，三极管的 $\beta = 38$，输入、输出特性曲线如图 2.11 所示。

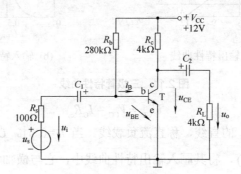

图 2.9　共发射极放大电路

### 1)　静态分析

用图解法求静态工作点。

画出直流通路，如图 2.10(a)所示。

由输入回路可知：

$$U_{BE} = V_{CC} - I_B R_b \tag{2-9}$$

$$I_B = \frac{V_{CC} - U_{BE}}{R_b} \tag{2-10}$$

对于硅管，取 $U_{BE} = 0.7\text{V}$

$$I_B = \frac{V_{CC} - U_{BE}}{R_b} = \frac{12 - 0.7}{280} = 0.04(\text{mA}) = 40(\mu\text{A})$$

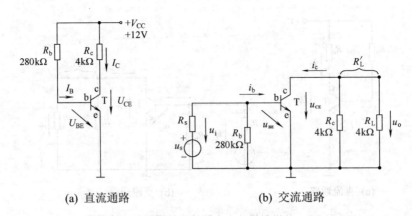

(a) 直流通路         (b) 交流通路

**图 2.10　共发射极放大电路的直流通路和交流通路**

输入特性曲线与 $I_B$=40μA 的水平线的交点即为输入回路的静态工作点 $Q$，如图 2.11(b) 所示。

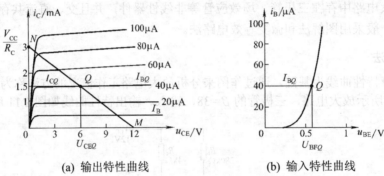

(a) 输出特性曲线        (b) 输入特性曲线

**图 2.11　三极管特性曲线**

由输出回路可得：

$$U_{CE} = V_{CC} - I_C R_c \tag{2-11}$$

这是一条斜率为$-1/R_c$ 的直线，称直流负载线。当 $I_C$=0 时，$U_{CE}=V_{CC}$=12V，当 $U_{CE}$=0 时，$I_C = \dfrac{V_{CC}}{R_c} = \dfrac{12}{4} = 3$(mV)，将其画入输出特性曲线中，它与横轴和纵轴分别交于 $M$(12V，0mA)和 $N$(0V，3mA)两点，如图 2.11(a)所示，这条直线与输出特性曲线中 $I_B$=40μA 的曲线的交点即为静态工作点 $Q$。

从图中测得 $I_{CQ}$=1.5mA，$U_{CEQ}$=6V。

通过图解法，求得放大电路的静态工作点为 $I_{BQ}$=40μA，$I_{CQ}$=1.5mA，$U_{CEQ}$=6V。

2)　动态分析

当放大电路加上交流输入信号 $u_i$ 后，三极管的电压和电流都将在静态值的基础上叠加一个与输入信号相应的交流量，这就是放大电路的动态工作状态。

(1)　由 $u_i$ 在输入特性曲线上求 $i_B$。

设放大电路的输入信号 $u_i$=0.02sin$\omega t$(V)。当它加到放大电路的输入端后，三极管的基极、发射极之间的电压 $u_{BE}$ 就在原有静态值 $U_{BEQ}$ 的基础上叠加了一个交流量 $u_i$，如图 2.12(b) 中曲线 1 所示。

$$u_{BE} = U_{BEQ} + u_i \tag{2-12}$$

根据 $u_{BE}$ 的变化规律，可从输入特性曲线上画出对应的 $i_B$ 的波形，如曲线 2 所示。

$$i_B = I_{BQ} + i_b \tag{2-13}$$

由图可见，基极电流 $i_B$ 将在 $20\sim60\,\mu A$ 变动。

(2) 根据 $i_B$ 在输出特性曲线上求 $i_C$ 和 $u_{CE}$。

输出端负载开路，即不带 $R_L$。输出回路的交流通路如图 2.10(b) 所示，交流负载为 $R_c$，$i_C$ 将沿直流负载线变化，当 $i_B$ 在 $20\sim60\,\mu A$ 变化时，对应 $i_B=60\mu A$ 的输出特性曲线与直流负载线的交点是 $A$ 点；对应 $i_B=20\mu A$ 的输出特性曲线与直流负载线的交点是 $B$ 点，$i_C$ 的变化波形如图 2.12(a) 中曲线 3 所示，曲线 4 是 $u_{CE}$ 的变化波形。它们都受 $u_i$ 产生的 $i_b$ 的控制而按正弦规律变化，均在直流量上叠加了一个交流量，即

$$i_C = I_{CQ} + i_c \tag{2-14}$$

$$u_{CE} = U_{CEQ} + u_{ce} \tag{2-15}$$

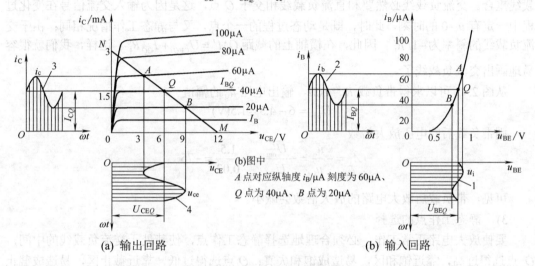

(a) 输出回路　　　　　　　　(b) 输入回路

(b)图中
$A$ 点对应纵轴值 $i_B/\mu A$ 刻度为 $60\mu A$、$Q$ 点为 $40\mu A$、$B$ 点为 $20\mu A$

图 2.12　放大电路的图解法

$u_{CE}$ 中的交流分量 $u_{ce}$ 经过隔直电容 $C_2$，成为输出电压 $u_o$。

从图 2.12 可以看出，交流量 $i_b$ 与 $i_c$ 相位相同，$u_o$ 与 $u_i$ 相位相反，所以，共射放大电路又称为反向放大器。

可以从图中得到放大电路不带负载时的电压放大倍数。

$$A_{uo} = -\frac{u_o}{u_i} = -\frac{U_{om}}{U_{im}} = -\frac{3}{0.02} = -150$$

输出端带有负载 $R_L$，这时交流负载为 $R_L' = R_c // R_L$，输出回路中交流电压和电流的关系为

$$i_c = -\frac{u_{ce}}{R_L'} = -\frac{u_o}{R_L'} \tag{2-16}$$

式(2-16)为通过 $Q$ 点，斜率为 $-1/R_L'$ 的直线，称为交流负载线，如图 2.13 所示。

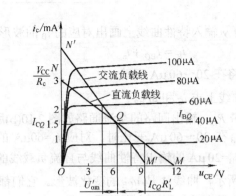

图 2.13 交流负载线

当有 $u_i$ 输入时，$i_c$、$u_{CE}$ 是沿着交流负载线变化的。负载开路时，交流负载线和直流负载线重合。交流负载线必然要和直流负载线相交于 $Q$ 点，这是因为输入交流信号在变化过程中一定有 $u_i=0$ 的时刻，此时，既是动态过程的一个点，又与静态工作情况相同；由于交流负载线的斜率为 $-1/R'_L$，因此，在横轴上的截距 $OM' = U_{CEQ} + I_{CQ}R'_L$。这样，我们就很容易地画出交流负载线了。

从图 2.13 可以求得带负载 $R_L=4\text{k}\Omega$，输出电压 $u_o$ 的幅值

$$U'_{om} = 6 - 4.5 = 1.5(\text{V})$$

则带负载后的电压放大倍数

$$A_u = -\frac{u_o}{u_i} = -\frac{U'_{om}}{U_{im}} = -\frac{1.5}{0.02} = -75$$

可见，带负载后放大电路的放大倍数会减小。

3) 静态工作点的选择

要使放大电路正常工作，必须合理地选择静态工作点，使其处于交流负载线的中间，$Q$ 点选得过高，靠近饱和区，易造成饱和失真；$Q$ 点选得过低，靠近截止区，易造成截止失真，如图 2.14 所示。

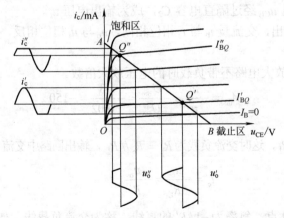

图 2.14 静态工作点 $Q$ 的选择

另外，电路参数也会对 $Q$ 点产生影响。当增大 $R_b$，而其他电路参数不变时，

$I_B = \dfrac{V_{CC} - U_{BE}}{R_b}$，会减小，$Q$ 点移到 $Q_1$，趋向截止区，如图 2.15 所示。

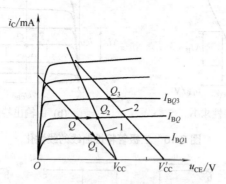

图 2.15　电路参数对静态工作点的影响

当减小 $R_c$，电路其他参数不变时，直流负载线的斜率 $-1/R_c$ 增大，直线变陡，$Q$ 点移至 $Q_2$；当增大电源 $V_{CC}$，电路其他参数不变时，直流负载线向右平移，$I_B$ 增大，$Q$ 点移至 $Q_3$。实际工作中，最常用的方法是调整基极电阻 $R_b$ 的值，来设置合适的静态工作点。

图解法是分析非线性电路的一种常用方法，多适用于输入信号较大的情况，它可以直观、形象地分析放大电路的静态工作情况、动态范围及波形失真等，但不能用来分析频率较高时的电路工作状态，也不能分析放大电路的输入电阻、输出电阻等性能指标。图解法进行定量分析时，误差较大。

### 2. 微变等效电路法

三极管是一种非线性器件，因而使放大电路的分析复杂、困难。为了便于分析和计算，输入信号较小时，把三极管静态工作点附近小范围内的特性曲线近似地用直线代替，从而把三极管组成的非线性电路当作线性电路来处理，这就是微变等效电路分析法。

#### 1) 三极管微变等效电路

图 2.16(a)是三极管共发射极接法时的输入特性曲线，它是非线性的。当输入信号很小时，在静态工作点 $Q$ 附近的一段曲线可视为直线，等效为一个电阻

$$r_{be} = \frac{\Delta U_{BE}}{\Delta I_B} = \frac{u_{be}}{i_b} \qquad (2\text{-}17)$$

称为三极管的输入电阻，它是一个动态电阻，与 $Q$ 点的位置有关，一般为几百欧到几千欧。

常温下，低频小功率管的输入电阻可由下述公式估算：

$$r_{be} = 200 + (1+\beta)\frac{26(\text{mV})}{I_{EQ}} \qquad (2\text{-}18)$$

式中，$I_{EQ}$ 是 $Q$ 点的发射极电流，$I_{EQ} = (1+\beta)I_{BQ} \approx I_{CQ}$。

因此，三极管的输入回路可以用一个电阻 $r_{be}$ 来等效，如图 2.17(b)所示。

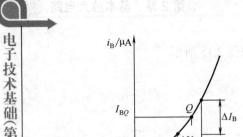
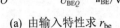

(a) 由输入特性求 $r_{be}$

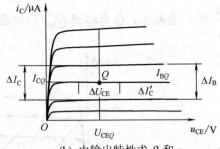

(b) 由输出特性求 $\beta$ 和 $r_{ce}$

**图 2.16　三极管特性曲线的线性化**

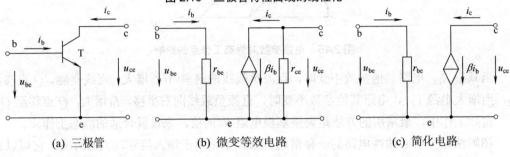

(a) 三极管　　　　(b) 微变等效电路　　　　(c) 简化电路

**图 2.17　三极管的微变等效电路**

图 2.16(b)是三极管的输出特性曲线，在放大区输出特性曲线近似为一组水平的直线，具有恒流特性，可以等效为一个受控源。

$$\beta = \frac{\Delta I_C}{\Delta I_B} = \frac{i_c}{i_b} \tag{2-19}$$

$$i_c = \beta i_b \tag{2-20}$$

另外，三极管的输出特性曲线并不完全平行，在 $Q$ 点附近，有一等效电阻

$$r_{ce} = \frac{\Delta U_{CE}}{\Delta I_C} = \frac{u_{ce}}{i_c} \tag{2-21}$$

称为三极管的输出电阻，从输出回路看，$r_{ce}$ 为受控源的内阻，与 $\beta i_b$ 并联，如图 2.17(b)所示。$r_{ce}$ 阻值很大，一般为几十千欧到几百千欧，实际计算时，常视为开路，则微变等效电路可简化为图 2.17(c)。

2)　微变等效电路法

再以图 2.9 所示放大电路为例，用微变等效电路法进行分析。

(1)　静态分析。

画直流通路如图 2.10(a)所示，求静态工作点。

写出输入回路方程：

$$U_{BE} = V_{CC} - I_B R_b$$

$$I_B = \frac{V_{CC} - U_{BE}}{R_b} \tag{2-22}$$

三极管处于放大状态，发射结正偏，$U_{BE}$ 为导通电压，硅管为 $0.6 \sim 0.7\text{V}$，一般取 $0.7\text{V}$；锗管为 $0.2 \sim 0.3\text{V}$，一般取 $0.2\text{V}$。

$V_{CC}$ 和 $R_b$ 选定后，$I_B$ 即为固定值，故此直流通路又称固定偏置电路。

三极管处于放大状态：

$$I_C = \beta I_B \tag{2-23}$$

写出输出回路方程：

$$U_{CE} = V_{CC} - I_C R_c \tag{2-24}$$

即可算出静态工作点 $I_B$、$I_C$、$U_{CE}$。

(2) 动态分析。

将图 2.18(b)所示交流通路中的三极管用微变等效电路代替，如图 2.18(b)所示，分析放大电路的动态指标。

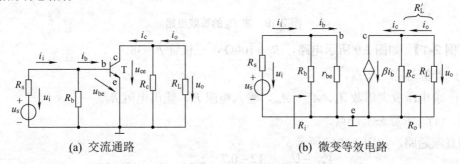

(a) 交流通路　　　　　　　　　　(b) 微变等效电路

**图 2.18　交流通路与微变等效电路**

① 电压放大倍数 $A_u$。

由图 2.18(b)可知

$$u_i = i_b r_{be}$$
$$u_o = -i_c R'_L = -\beta i_b R'_L \qquad (R'_L = R_c /\!/ R_L)$$

根据电压放大倍数的定义

$$A_u = \frac{u_o}{u_i} = -\frac{\beta i_b R'_L}{i_b r_{be}} = -\frac{\beta R'_L}{r_{be}} \tag{2-25}$$

式中，负号表示输出电压与输入电压相位相反。

当放大电路输出端开路时，可得空载时的电压放大倍数

$$A_{uo} = -\frac{\beta R_c}{r_{be}} \tag{2-26}$$

源电压放大倍数是指输出电压 $u_o$ 与源电压 $u_s$ 之比。

$$A_{us} = \frac{u_o}{u_s} = \frac{u_o}{u_i} \cdot \frac{u_i}{u_s} = \frac{R_i}{R_s + R_i} A_u \tag{2-27}$$

② 输入电阻 $R_i$。

根据输入电阻的定义

$$R_i = \frac{u_i}{i_i} = \frac{i_i(R_b /\!/ r_{be})}{i_i} = R_b /\!/ r_{be} \tag{2-28}$$

③ 输出电阻 $R_o$。

根据输出电阻的定义，将信号源短路，负载开路，在输出端加入测试电压 $u$，产生电

流 $i$，如图 2.19 所示，由于 $i_b=0$，$\beta i_b=0$，$u=iR_c$，则输出电阻

$$R_o = \frac{u}{i} = R_c \qquad (2\text{-}29)$$

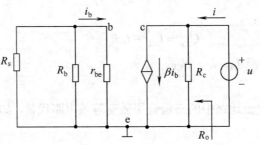

图 2.19  求 $R_o$ 的等效电路

【例 2-1】  如图 2.9 所示电路，$R_s=100\Omega$，三极管 $\beta=38$。

(1)  计算静态工作点。

(2)  求电压放大倍数 $A_u$、$A_{uo}$、$A_{us}$，输入电阻 $R_i$，输出电阻 $R_o$。

**解**  (1)  求静态工作点。

画直流通路，如图 2.10(a)所示。

$$I_{BQ} = \frac{V_{CC} - U_{BE}}{R_b} = \frac{12 - 0.7}{280} = 0.04(\text{mA}) = 40(\mu\text{A})$$

$$I_{CQ} = \beta I_B = 38 \times 0.04 = 1.52(\text{mA})$$

$$U_{CEQ} = V_{CC} - I_C R_c = 12 - 1.52 \times 4 = 5.92(\text{V})$$

计算结果比图解法更为准确。

(2)  画交流通路、微变等效电路，如图 2.18 所示。

$$r_{be} = 200 + (1+\beta)\frac{26(\text{mV})}{I_{EQ}} = 200 + (1+38) \times \frac{26}{1.52} = 867(\Omega)$$

输入电阻    $R_i = R_b // r_{be} = \dfrac{280 \times 0.867}{280 + 0.867} = 0.864(\text{k}\Omega)$

输出电阻    $R_o = R_c = 4\text{k}\Omega$

电压放大倍数    $A_u = -\dfrac{\beta R_L'}{r_{be}} = -\dfrac{\beta(R_c // R_L)}{r_{be}} = -\dfrac{38 \times 2}{0.867} = -87.7$

开路电压放大倍数    $A_{uo} = -\dfrac{\beta R_c}{r_{be}} = \dfrac{38 \times 4}{0.867} = -175.3$

源电压放大倍数    $A_{us} = \dfrac{R_i}{R_s + R_i} A_u = \dfrac{0.864}{0.1 + 0.864} \times (-87.7) = -78.6$

## 2.2.3  分压式共发射极放大电路

### 1. 放大电路静态工作点的稳定

静态工作点 $Q$ 的位置与放大电路的性能指标密切相关，选择不当，不但会引起放大电

路失真，还会影响到放大电路的动态性能指标，设置一个合适且稳定不变的静态工作点是放大电路设计的一个重要问题。

引起 $Q$ 点不稳定的原因很多，如电源电压波动，电路参数变化，三极管老化等，但主要原因是三极管特性参数($U_{BE}$、$I_B$、$I_{CBO}$)随温度变化造成 $Q$ 点偏离原来的数值。如图 2.20 所示，20℃时，某放大电路的静态工作点为 $Q$ 点，当温度升到 50℃时，由于 $U_{BE}$ 减小，使 $I_B$ 增大，$\beta$ 也增大，因而静态工作点移到了 $Q'$ 点。对于这种现象，固定偏置共发射极放大电路无法使 $Q$ 点稳定，因此，必须从电路结构上加以改进。

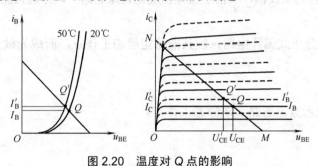

图 2.20　温度对 $Q$ 点的影响

**2. 分压式共发射极放大电路**

图 2.21 所示为分压式共发射极放大电路，这个电路能稳定静态工作点。其直流通路如图 2.21(b)所示。

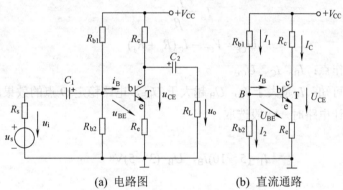

(a) 电路图　　　　　　(b) 直流通路

图 2.21　分压式共发射极放大电路

$B$ 点的电流方程为：

$$I_1 = I_2 + I_B$$

为了稳定 $Q$ 点，通常选择合适的电阻 $R_{b1}$、$R_{b2}$，使 $I_1 \gg I_B$，$I_1 \approx I_2$。

$B$ 点的电位

$$U_B \approx \frac{R_{b2}}{R_{b1} + R_{b2}} V_{CC}$$

可见，基极电位 $U_B$ 仅由 $R_{b1}$、$R_{b2}$ 和 $V_{CC}$ 决定，与环境温度无关，即当温度升高时，$U_B$ 基本不变。

温度升高时，集电极电流 $I_C$ 增大，发射极电流 $I_E$ 相应增大，发射极电阻 $R_e$ 上的电压 $U_E = I_E R_e$ 随之增大，由于 $U_B$ 不变，而 $U_{BE} = U_B - U_E$，所以 $U_{BE}$ 减小，导致 $I_B$ 减小，$I_C = \beta I_B$

随之减小，这样 $I_C$ 随温度升高而增大的部分几乎被由于 $I_B$ 减小而使 $I_C$ 减少的部分相抵消，$I_C$ 将基本保持不变，$U_{CE}$ 也不变，从而使静态工作点 $Q$ 得到稳定，将上述过程描述如下：

$$T_C \uparrow \rightarrow I_C \uparrow \rightarrow I_E \uparrow \rightarrow U_E \uparrow (U_E = I_E R_e) \rightarrow U_{BE} = U_B - U_E \downarrow \rightarrow I_B \downarrow \rightarrow I_C \downarrow$$

温度降低时，过程相反。

可以看出，$R_e$ 在稳定静态工作点的过程中起着重要作用。这种利用输出回路中电流 $I_E$ 在 $R_e$ 上的直流电压降 $U_E$，使输入回路电压 $U_{BE}$ 自动调节的方法，称为反馈，由于反馈的结果使输出量减小，所以称为负反馈，又由于反馈出现在直流通路中，称为直流负反馈，$R_e$ 为反馈电阻。

这个电路称为分压式偏置电路，因其能稳定静态工作点，而成为放大电路的基本偏置电路。

1) 静态分析

如图 2.21(b)所示直流通路，求静态工作点。

由于 $I_1 \gg I_B$：

$$U_B = \frac{R_{b2}}{R_{b1} + R_{b2}} V_{CC} \tag{2-30}$$

$$I_C \approx I_E = \frac{U_B - U_{BE}}{R_e} \tag{2-31}$$

$$I_B = \frac{I_C}{\beta} \tag{2-32}$$

$$U_{CE} = V_{CC} - I_C(R_c + R_e) \tag{2-33}$$

求得静态工作点：$I_B$、$I_C$、$U_{CE}$。

由上述分析可知：$I_1$ 越大于 $I_B$，$U_B$ 越大于 $U_{BE}$，电路稳定 $Q$ 点的效果越好，但为了兼顾其他指标，设计电路时，一般选取：

硅管：

$$I_1 = (5 \sim 10)I_B, \quad U_B = (3 \sim 5)V \tag{2-34}$$

锗管：

$$I_1 = (10 \sim 20)I_B, \quad U_B = (1 \sim 3)V \tag{2-35}$$

2) 动态分析

画交流通路如图 2.22(a)所示，用三极管微变等效电路代替三极管，画出微变等效电路，如图 2.22(b)所示。

(1) 电压放大倍数 $A_u$。

由图 2.22(b)可知：

$$u_o = -i_c R_L' = -\beta i_b R_L' \quad (R_L' = R_c /\!/ R_L)$$

$$u_i = i_b r_{be} + i_e R_e = i_b[r_{be} + (1+\beta)R_e]$$

$$A_u = \frac{u_o}{u_i} = -\frac{\beta R_L'}{r_{be} + (1+\beta)R_e} \tag{2-36}$$

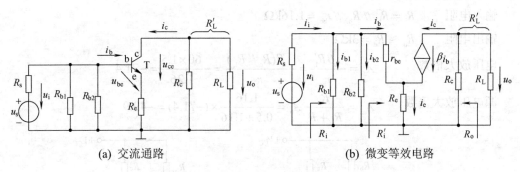

(a) 交流通路　　　　　　　　　　　　(b) 微变等效电路

**图 2.22　分压式共发射极放大电路**

(2)　输入电阻 $R_i$。

$$R_i' = \frac{u_i}{i_b} = \frac{i_b[r_{be} + (1+\beta)R_e]}{i_b} = r_{be} + (1+\beta)R_e$$

$$R_i = \frac{u_i}{i_i} = \frac{i_i(R_{b1} /\!/ R_{b2} /\!/ R_i')}{i_i} = R_{b1} /\!/ R_{b2} /\!/ R_i' \tag{2-37}$$

$$= R_{b1} /\!/ R_{b2} /\!/ [r_{be} + (1+\beta)R_e]$$

接入 $R_e$ 后，输入电阻 $R_i$ 提高了。

(3)　输出电阻 $R_o$。

$$R_o \approx R_c \tag{2-38}$$

可见，接入发射极电阻 $R_e$，电压放大倍数降低了，尽管静态工作点 $Q$ 得到了稳定。$R_e$ 越大，$A_u$ 下降越多，为了不使电压放大倍数下降，常在 $R_e$ 两端并联一个大电容 $C_e$，容值约为几十到几百微法，称为旁路电容，如图 2.23 所示。由于 $C_e$ 对交流短路，其交流通路如图 2.23(c) 所示，与图 2.10(b) 相同，电压放大倍数不会下降。直流通路则不变，如图 2.23(b) 所示。

**【例 2-2】**　如图 2.23 所示，$V_{CC}=15\text{V}$，$R_s=500\Omega$，$R_{b1}=60\text{k}\Omega$，$R_{b2}=20\text{k}\Omega$，$R_e=2\text{k}\Omega$，$R_c=R_L=3\text{k}\Omega$，$U_{BE}=0.7\text{V}$，$\beta=60$，在 $R_e$ 两端并联一旁路电容 $C_e$。

(1)　求静态工作点 $Q$。

(2)　分别计算有、无旁路电容 $C_e$ 两种情况下的 $A_u$、$A_{us}$、$R_i$、$R_o$。

**解**　(1)　求静态工作点 $Q$。画出直流通路，如图 2.23(b) 所示。

$$U_B = \frac{R_{b2}}{R_{b1}+R_{b2}} V_{CC} = \frac{20 \times 15}{60+20} = 3.75\text{V}$$

$$I_{CQ} \approx I_{EQ} = \frac{U_B - U_{BE}}{R_e} = \frac{3.75-0.7}{2} = 1.5\text{mA}$$

$$I_{BQ} = \frac{I_{CQ}}{\beta} = \frac{1.5}{60} = 25\mu\text{A}$$

$$U_{CEQ} = V_{CC} - I_{CQ}(R_c + R_e) = 15 - 1.5 \times (3+2) = 7.5(\text{V})$$

(2)　有旁路电容 $C_e$ 时，画出交流通路，如图 2.23(c) 所示。

$$r_{be} = 200 + (1+\beta)\frac{26(\text{mV})}{I_{EQ}} = 200 + (1+60) \times \frac{26}{1.5} = 1.26(\text{k}\Omega)$$

输入电阻      $R_i = R_{b1} /\!/ R_{b2} /\!/ r_{be} = 1.16 \text{k}\Omega$

输出电阻      $R_o \approx R_c = 3\text{k}\Omega$

电压放大倍数      $A_u = -\dfrac{\beta R'_L}{r_{be}} = -\dfrac{\beta(R_c /\!/ R_L)}{r_{be}} = -\dfrac{60 \times 1.5}{1.26} = -71.4$

源电压放大倍数      $A_{us} = \dfrac{R_i}{R_s + R_i} A_u = \dfrac{1.16}{0.5 + 1.16} \times (-71.4) = -49.9$

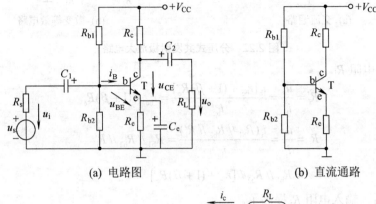

(a) 电路图            (b) 直流通路

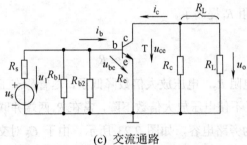

(c) 交流通路

**图 2.23 共发射极放大电路**

(3) 断开旁路电容 $C_e$，直流通路如图 2.23(b)所示，与上述电路相同，交流通路与微变等效电路如图 2.22(a)、(b)所示。

输入电阻      $R_i = R_{b1} /\!/ R_{b2} /\!/ [r_{be} + (1+\beta)R_e] = 13.4\text{k}\Omega$

输出电阻      $R_o \approx R_c = 3\text{k}\Omega$

电压放大倍数      $A_u = \dfrac{u_o}{u_i} = -\dfrac{\beta R'_L}{r_{be} + (1+\beta)R_e} = -\dfrac{60 \times 1.5}{1.26 + (1+60) \times 2} = -1.8$

源电压放大倍数      $A_{us} = \dfrac{R_i}{R_s + R_i} A_u = \dfrac{13.4}{0.5 + 13.4} \times (-1.8) = -1.7$

可见，输入电阻 $R_i$ 增大很多，电压增益 $A_u$ 下降很大。

## 2.2.4 共集电极放大电路

如图 2.24(a)所示为共集电极放大电路，图 2.24(c)是它的交流通路。从交流通路可见，输入回路与输出回路共用集电极，故称共集电极放大电路，又由于从发射极输出信号，也称射极跟随器。

**1．静态分析**

直流通路如图 2.24(b)所示，求静态工作点。

写出输入回路方程：

$$V_{CC} = I_B R_b + U_{BE} + (1+\beta)I_B R_e$$

$$I_B = \frac{V_{CC} - U_{BE}}{R_b + (1+\beta)R_e} \tag{2-39}$$

$$I_C = \beta I_B \tag{2-40}$$

$$I_E = (1+\beta)I_B \approx I_C \tag{2-41}$$

$$U_{CE} = V_{CC} - I_E R_e \tag{2-42}$$

**2．动态分析**

交流通路如图 2.24(c)所示，微变等效电路如图 2.24(d)所示。

(1)　电压放大倍数 $A_u$。

$$u_o = (1+\beta)i_b R_L' \qquad (R_L' = R_e \mathbin{/\mkern-4mu/} R_L)$$

$$u_i = i_b r_{be} + (1+\beta)i_b R_L'$$

$$A_u = \frac{u_o}{u_i} = \frac{(1+\beta)R_L'}{r_{be} + (1+\beta)R_L'} \approx 1 \tag{2-43}$$

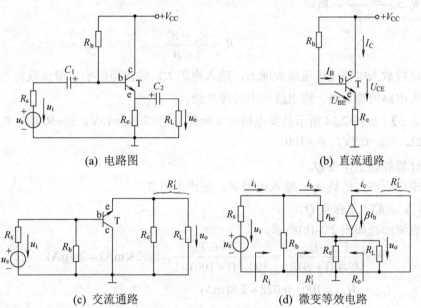

(a) 电路图　　　　(b) 直流通路

(c) 交流通路　　　　(d) 微变等效电路

**图 2.24　共集电极放大电路**

可见，共集电极放大电路的电压放大倍数小于 1，但接近于 1，没有电压放大作用，且输入、输出相位相同，故称射极跟随器。

(2)　输入电阻 $R_i$。

$$R_i' = \frac{u_i}{i_b} = r_{be} + (1+\beta)R_L'$$

$$R_{\mathrm{i}} = \frac{u_{\mathrm{i}}}{i_{\mathrm{i}}} = R_{\mathrm{b}} /\!/ R_{\mathrm{i}}' = R_{\mathrm{b}} /\!/ [r_{\mathrm{be}} + (1+\beta)R_{\mathrm{L}}'] \qquad (2\text{-}44)$$

(3) 输出电阻 $R_{\mathrm{o}}$。

根据输出电阻的定义,将信号源短路,负载开路,在输出端加入测试电压 $u$,产生电流 $i$,如图 2.25 所示。

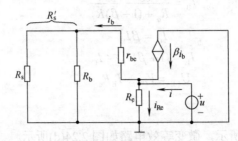

图 2.25 求共集电极放大电路输出电阻的等效电路

输出电阻

$$R_{\mathrm{o}} = \frac{u}{i} = \frac{r_{\mathrm{be}} + R_{\mathrm{s}}'}{1+\beta} /\!/ R_{\mathrm{e}} \qquad (R_{\mathrm{s}}' = R_{\mathrm{s}} /\!/ R_{\mathrm{b}}) \qquad (2\text{-}45)$$

通常 $R_{\mathrm{e}} \gg \dfrac{r_{\mathrm{be}} + R_{\mathrm{s}}'}{1+\beta}$,所以

$$R_{\mathrm{o}} \approx \frac{r_{\mathrm{be}} + R_{\mathrm{s}}'}{1+\beta} \qquad (2\text{-}46)$$

共集电极放大电路无电压放大能力,输入电阻大,输出电阻小,带负载能力强,常用作多级放大电路的输入级、输出级或中间缓冲级。

【例 2-3】 如图 2.24 所示共集电极放大电路,已知 $V_{\mathrm{CC}}=12\mathrm{V}$,$R_{\mathrm{s}}=500\Omega$,$R_{\mathrm{b}}=300\mathrm{k}\Omega$,$R_{\mathrm{e}}=R_{\mathrm{L}}=1\mathrm{k}\Omega$,$U_{\mathrm{BE}}=0.7\mathrm{V}$,$\beta=100$。

(1) 计算静态工作点 $Q$。

(2) 求电压放大倍数 $A_{\mathrm{u}}$,输入电阻 $R_{\mathrm{i}}$,输出电阻 $R_{\mathrm{o}}$。

**解** (1) 求静态工作点 $Q$。

直流通路如图 2.24(b)所示。

$$I_{\mathrm{B}Q} = \frac{V_{\mathrm{CC}} - U_{\mathrm{BE}}}{R_{\mathrm{b}} + (1+\beta)R_{\mathrm{e}}} = \frac{12 - 0.7}{300 + (1+100)\times 1} = 0.028(\mathrm{mA}) = 28(\mu\mathrm{A})$$

$$I_{\mathrm{C}Q} = \beta I_{\mathrm{B}Q} = 100 \times 0.028 = 2.8(\mathrm{mA})$$

$$I_{\mathrm{E}Q} \approx I_{\mathrm{C}Q}$$

$$U_{\mathrm{CE}Q} = V_{\mathrm{CC}} - I_{\mathrm{E}Q}R_{\mathrm{e}} = 12 - 2.8 \times 1 = 9.2(\mathrm{V})$$

(2) 交流通路如图 2.24(c)、(d)所示。

$$r_{\mathrm{be}} = 200 + (1+\beta)\frac{26(\mathrm{mV})}{I_{\mathrm{E}Q}} = 200 + (1+100)\times \frac{26}{2.8} = 1.14\mathrm{k}\Omega$$

电压放大倍数 $\qquad A_{\mathrm{u}} = \dfrac{(1+\beta)R_{\mathrm{L}}'}{r_{\mathrm{be}} + (1+\beta)R_{\mathrm{L}}'} = 0.979 \qquad (R_{\mathrm{L}}' = R_{\mathrm{e}} /\!/ R_{\mathrm{L}})$

输入电阻
$$R_i = R_b \,/\!/ \,[r_{be} + (1 + \beta)R'_L] = 44.1\text{k}\Omega$$

输出电阻
$$R_o = \frac{r_{be} + R'_s}{1 + \beta} = 16.2\Omega \qquad (R'_s = R_s \,/\!/\, R_b)$$

可以看出，电压放大倍数接近于 1，输入电阻很大，输出电阻很小。

## 2.2.5  共基极放大电路

如图 2.26(a)所示为共基极放大电路，图 2.26(c)是交流通路，输入、输出回路共用基极，故称共基极放大电路。

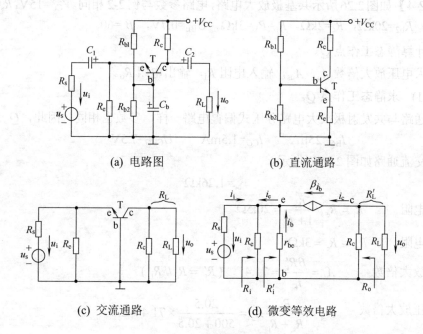

(a) 电路图  (b) 直流通路

(c) 交流通路  (d) 微变等效电路

图 2.26  共基极放大电路

### 1. 静态分析

直流通路如图 2.26(b)所示，与分压式偏置电路相同，静态工作点的求法也相同。

### 2. 动态分析

交流通路如图 2.26(c)所示，微变等效电路如图 2.26(d)所示。

(1)  电压放大倍数 $A_u$。

$$u_o = -i_c R'_L = -\beta i_b R'_L \qquad (R'_L = R_c \,/\!/\, R_L)$$
$$u_i = -i_b r_{be}$$

$$A_u = \frac{u_o}{u_i} = \frac{\beta R'_L}{r_{be}} \tag{2-47}$$

(2) 输入电阻 $R_i$。

$$R_i' = \frac{u_i}{-i_e} = \frac{-i_b r_{be}}{-(1+\beta)i_b} = \frac{r_{be}}{1+\beta}$$

$$R_i = R_e // R_i' = R_e // \frac{r_{be}}{1+\beta} \qquad (2\text{-}48)$$

(3) 输出电阻。

$$R_o \approx R_c \qquad (2\text{-}49)$$

可见，共基极放大电路有电压放大作用，输入、输出电压相位相同，输入电阻很低，输出电阻与共射极放大电路相同。

**【例2-4】** 如图 2.26 所示共基极放大电路，电路参数与例 2-2 相同。$V_{CC}=15\text{V}$，$R_s=500\,\Omega$，$R_{b1}=60\text{k}\Omega$，$R_{b2}=20\text{k}\Omega$，$R_e=2\text{k}\Omega$，$R_c=R_L=3\text{k}\Omega$，$U_{BE}=0.7\text{V}$，$\beta=60$。

(1) 计算静态工作点 $Q$。

(2) 求电压放大倍数 $A_u$、$A_{us}$，输入电阻 $R_i$，输出电阻 $R_o$。

**解** (1) 求静态工作点 $Q$。

直流通路与共发射极放大电路分压式偏置电路一样，参数也相同，因此，$Q$ 点相同。

$$I_{BQ}=25\mu\text{A} \qquad I_{CQ}=1.5\text{mA} \qquad U_{CEQ}=7.5\text{V}$$

(2) 交流通路如图 2.26(c)所示。

$$r_{be}=1.26\text{k}\Omega$$

输入电阻 $\qquad R_i = R_e // \dfrac{r_{be}}{1+\beta} = 20.5\Omega$

输出电阻 $\qquad R_o \approx R_c = 3\text{k}\Omega$

电压放大倍数 $\qquad A_u = \dfrac{\beta R_L'}{r_{be}} = 71.4 \qquad (R_L' = R_c // R_L)$

源电压放大倍数 $\qquad A_{us} = \dfrac{R_i}{R_s + R_i} A_u = \dfrac{20.5}{500 + 20.5} \times 71.4 = 2.8$

表 2.1 给出了共射、共集、共基极三种基本放大电路的主要性能及用途。

共射极放大电路的电压、电流和功率放大倍数都较大，输入电阻在三种电路中居中，输出电阻较大，频带较窄，常作为低频电压放大电路的基本电路。共集电极放大电路不能放大电压，但能放大电流，是三种电路中输入电阻最大，输出电阻最小的电路，常用作输入级、输出级和中间缓冲级，在功率放大电路中常采用射极输出的形式。共基极放大电路只能放大电压，不能放大电流，输入电阻小，电压放大倍数和输出电阻与共发射极电路相当，频率特性是三种电路中最好的，常用于高频和宽带放大电路。实际应用时，可根据具体要求，合理选用。

表 2.1　三种基本放大电路的主要性能

| 主要性能 | 共发射极放大电路 | | 共集电极放大电路 | 共基极放大电路 |
|---|---|---|---|---|
| | 固定偏置电路 | 分压式偏置电路 | | |
| 电路图 | | | | |
| 电压增益 $A_u$ | $A_u = -\dfrac{\beta R'_L}{r_{be}}$ $(R'_L = R_c // R_L)$ | $A_u = -\dfrac{\beta R'_L}{r_{be}+(1+\beta)R_e}$ $(R'_L = R_c // R_L)$ | $A_u = \dfrac{(1+\beta)R'_L}{r_{be}+(1+\beta)R'_L}$ $(R'_L = R_e // R_L)$ | $A_u = \dfrac{\beta R'_L}{r_{be}}$ $(R'_L = R_c // R_L)$ |
| $u_o$ 与 $u_i$ 的相位关系 | 反相(相差180°) | 反相 | 同相 | 同相 |
| 最大电流增益 $A_i$ | $A_i = \beta$ | $A_i = \beta$ | $A_i = 1+\beta$ | $A_i = \alpha$ |
| 输入电阻 | $R_i = R_b // r_{be}$ | $R_i = R_{b1} // R_{b2} // [r_{be}+(1+\beta)R_e]$ | $R_i = R_b // [r_{be}+(1+\beta)R'_L]$ | $R_i = R_e // \dfrac{r_{be}}{1+\beta}$ |
| 输出电阻 | $R_o \approx R_c$ | $R_o \approx R_c$ | $R_o = R_b // \dfrac{r_{be}+R'_s}{1+\beta} // R_c$ $(R'_s = R_s // R_b)$ | $R_o \approx R_c$ |
| 用途 | 多级放大电路中的中间级 | 多级放大电路中的中间级 | 输入级、中间级、输出级 | 高频或宽频带电路及恒流源电路 |

# 2.3  场效应管放大电路

与三极管一样，场效应管也是组成放大电路的主要器件，按电路结构的不同，可分为共源极、共漏极和共栅极 3 种基本放大电路，它们分别和三极管的共发射极、共集电极和共基极放大电路对应，电路如图 2.27 所示。放大电路中电源、偏置电路、电容的作用，也分别与三极管放大电路相同。

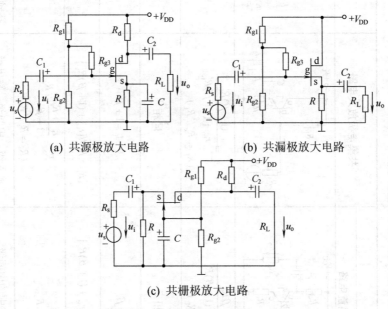

(a) 共源极放大电路         (b) 共漏极放大电路

(c) 共栅极放大电路

图 2.27  场效应管的 3 种放大电路

## 2.3.1  场效应管放大电路的偏置电路

场效应管是电压控制器件，改变栅源电压 $u_{GS}$ 的大小，可以有效地控制漏极电流 $i_D$。场效应管实现放大作用时，必须工作在恒流区，因此须设置正确的静态工作点，常用的场效应管放大电路的直流偏置电路有两种形式：自偏置电路和分压式偏置电路，如图 2.28 所示。

图 2.28(a)所示为自偏置电路，由于 $I_G=0$，则 $U_G=0$，漏极电流 $I_D$ 流过源极电阻 $R$，产生压降 $U_S=I_DR$，栅源间的电压 $U_{GS}=U_G-U_S=-I_DR$，必然小于零。这种偏置电路适用于结型场效应管和耗尽型 MOS 管，不适用于增强型 MOS 管。图 2.28(b)所示为耗尽型 MOS 管自偏置电路。

结型场效应管和耗尽型 MOS 管，工作在恒流区，漏极电流 $I_D$ 由式(1-9)确定，对于图 2.28(a) 所示的偏置电路，联立求解

$$\left. \begin{array}{l} U_{GS} = -I_D R \\ I_D = I_{DSS}\left(1 - \dfrac{U_{GS}}{U_{GS(off)}}\right)^2 \end{array} \right\} \tag{2-50}$$

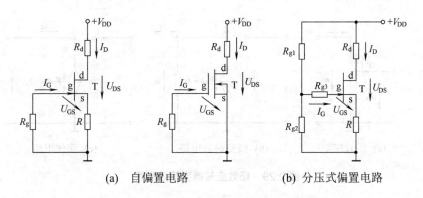

(a)　自偏置电路　　　　　　　　(b)　分压式偏置电路

图 2.28　场效应管放大电路的两种偏置电路

求得 $I_D$、$U_{GS}$ 后，则

$$U_{DS} = V_{DD} - I_D(R_d + R) \tag{2-51}$$

即求出静态工作点：$I_D$、$U_{GS}$、$U_{DS}$。

图 2.28(c)所示为分压式偏置电路，由于 $I_G=0$，则 $R_{g3}$ 上没有压降，$R_{g1}$ 与 $R_{g2}$ 对电源 $V_{DD}$

分压 $U_G = \dfrac{R_{g2}}{R_{g1} + R_{g2}} V_{DD}$，源极电压 $U_S = I_D R$。则

$$U_{GS} = U_G - U_S = \frac{R_{g2}}{R_{g1} + R_{g2}} V_{DD} - I_D R \tag{2-52}$$

与式(1-8)联立求解，即可得静态工作点。

若场效应管是增强型 MOS 管，则与式(1-10)联立求解

$$\left. \begin{array}{l} U_{GS} = U_G - U_S = \dfrac{R_{g2}}{R_{g1} + R_{g2}} V_{DD} - I_D R \\[4mm] I_D = I_{D0}\left( \dfrac{U_{GS}}{U_{GS(th)}} - 1 \right)^2 \end{array} \right\} \tag{2-53}$$

求得 $I_D$、$U_{GS}$。

$$U_{DS} = V_{DD} - I_D(R_d + R) \tag{2-54}$$

即求出静态工作点：$I_D$、$U_{GS}$、$U_{DS}$。

场效应管放大电路静态工作点 $Q$ 的确定，还可采用图解法，其方法与三极管图解法相似，读者可自行分析。

## 2.3.2　场效应管放大电路的动态分析

场效应管动态分析可采用图解法或微变等效电路法，这里只介绍微变等效电路法。

用微变等效电路法分析共源、共漏、共栅极放大电路的步骤与三极管电路相同。

### 1．场效应管的微变等效电路

和三极管一样，在低频小信号作用下场效应管工作在饱和区，在静态工作点 $Q$ 附近，特性曲线可以视为直线，建立场效应管的微变等效电路如图 2.29 所示。

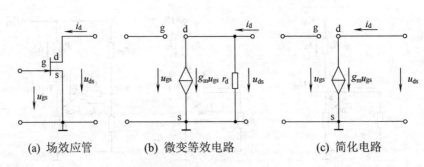

(a) 场效应管　　　(b) 微变等效电路　　　(c) 简化电路

**图 2.29　场效应管微变等效电路**

无论是哪种类型的场效应管，其输入回路都有极高的输入电阻，输入电流为零，因此，场效应管的输入回路可视为开路；输出回路可用一个压控电流源 $g_m u_{gs}$ 与输出电阻 $r_d$ 并联等效，通常 $r_d$ 很大，可视为开路。则微变等效电路可简化为图 2.29(c)所示。其中：

$$i_d = g_m u_{gs} \tag{2-55}$$

**2．共源极放大电路的动态分析**

图 2.30 所示为共源极场效应管放大电路，图 2.30(c)所示为交流通路，输入回路与输出回路共用源极，故称共源极放大电路。

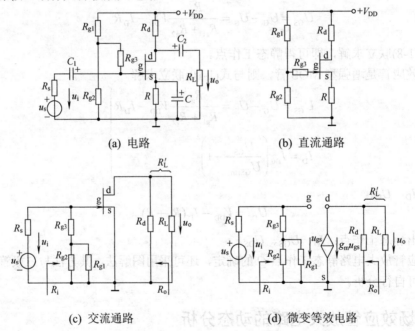

(a) 电路　　　　　　　　　　(b) 直流通路

(c) 交流通路　　　　　　　　(d) 微变等效电路

**图 2.30　共源极放大电路**

(1)　电压放大倍数 $A_u$。

由图 2.30(d)可知

$$u_i = u_{gs}$$

$$u_o = -g_m u_{gs} R_L' \qquad (R_L' = R_d \ // \ R_L)$$

$$A_u = \frac{u_o}{u_i} = -g_m R_L' \tag{2-56}$$

式中，负号表示共源极放大电路的输出电压与输入电压相位相反。

(2) 输入电阻。

$$R_i = R_{g3} + (R_{g1} /\!/ R_{g2}) \tag{2-57}$$

当 $R_{g3} >> (R_{g1} /\!/ R_{g2})$ 时，

$$R_i \approx R_{g3} \tag{2-58}$$

(3) 输出电阻。

$$R_o = R_d \tag{2-59}$$

由此可见，共源极放大电路有一定的电压放大倍数，输出电压与输入电压反相；输入电阻大，输出电阻近似等于 $R_d$。

【例 2-5】 如图 2.30 所示共源极放大电路，已知 $V_{DD}=20$V，$R_{g1}=150$kΩ，$R_{g2}=50$kΩ，$R_{g3}=1$MΩ，$R=10$kΩ，$R_d=10$kΩ，$R_L=10$kΩ，场效应管参数 $I_{DSS}=1$mA，$g_m=0.3$ms，$U_{GS(off)}=-5$V。

(1) 计算静态工作点 $Q$。

(2) 求电压放大倍数 $A_u$，输入电阻 $R_i$，输出电阻 $R_o$。

**解**　(1) 求静态工作点 $Q$。

如图 2.30(b)所示，画出直流通路。

有　　$U_{GS} = U_G - U_S = \dfrac{R_{g2}}{R_{g1} + R_{g2}} V_{DD} - I_D R = \dfrac{50}{150+50} \times 20 - 10I_D = 5 - 10I_D$

$$I_D = I_{DSS} \left( 1 - \frac{U_{GS}}{U_{GS(off)}} \right)^2 = \left( 1 + \frac{5 - 10I_D}{5} \right)^2$$

联立求解，得两组解　$I_{D1}=1.64$mA，$U_{GS1}=-11.4$V

$$I_{D2}=0.61\text{mA}，\quad U_{GS2}=-1.1\text{V}$$

由于 $U_{GS1} < U_{GS(off)}$，管子已截止，不合理，应舍去。

所以，静态工作点为　$I_{DQ} = 0.61$mA

$$U_{GSQ} = -1.1\text{V}$$

$$U_{DSQ} = V_{DD} - I_{DQ}(R_d + R) = 20 - (10+10) \times 0.61 = 7.8\text{(V)}$$

(2) 电压放大倍数。　$A_u = -g_m (R_d /\!/ R_L) = -0.3 \times \dfrac{10 \times 10}{10+10} = -1.5$

输入电阻　　$R_i = R_{g3} + (R_{g1} /\!/ R_{g2}) = \left( 1000 + \dfrac{150 \times 50}{150+50} \right) = 1.04\text{MΩ} \approx R_{g3}$

输出电阻　　$R_o = R_d = 10$kΩ

由此例可见，共源极放大电路的电压放大倍数远不如共发射极放大电路，但其输入电阻很高，一般用于需要高输入电阻的场合。

### 3．共漏极放大电路的动态分析

图 2.31 所示为共漏极场效应管放大电路。

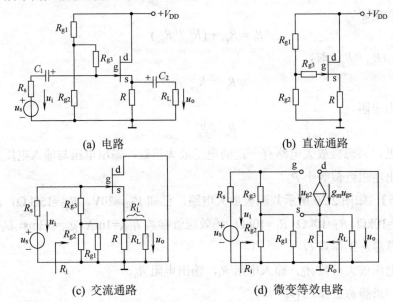

(a) 电路　　　　　　　　　　　　　(b) 直流通路

(c) 交流通路　　　　　　　　　　　(d) 微变等效电路

**图 2.31　共漏极放大电路**

(1)　电压放大倍数 $A_u$。

共漏极放大电路的微变等效电路如图 2.31(d)所示。

$$u_o = g_m u_{gs} R_L' \qquad (R_L' = R /\!/ R_L)$$

$$u_i = u_{gs} + u_o$$

$$A_u = \frac{u_o}{u_i} = \frac{g_m R_L'}{1 + g_m R_L'} \tag{2-60}$$

可见，共漏极放大电路的电压放大倍数 $A_u$ 小于 1，但接近于 1，输出电压与输入电压相位相同，所以，也是一个电压跟随器。

(2)　输入电阻。

$$R_i = R_{g3} + (R_{g1} /\!/ R_{g2}) \tag{2-61}$$

当 $R_{g3} \gg (R_{g1} /\!/ R_{g2})$ 时，

$$R_i \approx R_{g3} \tag{2-62}$$

(3)　输出电阻。

根据输出电阻的定义，将图 2.31(d)中的信号源 $u_s$ 短路，负载 $R_L$ 开路，在输出端加电压 $u$，产生电流 $i$，画出求共漏极输出电阻 $R_o$ 的电路，如图 2.32 所示。

由图可知

$$i = i_R - g_m u_{gs} = \frac{u}{R} - g_m u_{gs}$$

$$u_{gs} = -u$$

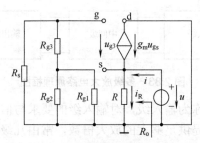

图 2.32　求共漏极输出电阻 $R_o$ 的电路

所以

$$i = u\left(\frac{1}{R} + g_m\right)$$

输出电阻

$$R_o = \frac{u}{i} = \frac{1}{\frac{1}{R} + g_m} = R \mathbin{/\mkern-5mu/} \frac{1}{g_m} \tag{2-63}$$

共漏极放大电路的输出电阻等于源极电阻 $R$ 和跨导的倒数 $1/g_m$ 的并联，所以，输出电阻很小。

参照上述分析方法，读者可自行分析共栅极放大电路的动态工作情况。

【例 2-6】　如图 2.31 所示共漏极放大电路，已知 $R_{g1}=150\text{k}\Omega$，$R_{g2}=50\text{k}\Omega$，$R_{g3}=5\text{M}\Omega$，$R=10\text{k}\Omega$，$R_L=10\text{k}\Omega$，场效应管参数 $g_m=4\text{ms}$，求：电压放大倍数 $A_u$，输入电阻 $R_i$，输出电阻 $R_o$。

**解**　电压放大倍数　　$A_u = \dfrac{g_m R_L'}{1 + g_m R_L'} = \dfrac{4 \times 5}{1 + 4 \times 5} = 0.95$

输入电阻　　$R_i = R_{g3} + (R_{g1} \mathbin{/\mkern-5mu/} R_{g2}) \approx R_{g3} = 5\text{M}\Omega$

输出电阻　　$R_o = R \mathbin{/\mkern-5mu/} \dfrac{1}{g_m} = 10 \mathbin{/\mkern-5mu/} \dfrac{1}{4} = 0.25(\text{k}\Omega)$

场效应管与三极管比较，优点是可以组成高输入电阻的放大电路，具有噪声低、温度稳定性好、抗辐射能力强等特点，而且便于集成化，因而被广泛应用于各种电子电路中。

场效应管的放大能力比三极管差，共源极放大电路的电压放大倍数只有几到十几倍，而共发射极放大电路的电压放大倍数可达百倍以上。另外，场效应管栅源之间的等效电容只有几皮法到几十皮法，栅源电阻又很大，若有感应电荷则不易释放，形成高电压（$U=Q/C$），将栅源间的绝缘层击穿，造成管子损坏，使用时，应注意保护。目前，很多场效应管在制作时已在栅源之间并联了一个二极管以限制栅源间的电压幅值，防止击穿。

## 2.4　多级放大电路

实际应用中，常对放大电路提出多方面的要求，如：高的电压放大倍数、很大的输入电阻、很小的输出电阻等，前述的基本放大电路往往不能满足这些要求，通常就将基本放大电路连接起来，组成多级放大电路，原理框图如图 2.33 所示。

图 2.33 多级放大电路原理框图

多级放大电路的第一级称为输入级，对输入级的要求与信号源的性质有关；中间级主要是对电压信号进行放大，提供足够大的放大倍数，常由几级放大电路组成；最后一级是输出级，与负载相连，由于需要输出足够大的功率，一般为功率放大电路。

多级放大电路是由基本放大电路连接而成，级与级之间的连接，称为耦合，常见的耦合方式有阻容耦合、直接耦合、变压器耦合和光电耦合等，下面介绍前两种耦合方式。

## 2.4.1 阻容耦合放大电路

图 2.34 所示为两级阻容耦合共发射极放大电路，电容 $C_1$、$C_2$、$C_3$ 将信号源、第一级、第二级与负载相连。

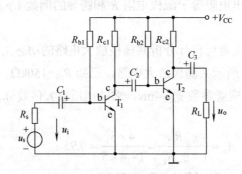

图 2.34 阻容耦合两级放大电路

将放大电路的前级输出端通过电容连接到后级输入端，称为阻容耦合。由于电容对直流量的容抗为无穷大，各级间的直流通路相互独立，每级的静态工作点 $Q$ 互不干扰，静态工作点的计算与基本放大电路相同，电路的分析、设计、调试简单易行。

阻容耦合多级放大电路的动态分析可用下述方法得到。

如图 2.35 所示为 $n$ 级放大电路的交流等效电路框图。

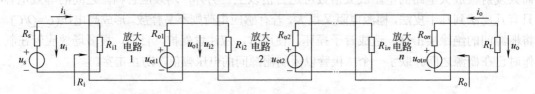

图 2.35 多级放大电路交流等效电路框图

可见，放大电路前级的输出电压就是后级的输入电压，即 $u_{o1}=u_{i2}$，$u_{o2}=u_{i3}$…所以，多级放大电路的电压放大倍数为

$$A_u = \frac{u_o}{u_{i1}} = \frac{u_{o1}}{u_{i1}} \cdot \frac{u_{o2}}{u_{i2}} \cdot \cdots \cdot \frac{u_o}{u_{in}} = A_{u1} \cdot A_{u2} \cdot \cdots \cdot A_{un} \tag{2-64}$$

多级放大电路的电压放大倍数等于各级放大电路电压放大倍数之积。

多级放大电路的输入电阻就是第一级放大电路的输入电阻，即

$$R_{\mathrm{i}} = R_{\mathrm{i1}} \tag{2-65}$$

输出电阻就是多级放大电路最后一级的输出电阻，即

$$R_{\mathrm{o}} = R_{\mathrm{o}n} \tag{2-66}$$

阻容耦合放大电路不适用放大缓慢变化的信号，对这类信号，电容呈现的容抗很大，信号一部分甚至全部衰减在耦合电容上，不能向后一级传递。另外，在集成电路中制造大容量的电容很困难，因此，阻容耦合方式不便于集成化，只有在分立元件组成的放大电路中，才采用阻容耦合方式。

**【例 2-7】** 如图 2.36 所示共集电极、共发射极两级放大电路。已知 $V_{\mathrm{CC}}=12\mathrm{V}$，$R_{\mathrm{s}}=500\,\Omega$，$R_{\mathrm{b1}}=300\mathrm{k}\Omega$，$R_{\mathrm{e1}}=3\mathrm{k}\Omega$，$R_{\mathrm{b2}}=15\mathrm{k}\Omega$，$R_{\mathrm{b3}}=5\mathrm{k}\Omega$，$R_{\mathrm{c2}}=2\mathrm{k}\Omega$，$R_{\mathrm{e2}}=2\mathrm{k}\Omega$，$R_{\mathrm{L}}=2\mathrm{k}\Omega$，$V_{\mathrm{BE}}=0.7\mathrm{V}$，$\beta_1=\beta_2=50$。

(1) 求静态工作点 $Q$。

(2) 计算电压放大倍数 $A_{\mathrm{u}}$，源电压放大倍数 $A_{\mathrm{us}}$，输入电阻 $R_{\mathrm{i}}$，输出电阻 $R_{\mathrm{o}}$。

**解**　(1)　求静态工作点 $Q$。

分别画出两级放大电路的直流通路，如图 2.36(b)所示。

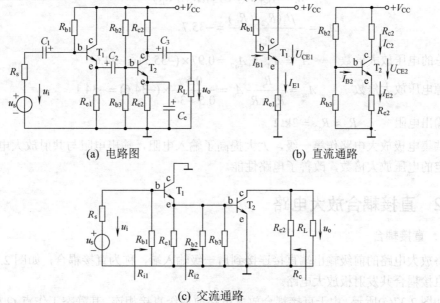

(a) 电路图　　　　　　　(b) 直流通路

(c) 交流通路

**图 2.36　阻容耦合两级放大电路**

第一级：

$$I_{\mathrm{B1}Q} = \frac{V_{\mathrm{CC}} - U_{\mathrm{BE}}}{R_{\mathrm{b1}} + (1+\beta_1)R_{\mathrm{e1}}} = \frac{12-0.7}{300+51\times3} = 0.025(\mathrm{mA}) = 25(\mu\mathrm{A})$$

$$I_{\mathrm{C1}Q} = \beta_1 I_{\mathrm{B1}Q} = 50\times0.025 = 1.25(\mathrm{mA})$$

$$I_{\mathrm{E1}Q} = (1+\beta_1)I_{\mathrm{B1}Q} = 1.3\mathrm{mA}$$

$$U_{\mathrm{CE1}Q} = V_{\mathrm{CC}} - I_{\mathrm{E1}Q}R_{\mathrm{e1}} = 12-1.3\times3 = 8.1(\mathrm{V})$$

第二级：

$$U_{\mathrm{B2}} = \frac{R_{\mathrm{b3}}}{R_{\mathrm{b2}}+R_{\mathrm{b3}}}V_{\mathrm{CC}} = \frac{5}{15+5}\times12 = 3(\mathrm{V})$$

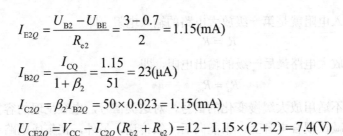

$$I_{E2Q} = \frac{U_{B2} - U_{BE}}{R_{e2}} = \frac{3-0.7}{2} = 1.15(\text{mA})$$

$$I_{B2Q} = \frac{I_{CQ}}{1+\beta_2} = \frac{1.15}{51} = 23(\mu A)$$

$$I_{C2Q} = \beta_2 I_{B2Q} = 50 \times 0.023 = 1.15(\text{mA})$$

$$U_{CE2Q} = V_{CC} - I_{C2Q}(R_{c2} + R_{e2}) = 12 - 1.15 \times (2+2) = 7.4(\text{V})$$

(2) 画出交流等效电路，如图 2.36(c)所示。

$$r_{be1} = 200 + (1+\beta_1)\frac{26\text{mV}}{I_{E1Q}\text{mA}} = 200 + \frac{51 \times 26}{1.3} = 1.2(\text{k}\Omega)$$

$$r_{be2} = 200 + (1+\beta_2)\frac{26\text{mV}}{I_{E2Q}\text{mA}} = 200 + \frac{51 \times 26}{1.15} = 1.4(\text{k}\Omega)$$

输入电阻　　　$R_i = R_{i1} = R_{b1} // [r_{be1} + (1+\beta_1)(R_{e1} // R_{i2})] = 35\text{k}\Omega$

$$R_{i2} = R_{b2} // R_{b3} // r_{be2} = 1\text{k}\Omega$$

电压放大倍数　　　$A_{u1} = \dfrac{u_{o1}}{u_i} = \dfrac{(1+\beta_1)(R_{e1} // R_{i2})}{r_{be1} + (1+\beta_1)(R_{e1} // R_{i2})} = 0.97$

$$A_{u2} = -\frac{\beta_2(R_{c2} // R_L)}{r_{be2}} = -35.7$$

总的电压放大倍数　　　$A_u = A_{u1} \cdot A_{u2} = 0.97 \times (-35.7) = -34.6$

源电压放大倍数　　　$A_{us} = \dfrac{R_i}{R_s + R_i} A_u = \dfrac{0.5}{0.5 + 34} \times (-34.6) = -34.1$

输出电阻　　　$R_o \approx R_{o2} = 2\text{k}\Omega$

共集电极放大电路作第一级，大大提高了输入电阻，输出电阻与共射放大电路相同，有一定的电压放大倍数，改善了电路性能。

## 2.4.2　直接耦合放大电路

### 1. 直接耦合

将放大电路的前级输出端直接连接到后一级输入端，称为直接耦合，如图 2.37 所示为两级直接耦合共发射极放大电路。

如图 2.37(a)所示，由于直接耦合放大电路前后级直接相连，其静态工作点 $Q$ 相互影响，静态时，$u_i = 0$，$T_1$ 的集电极与 $T_2$ 的基极相连，两点电位相等，$U_{CEQ1} = U_{BEQ2} = 0.7\text{V}$，则 $T_1$ 管的静态工作点靠近饱和区，易引起饱和失真。要使第一级有合适的静态工作点，必须抬高 $T_2$ 管的基极电位，为此，在 $T_2$ 管的发射极加电阻 $R_{e2}$，如图 2.37(b)所示。

接入 $R_{e2}$ 后，选择适当的参数，两极均可有合适的静态工作点，但 $R_{e2}$ 的接入，会使第二级的电压放大倍数下降，从而影响整个电路的放大能力。因此，常在 $R_{e2}$ 的位置上接入二极管，或是接入一个稳压管 $D_z$，如图 2.37(b)、(c)所示，这样既可以得到合适的静态工作点，又由于二极管、稳压管的动态电阻较小，而不会引起电压放大倍数的明显下降。还可以采用 NPN、PNP 两管配合使用的方法，如图 2.37(a)所示。

直接耦合放大电路能够放大缓慢变化的信号，易于集成化，因此得到越来越广泛的应用。但由于其静态工作点相互影响，给分析、设计、调试电路带来一定困难。

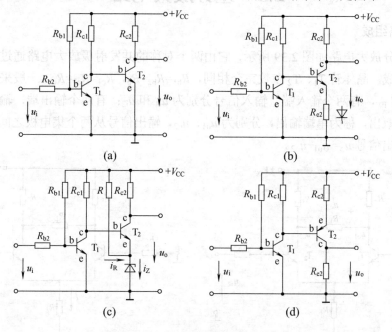

图 2.37　直接耦合两级放大电路

### 2．零点漂移

在直接耦合放大电路中，若将输入信号短接($u_i=0$)，输出端仍有缓慢变化的输出信号 $u_o$，如图 2.38 所示。这种现象称为零点漂移，简称零漂。

引起零漂的原因很多，如电源电压的波动、元件的老化等，但主要是由于温度对三极管参数的影响造成的，因此，也称零点漂移为温度漂移，简称温漂。

阻容耦合放大电路，由于有耦合电容隔直，前级的输出电压漂移不会传到第二级；直接耦合放大电路的前级电压漂移会直接传入后级，并进行放大，级数越多，放大倍数越大，以至无法区分信号与零漂，造成放大电路不能正常工作，因此，直接耦合放大电路必须克服零漂问题。

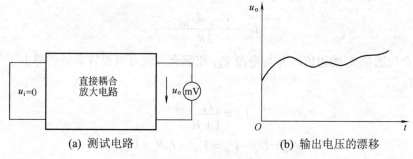

(a) 测试电路　　　　　　　　(b) 输出电压的漂移

图 2.38　零点漂移现象

# 2.5 差分放大电路

## 1. 电路组成

基本差分放大电路如图 2.39 所示，它由两个对称的共发射极放大电路通过发射极电阻直接耦合组成。晶体管 $T_1$、$T_2$ 参数完全相同，$R_{b1}=R_{b2}=R_b$，$R_{c1}=R_{c2}=R_c$，一般采用双电源供电，$V_{CC}=-V_{EE}$，有两个输入端，输入信号分别为 $u_{i1}$ 和 $u_{i2}$；有两个输出端，输出信号从任一个集电极取出，称为单端输出，分别为 $u_{o1}$、$u_{o2}$，输出信号从两个集电极之间取出，称双端输出，输出信号 $u_o=u_{o1}-u_{o2}$。

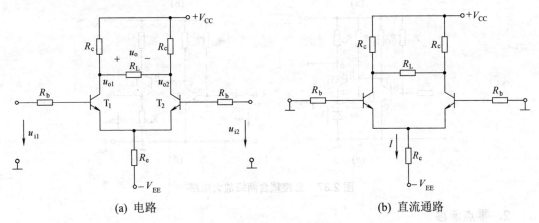

(a) 电路          (b) 直流通路

**图 2.39 基本差分放大电路**

## 2. 静态分析

静态时，输入信号短接，$u_{i1}=u_{i2}=0$，直流通路如图 2.39(b)所示，由于电路完全对称，$I_{B1}=I_{B2}=I_B$，$I_{C1}=I_{C2}=I_C$，$I_{E1}=I_{E2}=I_E$，$U_{CE1}=U_{CE2}=U_{CE}$，流经 $R_e$ 的电流 $I=2I_E$，根据基极回路方程：

$$I_B R_b + U_{BE} + 2I_E R_e = V_{EE} \qquad (2\text{-}67)$$

通常情况下，$R_b$ 的阻值很小，$I_B$ 也很小，$R_b$ 上的电压可忽略不计，发射极电位 $U_E \approx -U_{BE}$，则

$$I_E = \frac{V_{EE} - U_{BE}}{2R_e} \qquad (2\text{-}68)$$

只要合理选择 $R_e$ 的阻值，并与电源 $V_{EE}$ 相配合，就可以设置合适的静态工作点，由 $I_E$ 可得 $I_B$、$U_{CE}$。

$$I_B = \frac{I_E}{1+\beta} \qquad (2\text{-}69)$$

$$U_{CE} = U_C - U_E = V_{CC} - I_C R_c + U_{BE} \qquad (2\text{-}70)$$

此时，$U_{C1}=U_{C2}$，$U_O=U_{C1}-U_{C2}=0$。即输入信号为零时，输出信号也为零。当温度变化引起两管集电极电流变化时，由于电路的对称性，两管集电极电压的变化相等，因而输出总电压为零，所以，差分放大电路抑制了温度引起的零点漂移，同时，$R_e$ 也具有稳定静态

工作点的作用。

### 3. 输入信号

**1) 差模输入信号**

在差分放大电路两输入端分别加上一对大小相等、极性相反的信号，称为差模输入信号，$u_{i1}=u_{id1}$，$u_{i2}=u_{id2}=-u_{id1}$。

**2) 共模输入信号**

在差分放大电路两输入端分别加上一对大小相等，极性相同的信号，称为共模输入信号，$u_{i1}=u_{i2}=u_{ic}$。

**3) 任意输入信号**

$u_{i1}$、$u_{i2}$为任意输入信号，加在差分放大电路输入端，将 $u_{i1}$ 与 $u_{i2}$ 用下列形式表示：

$$u_{i1} = \frac{u_{i1}+u_{i2}}{2} + \frac{u_{i1}-u_{i2}}{2} = u_{ic} + \frac{u_{id}}{2} \tag{2-71}$$

$$u_{i2} = \frac{u_{i1}+u_{i2}}{2} - \frac{u_{i1}-u_{i2}}{2} = u_{ic} - \frac{u_{id}}{2} \tag{2-72}$$

其中：$u_{ic} = \dfrac{u_{i1}+u_{i2}}{2}$，称为共模输入电压，$u_{id} = u_{i1}-u_{i2}$，称为差模输入电压。

可见，一对任意输入信号可以分解为一对共模输入信号与差模输入信号之和。

当 $u_{i1}=u_i$，$u_{i2}=0$ 时，称为差分放大电路单端输入。

### 4. 差模特性

在差分放大电路输入端加入一对大小相等、极性相反的差模输入信号 $u_{id1}$、$u_{id2}$，则差模输出信号 $u_{od1}$、$u_{od2}$ 大小相等、方向相反，如图 2.40(a)所示。

在差模输入信号作用下，两管集电极电流大小相等、方向相反，$i_{e1}=-i_{e2}$，流过 $R_e$ 的电流 $i=i_{e1}+i_{e2}=0$，在 $R_e$ 上没有压降，$E$ 点电位不变，画交流通路时，可以认为 $E$ 点接地。又由于输出电压 $u_{od1}=-u_{od2}$，负载电阻 $R_L$ 的中点电位总等于零，从而使每管的负载电阻为 $R_L/2$，于是，可画交流通路如图 2.40(b)所示。

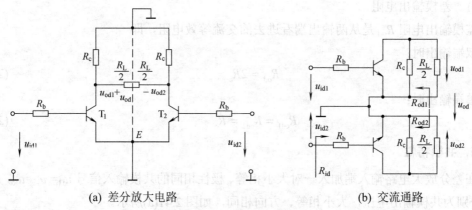

(a) 差分放大电路  　　　　(b) 交流通路

**图 2.40　差模交流通路**

1) 差模电压放大倍数

差分放大电路双端输出时，差模电压放大倍数 $A_{ud}$ 定义为差模输出电压 $u_{od}$ 与差模输入电压 $u_{id}$ 之比，即

$$A_{ud} = \frac{u_{od}}{u_{id}} \qquad (2\text{-}73)$$

式中，差模输入电压为两差模输入信号之差，即

$$u_{id} = u_{id1} - u_{id2} = 2u_{id1} = -2u_{id2} \qquad (2\text{-}74)$$

差模输出电压为两差模输出信号之差，即

$$u_{od} = u_{od1} - u_{od2} = 2u_{od1} = -2u_{od2} \qquad (2\text{-}75)$$

由图 2.40(b)可知：

$$A_{ud} = \frac{u_{od}}{u_{id}} = \frac{2u_{od1}}{2u_{id1}} = -\frac{\beta\left(R_c \,/\!/\, \dfrac{R_L}{2}\right)}{R_b + r_{be}} \qquad (2\text{-}76)$$

差分放大电路双端输入、双端输出的差模电压放大倍数 $A_{ud}$ 等于单管共射放大电路的电压放大倍数。

单端输出时，每管的负载电阻为 $R_L$，差模电压放大倍数 $A_{ud1}$、$A_{ud2}$ 定义为单端差模输出电压与差模输入电压之比，即

$$A_{ud1} = \frac{u_{od1}}{u_{id}} = \frac{u_{od1}}{2u_{id1}} = -\frac{\beta(R_c \,/\!/\, R_L)}{2(R_b + r_{be})} \qquad (2\text{-}77)$$

$$A_{ud2} = \frac{u_{od2}}{u_{id}} = \frac{u_{od2}}{-2u_{id2}} = \frac{\beta(R_c \,/\!/\, R_L)}{2(R_b + r_{be})} = -A_{ud1} \qquad (2\text{-}78)$$

$A_{ud1}$、$A_{ud2}$ 大小相等、符号相反，数值为一个单管共射放大电路电压放大倍数的一半。

2) 差模输入电阻

差模输入电阻 $R_{id}$ 是从两输入端看进去的交流等效电阻，即

$$R_{id} = 2(R_b + r_{be}) \qquad (2\text{-}79)$$

3) 差模输出电阻

差模输出电阻 $R_{od}$ 是从两输出端看进去的交流等效电阻，即

双端输出时：

$$R_{od} = 2R_c \qquad (2\text{-}80)$$

单端输出时：

$$R_{od1} = R_{od2} = R_c \qquad (2\text{-}81)$$

**5. 共模特性**

在差分放大电路输入端加入一对大小相等、极性相同的共模输入信号 $u_{i1} = u_{i2} = u_{ic}$，$u_{oc1}$、$u_{oc2}$ 分别为共模输出电压，大小相等、方向相同，如图 2.41(a)所示。

在共模信号作用下，两管集电极电流大小相等，$i_{e1} = i_{e2} = I_e$，方向相同，流过 $R_e$ 上的电流为 $2i_e$，在 $R_e$ 上的压降 $u_e = 2i_e R_e = i_e(2R_e)$，从电压等效的观点来看，只要 $u_e$ 保持不变，可

以认为每管发射极接了一个 $2R_e$ 的电阻。

　　由于电路对称，输出电压 $u_{oc1}=u_{oc2}$，负载电阻 $R_L$ 上的共模信号电流为零，相当于开路，所以，画出交流通路如图 2.41(b)所示。

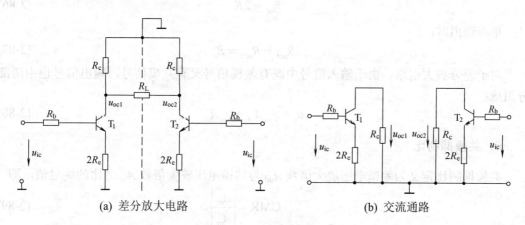

(a) 差分放大电路　　　　　　　　　　　　　(b) 交流通路

**图 2.41　共模交流通路**

1)　共模电压放大倍数

双端输出时，共模电压放大倍数 $A_{uc}$ 定义为双端共模输出电压与共模输入电压之比，即

$$A_{uc} = \frac{u_{oc}}{u_{ic}} = \frac{u_{oc1}-u_{oc2}}{u_{ic}} \tag{2-82}$$

由于电路完全对称，$u_{oc1}=u_{oc2}$，共模电压放大倍数 $A_{uc}=0$。

温度变化或电源电压波动引起的两管集电极电流的变化，可等效为在输入端加入了共模输入信号，输入信号中相同的干扰信号也可视为共模信号。

双端输出时，$A_{uc}=0$，说明差分放大电路对共模信号有很强的抑制作用。

单端输出时，每管的负载电阻为 $R_L$，共模电压放大倍数 $A_{uc1}$、$A_{uc2}$ 定义为单端共模输出电压与共模输入电压之比，即

$$A_{uc1} = A_{uc2} = \frac{u_{oc1}}{u_{ic}} = \frac{u_{oc2}}{u_{ic}} = -\frac{\beta(R_c /\!/ R_L)}{R_b + r_{be} + (1+\beta) \cdot 2R_e} \tag{2-83}$$

一般情况下，$(1+\beta) \cdot 2R_e >> (R_b + r_{be})$，上式可简化为

$$A_{uc1} = A_{uc2} = -\frac{\beta(R_c /\!/ R_L)}{(1+\beta) \cdot 2R_e} = -\frac{R'_L}{2R_e} \quad (R'_L = R_c /\!/ R_L) \tag{2-84}$$

实际电路中，$2R_e > R'_L$，$A_{uc1} < 1$，说明差分放大电路对共模信号没有放大作用，$R_e$ 越大，$A_{uc1}$ 越小，对共模信号的抑制能力越强。

2)　共模输入电阻

从两输入端看进去的共模输入电阻为两单管放大电路输入电阻的并联。

$$R_{ic} = \frac{1}{2}[R_b + r_{be} + (1+\beta) \cdot 2R_e] \tag{2-85}$$

通常 $R_e$ 在几千欧以上，共模输入电阻比差模输入电阻大很多。

3）共模输出电阻

双端输出时：

$$R_{oc} = 2R_c \tag{2-86}$$

单端输出时：

$$R_{oc1} = R_{oc2} = R_c \tag{2-87}$$

对于差分放大电路，由于输入信号中既有差模信号又有共模信号，输出信号也由两部分组成：

$$u_o = u_{id}A_{ud} + u_{ic}A_{uc} \tag{2-88}$$

### 6．共模抑制比

共模抑制比定义为差模电压放大倍数 $A_{ud}$ 与共模电压放大倍数 $A_{uc}$ 之比的绝对值，即

$$CMR = \left| \frac{A_{ud}}{A_{uc}} \right| \tag{2-89}$$

或用分贝表示为

$$CMR(dB) = 20\lg \left| \frac{A_{ud}}{A_{uc}} \right| \tag{2-90}$$

共模抑制比越大，表示差分放大电路对共模信号的抑制作用越强。一般差分放大电路的 CMR 约为 60dB，较好的可达 120dB。

电路完全对称时，若采用双端输出，由于 $A_{uc} \approx 0$，CMR 趋于无穷大；若采用单端输出，根据式(2-77)和式(2-83)可得

$$CMR = \left| \frac{A_{ud1}}{A_{uc1}} \right| \approx \frac{\beta R_e}{R_b + r_{be}} \tag{2-91}$$

由上式可见，为了提高电路对共模信号的抑制能力，必须提高 $R_e$，因此，常采用直流电阻小、交流电阻大的电流源代替 $R_e$，如图 2.42 所示，其中 $R_P$ 为调零电位器。

调节 $R_P$ 可改变两管的静态工作点，用以解决由于两边电路不对称而造成的输入为零、输出不为零的现象。$R_P$ 约为几十到几百欧姆。

### 7．传输特性

传输特性是描述差分放大电路输出信号随差模输入信号变化的规律。图 2.39 所示差分放大电路的传输特性如图 2.43 所示。中间一段差模输入电压与输出电压是线性关系，其斜率就是差分放大电路的差模电压放大倍数。输入信号过大，输出就会产生失真，若再增大输入信号，则输出信号趋于恒值，数值由电源电压决定。

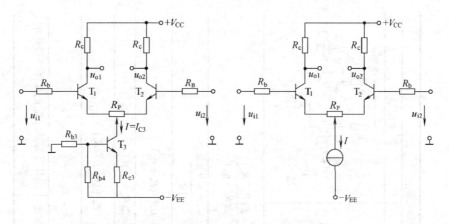

图 2.42 具有恒流源偏置的差分放大电路

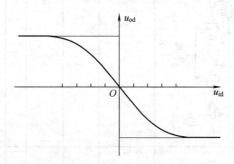

图 2.43 差分放大电路传输特性

总结上述分析，差分放大电路按输入、输出方式不同组成四种典型电路，其性能指标列于表 2.2 中。

【例 2-8】 如图 2.39 所示放大电路，已知 $V_{CC}=V_{EE}=15V$，$R_b=5.1k\Omega$，$R_c=R_L=10k\Omega$，$R_e=14.3 k\Omega$，$V_{BE}=0.7V$，$\beta=50$。

(1) 求静态工作点 $Q$ 和 $r_{be}$。

(2) 求双端输出时的差模电压放大倍数 $A_{ud}$。

(3) 单端输出时，$R_L$ 接在 $T_1$ 管集电极与地之间，计算差模电压放大倍数 $A_{ud1}$，共模电压放大倍数 $A_{uc1}$ 和共模抑制比 CMR。

(4) 当 $u_{i1}=5mV$，$u_{i2}=1mV$，$R_L$ 接在 $T_1$ 管集电极与地之间，求单端输出时的总电压 $u_{o1}$。

**解** (1) 求静态工作点 $Q$ 和 $r_{be}$。

$$I_{EQ} = \frac{V_{EE}-U_{BE}}{2R_e} = \frac{15-0.7}{2\times14.3} = 0.5(mA)$$

$$I_{C1Q} = I_{C2Q} \approx I_{EQ} = 0.5mA$$

$$I_{BQ} = \frac{I_{EQ}}{1+\beta} = \frac{0.5}{1+50} = 10\,(\mu A)$$

$$U_{CE1Q} = U_{CE2Q} = V_{CC} - I_{CQ}R_c + U_{BE} = 15 - 0.5\times10 + 0.7 = 10.7(V)$$

表 2.2　四种典型的差分放大电路的性能指标

| 输出方式 | 双端输出 | | 单端输出 | |
|---|---|---|---|---|
| 输入方式 | 双端输入 | 单端输入 | 双端输入 | 单端输入 |
| 电路 | *(差分放大电路图)* | *(差分放大电路图)* | *(差分放大电路图)* | *(差分放大电路图)* |
| 差模电压增益 $A_{ud}$ | $A_{ud}=\dfrac{-\beta\left(R_c /\!/ \dfrac{R_L}{2}\right)}{R_b+r_{be}}$ | | $A_{ud}=\dfrac{\beta(R_c /\!/ R_L)}{2(R_b+r_{be})}$ | |
| 共模电压增益 $A_{uc}$ | $A_{uc}\to 0$ | | $A_{uc}\approx\dfrac{-(R_c /\!/ R_L)}{2R_e}$ | |
| 共模抑制比 CMR | CMR$\to\infty$ | | CMR$\approx\beta R_e/(R_b+r_{be})$ | |
| 差模输入电阻 $R_{id}$ | $R_{id}=2(R_b+r_{be})$ | | $R_{id}=2(R_b+r_{be})$ | |
| 共模输入电阻 $R_{ic}$ | $R_{ic}=\dfrac{1}{2}[R_b+r_{be}+(1+\beta)2R_e]$ | | $R_{ic}=\dfrac{1}{2}[R_b+r_{be}+(1+\beta)2R_e]$ | |
| 输出电阻 $R_o$ | $R_o=2R_c$ | | $R_o=R_c$ | |
| 用途 | 适用于双端输入、输出都不需要接地，对称输入、对称输出的场合 | | 适用于双端输入转换为单端输出的场合 | 适用于单端输入、输出都需要接地的场合 |

$$r_{be} = r_{be1} = r_{be2} = 200 + (1+\beta)\frac{26(mV)}{I_{EQ}} = 200 + \frac{51 \times 26}{0.5} = 2.85(k\Omega)$$

(2) 双端输出时的差模电压放大倍数。

$$A_{ud} = -\frac{\beta\left(R_c // \dfrac{R_L}{2}\right)}{R_b + r_{be}} = -\frac{50 \times 3.3}{5.1 + 2.85} = -20.8$$

(3) 单端输出时的差模电压放大倍数。

$$A_{ud1} = -\frac{\beta(R_c // R_L)}{2(R_b + r_{be})} = -\frac{50 \times 5}{2 \times (5.1 + 2.85)} = -15.7$$

单端输出时的共模电压放大倍数。

$$A_{uc1} = -\frac{\beta(R_c // R_L)}{R_b + r_{be} + (1+\beta) \cdot 2R_e} = -\frac{50 \times 5}{5.1 + 2.85 + 51 \times 2 \times 14.3} = -0.17$$

共模抑制比　$CMR = \left|\dfrac{A_{ud1}}{A_{uc1}}\right| = \left|\dfrac{-17.5}{-0.17}\right| = 92.4$

(4) 求 $u_{i1}$=5mV，$u_{i2}$=1mV 时的总电压 $u_{o1}$。

$$u_{id} = u_{i1} - u_{i2} = 5 - 1 = 4(mV)$$

$$u_{ic} = \frac{u_{i1} + u_{i2}}{2} = \frac{5+1}{2} = 3(mV)$$

$$u_{o1} = u_{id}A_{ud1} + u_{ic}A_{uc1} = 4 \times (-15.7) + 3 \times (-0.17) = -63.3(mV)$$

# 2.6　功率放大电路

功率放大电路位于多级放大电路的末级，为了推动负载，希望提供尽可能大的功率，如使扬声器发声、电动机转动、指针偏转等。这种能够输出足够功率的大信号放大电路称为功率放大电路。功率放大电路与电压放大电路在本质上没有什么区别，但也有不同的地方，电压放大电路工作在小信号状态，主要是不失真地放大电压信号，要求有较高的电压放大倍数。功率放大电路工作在大信号状态，要求在低功耗的条件下，提供失真小、输出大的功率信号。分析电路时，小信号的微变等效电路法已不适用，应采用图解法。

## 2.6.1　功率放大电路的一般问题

### 1. 对功率放大电路的要求

1) 输出功率要大

为了获得较大的输出功率，功率放大管往往工作在极限状态，集电极电流接近 $I_{CM}$，管压降最大时接近 $U_{(BR)CEO}$，耗散功率接近 $P_{CM}$，因此，必须保证管了的安全。

2) 非线性失真要小

功率放大电路工作在大信号状态下，不可避免地会产生非线性失真，应尽可能地减少失真。

3) 效率要高

功率放大电路必须讲究效率，要以低的电源消耗换取尽可能大的信号功率。所谓效率是指输出功率与直流电源供给功率之比。效率低,意味着消耗在电路内部的能量多,这部分能量转换成热能,使功放管等元件温度升高,造成电路自身的不稳定,甚至损坏管子。功放管的散热与负载的匹配也是需要注意的问题。

### 2. 功率放大电路的分类

如图 2.44(a)所示放大电路,静态工作点 $Q$ 设置在交流负载线的中间,在整个信号周期内,三极管都有电流流过,称为甲类功率放大电路。无输入信号时,电源提供的功率全部消耗在功放管和电阻上,以集电结损耗为主;有信号输入时,电源一部分功率转换为有用的输出功率,信号越大,输出功率也越大,集电结的损耗也就越小。可以证明,甲类功率放大电路的最高效率只有 50%。

如果把静态工作点 $Q$ 设置得低一点,使静态电流小一些,管耗就小,效率就可提高。如图 2.44(b)所示为甲乙类功率放大电路。

如图 2.44(c)所示,把静态工作点 $Q$ 降到最低,使集电极静态电流 $I_{CQ}=0$,在输入信号的整个周期内,三极管只有半个周期有电流流过,称乙类功率放大电路。由于 $I_{CQ}=0$,静态时,电源供给功率为零,管耗为零。这种功率放大电路的效率最高,但波形失真最大。

为了解决效率和失真的矛盾,必须改变电路结构,乙类互补对称功率放大电路就可以解决这个问题。

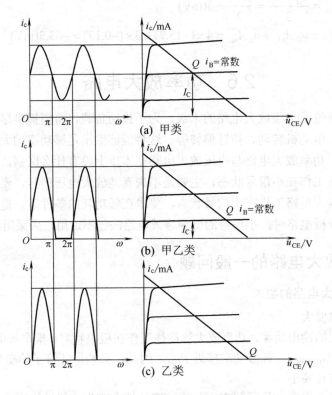

图 2.44 功率放大电路的分类

## 2.6.2　互补对称功率放大电路

### 1. 乙类双电源互补对称功率放大电路(OCL)

乙类双电源互补对称功率放大电路，又称无输出电容的功率放大电路，简称OCL(Output Capacitor Less)。

1)　电路组成和工作原理

如图 2.45 所示，$T_1$、$T_2$ 管参数相同，$T_1$ 管为 NPN 型，$T_2$ 管为 PNP 型，两管直接耦合成共集电极放大电路，输入信号从两管基极接入，输出信号从两管发射极接出，$R_L$ 为负载，由正、负双电源供电。

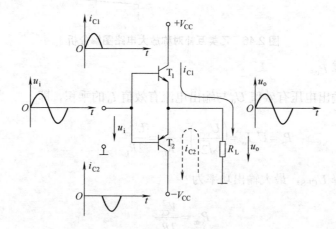

**图 2.45　双电源乙类互补对称功率放大电路**

静态时，$u_i=0$，$T_1$、$T_2$ 管均截止，$I_B=0$，$I_C=0$，两管处于乙类工作状态。

动态时，$u_i\neq0$，设输入信号为正弦波。当 $u_i>0$ 时，$T_1$ 管导通，$T_2$ 管截止，正电源供电，电流如图 2.45 实线所示，电路为射极输出形式，$u_o\approx u_i$，为信号的正半周。当 $u_i<0$ 时，$T_1$ 管截止，$T_2$ 管导通，负电源供电，电流如图 2.45 虚线所示，电路为射极输出形式，$u_o\approx u_i$，为信号的负半周。

可见，$T_1$、$T_2$ 管在一个周期内轮流导通，交替工作，相互补充，使输出信号 $u_o$ 取得完整波形，因而称为互补对称电路。

电路采用共集电极放大电路可以提高输入电阻和带负载能力。一般常见的负载如扬声器、电动机等阻值均不大，扬声器的阻值为 $4\Omega$、$8\Omega$、$16\Omega$ 几种，射极跟随器没有电压放大能力，$A_u=1$，但能放大电流，可以进行功率放大，输入电阻大，输出电阻小，可以很好地与负载匹配。

2)　分析计算

电路图解分析如图 2.46 所示。静态工作点 $Q$ 在横轴上，若输入信号为正弦波，输出信号 $u_o=U_{om}\sin\omega t$，$i_o=\dfrac{U_{om}}{R_L}\sin\omega t$，最大输出电压幅度等于电源电压减去三极管饱和压降，即 $U_{om(max)}=V_{CC}-U_{CES}$。

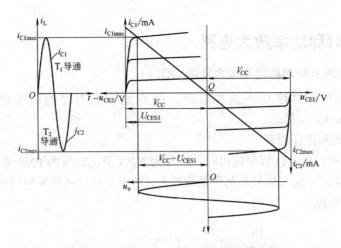

图 2.46　乙类互补对称放大电路图解分析

(1)　输出功率 $P_o$。

输出功率为输出电压有效值 $U_o$ 与输出电流有效值 $I_o$ 的乘积，即

$$P_o = U_o I_o = \left(\frac{U_{om}}{\sqrt{2}}\right)^2 \cdot \frac{1}{R_L} = \frac{U_{om}^2}{2R_L} \tag{2-92}$$

不计饱和压降 $U_{CES}$，最大输出功率为

$$P_{om} = \frac{V_{CC}^2}{2R_L} \tag{2-93}$$

(2)　电源提供的功率 $P_E$。

电源提供的功率为电源电压与电源平均电流的乘积。输入为正弦信号时，两个管子轮流工作半个周期，集电极电流流过电源，每管集电极电流的幅值为 $\dfrac{U_{om}}{R_L}$，平均值为 $\dfrac{U_{om}}{\pi R_L}$，因此，每个电源提供的功率为

$$P_{E1} = P_{E2} = V_{CC} \times \frac{U_{om}}{\pi R_L} \tag{2-94}$$

两个电源提供的总功率

$$P_E = P_{E1} + P_{E2} = \frac{2V_{CC}U_{om}}{\pi R_L} \tag{2-95}$$

(3)　效率 $\eta$。

效率为负载得到的输出功率 $P_o$ 与电源提供的功率 $P_E$ 的比值，即

$$\eta = \frac{P_o}{P_E} = \frac{\dfrac{U_{om}^2}{2R_L}}{\dfrac{2V_{CC}U_{om}}{\pi R_L}} = \frac{\pi U_{om}}{4V_{CC}} \tag{2-96}$$

可见$\eta$正比于$U_{om}$，$U_{om}$最大时，$P_o$最大，$\eta$最高。

当输出功率最大时，最高效率

$$\eta_m = \frac{P_{om}}{P_E} = \frac{\pi}{4} \approx 78.5\% \tag{2-97}$$

实际电路中，由于饱和压降和元件损耗等因素的影响，效率仅能达到 60%左右。

(4) 管耗$P_T$。

电源提供的功率一部分输送到负载，另一部分消耗在管子上，两管的总管耗

$$P_T = P_E - P_o = \frac{2V_{CC}U_{om}}{\pi R_L} - \frac{U_{om}^2}{2R_L} \tag{2-98}$$

由于两个管子的参数完全相同，每个管子的管耗为总管耗的一半，即

$$P_{T1} = P_{T2} = \frac{1}{2}P_T \tag{2-99}$$

可见，管耗与$U_{om}$有关，可以证明，当$U_{om} = \frac{2}{\pi}V_{CC}$时，有最大管耗

$$P_{T1m} = P_{T2m} = 0.2P_{om} \tag{2-100}$$

(5) 功率管的选择。

综合考虑各方面因素，上述电路中的功率管应按下述条件选取：

$$\left. \begin{array}{l} P_{CM} \geqslant 0.2P_{om} \\ I_{CM} \geqslant \dfrac{V_{CC}}{R_L} \\ U_{(BE)CEO} \geqslant 2V_{CC} \end{array} \right\} \tag{2-101}$$

互补对称电路中，一管导通，另一管截止，截止管承受的最高反向电压接近$2V_{CC}$。

【例 2-9】 如图 2.45 所示电路，已知$V_{CC}=12V$，$R_L=8\,\Omega$，忽略饱和管压降。

(1) 求最大输出功率$P_{om}$以及此时电源提供的功率$P_E$和管耗$P_{T1}$、$P_{T2}$。

(2) 选择功放管应满足什么条件。

**解** (1)　$P_{om} = \dfrac{V_{CC}^2}{2R_L} = \dfrac{12^2}{2 \times 8} = 9(W)$

$P_E = \dfrac{2V_{CC}^2}{\pi R_L} = \dfrac{2 \times 12^2}{3.14 \times 8} = 11.5(W)$

$P_{T1} = P_{T2} = \dfrac{1}{2}(P_E - P_{om}) = \dfrac{1}{2} \times (11.5 - 9) = 1.25(W)$

(2) 功放管应满足下列条件：

$$P_{CM} \geqslant 0.2P_{om} = 0.2 \times 9 = 1.8(W)$$

$$I_{CM} \geqslant \frac{V_{CC}}{R_L} = \frac{12}{8} = 1.5(A)$$

$$U_{(BE)CEO} \geqslant 2V_{CC} = 2 \times 12 = 24(V)$$

### 2. 甲乙类互补对称功率放大电路

在分析乙类互补对称功率放大电路时，忽略了三极管发射结的导通电压 $U_{BE(on)}$，当输入信号 $|u_i| < U_{BE(on)}$，三极管处于截止状态，输出电流、电压均为零，使输出波形在正、负半周交接处出现失真，这种失真称为交越失真，如图 2.47 所示。

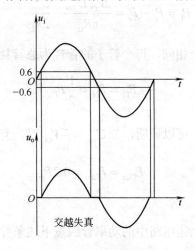

图 2.47  交越失真

为了消除交越失真，静态时，给每只管子提供一个能消除交越失真的正向偏置电压，使两管处于微导通状态，电路处于甲乙类工作状态，因而，称为甲乙类互补对称功率放大电路，如图 2.48 所示。

在图 2.48(a)中，二极管 $D_1$、$D_2$ 组成偏置电路，为 $T_1$、$T_2$ 管提供偏置电压。在图 2.48(b)中，$R_3$、$R_4$、$T_3$ 为 $T_1$、$T_2$ 管提供偏置电压，可以算出 $U_{CE3} = \left(1 + \frac{R_3}{R_4}\right)U_{BE3}$，调节 $R_3$、$R_4$ 的值，就可调整 $T_1$、$T_2$ 的偏置电压，消除交越失真。

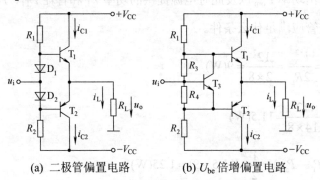

(a) 二极管偏置电路          (b) $U_{be}$ 倍增偏置电路

图 2.48  甲乙类互补对称功率放大电路

### 3．单电源互补对称功率放大电路(OTL)

如图 2.49 所示，为单电源互补对称功率放大电路，电路采用单电源供电，输出端通过大耦合电容 $C_L$ 与负载 $R_L$ 相连。工作原理与乙类互补对称功率放大电路相同，因电路中采用电容耦合，称为无输出变压器的功率放大电路，简称 OTL(Output Transformer Less)。

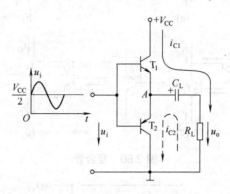

**图 2.49　单电源互补对称功率放大电路**

静态时，两管参数相同，中点电位 $V_A = \dfrac{1}{2}V_{CC}$。

动态时，$u_i>0$，$T_1$ 管导通，$T_2$ 管截止，电源 $V_{CC}$ 向 $C_L$ 充电，并在 $R_L$ 两端输出正半周波形；$u_i<0$，$T_1$ 管截止，$T_2$ 管导通，$C_L$ 向 $T_2$ 放电，并在 $R_L$ 两端输出负半周波形，只要 $C_L$ 的容量足够大，放电时间常数 $R_L C_L$ 远大于输入信号的周期，就可以认为电容 $C_L$ 两端的电压近似不变，为 $\dfrac{V_{CC}}{2}$。$T_1$、$T_2$ 两管的电源电压都是 $\dfrac{V_{CC}}{2}$，前面讨论OCL 电路的计算公式 $P_o$、$P_E$、$\eta$等，只需用 $\dfrac{V_{CC}}{2}$ 代替式中 $V_{CC}$ 即可使用。

### 4．采用复合管的互补对称功率放大电路

功率放大电路的输出电流一般很大，普通三极管的电流放大倍数难以做到，一般用复合管来解决。复合管就是把两个或两个以上的三极管适当地连接起来等效成一个三极管。

如图 2.50 所示为两个三极管组成复合管的四种形式。图 2.50(a)、(b)为两个同类型的三极管构成的复合管，图 2.50(c)、(d)为两个不同类型的三极管构成的复合管。$T_1$ 一般为小功率管，称为推动管，$T_2$ 一般为大功率管，称为输出管，输出功率的大小由 $T_2$ 决定。

可见，复合管的类型与第一个三极管相同，电流放大倍数近似等于两个三极管的电流放大倍数的乘积，即

$$\beta = \beta_1 \cdot \beta_2 \tag{2-102}$$

构成复合管时，两个三极管必须处于放大状态，第一个管子的集电极或发射极电流作为第二个管子的基极电流。

实际工作中，寻找两个不同类型的大功率管是很困难的，集成工艺也不易做到。如图 2.51 所示电路，$T_1$、$T_2$ 复合成 NPN 型管，$T_3$、$T_4$ 复合成 PNP 型管，$T_2$、$T_4$ 采用了同类型的大功率管，这种输出管为同一类型管的电路称为准互补电路。

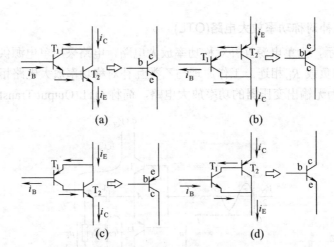

图 2.50　复合管

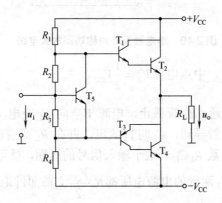

图 2.51　采用复合管的互补对称功率放大电路

# 2.7　放大电路的频率特性

## 2.7.1　阻容耦合放大电路的频率特性

以前我们在分析放大电路的性能指标时，忽略了电路中电抗元件的影响，认为电压放大倍数 $A_u$ 与频率无关。实际上，放大电路中的耦合电容、旁路电容以及晶体管的结电容、电路的分布电容，在不同频率信号作用下，容抗（$X_C=1/\omega C$）随频率而变化。当信号频率超过一定范围时，$A_u$ 的幅值及相位差都会显著变化，即 $A_u$ 为频率的函数，称为放大电路的频率特性或频率响应。$A_u$ 可用复数表示为

$$\dot{A}_u(\mathrm{j}\omega) = A_u(\omega)\mathrm{e}^{\mathrm{j}\varphi(\omega)} = A_u(\omega)\angle\varphi(\omega) \tag{2-103}$$

式中，$A_u(\omega)$ 表示电压放大倍数的幅值与频率的关系，称为幅频特性；$\varphi(\omega)$ 表示输出电压与输入电压相位差与频率的关系，称为相频特性。

以单级共发射极放大电路为例，图 2.52(a)画出了阻容耦合共射放大电路的实际电容，$C_{bc}$、$C_{be}$ 为三极管的结电容，分布电容未画出。图 2.52(b)为其交流通路，$C_i$、$C_o$ 分别为三

极管结电容和分布电容等效到输入端、输出端的等效电容，容值很小，约为几皮法到几百皮法，其频率特性曲线如图 2.53 所示。

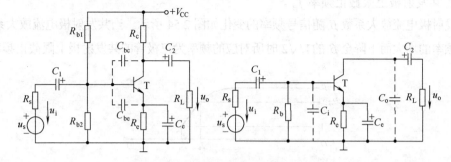

**图 2.52　阻容耦合共发射极放大电路**

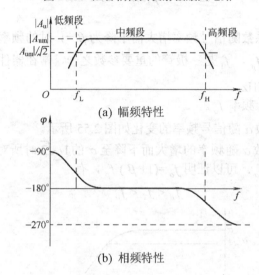

(a) 幅频特性

(b) 相频特性

**图 2.53　单级共发射极放大电路频率特性曲线**

在特性曲线的中间，电压放大倍数 $A_u$ 与相位差 $\varphi$ 基本不随频率变化，这一频段称为中频段。在中频段内，耦合电容 $C_1$、$C_2$ 和旁路电容 $C_e$ 容值很大，约为几十到几百微法，容抗极小，可视为短路；$C_i$、$C_o$ 容值很小，可视为开路。可以认为 $A_u(\omega)$ 和 $\varphi(\omega)$ 是与频率无关的常量，此时的电压放大倍数幅值称为中频电压放大倍数，用符号 $A_{um}$ 表示，相位差 $\varphi=-180°$，前述的微变等效电路法及 $A_u$、$R_i$、$R_o$ 等的计算，均是指这一区域。

当信号频率低于下限频率 $f_L$ 时，称为低频段，此时，$C_i$、$C_o$ 仍可视为开路，$C_1$、$C_2$ 和 $C_e$ 不能再视为短路，导致电压放大倍数的幅值下降，输出电压的相位相对于中频段前移了。当信号频率高于上限频率 $f_H$ 时，称为高频段，此时，$C_1$、$C_2$ 和 $C_e$ 视为短路，$C_i$、$C_o$ 的影响不能忽略，造成电压放大倍数的幅值变小，输出电压的相位相对于中频段后移了。

$f_L$ 和 $f_H$ 之间的频率范围称为通频带或带宽 $f_{BW}$。当信号包含不同频率分量时，如果通频带不够宽，放大电路对各频率分量的电压放大倍数和相位差是不同的，最终使输出信号产生失真。这种失真与晶体管的非线性失真不同，称为频率失真。

另外，影响放大电路高频特性的另一个重要因素是三极管自身。在信号频率不高时，我们认为三极管的电流放大系数是常数。事实上，由于三极管结电容的存在，信号频率较高时，电流放大系数也是频率的函数，从而使放大电路电压放大倍数 $A_u$ 随频率而变化。通常，用三极管的频率参数来描述晶体管本身对不同频率信号的放大能力。常用的频率参数有以下三种。

(1) 共发射极上限截止频率 $f_\beta$。

共发射极电流放大系数 $\beta$ 随信号频率的变化如图 2.54 所示。当共发射极电流放大系数 $\beta$ 随信号频率的增大而下降至 $\beta$ 的 $1/\sqrt{2}$ 时所对应的频率为三极管的共发射极上限截止频率 $f_\beta$。

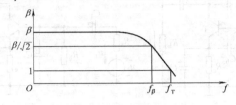

图 2.54  $\beta$ 的频率特性曲线

(2) 特征频率 $f_T$。

共发射极电流放大系数随信号频率增大而下降为 $\beta=1$ 时的频率称为特征频率 $f_T$。一般 $f_T \gg f_\beta$，且 $f_T \approx \beta f_\beta$。$f_T$ 是三极管的重要参数之一，常在器件手册中给出。$f_T$ 的典型数值为 100Hz～1000MHz。

(3) 共基极上限截止频率 $f_\alpha$。

共基极电流放大系数 $\alpha$ 随信号频率的变化如图 2.55 所示。

共基极电流放大系数 $\alpha$ 随频率的增大而下降至 $\alpha$ 的 $1/\sqrt{2}$ 时所对应的频率称为三极管的共基极上限截止频率 $f_\alpha$。可以证明 $f_\alpha = (1+\beta)f_\beta$，有

$$f_\beta < f_T < f_\alpha \tag{2-104}$$

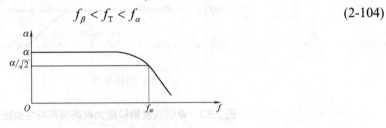

图 2.55  $\alpha$ 的频率特性曲线

可以看出，共基极放大电路有较好的频率特性，共集电极放大电路的频率特性介于共射、共基极放大电路之间。$f_\alpha < 3\text{MHz}$ 为低频三极管，$f_\alpha \geqslant 3\text{MHz}$ 为高频三极管。

对于直接耦合的放大电路，其下限截止频率 $f_L=0$，频率特性如图 2.56 所示。

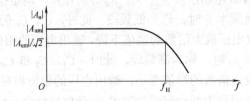

图 2.56  直接耦合放大电路的频率特性

## 2.7.2  多级放大电路的频率特性

多级放大电路的频率特性取决于各单级放大电路的频率特性。若一个 $n$ 级放大电路的

电压放大倍数分别为 $\dot{A}_{u1}$、$\dot{A}_{u2}$、$\cdots$、$\dot{A}_{un}$，则该电路的电压放大倍数

$$\dot{A}_u = A_u(\omega)\mathrm{e}^{\mathrm{j}\varphi_n} = \dot{A}_{u1} \cdot \dot{A}_{u2} \cdots \cdot \dot{A}_{un} = A_{u1}(\omega)\mathrm{e}^{\mathrm{j}\varphi_1} \cdot A_{u2}(\omega)\mathrm{e}^{\mathrm{j}\varphi_2} \cdots \cdot A_{un}(\omega)\mathrm{e}^{\mathrm{j}\varphi_n} \tag{2-105}$$

即：幅频特性

$$A_u = A_{u1} \cdot A_{u2} \cdots \cdot A_{un} \tag{2-106}$$

相频特性

$$\varphi = \varphi_1 + \varphi_2 + \cdots + \varphi_n \tag{2-107}$$

如图 2.57 所示为频率特性相同的两级放大电路的幅频特性与相频特性，可见，两级放大电路的中频放大倍数增加了，但通频带变窄了。

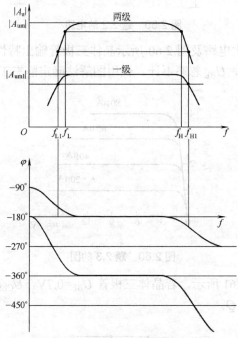

图 2.57　两级放大电路的频率特性

# 2.8　思考题与习题

2.1　在图 2.58 所示的放大电路中，已知 $V_{CC}=6\mathrm{V}$，$\beta=50$，$I_C=2\mathrm{mA}$，$U_{CE}=2\mathrm{V}$。

(1) 试求 $R_c$、$R_b$ 的值；

(2) 若采用 PNP 型三极管，试画出放大电路图，并标出电容和电源电压的极性。

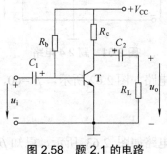

图 2.58　题 2.1 的电路

2.2 当输入正弦电压时，试分析图 2.59 所示电路是否具有放大作用？为什么？

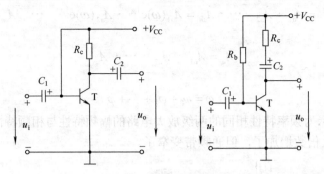

图 2.59 题 2.2 的电路

2.3 图 2.58 所示放大电路及图 2.60 所示晶体三极管输出特性曲线，图中 $V_{CC}$=12V，$R_b$=300kΩ，$R_c$= $R_L$=5.1kΩ，$U_{BE}$ 忽略不计。试用图解法确定静态工作点 $Q$。

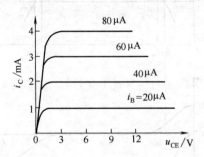

图 2.60 题 2.3 的图

2.4 放大电路如图 2.61 所示，若晶体三极管 $U_{BE}$=0.7V，$U_{CES}$=0.3V。

(1) 估算静态工作点 $Q$。

(2) 求 $A_u$、$R_i$、$R_o$。

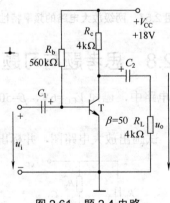

图 2.61 题 2.4 电路

2.5 分压式静态工作稳定电路如图 2.62 所示，$\beta$ =60，$U_{CES}$=0.3V，$U_{BE}$=0.7V。

(1) 估算静态工作点 $Q$。

(2) 求 $A_u$、$R_i$、$R_o$。

2.6 分压式静态工作稳定电路如图 2.63 所示，已知 $\beta$=50，$I_{EQ}$=1.5mA，信号源内阻

$R_s = 500\,\Omega$。

(1) 画出该电路的微变等效电路;

(2) 估算 $r_{be}$;

(3) 求 $A_u$、$A_{us}$、$R_i$、$R_o$。

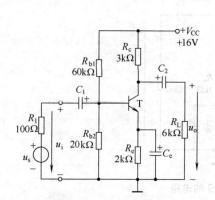
图 2.62　题 2.5 的电路

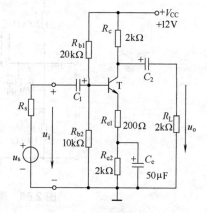
图 2.63　题 2.6 的电路

2.7　共集电极电路如图 2.64 所示,已知晶体三极管 $\beta = 100$、$U_{BE} = 0.7\,V$。

(1) 估算静态工作点 $Q$。

(2) 求 $A_u$、$R_i$、$R_o$。

(3) 若信号源内阻 $R_s = 1k\Omega$,$u_s = 2V$,试求输出电压 $u_o$ 和输出电阻 $R_o$ 的大小。

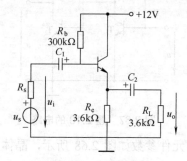
图 2.64　题 2.7 的电路

2.8　试分析图 2.65 所示电路能否正常放大?并说明理由。

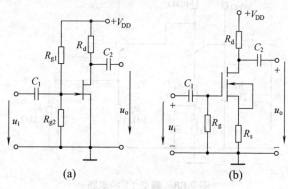
(a)　　　　　　　　　　　　(b)

图 2.65　题 2.8 的电路

2.9  共源极放大电路如图 2.66 所示，已知场效应管 $g_m$=1.2ms，画出该电路的交流等效电路，求 $A_u$、$R_i$、$R_o$。

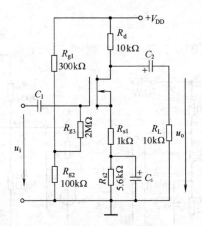

图 2.66  题 2.9 的电路

2.10  两级放大电路采用图 2.67 所示的直接耦合方式，当输入正弦电压时，它是否能正常放大？为什么？

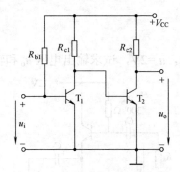

图 2.67  题 2.10 的电路

2.11  已知放大电路及其元件参数如图 2.68 所示，晶体管的 $\beta_1 = \beta_2$=40，$r_{be}$=0.9kΩ，试求：$A_u$、$R_i$、$R_o$。

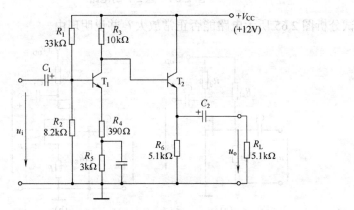

图 2.68  题 2.11 的电路

2.12 两级阻容耦合的共发射极放大电路及其元件参数如图 2.69 所示，晶体管的 $\beta_1$=60，$r_{be1}$=2kΩ，$\beta_2$=100，$r_{be2}$=2.2kΩ，$V_{CC}$=16V，各电容的容量足够大。试求：$A_u$、$R_i$、$R_o$。

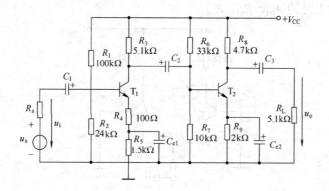

图 2.69 题 2.12 的电路

2.13 填空题。

(1) 两个大小相等、方向相反的信号叫_____信号。

两个大小相等、方向相同的信号叫_____信号。

(2) 差分放大电路的电路结构应对称，相对应的电阻阻值应_____。

(3) 差分放大电路在性能上能有效地抑制_____信号，放大_____信号。

(4) 当差分放大器两边的输入电压为 $u_{i1}$=3mV，$u_{i2}$= −5mV 时，输入信号的差模分量为_____，共模分量为_____。

(5) 差模电压增益 $A_{ud}$=_____之比，$A_{ud}$ 越大，表示对_____信号的放大能力越强。

2.14 图 2.70 所示电路中，若 $V_{CC}$= $V_{EE}$=12V，$R_{b1}$=$R_{b2}$=1kΩ，$R_c$=6.8kΩ，$R_e$=6.8kΩ，三极管 $\beta$=50。

(1) 求每管的静态电流 $I_{C1}$、$I_{C2}$。

(2) 接 $R_L$=6.8kΩ 负载，求双端输出时的 $A_{ud}$、$R_{id}$、$R_{od}$。

(3) 接 $R_L$=6.8kΩ 负载，求单端输出时的 $A_{ud1}$、$R_{id}$、$A_{od1}$ 及共模抑制比 CMR。

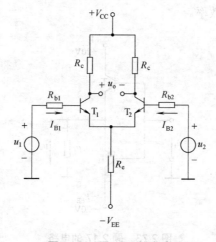

图 2.70 题 2.14 的电路

2.15 图 2.71 所示电路中，$\beta_1 = \beta_2 = 100$，$U_{BE1} = U_{BE2} = 0.7V$。

(1) 计算静态工作点 $I_{C1}$、$I_{C2}$、$U_{CE1}$、$U_{CE2}$。

(2) 求双端输出时的 $A_{ud}$、$R_{id}$、$R_{od}$。

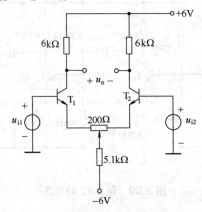

图 2.71 题 2.15 的电路

2.16 图 2.72 所示电路中给出了五种复合管的接法。有哪几个是不正确的？为什么？对于接法正确的复合管，试标出其 e、b、c 各电极。

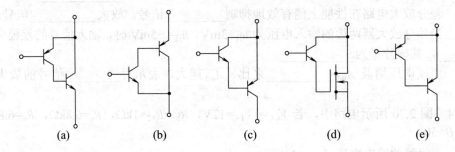

图 2.72 题 2.16 的电路

2.17 电路如图 2.73 所示，其中 $R_L = 8\,\Omega$，试求 $u_i = 10V$(有效值)时，电路的输出功率 $P_o$、电源供给的直流功率 $P_E$ 和效率。

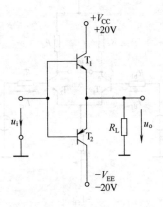

图 2.73 题 2.17 的电路

2.18　电路如图 2.74 所示，其中 $R_L$=16Ω，$C_L$ 容量很大。

(1) 若 $V_{CC}$=12V，$U_{CES}$ 可忽略不计，试求 $P_{om}$。

(2) $P_{om}$=2W，$U_{CES}$=1V，求 $V_{CC}$ 的最小值并确定管子的参数 $P_{cm}$、$I_{cm}$ 和 $U_{(BR)CEO}$。

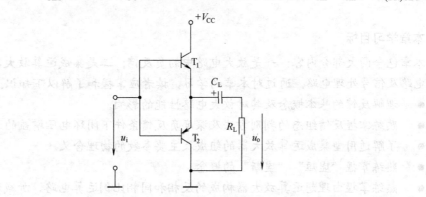

图 2.74　题 2.18 的电路

2.19　OTTL 电路如图 2.75 所示，其中 $R_L$=8Ω，$V_{CC}$=12V，$C_1$、$C_L$ 容量很大。

(1) 静态时，电容 $C_L$ 两端电压应是多少？调整哪个电阻能满足这一要求？

(2) 动态时，若 $u_o$ 出现交越失真，应调哪个电阻？是增大还是减小？

(3) 若两管的 $U_{CES}$ 皆可忽略，求 $P_{OM}$。

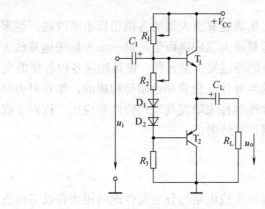

图 2.75　题 2.19 的电路

2.20　某放大电路，在输入端加入的电压值不变，当不断改变信号频率时，测得在不同频率下的输出电压值如表 2.3 所示。试问：该放大电路的上限频率 $f_H$ 和下限频率 $f_L$ 各为多少？

表 2.3　幅频特性表

| $f$/Hz | 10 | 30 | 45 | 60 | 200 | 103 | $10\times10^3$ | $50\times10^3$ | $80\times10^3$ | $120\times10^3$ | $200\times10^3$ |
|---|---|---|---|---|---|---|---|---|---|---|---|
| $u_o$/V | 2.52 | 2.73 | 2.97 | 3.15 | 4.0 | 4.2 | 4.2 | 4.0 | 3.15 | 2.97 | 2.73 |

# 第 3 章　集成运算放大器的应用

## 本章学习目标

本章包含两大部分内容: 一是放大电路中的负反馈; 二是集成运算放大器构成的基本运算电路及信号处理电路。通过对本章的学习, 读者应掌握和了解以下知识。

- 理解反馈的基本概念及其对放大电路性能的影响。
- 熟练掌握反馈组态的判别方法及深度负反馈条件下闭环电压增益的近似计算。
- 了解通用型集成运算放大器的组成及主要参数的物理含义。
- 熟练掌握 "虚短" "虚断" 的概念。
- 熟练掌握由理想运算放大器构成的反相和同相比例运算电路、加减运算电路、微积分运算电路。
- 了解对数、指数、乘、除等运算电路。
- 了解有源滤波器的功能、种类和用途。

## 3.1　集成运算放大器

随着电子工业的飞速发展, 集成运算放大器的各项指标不断改进, 越来越趋于理想化参数, 高性能、低价格的各种运算放大器应运而生, 进一步为集成运算放大器的广泛应用创造了条件。在集成运算放大器的外围接少量元件, 便可构成各种各样的实用电路。

集成运算放大器是由大量的半导体三极管和电阻等构成的, 本章对内部电路的组成只做简单的介绍, 把它当作一个标准器件来研究其端口特性和应用, 这对于探讨集成运算放大器的应用来说, 可获得相当满意的结果。

### 3.1.1　集成电路的特点

由于制造工艺上的原因, 模拟集成电路与分立元件电路相比有以下特点。

(1) 电阻和电容的值不宜做得太大, 电路结构上采用直接耦合方式。

由于集成电路中的电阻是利用 NPN 管的基区电阻, 一个 $5000\Omega$ 的电阻, 所占硅片面积可以制造 3 个晶体管, 集成电路中的电容是用 PN 结的势垒电容或 MOS 电容(MOS 管的三极与沟道间的电容)构成, 一个 10pF 的电容所占硅片面积可以制造 10 个晶体管, 而且误差较大。因此, 集成电路的阻值范围一般为几十欧到几十千欧, 电容值范围则在 100pF 以下。若需要高阻值电阻, 可用晶体管(或场效应管)恒流源代替, 或者采用外接电阻的方法。

由于在集成电路中不宜做大电容, 至于电感则更难以制造, 因此, 电路结构只能采用直接耦合方式。

(2) 为克服直接耦合电路的温度漂移, 常采用差分放大电路。

由于同一硅片上的元器件采用同一标准工艺流程制成, 尽管元件参数的分散性大, 但相邻元件的参数有相同的偏差, 同类元件的特性(包括温度特性)比较一致。因此, 常采用差分放大电路，即利用两个晶体管参数的对称性来抑制温度漂移。

(3) 尽量采用半导体三极管(或场效应管)代替电阻、电容和二极管等元件。

在集成电路制造工艺中，制造三极管(特别是 NPN 管)比制造其他元件容易，且占用硅片面积小、性能好。若用三极管构成其他元件也不需要特殊工艺。因此，常用三极管(或场效应管)构成恒流源作偏置电路和负载电阻；将三极管的基极和集电极短接构成二极管、稳压管等；用复合管、共射-共基、共集-共基等组合电路来改善单管电路的性能。

## 3.1.2　集成运算放大器的组成和电路符号

集成运算放大器的内部电路通常由偏置电路、输入级、中间级和输出级组成，如图 3.1 所示。偏置电路是集成运放的基础。常采用各种形式的电流源电路提供小而稳定的偏置电流。

输入级是集成运算放大器性能指标好坏的关键，常采用差分放大电路来减小温度漂移，并提供运算放大器的同相输入端和反相输入端。

图 3.1　集成运算放大器组成框图

中间级主要用来放大，常采用带有源负载的共发射极放大电路来提高电压增益。

输出级用来提高输出电压和电流的幅度，要求输出功率和带负载能力强。常采用由 PNP 和 NPN 管构成的互补对称共集电极放大电路，又称 OCL 功率放大电路，并设有过载保护措施。

运算放大器电路符号如图 3.2 所示。

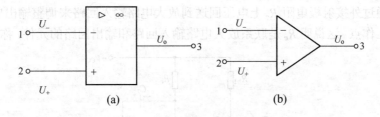

图 3.2　运算放大器符号

1—反相输入端，用符号"−"表示，由此输入的信号，输出与输入信号反相；
2—同相输入端，用符号"+"表示，由此输入的信号，输出与输入信号同相；
3—输出端。

考虑到放大器要有直流电源才能正常工作，大多数集成运算放大器需要两个直流电源供电，还应由集成运算放大器内部再引出两个端子，分别连接到正电源$+V_{CC}$和负电源$-V_{CC}$，运算放大器的参考地点就是两个电源的公共端——地，也就是说，没有一个端子是固定接地的，如图3.3所示。除了三个信号端和两个电源供给端以外，运算放大器还可能有几个供专门用途的其他端子如调零端等。

集成运算放大器工作区域只有两个。在实际电路中，它不是工作在线性区就是工作在非线性区。而运算放大器工作在哪个区域，与电路中是否引入反馈及反馈极性密切相关。因此，在介绍集成运算放大器的应用之前，首先介绍放大电路中反馈的概念。

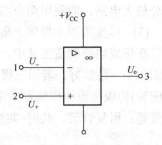

图 3.3　接正负电源的集成运算放大器

# 3.2　放大电路中的反馈

实用的电子电路几乎都应用反馈。集成运算放大器在构成许多实用电路时，在它的输入端与输出端之间都要施加反馈，使其工作在闭环状态。负反馈可以改善放大器的性能，如稳定电路的增益、改变输入电阻和输出电阻、扩展通频带、稳定静态工作点等。本节将介绍四种组态的负反馈放大电路及负反馈对放大器性能的影响，并介绍深度负反馈放大电路电压增益的计算方法。

## 3.2.1　反馈的基本概念

### 1. 什么是反馈

所谓反馈，就是将放大电路输出量(电压或电流)的一部分或全部通过反馈网络，以一定的方式回送到输入回路，并影响输入量(电压或电流)和输出量，这种电压或电流的回送过程称为反馈。引入反馈的放大电路称为反馈放大电路，它由基本放大电路和反馈网络构成一个闭环系统。在这个系统中，输入信号经过基本放大电路放大后输出，作正向传输，而输出信号经过反馈网络回送到输入端，作反向传输。只有正向传输的电路称为开环系统。

第 2 章中讨论的共发射极分压偏置，稳定静态工作点电路中，如图 3.4 所示，输出电流变化时，通过外接射极电阻 $R_e$ 上电压回送到放大电路输入回路来调整输出电流的变化，从而稳定了工作点。这说明 $R_e$ 是联系放大电路输入回路和输出回路的元件，称为反馈元件。

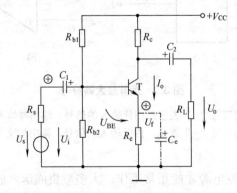

图 3.4　稳定静态工作点电路

### 2.判断电路是否存在反馈

判断一个电路是否存在反馈,要看该电路的输出回路和输入回路之间有无联系作用的反馈网络。凡是联系输入回路与输出回路的元件都是反馈元件。下面我们通过图3.5来说明。图3.5(a)中信号从运算放大器反相输入端进入集成运算放大器,经放大后从输出端输出。因为不存在反馈元件,信号只能有一个流向:从输入到输出,不存在从输出返回输入的途径,也就不存在反馈,这种情况称为开环。图3.5(a)所示电路为运算放大器构成的开环放大电路。图3.5(b)中除了放大电路外,还有一个 $R_2$ 连接在反相输入端和输出端之间,$R_2$ 是反馈元件,信号从输入端进入运算放大器后又经 $R_2$ 送到输入端,即形成了反馈通路,这种情况称为闭环。因此,图 3.5(b)所示电路为反馈放大电路。

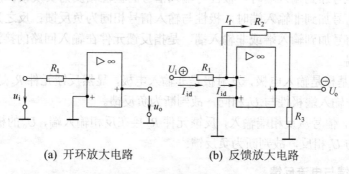

(a) 开环放大电路　　　　(b) 反馈放大电路

**图 3.5　判断有无反馈的例子**

### 3.直流反馈与交流反馈

图3.4中,$R_e$ 并联大电容 $C_e$ 时,交流信号被 $C_e$ 旁路,$R_e$ 两端的压降只能反映集电极电流直流量 $I_C$ 的变化,$R_e$ 上只有直流压降,没有交流压降,因此 $R_e$ 只有直流反馈作用,当 $R_e$ 两端不并联 $C_e$ 时,$R_e$ 两端的压降不仅反映了集电极电流的直流分量的变化,还反映了交流分量的变化,交、直流信号在 $R_e$ 上均有压降。此时,$R_e$ 不仅是直流反馈元件,还是交流反馈元件。所以,判断反馈是直流反馈还是交流反馈,则要判断电路中的反馈元件是反映直流量的变化还是交流量的变化。这可以通过画交、直流通路来鉴别。

- 如果反馈元件仅存在于直流通路中,则为直流反馈;
- 如果反馈元件仅存在于交流通路中,则为交流反馈;
- 如果反馈元件既存在于直流通路中,又存在于交流通路中,则说明该反馈元件对直流和交流都有反馈作用。

### 4.正反馈和负反馈

放大电路引入反馈后,削弱了净输入信号,使电路的增益降低,这种反馈称为负反馈;反之,反馈量增强了净输入信号,使增益提高的反馈称为正反馈。判断反馈极性常采用瞬时极性法。

瞬时极性法:先假设输入电压信号的极性为 $\oplus$(相对于公共端而言),然后从输入端到输出端,推出放大电路各点的极性(集成运算放大器信号从同相输入端输入时,输出与输入同相;信号从反相输入端输入时,输出与输入反相;共发射极电路输入、输出反相;共集电极与共基极电路输入、输出同相),并确定电路从输出回路反馈到输入回路的瞬时极性,最后判断反馈量的极性是增强还是削弱净输入信号，如果是削弱，便可判定是负反馈，反之则为正反馈。

图 3.4 电路中若 $C_e$ 开路，交流信号的瞬时极性在图上已标出，由图可见，在输入电路中，$U_i$ 为 ⊕ 极性，$U_f$ 也为 ⊕ 极性，$(U_f \approx I_o R_e)U_{BE}$ 为两者之差，减小了净输入信号，可判断为负反馈。

图 3.5(b) 电路中，若 $U_i$ 为 ⊕ 极性，$U_o$ 为 ⊖ 极性，故 $I_i$、$I_{id}$、$I_f$ 的方向与图示方向一致，净输入信号 $I_{id}=I_i-I_f$，反馈信号的存在使净输入减小，故为负反馈。根据以上分析可总结出判断正负反馈的经验法。

- 反馈信号加到输入端时，极性与输入信号的极性相反为负反馈；反之为正反馈。
- 反馈信号加到非输入端时，极性与输入信号相同为负反馈；反之为正反馈。

所谓反馈信号加到输入端或非输入端，是指反馈元件在输入回路的接法，是接在输入端还是非输入端。

图 3.4 中，基极是输入电极，发射极是非输入电极，显然反馈元件 $R_e$ 是接到非输入端。反馈信号加到非输入端极性与 $U_i$ 相同，故判断为负反馈。

图 3.5(b) 中，信号从反相端输入，反馈元件 $R_2$ 接在反相输入端，$U_o$ 的极性经 $R_2$ 反馈到输入端，极性与 $U_i$ 相反，故判断为负反馈。

### 5. 电压反馈与电流反馈

判断反馈是电压反馈还是电流反馈主要看输出取样对象是电压还是电流，反馈信号正比于输出电压的是电压反馈。反馈信号正比于输出电流的是电流反馈。

在实际判断中，常假想用输出负载短路的方法来判断是电压反馈还是电流反馈。令 $R_L=0$，即输出端负载短路，若 $U_o=0$，反馈不存在，则为电压反馈；如果反馈仍存在则为电流反馈。图 3.4 中，令 $R_L=0$ 时，$R_e$ 仍然是联系输入输出回路的反馈元件，输出信号电流 $I_o$ 通过 $R_e$ 产生反馈电压 $U_f=I_o R_e$，可见反馈电压的大小与输出电流的大小成正比，所以可判断为电流反馈。

图 3.5(b) 中，$R_3$ 是负载电阻，当 $R_3=0$ 时，则有 $U_o=0$，反馈元件 $R_2$ 接在反相输入端到地之间，$R_2$ 不再是联系输入输出的反馈元件，即反馈不存在了，所以可判断为电压反馈。

根据以上分析，可以总结出判别电压和电流反馈的经验法。

- 反馈量取自于信号输出端的是电压反馈。
- 反馈量取自于非信号输出端的是电流反馈。

所谓反馈量取自于输出端或是非输出端，是指反馈元件在输出回路中的接法，是接在输出端还是非输出端。

图 3.4 中，集电极是输出电极，发射极是非输出电极。反馈元件 $R_e$ 接在非输出端是电流反馈。

图 3.5(b) 中，反馈元件 $R_2$ 接在输出电极，即输出端，是电压反馈。

### 6. 串联反馈与并联反馈

串联反馈与并联反馈是以反馈信号与输入信号在输入端比较的方式来区分的。反馈信号和输入信号以电压形式在输入回路串联相比较，调整输入电压的反馈是串联反馈，而以电流形式在输入节点并联相比较，调整输入电流的是并联反馈。图 3.4 中 $R_e$ 上的电压就是 $U_f$，反馈信号电压 $U_f$ 和输入信号电压 $U_i$ 在输入回路串联相减，使 $U_{be}=U_i-U_f$ ，故为串联反馈。图 3.5(b)中反馈信号以电流形式在输入节点与输入信号电流相比较，使 $I_{id}=I_i-I_f$，故为并联反馈。

根据以上分析也可以总结出判别串联反馈与并联反馈的经验法。

● 反馈量加到非信号输入端的是串联反馈。
● 反馈量加到信号输入端的是并联反馈。

例如，反馈放大电路为共射组态时，反馈电阻接到发射极(e 极)是串联反馈；若反馈电阻接到基极(b 极)则是并联反馈。

## 3.2.2　负反馈放大电路的组态

本节只研究负反馈并且着重研究负反馈对动态性能的影响，需要指出的是组态通常仅对交流负反馈而言。按反馈信号的输出取样方式和输入连接的比较方式可以组成四种反馈组态：①电压串联负反馈；②电流串联负反馈；③电压并联负反馈；④电流并联负反馈。下面通过图 3.6 所示具体电路进行分析。

### 1. 电路组成

图 3.6(a)所示电路中，输入信号经集成运算放大器放大后，由 $R_f$ 反馈到输入回路。反馈电压 $U_f$ 取样于输出电压，$U_f=\dfrac{R_1}{R_1+R_f}U_o$，反馈电压 $U_f$ 与输出电压 $U_o$ 成正比，将负载 $R_L$ 短路，则 $U_o=0$，$U_f$ 也随之为 0，反馈不存在了，故为电压反馈；在输入回路中反馈电压 $U_f$ 与信号电压 $U_i$ 串联相比较，故为串联反馈；用瞬时极性法标出图 3.6(a)各点瞬时极性，如图 3.6(a)所示，可见反馈电压 $U_f$ 与输入电压 $U_i$ 极性相同，$U_{id}=U_i-U_f$，削弱了净输入电压，可判断为负反馈。因此图 3.6(a)所示电路是电压串联负反馈。

图 3.6(b)所示电路中，$R_1$ 是联系输入、输出回路的反馈元件，输出电流 $I_o$ 通过 $R_1$ 产生反馈电压 $U_f=I_oR_1$，可见反馈电压的大小与输出电流的大小成正比，将负载 $R_L$ 短路，$R_1$ 仍然接在输入、输出回路之间，即反馈仍然存在，故为电流反馈；反馈电压 $U_f$ 加在非信号输入端，在输入回路中与输入电压 $U_i$ 串联相比较，故为串联反馈。

用瞬时极性法标出各点瞬时极性，如图 3.6(b)所示，$U_{id}=U_i-U_f$，使净输入电压减小，可判断为负反馈。因此，图 3.6(b)所示电路是电流串联负反馈电路。

图 3.6(c)所示电路中，输入信号经放大电路放大后，又经 $R_f$ 反馈到输入回路。$R_f$ 是联系输入输出回路的反馈元件。反馈信号取自于输出端的电压量，如令 $R_L=0$，反馈元件 $R_f$ 并在输入电极 b 与地之间不再是联系输入、输出回路的元件，反馈不存在，故为串压反馈；反馈信号以电流形式在输入回路与输入信号电流并联相比较，故为并联反馈。用瞬时极性法标出瞬时极性，如图 3.6(c)所示，$I_b=I_i-I_f$，削弱了净输入电流，为负反馈。因此图 3.6(c)所示电路为电压并联负反馈。

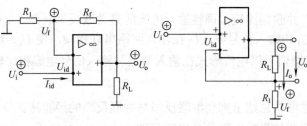

(a) 电压串联负反馈       (b) 电流串联负反馈

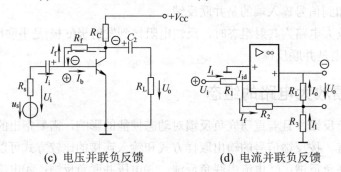

(c) 电压并联负反馈       (d) 电流并联负反馈

图 3.6　四种组态负反馈

图 3.6(d)所示电路中，输入信号经集成运算放大器放大后，经 $R_2$ 将输出电流的一部分反馈到输入回路，$R_2$ 是反馈元件，令 $R_L=0$ 时，反馈仍然存在，是电流反馈；反馈信号加在集成运算放大器的信号输入端，与输入信号在输入节点以电流形式相比较，是并联反馈。用瞬时极性法标出瞬时极性，如图 3.6(d)所示，$I_{id} = I_i - I_f$，削弱了净输入电流，可判断为负反馈。因此，图 3.6(d)所示电路为电流并联负反馈。

反馈组态的判别方法还可用前面提过的经验判别法，下面以图 3.6(c)所示电路为例，再说明一下经验判别法。图 3.6(c)所示电路，由基极输入，集电极输出，可以认为 b 极为输入端，c 极为输出端。$R_f$ 接在 c 极，即反馈引自输出端为电压反馈，$R_f$ 接到 b 极即反馈输入端为并联反馈。由图中标出的瞬时极性可见，从输出端 $R_f$ 反送到输入端的信号为⊖，与 $U_i$ 相反(见图中虚线所指)，为负反馈。

**2. 负反馈的几点特性**

(1) 电压负反馈可以稳定输出电压。下面以图 3.6(a)为例说明电压串联负反馈是如何维持输出电压恒定的。当 $U_i$ 一定，负载电阻 $R_L$ 减小时，输出电压 $U_o$ 下降，则电路进行如下自动调整过程：

$$R_L \downarrow \rightarrow U_o \downarrow \rightarrow U_f \downarrow \rightarrow U_{id} \uparrow (= U_i - U_f) $$
$$U_o \uparrow$$

可见，电压负反馈具有恒压源输出特性，输出电阻很小。电压并联负反馈与电压串联负反馈一样，也能维持输出电压基本恒定，读者可自行分析。

(2) 电流负反馈可以稳定输出电流。下面以图 3.6(b)所示电流串联负反馈为例，分析稳定输出电流的过程。当 $U_i$ 一定时，由于负载电阻 $R_L$ 变动或运算放大器中三极管的 $\beta$ 值下降，使输出电流减小，则由于负反馈的作用，电路将进行如下自动调整过程：

$$I_o \downarrow \to U_f(=I_oR_L)\downarrow \to U_{id}\uparrow$$
$$I_o \uparrow$$

因此，电流反馈具有恒流输出特性。值得注意的是，当 $R_L$ 不变时，该电路能同时稳定输出电压和输出电流。

(3) 串联反馈应采用电压源激励。无论是电压串联负反馈还是电流串联负反馈，信号源内阻越小，反馈效果越好。由于是串联反馈，输入信号、反馈信号及净输入信号在输入回路中以电压形式比较，有 $U_{id}=U_i-U_f$。若信号源 $U_s$ 内阻 $R_s$ 很小，其内阻上的压降对 $U_i$ 影响很小，可忽略不计。此时，信号源相当于恒压源。反馈电压 $U_f$ 的变化全部反映到净输入电压 $U_{id}$ 上，当 $U_i$ 一定时，$U_f$ 越大，反馈越强，净输入信号越小，反馈效果越好。

(4) 并联反馈宜采用电流源激励。无论是电压并联负反馈还是电流并联负反馈，信号源内阻越大，反馈效果越好。由于并联反馈，输入信号、反馈信号及净输入信号在输入回路中以电流形式表示，有 $I_{id}=I_i-I_f$，当 $I_i$ 一定时，$I_f$ 越大，反馈越强，净输入电流越小，即只有信号源 $I_s$ 是内阻很大的恒流源时，反馈电流 $I_f$ 的变化才能全部反映到 $I_{id}$ 上，反馈效果才显著。

## 3.2.3　负反馈放大电路闭环增益的一般表达式

### 1. 方框图

由上面讨论的四种组态负反馈放大电路，可以总结出一些共同的规律，用一个简化的方框图表示，如图 3.7 所示。图中，A 方框为无反馈的基本放大电路；F 方框表示反馈网络，通常由电阻组成；$X$ 表示一般信号量，可以是电压量，也可以是电流量。基本放大电路的净输入量就是比较环节的差值输入。

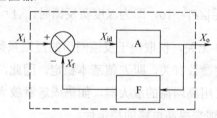

图 3.7　负反馈放大电路方框图

$$X_{id}=X_i-X_f \tag{3-1}$$

箭头的指向表示信号的传输方向。在理想的负反馈放大电路中，信号从输入到输出正向传输只通过基本放大电路，不通过反馈网络。正向传输时，基本放大电路的开环增益

$$A=\frac{X_o}{X_{id}} \tag{3-2}$$

而信号从输出到输入的反向传输只通过反馈网络，不通过基本放大电路。反向传输时的反馈系数

$$F=\frac{X_f}{X_o} \tag{3-3}$$

由此可见，一个理想的负反馈放大电路的方框图，是由基本放大电路、取样环节、反

馈网络和比较环节组成的闭合环路，称为反馈环路(简称反馈环)。本章主要讨论由一个反馈环组成的单环负反馈放大电路。

### 2. 负反馈放大电路的一般表达式

由图 3.7 可求得负反馈放大电路的闭环增益

$$A_{\mathrm{f}} = \frac{X_{\mathrm{o}}}{X_{\mathrm{i}}} \tag{3-4}$$

将式(3-1)、式(3-2)和式(3-3)代入式(3-4)，可得一般表达式为

$$A_{\mathrm{f}} = \frac{X_{\mathrm{o}}}{X_{\mathrm{i}}} = \frac{X_{\mathrm{o}}}{X_{\mathrm{id}} + X_{\mathrm{f}}} = \frac{\dfrac{X_{\mathrm{o}}}{X_{\mathrm{id}}}}{1 + \dfrac{FX_{\mathrm{o}}}{X_{\mathrm{id}}}} = \frac{A}{1 + AF}$$

因此有

$$A_{\mathrm{f}} = \frac{A}{1 + AF} \tag{3-5}$$

式(3-5)表明，接入负反馈后，放大电路的闭环增益 $A_{\mathrm{f}}$ 为无反馈时的开环增益 $A$ 的 $1/(1+AF)$。由于 $(1+AF)$ 反映了反馈对放大电路性能的影响程度，负反馈放大电路性能改善的程度都与 $(1+AF)$ 有关，因此，通常把 $(1+AF)$ 称为反馈深度，而将 $AF$ 称为环路增益，都是无量纲的。

分析式(3-5)可见：

(1) 当 $|1+AF|>1$ 时，$|A_{\mathrm{f}}|<|A|$，即引入反馈后，放大电路的增益下降了，这种反馈是负反馈。

当 $|1+AF|\gg1$，一般满足 $|AF|\gg10$，即为深度负反馈时，$A_{\mathrm{f}} \approx \dfrac{1}{F}$。此时，电路增益几乎与基本放大器的开环增益 $A$ 无关，仅取决于反馈网络的反馈系数。当反馈网络是无源网络时，反馈系数仅与网络元件参数有关，即 $F$ 值基本稳定，因此，闭环增益 $A_{\mathrm{f}}$ 比较稳定，一般设计反馈放大电路时，采用高增益的放大器，如集成运算放大器，其开环增益 $A_{\mathrm{uo}}$ 很大，达 $10^5$，然后加入深度负反馈来提高电路的稳定性。

(2) 当 $|1+AF|<1$ 时，$|A_{\mathrm{f}}|>|A|$，即引入反馈后提高了放大电路的增益，这种反馈称为正反馈，正反馈虽然可以提高增益，但使放大电路的性能不稳定，所以较少使用。

(3) 当 $|1+AF|=0$ 时，$|A_{\mathrm{f}}|=\infty$，即在没有输入信号时也有输出信号，此时产生了自激振荡，使放大电路不能正常工作。在负反馈放大电路中，自激振荡现象是要设法消除的。

需要指出的是，对于不同的反馈组态，式(3-5)中的 $X_{\mathrm{i}}$、$X_{\mathrm{id}}$、$X_{\mathrm{f}}$ 和 $X_{\mathrm{o}}$ 具有不同的量纲，因而四种反馈电路的 $A$、$A_{\mathrm{f}}$、$F$ 相应地具有不同的含义和量纲。

## 3.2.4 深度反馈条件下闭环电压增益的近似计算

### 1. 深度负反馈电路的特点

观察分析图 3-7 所示方框图，可得

$$A_{\mathrm{f}} = \frac{X_{\mathrm{o}}}{X_{\mathrm{i}}} \left.\right\}$$
$$\frac{1}{F} = \frac{X_{\mathrm{o}}}{X_{\mathrm{f}}} \left.\right\} \tag{3-6}$$

由于深度负反馈总满足 $A_{\mathrm{f}} \approx \dfrac{1}{F}$，所以有

$$X_{\mathrm{i}} \approx X_{\mathrm{f}} \tag{3-7}$$

上式表示，在 $|1+AF| \geqslant 1$ 时，反馈信号 $X_{\mathrm{f}}$ 和外加输入信号基本相同，即有

$$X_{\mathrm{id}} \approx 0 \tag{3-8}$$

式(3-7)及式(3-8)表示在深度负反馈时，输入量近似等于反馈量，净输入时近似为 0。

对于不同组态的负反馈电路，式(3-7)中输入量 $X_{\mathrm{i}}$ 和反馈量 $X_{\mathrm{f}}$ 含义不同。在串联反馈电路中，输入量和反馈量均为电压，则式(3-7)和式(3-8)可写作

$$U_{\mathrm{i}} = U_{\mathrm{f}} \tag{3-9}$$
$$U_{\mathrm{id}} \approx 0 \tag{3-10}$$

在并联反馈电路中，输入量和反馈量均为电流，则式(3-7)和式(3-8)可写作

$$I_{\mathrm{i}} \approx I_{\mathrm{f}} \tag{3-11}$$
$$I_{\mathrm{id}} \approx 0 \tag{3-12}$$

式(3-9)～式(3-12)就是电路中常称的"虚短"和"虚断"的概念，它是分析深度负反馈放大电路的依据。

那么在运用"虚短"和"虚断"的概念分析深度负反馈电路时，是不是串联反馈只能用"虚短"呢？不是。值得注意的是，不论哪种组态的反馈，在深度负反馈条件下，加在基本放大器输入端的电压和电流都将趋于 0。例如，串联反馈电路中，当 $U_{\mathrm{id}} \rightarrow 0$ 时，基本放大器有限输入电阻上产生的输入电流也必趋于 0。又如，并联反馈电路中，当 $I_{\mathrm{id}} \rightarrow 0$ 时，基本放大器有限输入电阻上产生的输入电压也必趋于 0。

**2. 闭环电压增益的近似计算**

估算闭环电压增益的方法有以下两种。

(1) 由 $A_{\mathrm{f}} = \dfrac{1}{F}$，先求出反馈系数，然后求出广义放大倍数，要得到电压增益，需要进行换算。

(2) 利用负反馈的特点 $X_{\mathrm{i}} \approx X_{\mathrm{f}}$，用电路中虚短、虚断的概念，估算闭环电压增益。

这里主要介绍第二种方法。第二种方法在分析负反馈放大电路时，不必先求 $F$，再进行换算，利用"虚短"和"虚断"的概念，可直接求得闭环电压放大倍数。

**【例 3-1】** 图 3.8 所示电路是一个分立元件的深度多级负反馈放大电路，$R_{\mathrm{e1}} = 10\mathrm{k}\Omega$，$R_{\mathrm{f}} = 100\mathrm{k}\Omega$，近似估算它的闭环电压增益。

**解** 图 3.8 所示电路中，虚线框内的基本放大器由二级组成，虚线框外 $R_{\mathrm{f}}$ 与 $R_{\mathrm{e1}}$ 构成级间反馈网络，经分析判断可知，此电路为电压串联负反馈。利用虚短概念，有 $U_{\mathrm{be1}} = 0$，即

$$U_{\mathrm{i}} \approx U_{\mathrm{f}} = \frac{R_{\mathrm{e1}}}{R_{\mathrm{e1}} + R_{\mathrm{f}}} U_{\mathrm{o}}$$

闭环电压增益 
$$A_{uf} = U_o / U_i = 1 + \frac{R_f}{R_{e1}} = 11$$

利用 $A_{uf} = \dfrac{1}{F_u}$，可得同样的结果。

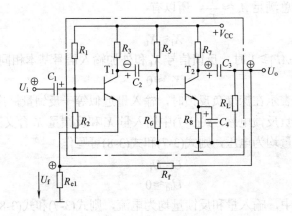

图 3.8　例 3-1 的电路

由此例可知，深度负反馈放大电路的电路增益仅取决于反馈网络的元件参数，无须求出基本放大器的开环增益，这就使得分析大为简单。

【例 3-2】　前面讲过图 3.5(b)所示电路是电压并联负反馈，将此图重新画在图 3.9 中。$R_2 = 100\text{k}\Omega$，$R_1 = 10\text{k}\Omega$，近似估算它的闭环电压增益。

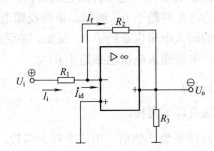

图 3.9　例 3-2 的电路

解　利用 $I_{id} = 0$，有 $I_i = I_f$，即

$$\frac{U_i - U_-}{R_1} = \frac{U_- - U_o}{R_2}$$

$U_- = U_+ = 0$，故闭环电压增益

$$A_{uf} = \frac{U_o}{U_i} = -\frac{R_2}{R_1} = -10$$

【例 3-3】　前面讲过的图 3.6(d)所示电路是电流并联负反馈，将此图重新画在图 3.10 中，求闭环电压增益的表达式。

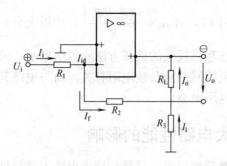

图 3.10　例 3-3 的电路

**解**　利用 $I_{\mathrm{id}}=0$，有 $I_{\mathrm{i}}=I_{\mathrm{f}}$，即

$$I_{\mathrm{f}}=\frac{R_3}{R_2+R_3}I_{\mathrm{o}}$$

利用

$$U_-=U_+=0,\quad U_{\mathrm{i}}=I_{\mathrm{i}}R_1=\frac{R_1R_3}{R_2+R_3}I_{\mathrm{o}}$$

得

$$A_{\mathrm{uf}}=\frac{U_{\mathrm{o}}}{U_{\mathrm{i}}}=-\frac{(R_2+R_3)R_{\mathrm{L}}}{R_1R_3}$$

【例 3-4】　设 $1+AF=12$，求图 3.11 所示电路的闭环电压增益。

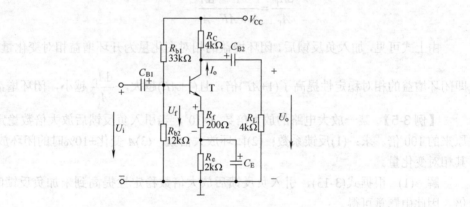

图 3.11　例 3-4 的电路

**解**　图 3.11 所示电路为分压式共发射极分压偏置电路，是电流串联负反馈。由于 $1+AF=12$，属于深度负反馈电路。

利用虚短概念，有 $U_{\mathrm{be}}\approx0$，即 $U_{\mathrm{i}}\approx U_{\mathrm{f}}=-I_{\mathrm{o}}R_{\mathrm{f}}$

而

$$U_{\mathrm{o}}=I_{\mathrm{o}}(R_{\mathrm{C}}//R_{\mathrm{L}})$$

闭环电压增益为

$$A_{\mathrm{uf}}=\frac{U_{\mathrm{o}}}{U_{\mathrm{i}}}=-\frac{R_{\mathrm{C}}//R_{\mathrm{L}}}{R_{\mathrm{f}}}=-10$$

该电路用第 2 章介绍的微变等效电路分析方法可求得

$$A_{\mathrm{u}}=\frac{U_{\mathrm{o}}}{U_{\mathrm{i}}}=-\frac{-\beta(R_{\mathrm{C}}//R_{\mathrm{L}})}{r_{\mathrm{be}}+(1+\beta)R_{\mathrm{f}}}$$

当$(1+\beta)R_f \geqslant r_{be}$ 及 $\beta \geqslant 1$ 时，有 $A_u = \dfrac{-(R_C // R_L)}{R_f}$，由以上分析可见，对于单级负反馈电路，用微变等效电路分析法和负反馈的估算方法所得结果是一致的。当电路满足深度负反馈条件时，电压增益只与反馈网络及负载电阻有关，而与电路其他参数无关。因此，改变电阻参数可以获得不同的电压增益。

## 3.2.5　负反馈对放大电路性能的影响

由式(3-5)可知，引入负反馈以后，虽然使放大电路增益降低了$(1+AF)$倍，但可以改善电路的许多性能。

### 1. 提高闭环增益 $A_f$ 的稳定性

放大电路的闭环增益可能由于种种原因而发生变化，例如，环境温度的变化、电源电压的变化、器件的老化或更换等。负反馈对输出量有自动调节作用，使输出量稳定，即增益稳定。

增益的稳定常用有、无反馈时增益的相对变化之比来衡量。用 $\dfrac{dA}{A}$ 和 $\dfrac{dA_f}{A_f}$ 分别表示开环和闭环增益的相对变化量，可以证明：

$$\frac{dA_f}{A_f} = \frac{1}{1+AF}\frac{dA}{A} \tag{3-13}$$

由上式可见，加入负反馈后，闭环增益的相对变化量为开环增益相对变化量的 $\dfrac{1}{1+AF}$，即闭环增益的相对稳定性提高了$(1+AF)$倍，且$(1+AF)$越大，$\dfrac{dA_f}{A_f}$ 越小，闭环增益越稳定。

【例3-5】　某一放大电路的放大倍数 $A=10^3$，当引入负反馈后放大倍数稳定性提高到原来的 100 倍。求：(1)反馈系数；(2)闭环放大倍数；(3)$A$ 变化$\pm10\%$时的闭环放大倍数及其相对变化量。

**解**　(1)　根据式(3-13)，引入负反馈后放大倍数稳定性提高到未加负反馈时的$(1+AF)$倍。因此由题意可得

$$1+AF=100$$

反馈系数为

$$F = \frac{100-1}{A} = \frac{99}{10^3} = 0.099$$

(2)　闭环放大倍数为

$$A_f = \frac{A}{1+AF} = \frac{10^3}{100} = 10$$

(3)　$A$ 变化$\pm10\%$时，闭环放大倍数的相对变化量为

$$\frac{dA_f}{A_f} = \frac{1}{100}\frac{dA}{A} = \frac{1}{100}\times(\pm10\%) = \pm0.1\%$$

此时的闭环放大倍数为

$$A'_f = A_f \left(1 + \frac{\mathrm{d}A_f}{A_f}\right) = 10 \times (1 \pm 0.1\%)$$

即 $A$ 变化+10%时，$A'_f$ 为 10.01，$A$ 变化 -10%时，$A'_f$ 为 9.99。

可见，引入负反馈后放大电路的增益明显减少，但换取了增益的稳定度的提高。

值得注意的是：

(1) 负反馈只能减小由基本放大电路引起的增益变化量，对反馈网络的反馈系数变化引起的增益变化量是无能为力的。因此，设计负反馈放大电路时，一般使反馈网络由无源元件组成，力求使其反馈系数稳定。

(2) 不同组态的负反馈电路能稳定地增益的含义是不同的。

(3) 负反馈的自动调节作用不能保证输出量绝对不变，只能使输出量趋于不变。

### 2．展宽通频带

由第 2 章分析可知，放大电路在高频区和低频区内增益都要下降。引入负反馈后，增益仍要下降，但下降的程度相对来说要小一点。这是因为输入信号一定时，由于输出信号减小，反馈信号也相应减小，此时放大电路的净输入信号与中频区相比有所提高，致使输出信号回升，增益有所增加，于是通频带展宽了，如图 3.12 所示。由定量分析可求出：

$$f_{Hf} = (1 + A_m F)f_H \tag{3-14}$$

$$f_{Lf} = \frac{f_L}{1 + A_m F} \tag{3-15}$$

式中，$A_m$ 为无反馈时中频区放大倍数。由式(3-14)和式(3-15)可见，加入负反馈后，中频时的闭环增益降低到原来的 $1/(1+A_m F)$，上限频率升高到原来的$(1+A_m F)$倍，下限频率降低到原来的 $1/(1+A_m F)$，使通频带扩展到原来的$(1+A_m F)$倍。显然，反馈深度越深，通频带越宽，频率特性越好。

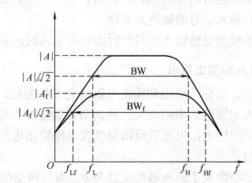

图 3.12　负反馈展宽通频带

### 3．减小非线性失真

三极管、场效应管的特性从整体上来看是非线性的，仅在小信号运用时可近似当作线性处理。在多级放大电路中，输出信号幅度大，使放大器件可能工作在输出特性的非线性部分，输出波形将产生非线性失真。利用负反馈可以有效地改善放大电路的非线性失真。

假设正弦信号 $X_i$ 经过放大器 $A$ 后，变成了正半周幅度大、负半周幅度小的输出波形，如图 3.13(a)所示。如果反馈网络为纯阻无源元件，则引入负反馈后如图 3.13(b)所示，将得到正半周幅度大、负半周幅度小的反馈信号$X_f$。反馈信号$X_f$与输入正弦信号$X_i$相减，得到基本放大电路的净输入信号$X_{id}$则是正半周幅度小、负半周幅度大的失真波形，这一信号再经过放大电路放大后，就使输出波形趋于正弦波，减小了非线性失真。如图3.13(b)中实线波形所示。根据分析，加入负反馈后非线性失真减小为无反馈时的1/(1+AF)。

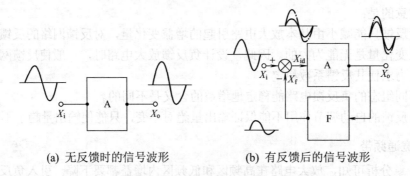

(a) 无反馈时的信号波形      (b) 有反馈后的信号波形

**图3.13 负反馈减小非线性失真**

### 4．抑制干扰和噪声

当放大电路内部受到干扰或噪声的影响时，采用负反馈也可以减小这种影响。

由于外界因素对放大电路中各部分的影响，使放大电路输出端出现无用的无规律的信号电压，这种现象称为干扰。如通过直流电源进来的50Hz交流干扰，放大电路周围存在的发电机、电动机及气体放电器件等的杂散磁场等外来因素的影响，都可能使放大电路输出端出现干扰电压。而放大电路中各元器件(包括三极管、电阻等)内部载流子运动的不规则造成的杂乱无章的变化电压或电流，反映到输出端电压中，称之为噪声。

干扰电压和噪声电压同三极管非线性所产生的谐波电压一样，引入负反馈后，干扰、噪声与输入信号都减小为无反馈时的 1/(1+AF)。此时，信号与噪声比仍不变，要提高信号与噪声比，只有人为地增加输入信号的幅度来实现。

必须指出，如果干扰和噪声是随输入信号同时由外界引入时，负反馈则无能为力。

### 5．改变放大电路的输入和输出电阻

放大电路加入负反馈后，其输入电阻和输出电阻将会发生变化，变化的情况与反馈类型有关：串联负反馈使放大电路输入电阻增大；并联负反馈使放大电路输入电阻减小；电流负反馈使放大电路输出电阻增大；电压负反馈使放大电路输出电阻减小。其原理如下。

1) 对输入电阻的影响

负反馈对输入电阻的影响取决于输入端的反馈类型，而与输出端取样方式无关。因此，分析时只需画出输入的连接方式，如图3.14所示。图中$R_i$是无反馈时(即基本放大电路)的输入电阻，又称开环输入电阻。$R_{if}$为有反馈时输入电阻，又称闭环输入电阻。

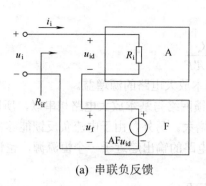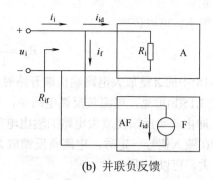

(a) 串联负反馈　　　　　　　　(b) 并联负反馈

**图 3.14　负反馈对输入电阻的影响**

由图 3.14(a)可见，在串联负反馈放大电路中，反馈网络与基本放大电路相串联，所以 $R_{if}$ 必大于 $R_i$，即串联负反馈使放大电路输入电阻增大。由图可求得串联负反馈放大电路的输入电阻为

$$R_{if} = \frac{u_i}{i_i} = \frac{u_{id} + AFu_{id}}{i_i} = (1+AF)\frac{u_{id}}{i_i}$$

由于 $R_i = u_{id}/i_i$，所以

$$R_{if} = (1+AF)R_i \tag{3-16}$$

由图 3.14(b)可见，在并联负反馈电路中，反馈网络与基本放大电路相并联，所以 $R_{if}$ 必小于 $R_i$，即并联负反馈使放大电路输入电阻减小。由图可求得并联负反馈放大电路的输入电阻为

$$R_{if} = \frac{u_i}{i_i} = \frac{u_i}{i_{id} + i_f} = \frac{u_i}{i_{id} + AFi_{id}} = \frac{1}{(1+AF)}\frac{u_{id}}{i_{id}}$$

由于 $R_i = u_{id}/i_{id}$，所以

$$R_{if} = R_i/(1+AF) \tag{3-17}$$

2)　对输出电阻的影响

输出电阻就是放大电路输出端等效电源的内阻。放大电路引入负反馈后，对输出电阻的影响取决于输出端的取样方式而与输入端的反馈类型无关，因此，分析时只需画出输出端的连接方式，如图 3.15 所示。图中 $R_o$ 是无反馈(即基本放大电路)时的输出电阻，又称开环输出电阻，$R_{of}$ 为有反馈时的输出电阻，又称闭环输出电阻。

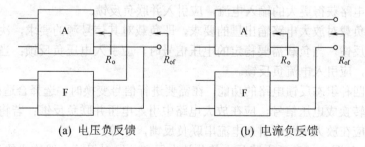

(a) 电压负反馈　　　　　　　　(b) 电流负反馈

**图 3.15　负反馈对输出电阻的影响**

由图 3.15(a)可见，电压负反馈放大电路中，反馈网络与基本放大电路相并联，所以 $R_{of}$ 必小于 $R_o$，即电压负反馈使放大电路的输出电阻减小。另外，由于电压负反馈能够稳定输出电压，即在输入信号一定时，电压负反馈放大电路的输出趋近于一个恒压源，也说明其

输出电阻很小。可以证明

$$R_{of} = \frac{R_o}{1 + A'F} \qquad (3\text{-}18)$$

式(3-18)中的 $A$ 是放大电路输出端开路时基本放大电路的源增益。

由图 3.15(b)可见，电流负反馈电路中，反馈网络与基本放大电路相串联，所以 $R_{of}$ 必大于 $R_o$，即电流负反馈使放大电路的输出电阻增大。另外，由于电流负反馈能够稳定输出电流，即在输入信号一定时，电流负反馈放大电路的输出趋近于一个恒流源，也说明其输出电阻很大。可以证明

$$R_{of} = R_o(1 + A''F)R \qquad (3\text{-}19)$$

式(3-19)中的 $A''$ 是输出端短路时基本放大电路的源增益。

## 3.2.6　放大电路中引入负反馈的一般原则

通过以上分析可知，负反馈对放大电路性能方面的影响，均与反馈深度 $(1+AF)$ 有关。应当指出，以上的定量分析是为了更好地理解反馈深度与电路各性能指标的定性关系。从某种意义上讲，对负反馈放大电路的定性分析比定量计算更重要。这一方面是因为在分析实用电路时，几乎均可认为它们引入的是深度负反馈，如当基本放大电路为集成运算放大器时，可认为 $(1+AF)$ 趋于无穷大；另一方面，即使需要精确分析电路的性能指标，也不需要利用方块图进行手工计算，而采用如EWB等电子电路计算机辅助分析和设计软件进行各种分析。因此，在学习电子技术课程时，还应学习一种电子电路分析和设计软件的使用方法。对负反馈的定性了解，将在电路设计中起重要作用。

引入负反馈可以改善放大电路多方面的性能，而且反馈组态不同，所产生的影响也各不相同。因此，在设计放大电路时，应根据需要和目的，引入合适的反馈，这里向读者提供一些一般原则。

(1) 为了稳定静态工作点，应引入直流负反馈；为了改善电路的动态性能，应引入交流负反馈。

(2) 根据信号源的性质决定引入串联负反馈，或者并联负反馈。当信号源为恒压源或内阻较小的电压源时，为增大放大电路的输入电阻，以减小信号源的输出电流和内阻上的压降，应引入串联负反馈。当信号源为恒流源或内阻较大的电流源时，为减小放大电路的输入电阻，使电路获得更大的输入电流，应引入并联负反馈。

(3) 根据负载对放大电路输出量的要求，即负载对其信号源的要求，决定引入电压负反馈或电流负反馈。当负载需要稳定的电压信号时，应引入电压负反馈；当负载需要稳定的电流信号时，应引入电流负反馈。

(4) 根据四种组态反馈电路的功能，在需要进行信号变换时，选择合适的组态。例如，若将电流信号转换成电压信号，应在放大电路中引入电压并联负反馈；若将电压信号转换成电流信号，应在放大电路中引入电流串联负反馈，等等。

【例3-6】如图3.16所示电路是由差分放大器和共发射极放大器构成的两级放大电路，为了达到下列目的，分别说明应引入哪种组态的负反馈以及电路如何连接。

(1) 减小放大电路从信号源索取的电流并增强带负载能力；

(2) 将输入电流 $i_I$ 转换成与之成稳定线性关系的输出电流 $i_o$；

(3) 将输入电流 $i_I$ 转换成稳定的输出电压 $u_o$。

**解** (1) 电路需要增大输入电阻并减小输出电阻，故应引入电压串联负反馈。

反馈信号从输出电压取样，故将⑧与⑩相连接(表示反馈引自输出端)；反馈量应为电压量，故将③与⑨相连接(表示反馈到非输入端)；这样，$u_o$ 作用于 $R_f$ 和 $R_{b2}$ 回路，在 $R_{b2}$ 上得到反馈电压 $u_f$。为了保证电路引入的为负反馈，当 $u_I$ 对地为"+"时，$u_f$ 应为上"+"下"−"，即⑧的电位为"+"，因此应将④与⑥连接起来。

结论：电路中应将④与⑥、③与⑨、⑧与⑩分别连接起来。

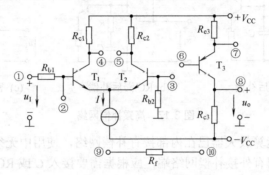

**图 3.16 例 3-6 电路**

(2) 电路应引入电流并联负反馈。

将⑦与⑩、②与⑨分别相连，$R_f$ 与 $R_{e3}$ 对 $i_o$ 分流，$R_f$ 中的电流为反馈电流 $i_f$。为保证电路引入的是负反馈，当 $u_I$ 对地为"+"时，$i_f$ 应自输入端流出，即应使⑦端的电位为"−"，因此应将④与⑥连接起来。

结论：电路中应将④与⑥、⑦与⑩、②与⑨分别连接起来。

(3) 电路应引入电压并联负反馈。

电路中应将②与⑨、⑧与⑩、⑤与⑥分别连接起来。

应当指出，对于一个确定的放大电路，输出量与输入量的相位关系唯一地被确定，因此所引入的负反馈的组态将受它们相位关系的约束。例如，当⑤与⑥相连接时，$u_o$ 与 $u_I$ 将反相，此时该电路便不可能引入电压串联负反馈，而只能引入电压并联负反馈。读者可自行总结这方面的规律。

## 3.2.7 负反馈放大电路的稳定性

从 3.2.5 小节分析可知，交流负反馈可以改善放大电路多方面的性能，而且反馈越深，性能改善得越好。但是，有时会事与愿违，如果电路的组成不合理，反馈过深，那么在输入量为零时，输出却产生了一定频率和一定幅值的信号，称电路产生了自激振荡。此时，电路不能正常工作，不具有稳定性。其原因如下：在负反馈放大电路中，基本放大电路在高频段要产生附加相移，若在某些频率上附加相移达到 180°，则在这些频率上的反馈信号将与中频时反相而变成正反馈，当此反馈量足够大时就会产生自激振荡。另外，电路中的分布参数也会形成正反馈而自激。由于深度负反馈放大电路开环增益很大，因此在高频段很容易因附加相移变成正反馈而产生高频自激。

消除高频自激的基本方法是：在基本放大电路中插入相位补偿网络(也叫消振电路)，以改变基本放大电路高频段的频率特性，从而破坏自激振荡条件，使其不能振荡。图 3.17 所示为几种补偿网络的接法。图 3.17(a)所示电路中，在级间接入电容 $C$，称电容滞后补偿；

图 3.17(b)所示电路中，在级间接入 $R$ 和 $C$，称为 RC 滞后补偿；图 3.17(c)所示电路中，接入较小的电容 $C$(或 RC 串联网络)，利用密勒效应可以达到增大电容(或增大 RC)的作用，获得与图(a)、(b)电路相同的补偿效果，称为密勒效应补偿。

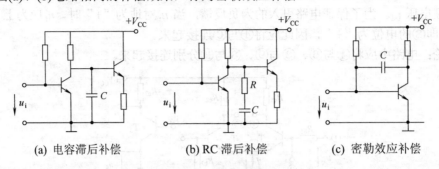

(a) 电容滞后补偿      (b) RC 滞后补偿      (c) 密勒效应补偿

**图 3.17　高频补偿网络**

目前，不少集成运算放大器已在内部接有补偿网络，使用中无须再外接补偿网络，而有些集成运算放大器留有外接补偿网络端，应根据需要接入 $C$ 或 RC 补偿网络。

另外，放大电路也有可能产生低频自激振荡。低频自激一般由直流电源耦合引起，由于直流电源对各级供电，各级的交流电流在电源内阻上产生的压降就会随电源而相互影响，因此电源内阻的交流耦合作用可能使级间形成正反馈而产生自激。消除这种自激的方法有两种：一是采用低内阻(零点几欧姆以下)的稳压电源；二是在电路的电源进线处加去耦电路，例如图 3.18 所示，图中 $R$ 一般选几百至几千欧姆的电阻；$C$ 选几十至几百微法的电解电容，用以滤除低频，$C$ 选小容量的无感电容，用以滤除高频。

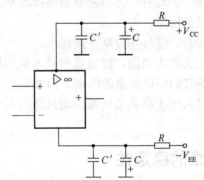

**图 3.18　电源去耦电路**

# 3.3　集成运算放大器的主要参数及分析方法

## 3.3.1　集成运算放大器的主要参数

和分立元件一样，运算放大器的性能也可用一些技术参数表示。合理选用和正确使用运算放大器，必须了解各主要技术参数的含义。

**1. 输入失调电压 $U_{io}$(或称输入补偿电压)**

理想的运算放大器，当输入为零时(指同相和反相输入端同时接地，即 $u_+ = u_- = 0$)，输出电压应该为零，由于工艺等原因造成元件参数不对称，输出并不为零。通常用失调电压来反映这种不对称程度。当输入端人为加入一补偿电压 $U_{io}$，可使输出电压为零，因此，$U_{io}$ 这个补偿电压实际上就是输出失调电压折合到输入端的电压，一般为几个毫伏。显然越小越好。

### 2. 输入失调电流 $I_{io}$(或称输入补偿电流)

输入为零时，放大器两个输入端的静态基极电流之差，称为输入失调电流，即 $I_{io}=I_{B1}-I_{B2}$ 由于信号源有内阻，$I_{io}$ 破坏放大器的平衡。希望输入失调电流 $I_{io}$ 越小越好，一般是几十纳安。

### 3. 输入偏置电流 $I_B$

输入为零时，两个输入端静态电流的平均值称为输入偏置电流，即 $I_B=(I_{B1}+I_{B2})/2$。$I_{io}$ 越小，由信号源内阻变化而引起的输出电压的变化也越小，它也是一个重要指标。一般在几百纳安级。

### 4. 开环差模电压放大倍数 $A_{uo}(A_d)$

当运算放大器未接反馈电路时其本身的差模直流电压放大倍数，即 $A_{uo}=\dfrac{\Delta U_o}{\Delta(U_+-U_-)}$。

$A_{uo}$ 越高，所构成的运算放大器电路越稳定，运算精度也越高。$A_{uo}$ 一般为 $10^4\sim10^7$dB 或 $80\sim140$dB，有些运算放大器高达 200dB。

### 5. 最大输出电压 $U_{omax}$(或称输出峰-峰电压)

输出不失真的最大输出电压值。

### 6. 最大共模输入电压 $U_{icmax}$

一般情况下，差动式运算放大器允许加入共模输入电压。由于差动输入级对共模信号有抑制作用，因此运算放大器的输出基本上不受其影响。但是抑制共模信号的作用是在一定的共模电压范围内才有效，如超出此范围，将使运算放大器内部管子工作在不正常状态(处于饱和或截止)，抑制能力显著下降，甚至造成器件损坏。

### 7. 最大差模输入电压 $U_{idmax}$

$U_{idmax}$ 是指两输入端之间所能承受的最大差模输入电压。超过这个电压值，输入级某侧晶体管将会出现反向击穿现象，其典型值为几伏到几十伏。

### 8. 共模抑制比 CMR

集成运算放大器开环差模电压放大倍数与开环共模电压放大倍数之比就是集成运算放大器的共模抑制比，CMR 常用分贝表示。

### 9. 差模输入电阻 $R_{id}$ 和输出电阻 $R_o$

$R_{id}$ 表征两输入端对差模信号呈现的输入电阻，其值为几百千欧至数兆欧。$R_{id}$ 越大，对信号源的影响及所引起的动态误差越小。$R_o$ 是指开环状态下的输出电阻，其含义与一般电路相同。

以上只介绍了集成运算放大器的主要技术指标。

表 3.1 列出了典型集成运算放大器的主要参数。

表 3.1　典型集成运算放大器的主要参数

| 参数名称 | 总电源电压 $V_{CC}$($V_{EE}$)/V | 最大输出电压 $U_{omax}$/V | 最大差模输入电压 $U_{idmax}$/V | 最大共模输入电压 $U_{icmax}$/V | 输入电阻 $R_{id}$/kΩ | 输出电阻 $R_o$/Ω | 开环差模电压增益 $A_d$/dB | 共模抑制比 CMR/dB | 电源电压抑制比 $K_{SVR}$/dB | 输入失调电压 $U_{io}$/mV | 失调电压温漂 $\Delta U_{io}/\Delta T$/(mV·℃⁻¹) | 输入失调电流 $I_{io}$/nA | 偏置电流 $I_B$/nA | 转换速率 $S_r$/V·(μs)⁻¹ | 单位增益带宽 $f_c$/MHz | 功耗 $P_{co}$/mW | 备注 |
|---|---|---|---|---|---|---|---|---|---|---|---|---|---|---|---|---|---|
| 741C | 10~36 | ±13 | ±30 |  | 1000 | 200 | 86~106 | ≥70 | 76~90 | 2~6 | 20 | 20~200 |  | 0.3~0.5 | 1.2 | <120 | 通过 |
| OP-27 | 8~44 | ±3~±40 |  |  |  |  | >110 | <126 |  | ≤0.03 | 0.2 | ≤12 |  | 208 | 9 | ≤140 | 高精度 |
| OP-07A | 6~44 |  | 30 |  |  |  | >110 | >110 | >110 | 0.01~0.025 | 0.2~0.6 | 0.3~2 | <2 | 0.17 | 0.6 |  | 高精度 |
| LF356 | ±15 | ±13 | ±30 | +15, -12 | $10^9$ |  | 106 | 100 |  | 3 | 5 | 3 |  | 12 | 5 | <500 | 高输入电阻 |
| LFT356 | 10~44 |  | 30 |  |  |  | 50~200 | 95 |  | 0.5 | 3~5 | 0.003~0.02 | 0.07 | 12 | 4.5 |  | 低偏置 |
| μA253 | ±3~±18 |  |  |  | $6×10^3$ |  | 90~110 | 100 | 1~8 | 3 | $3×10^{-2}$ |  |  |  |  | <0.6 | 低功耗 |
| μA715 | ±15 | ±13.5 | ±30 |  | $10^3$ | 75 | 90 | ≤92 |  | ≤5 | 25 | ≤250 |  | <100 | 65 | 165 | 高速 |
| LH0032 | 10~36 |  |  |  |  |  | 1~3 | 50~60 | 50~60 | 5~15 | 15 | 0.01~0.05 | 0.25 | 500 | 70 |  | FET |
| HA2645 | 20~80 |  | 37 |  |  |  | >110 | >74 | >74 | 2~6 | 3 | 12~30 | 15~30 | 5 | 4 | 75 | 高压 |
| LH0021 | +12, -10 | ±12 |  |  | $10^3$ |  | 106 | 90 |  |  |  |  |  |  |  | $2×10^3$ | 大功率 |
| ICL7650 | ±3~±18 |  |  |  | $10^8$ |  | >120 | >120 |  | $0.7×10^{-3}$ | 0.01 | $6.5×10^3$ |  | 2.5 | 8 |  | 斩波稳零 |
| LM146 | ±15 |  |  |  | $10^3$ |  | 120 | 100 |  | 0.5 |  | 2 |  | 0.4 | 1.2 |  | 程控 |
| CA3080 | ±15 |  |  |  | 26 | $15×10^6$ | $g_m=9600\,\mu S$ | 110 |  | 0.4 | 2 | $0.14×10^3$ |  | 50~70 | 2 | 40 | 互导 |
| AD522 | ±10~±36 |  |  |  | $10^9$ | 70~100 | 0~60 |  |  | 6 | 6 | 20 |  | 10 | 2~0.04 |  | 仪用放大器 |

### 3.3.2　理想集成运算放大器及其分析方法

所谓理想集成运算放大器是将实际运算放大器理想化，由于实际运算放大器的一些主要技术参数接近理想化的参数。用理想运算放大器代替实际运算放大器进行分析，可使分析过程大为简化，而这种近似分析所引入的误差又在工程允许范围之内，这就是运算放大器理想化的目的。

集成运算放大器理想化的条件主要是：

(1)　开环差模电压放大倍数 $A_{uo}=\infty$；

(2)　开环输入电阻 $R_{id}=\infty$；

(3)　开环输出电阻 $R_o=\infty$；

(4)　共模抑制比 CMR$=\infty$。

从表 3.1 可见，实际运算放大器的上述技术指标可近似认为符合理想运算放大器的条件，尤其是高精度、低漂移的集成运算放大器。

图 3.19 是集成运算放大器的电压传输特性，中间斜线部分，是运算放大器的线性工作区，在此区间内，运算放大器的输出电压 $u_o$ 与输入电压 $u_{id}$($u_{id}=u_+ - u_-$)呈线性关系，即 $u_o=A_{uo}(u_+ - u_-)$，线性区以外部分为运算放大器的非线性工作区。由于运算放大器的开环电压放大倍数 $A_{uo}$ 很高，即使输入毫伏级以下的信号，也足以使输出电压饱和，其饱和值$+U_{o(sat)}$ 和 $-U_{o(sat)}$接近正、负电源电压值，即在这个区域内输出电压只有两个状态。因此，为了使工作稳定或使运算放大器工作在线性区内，通常应引入深度负反馈。

区分运算放大器是工作在线性区还是工作在非线性区的方法，是看电路是否引入了负反馈。如果引入了负反馈则运算放大器工作在线性区；如果没有负反馈(开环或有正反馈)，则运算放大器工作在非线性区。

将 3.1 节中理想运算放大器图形符号重新画在图 3.20 中反相和同相输入端对地的电压分别用 $U_-$、$U_+$表示，$U_o$ 表示输出电压，“$\triangleright\infty$”则表示开环放大倍数为无穷大。

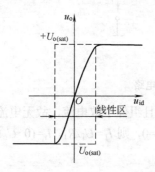
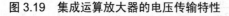
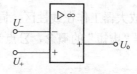

图 3.19　集成运算放大器的电压传输特性　　图 3.20　理想运算放大器电路图形符号

顺便说明，运算放大器可以放大直流信号，也可以放大交流信号，习惯上输入、输出多采用有效值 $U_i$、$U_o$ 表示，或用瞬时值 $u_i$、$u_o$ 表示。

理想运算放大器分析法：对于工作在线性区的理想运算放大器，$U_+ - U_- = U_o/A_{uo}$，利用它的理想化参数可以导出下面两条重要法则。

①　根据理想化条件 $A_{uo}\rightarrow\infty$，而 $U_o$ 只能为有限值，则有运算放大器两个输入端对地

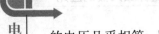

的电压几乎相等，即

$$U_+ \approx U_-(\text{或 } U_{id}=U_+-U_- =0) \tag{3-20}$$

二者不相连而电位又几乎相等，相当于虚短路，通常称为"虚短"；

② 根据差模输入电阻 $R_{id}\to\infty$ 的理想化条件，运算放大器的输入电流 $I_{id}=U_{id}/r_{id}\approx0$。虽然运算放大器与电路相连，但运算放大器的两个输入端没有电流流入，即

$$I_+=I_- \approx 0 \tag{3-21}$$

相当于断开一样，故通常称为"虚断"，即组件(运算放大器)不取电流。

利用"虚短"和"虚断"这两条法则来分析工作在线性区时的运算放大器的应用电路，称为"理想运放分析法"，用这种方法分析电路简捷而方便。

# 3.4 基本运算电路

本节介绍由集成运算放大器和电阻、电容、二极管等构成的模拟量运算电路，这些电路是其他应用电路的基础。

## 3.4.1 比例运算电路

### 1. 反相输入比例运算电路及反相器

如果输入信号从运算放大器的反相输入端加入，则为反相运算电路，典型电路如图3.21所示。

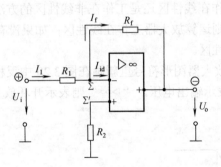

图 3.21 反相比例运算电路

因运算放大器工作在线性区，同相端经 $R_2$ 接地，且组件不取电流，故无电流流过 $R_2$，$U'_\Sigma=0$。根据"虚短"的概念，$\Sigma$ 点为"虚地"，即 $U_\Sigma=0$，则 $I_1=U_i/R_1$，$I_f=(0-U_o)/R_f$，$I_{id}=0$，则 $I_1=I_f$，即

$$\frac{U_i}{R_1} = -\frac{U_o}{R_f}$$

$$U_o = -\frac{R_f}{R_1}U_i \tag{3-22}$$

则该电路闭环电压放大倍数为

$$A_{uf} = \frac{U_o}{U_i} = -\frac{R_f}{R_1} \tag{3-23}$$

由式(3-22)可知，输出电压(函数)与输入电压(自变量)是比例运算关系。只要 $R_1$、$R_f$ 的阻值精确，运算放大器的 $A_{uo}$ 足够高，则 $U_o$ 与 $U_i$ 的关系取决于反馈网络($R_1$、$R_f$)而与运算放大器本身的参数无关，这就保证了运算的精度和稳定性。

图 3.21 中 $R_2$ 为一平衡电阻。静态时运算放大器的两个输入端有偏置电流 $I_{B1}$ 和 $I_{B2}$ 存在，它们将分别流过 $R_1$、$R_f$ 和 $R_2$，为了不在运算放大器的输入端引入附加误差，则应使运算放大器两输入端看入的视在电阻相等，即 $R_\Sigma = R'_r$，因此应使 $R_2 = R_1 // R_f$。

当电路中 $R_1 = R_f$ 时，由式(3-22)可知，$U_o = -U_i$，即为反相器。

反相比例运算电路的特点如下。

由本章 3.1 节分析可知，反相比例运算电路就是一个深度电压并联负反馈电路，输入电阻不高，输出电阻很低。输入电阻为 $R_i = R_1$。由于引入深度电压负反馈，故输出电阻减小到 $1/(1+AF)$，即 $R_o \approx 0$，因此带负载能力强。

因同相端接地，$U'_\Sigma = 0$，故运算放大器两个输入端不存在共模输入电压。因此对运算放大器的共模抑制比要求低。

### 2. 同相输入比例运算电路及电压跟随器

信号从运算放大器的同相输入端加入，则为同相运算电路，如图 3.22 所示。因组件不取电流，没有电流流过 $R$，故 $U'_\Sigma = U_i$，再根据虚短的概念有 $U_\Sigma = U'_\Sigma = U_i$，$\Sigma$ 点流入运算放大器的电流为零，则 $I_i = I_f$，即 $U_i/R_1 = (U_o - U_i)/R_f$。

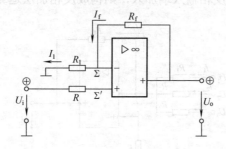

图 3.22　同相输入比例运算电路

整理可得

$$U_o = \left(1 + \frac{R_f}{R_1}\right)U_i \tag{3-24}$$

$$A_{uf} = \frac{U_o}{U_i} = 1 + \frac{R_f}{R_1} \tag{3-25}$$

$U_o$ 与 $U_i$ 仍为比例关系，且比例系数($1+R_f/R_1$)为正值。

同相比例运算电路的特点如下。

(1) 由前面分析可知，此电路为深度电压串联负反馈。它的输入电阻高，输出电阻很低。

由 $R$ 右侧看入的输入电阻 $R_i = (1+A_{uo}F)R_{id}$，其中 $F = R_1/(R_1 + R_f)$，因 $A_{uo}$ 和 $R_{id}$ 均很大，

故 $R_i \to \infty$，可知这种电阻极高，实际输入电阻高达 1000MΩ以上。同理，因为引入深度电压负反馈，输出电阻减小，可视为零。

(2) 由于反相端不存在"虚地"，所以输入端有共模输入电压，因此对集成运算放大器的共模抑制比要求较高，这是它的缺点。

若 $R_i = \infty$(开路)，$R_f = 0$(短路)，由式(3-25)可知，$A_{uf} = 1$，则成为电压跟随器，如图 3.23 所示。此时输出电压与输入电压大小和相位均相同，但输入电阻极高，输出电阻很低，故常作为测量电路的输入级和中间缓冲级。

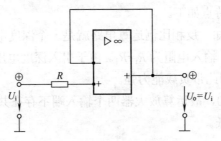

图 3.23　电压跟随器

## 3.4.2　加减运算电路

### 1. 反相加法运算电路

如果若干输入信号均从反相输入端加入，则构成反相加法运算电路，如图 3.24 所示。

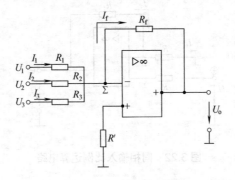

图 3.24　反相加法运算电路

图中有三个输入信号 $U_1$、$U_2$、$U_3$。同相端经 $R'$ 接地，故 $\sum$ 点为虚地，则

$$I_1 = \frac{U_1}{R_1},\ I_2 = \frac{U_2}{R_2},\ I_3 = \frac{U_3}{R_3}$$

因组件不取电流，则

$$I_1 + I_2 + I_3 = I_f$$

即

$$\frac{U_1}{R_1} + \frac{U_2}{R_2} + \frac{U_3}{R_3} = \frac{0 - U_o}{R_f}$$

整理可得

$$U_o = -\left( \frac{R_f}{R_1}U_1 + \frac{R_f}{R_2}U_2 + \frac{R_f}{R_3}U_3 \right) \tag{3-26}$$

用此式可实现 $y = a_1x_1 + a_2x_2 + a_3x_3$ 的数学运算，改变 $R_1$、$R_2$、$R_3$ 可分别改变系数 $a_1$、$a_2$、$a_3$，$a_1$、$a_2$、$a_3$ 互不影响，调试方便，图 3.24 中平衡电阻 $R' = R_1//R_2//R_3//R_f$。

### 2．同相加法运算电路

图 3.25 是同相加法运算电路。三个输入信号分别经 $R_1$、$R_2$、$R_3$ 加在运算放大器同相输入端，输出信号经反馈电阻 $R_f$ 和 $R_o$ 分压后加在运算放大器反相输入端。

因 $u_+ = u_-$，$I_+ = I = 0$，有

$$u_+ = u_- = \frac{R_o}{R_o + R_f} u_o \tag{3-27}$$

$$i_1 + i_2 + i_3 = i_4 \tag{3-28}$$

$$i_1 = \frac{u_{i1} - u_+}{R_1}, \quad i_2 = \frac{u_{i2} - u_+}{R_2}, \quad i_3 = \frac{u_{i3} - u_+}{R_3}, \quad i_4 = \frac{u_+}{R_4} \tag{3-29}$$

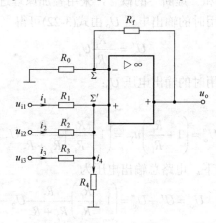

图 3.25　同相加法运算电路

将式(3-27)代入式(3-29)，再将式(3-29)代入式(3-28)，经整理可得输出电压 $u_o$ 与三个输入电压的关系为

$$u_o = \left( 1 + \frac{R_f}{R_o} \right) \left( \frac{u_{i1}}{R_1} + \frac{u_{i2}}{R_2} + \frac{u_{i3}}{R_3} \right) R_P \tag{3-30}$$

式中，$R_P$ 为同相端所接的等效电阻，即 $R_P = R_1//R_2//R_3//R_4$，反相端的等效电阻为 $R_N = R_o//R_f$。

要求运算放大器两输入端直流电阻平衡，即 $R_N = R_P$，并代入式(3-30)，则得

$$u_o = R_f \left( \frac{u_{i1}}{R_1} + \frac{u_{i2}}{R_2} + \frac{u_{i3}}{R_3} \right) \tag{3-31}$$

式(3-31)表示三个输入信号各以一定的比例参与求和运算，与式(3-26)相比，只差一个符号。当 $R_1 = R_2 = R_3 = R = R_f$ 时，则

$$u_o = \frac{R_f}{R}(u_{i1} + u_{i2} + u_{i3}) = u_{i1} + u_{i2} + u_{i3} \tag{3-32}$$

式(3-32)的成立，必须满足 $R_N=R_P$，即 $R_0 /\!/ R_f = R_1 /\!/ R_2 /\!/ R_3 /\!/ R_4$。

### 3. 减法运算电路

如果输入信号由运算放大器的两个输入端同时加入，则为减法运算电路，也称为差值运算电路，如图 3.26 所示。

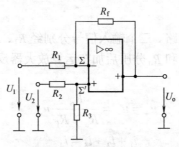

**图 3.26　减法运算电路**

利用"虚短"($U_\Sigma=U'_\Sigma$)和"虚断"的概念，采用叠加原理进行分析。

当 $U_2$ 短路、$U_1$ 单独作用时的输出电压 $U_o$ 由式(3-22)可得

$$U'_o = -\frac{R_f}{R_1}U_1$$

当 $U_1$ 短路、$U_2$ 单独作用时的输出电压 $U_o$：

由式(3-24)可得

$$U''_o = \left(1+\frac{R_f}{R_1}\right)u_{\Sigma'} = \left(1+\frac{R_f}{R_1}\right)\frac{R_3}{R_2+R_3}U_2$$

则在 $U_1$ 和 $U_2$ 共同作用下，电路总输出电压为

$$U_o = U'_o + U''_o = \left(1+\frac{R_f}{R_1}\right)\frac{R_3}{R_2+R_3}U_2 - \frac{R_f}{R_1}U_1 \tag{3-33}$$

当 $R_1=R_2$，$R_3=R_f$ 时有

$$U_o = \frac{R_f}{R_1}(U_2-U_1) \tag{3-34}$$

若四个电阻均相等，则实现了减法运算，即

$$U_o = U_2 - U_1 \tag{3-35}$$

**【例 3-7】** 用两级运算放大器设计一个加减运算放大器电路，实现以下运算关系：

$$u_o = 10u_{i1} + 20u_{i2} - 8u_{i3}$$

**解** 完成运算功能的运算电路并非只有唯一的形式，但要求简单。因 $u_{i3}$ 与 $u_o$ 反相，可用反相比例运算来实现；$u_{i1}$ 和 $u_{i2}$ 与 $u_o$ 同相，需反相两次后介入 $u_o$ 的解。根据以上分析，可画加、减运算电路如图 3.27 所示。

(1) 运算放大器 $A_1$ 实现反相加法运算：

$$u_{o1} = -\frac{R_{f1}}{R_1}u_{i1} - \frac{R_{f1}}{R_2}u_{i2}$$

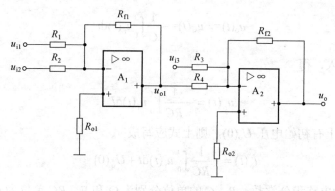

图 3.27　例 3-7 电路图

(2)　运算放大器 $A_2$ 也实现反相加法运算：

$$u_o = -\frac{R_{f2}}{R_3}u_{i3} - \frac{R_{f2}}{R_4}u_{o1}$$

$$= -\frac{R_{f2}}{R_3}u_{i3} + \frac{R_{f2}}{R_4}\left(\frac{R_{f1}}{R_1}u_{i1} + \frac{R_{f1}}{R_2}u_{i2}\right)$$

(3)　按题中要求，设置各元件参数间的比例关系为

$$\frac{R_{f1}}{R_1} = 10 ; \quad \frac{R_{f1}}{R_2} = 20 ; \quad \frac{R_{f2}}{R_4} = 1 ; \quad \frac{R_{f2}}{R_3} = 8$$

而　　　　　　　　　$R_{o1} = R_1 /\!/ R_2 /\!/ R_{f1} ; \quad R_{o2} = R_3 /\!/ R_4 /\!/ R_{f2}$

可以先定出 $R_{f1}$，$R_{f2}$ 的阻值，其阻值一般可在几千欧至 1 兆欧范围内选用。

## 3.4.3　积分和微分电路

### 1. 积分运算电路

由以上分析可以看到，电路的运算结果只与反馈网络的结构有关，如果反馈元件采用电压与电流成积分关系的元件，电路就可实现积分运算。典型的反相积分电路如图 3.28 所示。

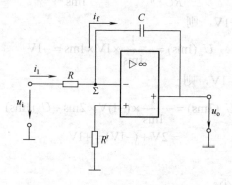

图 3.28　积分运算电路

由于同相输入端接地，故 $\Sigma$ 点为"虚地"，$U_\Sigma = 0$，则 $i_1 = u_i/R$，组件不取电流，$i_1 = i_f$，因此有

$$u_o(t) = -u_C(t) = -\frac{1}{C}\int_0^t i_f(t)dt$$

将 $i_1 = \dfrac{u_i}{R}$ 代入，得

$$u_o(t) = -\frac{1}{RC}\int_0^t u_i(t)dt \qquad (3\text{-}36)$$

如果电容 $C$ 上有初始电压 $U_o(0)$，则上式应写成

$$u_o(t) = -\frac{1}{RC}\int_0^t u_i(t)dt + U_o(0) \qquad (3\text{-}37)$$

式中，$RC$ 为电路积分常数，$R$、$C$ 的单位分别为 $\Omega$ 和 F，$RC$ 单位为 s。若 $R=100\text{k}\Omega$，$C=10\mu\text{F}$，则 $RC=1\text{s}$，由上式可知，输出电压为输入电压的积分，式中负号表示二者相位相反。

如果 $u_i(t)$ 为阶跃电压，则 $u_o$ 的幅度增大到一定数值时，运算放大器进入非线性区，最后达到饱和值 $\pm U_{o(\text{sat})}$ 而不再变化，此时输入电压和输出电压的波形如图 3.29 所示。

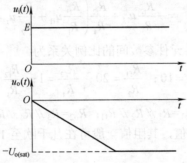

图 3.29　积分电路输入电压和输出电压的波形图

【例 3-8】　电路如图 3.28 所示，$R=100\text{k}\Omega$，$C=0.01\mu\text{F}$，输入电压 $u_i(t)$ 的波形如图3.30所示，电容 $C$ 起始电压 $U_C(0)=0$。试画出 $u_o(t)$ 的波形。

**解**　$RC = 10^5\,\Omega \times 10^{-8}\text{F} = 10^{-3}\text{s} = 1\text{ms}$

$$u_o(t) = -\frac{1}{RC}\int_0^t u_i(t)dt = -\frac{1}{1\text{ms}}\int_0^t u_i(t)dt$$

在 0～1ms 期间，$u_i=+1\text{V}$，则

$$U_o(1\text{ms}) = -\frac{1}{1\text{ms}}\times 1\text{V}\times 1\text{ms} = -1\text{V}$$

在 1～3ms 期间，$u_i=-1\text{V}$，则

$$U_o(3\text{ms}) = -\frac{1}{1\text{ms}}\times(-1)\text{V}\times 2\text{ms} + U_o(1\text{ms})$$
$$= 2\text{V} + (-1\text{V}) = +1\text{V}$$
$$\cdots$$

$U_o(t)$ 波形如图 3.30 所示。

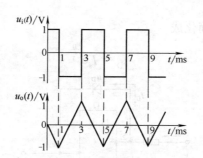

图 3.30　方波作用下积分电路输出电压波形图

### 2. 微分运算电路

微分运算是积分运算的逆运算，只需将积分运算电路中的 $R$、$C$ 位置互换，即可得到反相微分运算电路，如图 3.31 所示。

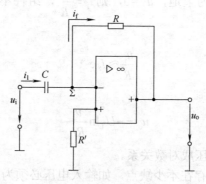

图 3.31　微分运算电路

运放同相输入端经 $R'$ 接地，故 $\Sigma=0$，且组件不取电流，$i_1=i_f$。由图可知

$$i_1 = C\frac{\mathrm{d}u_i(t)}{\mathrm{d}t} \tag{3-38}$$

$$u_o = -i_f R \tag{3-39}$$

即

$$u_o(t) = -RC\frac{\mathrm{d}u_i(t)}{\mathrm{d}t} \tag{3-40}$$

可知输出电压 $u_o(t)$ 与输入电压 $u_i(t)$ 的一阶微分成正比，或者说 $u_o(t)$ 正比于输入电压的变化率。因此对高频噪声和突然出现的干扰等非常敏感，使信噪比下降，工作不稳定，故很少应用。

## 3.4.4　对数和指数运算电路

### 1. 对数运算电路

如果反馈网络中采用电压和电流成对数关系的元件，则可实现对数运算。典型的基本对数运算电路如图 3.32 所示。二极管 D 两端电压 $u_D$ 与流过它的电流 $i_D$ 之间的关系用二极管方程表示为

$$i_D = I_s\left(\mathrm{e}^{\frac{u_D}{U_T}} - 1\right)$$

当 $u_D \gg U_T$ 时，上式可简化成

$$i_D \approx I_s e^{\frac{u_D}{U_T}}$$ (3-41)

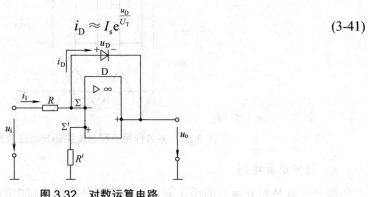

图 3.32 对数运算电路

由图 3.32 可知：$\sum$ 点为虚地，$u_\Sigma=0$，则 $i_1=\dfrac{u_i}{R}$，组件不取电流，则有 $i_D=i_1$，代入式(3-41)得

$$\frac{u_i}{R} \approx I_s e^{\frac{u_D}{U_T}}$$

输出电压 $u_o=-u_D$，则得到

$$u_o = -U_T \ln \frac{u_i}{RI_s}$$ (3-42a)

可知输出电压与输入电压成对数关系。

这个基本对数运算电路存在不少缺点，如输入电压必须为正、工作范围小、温度影响运算精度(因 $U_T$、$I_s$ 是温度的函数)，因此实际使用时都作了不少改进，这里不再详述，请参阅有关文献。

### 2. 指数运算电路

指数运算是对数运算的逆运算，因此将图 3.32 中的 $R$ 与 $D$ 位置互换，即得基本指数(反对数)运算电路，如图 3.33 所示。

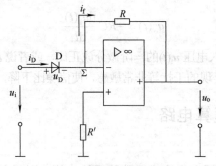

图 3.33 指数运算电路

由图可知，$\sum$ 点为"虚地"，得 $u_\Sigma=0$，则 $u_D=u_i$，由式(3-41)得

$$i_D \approx I_s e^{\frac{u_i}{U_T}}$$

而

$$u_o = -i_f R \ ; \ i_f = i_D$$

则有

$$u_o = -RI_s e^{\frac{u_i}{U_T}}$$ (3-42b)

可见输出电压 $u_o$ 是输入电压 $u_i$ 的指数函数。实用电路可由对数模块和集成运算放大器构成，详细情况参阅有关文献。

## 3.4.5　乘法和除法运算电路

### 1. 模拟乘法器简介

模拟乘法电路是用来实现两个模拟信号相乘作用的电子器件，简称为模拟乘法器。它有同相模拟乘法器和反相模拟乘法器两种，它们的输出电压与输入电压的函数关系分别是

$$u_o = K u_x u_y$$

$$u_o = -K u_x u_y$$

式中 $K$ 为正值，电路图形符号如图 3.34 所示。

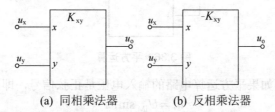

(a) 同相乘法器　　　(b) 反相乘法器

**图 3.34　模拟乘法器图形符号**

目前市场上广泛使用的集成模拟乘法器型号很多，国产的有 BG314、LY481、FZ4，国外的有 MC1595、AD534、ICL8013 等。这里只简单介绍一下国产 BG314 模拟乘法器。

BG314 型集成电路是一种通用型线性化双平衡模拟乘法器，其内部原理图读者可参阅其他文献，这里不作介绍。其外围电路接法如图 3.35 所示。

图 3.35 中，4、8 和 9、12 分别为乘法器的 $X$ 输入端($X_1$、$X_2$)和 $Y$ 输入端($Y_1$、$Y_2$)；2、14 为乘法器的输出端 $Z_1$ 和 $Z_2$，接负载电阻 $R_C$；5、6 和 10、11 分别接负反馈电阻 $R_x$ 和 $R_y$；3、13 分别接电阻 $R_3$、$R_{13}$，用来调节恒流源的电流值；1 接 $R_1$，用来调节 1 端的电位。从外围图 3.35 可见，模拟乘法器实际应用时，需加合适的电源电压及配置必要的外围元件。

BG314 是四象限乘法运算电路，即 $u_x$、$u_y$ 两个输入电压可以为正，也可以为负，或者正负交替，功能较强。

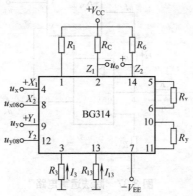

**图 3.35　BG314 外围电路接法**

## 2. 应用举例

模拟乘法器的用途极其广泛，它不仅用于模拟量的运算，而且可进行模拟信号处理。因此，它在自动控制、信号系统、信号处理等领域得到越来越广泛的应用。

下面举几个例子说明集成乘法器的应用。

(1) 乘法运算。两个输入端分别加输入电压 $u_x$ 和 $u_y$，若使用的是同相乘法器，则输出电压为 $u_o=Ku_xu_y$。若使用的是反相乘法器，则输出电压为 $u_o=-Ku_xu_y$。式中 $K$ 为乘法器系数。

(2) 平方运算。将乘法器的两个输入端连在一起，接输入电压 $u_i$，则输出电压为

$$u_o = K(u_i)^2$$

平方运算如图 3.36 所示。

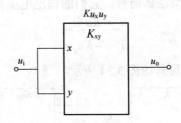

图 3.36　平方运算

(3) 正弦波倍频。如果平方运算电路的输入电压是正弦信号，即

$$u_i = U_{iM} \sin \omega t$$

则输出电压为

$$u_o = K(U_{iM} \sin \omega t)^2 = \frac{1}{2} KU_{iM}^2 [1 - \cos(2\omega t)] \tag{3-43}$$

因此只要在平方运算电路的输出端加一个隔直电容，去掉 $u_o$ 中的直流成分，即可得到频率为输入信号两倍的正弦信号。

(4) 压控增益。如果乘法器的一个输入端接输入信号，另一个输入端接控制电压 $U_p$，用同相乘法器，则输出电压为

$$u_o = KU_p u_i \tag{3-44}$$

输出电压的幅度(或电路的放大倍数)受 $U_p$ 控制。

(5) 除法运算。图 3.37 就是一个用运算放大器和乘法器组成的除法运算电路。

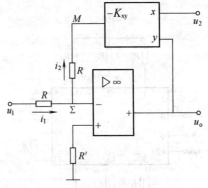

图 3.37　除法运算电路

根据"虚地"和"虚断"的概念，$U_\Sigma = 0$ 且 $i_1 = i_2$，则有

$$u_M = -u_1$$

而乘法器的输出

$$u_M = -Ku_ou_2$$

可得

$$u_o = \frac{1}{K}\frac{u_1}{u_2} \tag{3-45}$$

可见输出电压 $u_o$ 正比于两个输入电压的商。由电路和各点瞬时极性可知，当 $u_1$ 为 ⊕ 时，$u_o$ 为 ⊖。当 $u_2$ 也为负时，利用反相乘法器才能使 $u_M$ 为 ⊖。故利用这个电路，输入电压 $u_2$ 必须为负，而 $u_1$ 则可正可负。

(6) 开方运算。电路如图 3.38 所示，Σ 点为"虚地"，反馈网络采用同相乘法器。

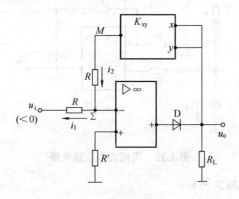

**图 3.38　开方运算电路**

由图 3.38 可知

$$u_M = Ku_o^2$$

因 $i_1 = i_2$，且电阻相等，则有

$$u_M = -u_i$$

即

$$u_o = \sqrt{\frac{1}{K}(-u_i)} \tag{3-46}$$

可知输出电压正比于输入电压的平方根。但为使电路正常工作，$u_i$ 必须小于零。电路中二极管 D 的作用是保证电路正常工作。因为一旦由于干扰等原因 $u_i$ 变正时，$u_o$ 为 ⊖，而 $u_M$ 为 ⊕，则原来的负反馈变成了正反馈，使电路自锁，即使 $u_i$ 再变为负值，电路也不能恢复正常工作。加入二极管 D 以后，则在 $u_i > 0$ 时，$u_o = 0$，没有输出，不会自锁。

## 3.4.6　基本运算电路应用举例

集成运算放大器除了作为对信号的运算以外，在测量系统和控制系统中也得到了广泛应用。下面介绍集成运算放大器在信号测量方面的一些应用电路。

### 1．同相式电压源

图 3.39 所示是同相式电压源(由于理想运算放大器的输出电阻 $R_o=0$ 可近似为恒压源)电路图。

直流电源 $U_s$ 经稳压管电路与运算放大器的同相输入端相接。这是一个同相比例运算电路，理想条件下，$U_+=U_-$，因此有

$$U_o = \left(1 + \frac{R_f}{R_1}\right)U_+ = \left(1 + \frac{R_f}{R_1}\right)U_z$$

改变 $R_F$，可以调节稳定的输出电压。

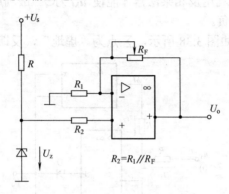

$$R_2 = R_1 /\!/ R_F$$

**图 3.39　同相式电压源电路**

### 2．测量放大器(数据放大器)

测量放大器常用于自动控制和非电量电测系统中，由于被广泛地应用于数据采集系统，故又称数据放大器。

在测量系统中，通常用传感器获取信号，即把被测物理量通过传感器转换为电信号，然后进行放大。因此，传感器的输出是放大器的信号源。然而，多数传感器的等效电阻均不是常量，它们随所测物理量的变化而变化。这样，对于放大器而言，信号源内阻 $R_s$ 是变量，根据电压放大倍数的表达式

$$A_{us} = \frac{R_i}{R_s + R_i} A_u$$

可知，放大器的放大能力将随信号大小而变。为了保证放大器对不同幅值信号具有稳定的放大倍数，就必须使得放大器的输入电阻 $R_i > R_s$，$R_i$ 越大，因信号源内阻变化而引起的放大误差就越小。

此外，从传感器所获得的信号称为差模小信号，并含有较大共模部分，其数值有时远大于差模信号。因此，要求放大器应具有较强的抑制共模信号的能力。

综上所述，测量放大器除具备足够大的放大倍数外，还应具有高输入电阻和高共模抑制比。下面对图 3.40 测量放大器的工作原理作简要分析。

测量放大器由运算放大器 $A_1$、$A_2$ 组成第一级差分放大电路(减法运算电路)，运算放大器 A3 组成第二级差分放大电路(减法运算电路)，三个运算放大器电路都引入了深度负反馈。根据运算放大器 $A_1$、$A_2$ 输入端分别虚短可得

$$u_{ab} = u_{i1} - u_{i2}$$

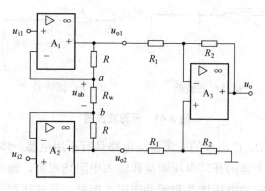

**图 3.40　测量放大器**

根据运算放大器 $A_1$、$A_2$ 反相输入端虚断可知，流过电阻 $R_w$、$R$ 的电流相等，因此第二级电路的差模输入电压为

$$u_{o1} - u_{o2} = \frac{R_w + 2R}{R_w}(u_{i1} - u_{i2}) \tag{3-47}$$

根据差分放大器(减法运算电路)的电压计算公式(3-34)，可得

$$u_o = \frac{R_2}{R_1}(u_{o2} - u_{o1})$$

将式(3-47)代入上式，可得

$$u_o = -\frac{R_2}{R_1}\left(1 + \frac{2R}{R_w}\right)(u_{i1} - u_{i2}) \tag{3-48}$$

因此该放大电路的电压放大倍数为

$$A_u = \frac{u_o}{u_{i1} - u_{i2}} = -\frac{R_2}{R_1}\left(1 + \frac{2R}{R_w}\right) \tag{3-49}$$

改变 $R_w$ 可调节放大倍数 $A_u$ 的大小。

# 3.5　有源滤波电路

## 3.5.1　滤波电路的功能与分类

在实际的电子系统中，输入信号往往包含一些不需要的信号成分，必须设法将它们衰减到足够小的程度，或者把有用信号挑选出来。为此，可采用滤波电路。

滤波电路的功能是一种能使有用频率信号顺利通过，而同时抑制(或大为衰减)无用频率信号的电子装置，简称滤波器。

滤波电路的种类很多，可按各种不同的方法分类。

(1) 滤波电路按所处理的信号是连续变化的还是离散的，可分为模拟滤波电路和数字滤波电路，本节讨论模拟滤波电路。

(2) 按是否采用有源元件，滤波电路可分为无源滤波电路和有源滤波电路。

模拟无源滤波电路主要采用 $R$、$L$ 和 $C$ 组成，如图3.41 所示。

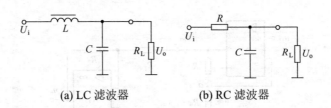

(a) LC 滤波器　　　(b) RC 滤波器

**图 3.41　无源滤波器**

集成运算放大器和 $R$、$C$ 组成的有源滤波电路具有不用电感、体积小、重量轻等优点。此外，由于集成运算放大器的开环电压增益和输入电阻均很高，输出电阻又很低，构成有源滤波电路后还具有一定的电压增益和缓冲作用。但是，集成运算放大器的带宽有限，所以滤波电路的工作频率只可达到 1MHz 左右，这是其不足之处。

(3) 按幅频特性所表示的通过或阻止信号频率的不同，滤波电路可分为低通滤波器、高通滤波器、带通滤波器、带阻滤波器。各种滤波器理想的幅频响应如图 3.42 所示。

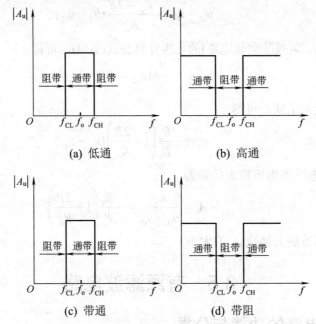

(a) 低通　　　　　(b) 高通

(c) 带通　　　　　(d) 带阻

**图 3.42　各种滤波器的理想幅频特性**

我们把能够通过的信号频率范围定义为通带，把阻止通过的衰减信号频率范围定义为阻带。而通带与阻带的分界点频率 $f_C$ 称为截止频率或转折频率，图 3.42 中的 $A_{up}$ 为通带增益，$f_0$ 为中心频率，$f_{CL}$ 和 $f_{CH}$ 分别为低边和高边截止频率。

滤波器作为线性网络时，输出与输入关系采用复频率的传递函数可表示为

$$A_u(s) = \frac{U_o(s)}{U_s(s)}$$

上式传递函数分母中 $S$ 的幂次数，也称为滤波器的阶数。

因此滤波器又可分一阶、二阶和高阶滤波器。阶数越高，其中的幅频特性越接近于图 3.42 所示的理想特性，即滤波器的性能越好。

## 3.5.2　有源滤波器——一阶低通滤波器

一阶低通滤波电路如图 3.43 所示。图中电容 $C$ 上的电压为

$$U_C = \frac{U_i}{R + \dfrac{1}{j\omega C}} \cdot \frac{1}{j\omega C} = \frac{U_i}{1 + j\omega CR}$$

$U_C$ 即为图 3.43 所示同相比例运算电路的输入电压，则

$$U_o = \left(1 + \frac{R_f}{R_1}\right) U_C = \frac{1 + \dfrac{R_f}{R_1}}{1 + j\omega CR} U_i \tag{3-50}$$

该电路的电压放大倍数(或传输系数)为

$$A_{uf} = \frac{U_o}{U_i} = \frac{A_{up}}{1 + j\omega RC} \tag{3-51}$$

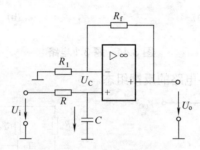

**图 3.43　一阶低通滤波器**

其中 $A_{up}$ 为电路的通带($\omega = 0$ 时)电压放大倍数，$A_{up} = 1 + R_f / R_1$。令 $\omega_0 = 1/(RC)$ 或 $f_0 = 1/(2\pi RC)$，则

$$A_{uf} = \frac{A_{up}}{1 + j\dfrac{\omega}{\omega_0}} = \frac{A_{up}}{1 + j\dfrac{f}{f_0}}$$

其模值

$$|A_{uf}| = \frac{A_{up}}{\sqrt{1 + \left(\dfrac{\omega}{\omega_0}\right)^2}} = \frac{A_{up}}{\sqrt{\left(1 + \dfrac{f}{f_0}\right)^2}} \tag{3-52}$$

由式可知，当 $f=0$ 时，$|A_{uf}|=A_{up}$；而当 $f=f_0$ 时，$|A_{uf}|=A_{up}/\sqrt{2}$。电压放大倍数的数值下降到通带电压放大倍数的 $1/\sqrt{2}$ 的频率，称为低通电路的上限截止频率 $f_C$。对于图 3.43 所示的电路，$f_C=f_0$。当 $f \gg f_0$ 时，$|A_{uf}| \to 0$。可见对于 $f<f_0$ 的低频信号很容易通过，而对于高频信号则不易通过，故称为低通滤波器。

# 3.6　思考题与习题

3.1　找出图 3.44 所示各电路的反馈元件,指出哪些是局部反馈? 哪些是全局反馈? 判断哪些是直流反馈? 哪些是交流反馈? 哪些是正反馈? 哪些是负反馈? 图中的直流负反馈起什么作用?

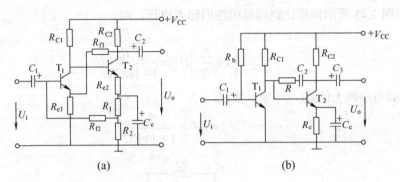

图 3.44　题 3.1 电路

3.2　判断图 3.45 所示各电路的反馈组态。

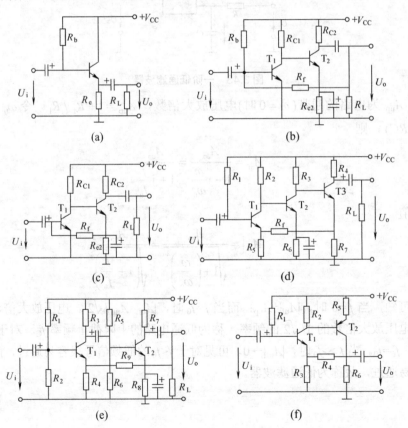

图 3.45　题 3.2 电路

3.3　判断图 3.46 所示各电路的反馈组态。若各电路满足深度负反馈条件，试估算各电路的电压放大倍数 $A_{uf} = \dfrac{u_o}{u_i}$ 的值。

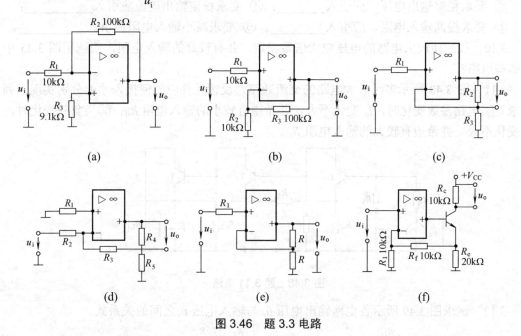

(a)　　　　　　　(b)　　　　　　　(c)

(d)　　　　　　　(e)　　　　　　　(f)

图 3.46　题 3.3 电路

3.4　在深度负反馈条件下试估算图 3.44(a)和图 3.45(e)、(f)的电压放大倍数 $A_{uf} = \dfrac{u_o}{u_i}$ 的值。

3.5　图 3.47 所示电路满足深度负反馈条件，判断反馈组态并估算电压放大倍数 $A_{uf} = \dfrac{u_o}{u_i}$。

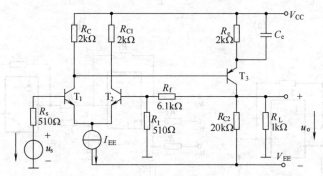

图 3.47　题 3.5 电路

3.6　串联反馈只有在信号源内阻_____时，其反馈效果最显著，并联反馈只有在信号源内阻_____时，反馈效果最显著。

3.7　已知放大电路输入信号电压为1mV，输出电压为10mV，加入负反馈后，为达到同样输出时需要加的输入信号为10mV，该电路的反馈深度为_____，反馈系数为_____。

3.8　当电路的闭环增益为40dB时，基本放大电路的$A$变化10%，$A_f$ 相应变化1%，则此时电路的开环增益为_____dB。

3.9　根据不同要求选择合适的负反馈组态：a.直流负反馈；b.交流负反馈；c.电压负反

馈；d.电流负反馈；e.串联负反馈；f.并联负反馈。

① 为稳定静态工作点，应引入_____；② 为稳定电路增益，应引入_____；

③ 要求稳定输出电压，应引入_____；④ 要求稳定输出电流应引入_____；

⑤ 要求提高输入电阻，应引入_____；⑥ 要求减小输入电阻应引入_____。

3.10　如欲使放大电路的电压放大倍数稳定，并有较高的输入电阻，应选用图 3.45 中的哪些电路？

3.11　图 3.48 所示多级放大电路的交流通路，反馈元件应如何接入才能分别实现下列要求？①电路参数变化时，$i_o$ 变化不大，并希望有较小的输入电阻 $R_{if}$；②当负载变化时，$u_o$ 变化不大，并希望有较大的输入电阻 $R_{if}$。

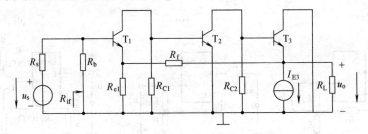

图 3.48　题 3.11 电路

3.12　试求图 3.49 所示各电路输出电压 $u_o$ 与输入电压 $u_i$ 之间的关系式。

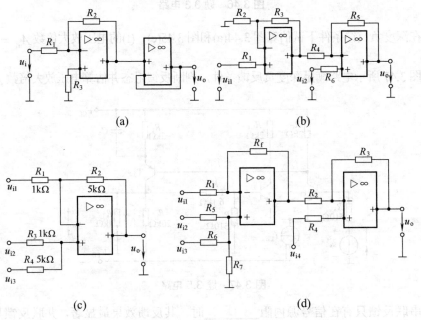

图 3.49　题 3.12 电路

3.13　试求图 3.50 所示电路的 $u_o$ 与 $u_i$ 间的函数关系并求 $R_2$ 及 $R_2'$ 的值。

3.14　试求图3.51所示电路的输出电压 $u_o$ 的值。运算放大器均满足理想化条件，元件参数见电路图，已知 $u_{i1}=5\text{mV}$，$u_{i2}=-5\text{mV}$，$u_{i3}=6\text{mV}$，$u_{i4}=-12\text{mV}$。

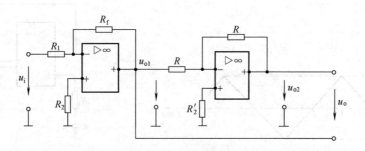

图 3.50　题 3.13 电路

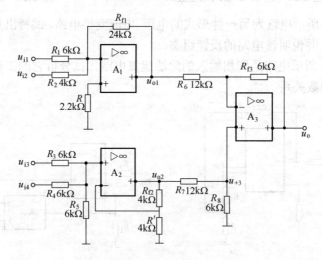

图 3.51　题 3.14 电路

3.15　前面3.4节讲到图3.28基本的积分运算电路，若 $R=100\text{k}\Omega$，$C=0.01\mu\text{F}$且满足$t=0$时$u_o=0$。当输入波形$u_i$为图3.52所示波形时，试画出此时的输出电压波形，并标出其幅值。

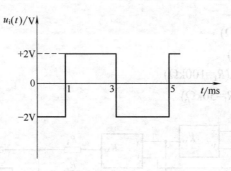

图 3.52　题 3.15 输入电压波形

3.16　前面3.4节讲到图3.31为基本的微分运算电路，若$R=100\text{k}\Omega$，$C=0.01\mu\text{F}$，当输入波形$u_i$为图3.53所示波形时，试画出此时的输出电压波形，并标出其幅值。

3.17　写出图 3.54 所示电路的输出电流 $i_o$ 与 $E$ 的关系式，并说明其功能。当负载电阻 $R_L$ 改变时，输出电流有无变化？如果把直流电源 $E$ 换成输入信号电压 $u_i$，结果如何？

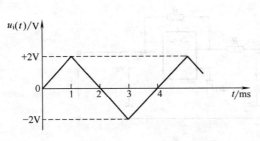

图 3.53　题 3.16 输入电压波形

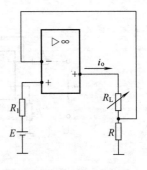

图 3.54　题 3.17 电路

3.18　图 3.55 所示电路为另一种形式的电压-电流变换电路,试写出负载电流 $i_o$ 与输入电压 $u_i$ 的关系式,并说明该电路的反馈组态。

3.19　图 3.56 所示电路是同相输入的除法运算电路,试分析它的工作条件,求输出电压与输入电压的函数关系。

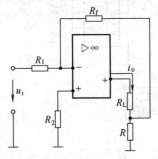

图 3.55　题 3.18 电路

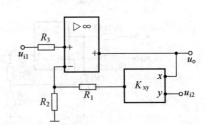

图 3.56　题 3.19 电路

3.20　图 3.57 所示电路为一幂级数运算电路,求输出电压 $u_o$ 与输入电压 $u_i$ 的函数关系。

3.21　试按下列运算关系设计由集成电路构成的电路,并计算各电阻的阻值。括号中的反馈电阻 $R_f$ 是给定的。

(1)　$u_o = -5u_i$ $(R_f = 50\text{k}\Omega)$

(2)　$u_o = 5u_i$ $(R_f = 20\text{k}\Omega)$

(3)　$u_o = -(u_{i1} - 0.2u_{i2})$ $(R_f = 100\text{k}\Omega)$

(4)　$u_o = -200 \int u_i \mathrm{d}t$ $(R_f = 50\text{k}\Omega)$

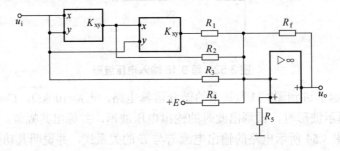

图 3.57　题 3.20 电路

# 第 4 章　信号产生电路

**本章学习目标**

本章主要介绍 RC 正弦振荡电路、非正弦振荡电路及 8038 集成函数发生器。通过对本章的学习，读者应掌握和了解以下知识。

- 熟练掌握正弦振荡电路的振荡条件和 RC 桥式振荡电路的组成、振荡频率的计算，了解稳幅措施。
- 了解 RC 相移正弦振荡电路的工作原理。
- 熟练掌握单门限电压比较器(包括过零比较器)的电路组成、工作原理及传输特性。
- 掌握迟滞比较器的电路组成、门限电压估算方法及如何画传输特性。
- 了解矩形波、三角波发生器的电路构成及工作原理。
- 了解 8038 集成函数发生器的应用。

信号产生电路通常也称为振荡电路，用于产生一定频率和幅度的电信号。按输出信号波形的不同，可将信号产生电路分为两大类，即正弦波振荡电路和非正弦波振荡电路，而正弦波振荡电路按电路形式又可分为 RC 振荡电路和 LC 振荡电路(本章重点介绍常用的 RC 正弦波振荡电路)；非正弦波振荡电路按信号形式又可分为方波、三角波和锯齿波振荡电路等。

## 4.1　正弦波振荡电路

正弦波振荡器在测量、自动控制及无线电通信等技术领域有着广泛用途。调试放大器时，就要用到正弦波信号发生器，由它产生一个频率和幅度都可调节的正弦信号，作为被调试放大器的输入信号，以便测试放大器的放大倍数、频率特性及失真度等性能指标，它是模拟电子技术中最基本的实验仪器之一。

### 4.1.1　振荡产生的基本原理

正弦波振荡电路由放大器和反馈网络等组成，其电路原理如图 4.1 所示。假如开关 S 处在位置 1，即在放大器的输入端外加输入信号 $U_i$ 为一定频率和幅度的正弦波，此信号经放大器放大后产生输出信号 $U_o$，而 $U_o$ 又作为反馈网络的输入信号，在反馈网络输出端产生反馈信号 $U_f$。如果 $U_f$ 和原来的输入信号 $U_i$ 大小相等且相位相同，假如这时除去外加信号并将开关 S 接至 2 端，由放大器和反馈网络组成一闭环系统，在没有外加输入信号的情况下，输出端可维持一定频率和幅度的信号输出 $U_o$，从而实现了自激振荡。

为使振荡电路的输出为一个固定频率的正弦波，要求自激振荡只能在某一频率上产生，而在其他频率上不能产生，因此图4.1 所示的闭环系统内，必须含有选频网络，使得只有选频网络中心频率上的信号才满足 $U_f$ 和 $U_i$ 相同的条件而产生自激振荡，其他频率的信号不满足 $U_f$ 和 $U_i$ 相同的条件而不能产生振荡。选频网络可以包含在放大器内，也可在反馈网络内。

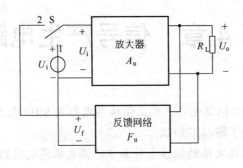

**图 4.1 正弦波振荡电路的原理框图**

如上所述,反馈振荡电路是一个将反馈信号作为输入电压来维持一定输出电压的闭环正反馈系统,实际上它是无须外加信号激发就可以产生输出信号的。振荡环路内存在的微弱的电扰动(如接通电源瞬间在电路中产生很窄的脉冲、放大器内部的热噪声等),都可作为放大器的初始输入信号。由于很窄的脉冲内具有十分丰富的频率分量,经选频网络选频,使得只有某一频率的信号能反馈到放大器的输入端,而其他频率的信号被抑制。这一频率分量的信号经放大后,又通过反馈网络回送到输入端,且信号幅度比前一瞬时要大,再经过放大、反馈,使回送到输入端的信号幅度进一步增大,最后将使放大器进入非线性工作区,放大器的增益下降,振荡电路输出幅度越大,增益下降也越多,最后当反馈电压正好等于原输入电压时,振荡幅度不再增大,从而进入平衡状态。

## 4.1.2 振荡的平衡条件和起振条件

### 1. 振荡的平衡条件

当反馈信号 $U_f$ 等于放大器的输入信号 $U_i$ 时,振荡电路的输出电压不再发生变化,电路达到平衡状态,因此将 $U_f = U_i$ 称为振荡的平衡条件。需要强调的是,这里 $U_f$ 和 $U_i$ 都是复数,所以两者相等是指大小相等而且相位也相同。

根据图 4.1 可知

$$A_u = \frac{U_o}{U_i} \qquad F_u = \frac{U_f}{U_o} \tag{4-1}$$

所以

$$U_f = F_u U_o = F_u A_u U_i \tag{4-2}$$

由此可得振荡的平衡条件为

$$A_u F_u = |A_u F_u| \underline{/\varphi_a + \varphi_f} = 1 \tag{4-3}$$

式中,$|A_u|$、$\varphi_a$ 为放大倍数 $A_u$ 的模和角;$|F_u|$、$\varphi_f$ 为反馈系数 $F_u$ 的模和相角。

因此,振荡的平衡条件应当包括振幅平衡条件和相位平衡条件两个方面。

1) 振幅平衡条件

$$|A_u F_u| = 1 \tag{4-4}$$

式(4-4)说明,放大器与反馈网络组成的闭合环路中,环路总的传输系数应等于 1,使反馈电压与输入电压大小相等。

2) 相位平衡条件

$$\varphi_a + \varphi_f = 2n\pi(n = 0,1,2,\cdots) \qquad (4\text{-}5)$$

式(4-5)说明，放大器和反馈网络的总相移必须等于 $2\pi$ 的整数倍，使反馈电压与输入电压相位相同，以保证反馈。

作为一个稳态振荡电路，相位平衡条件和振幅平衡条件必须同时得到满足。利用振幅平衡条件可以确定振荡电路的输出信号幅度。利用相位条件可以确定振荡信号的频率。

**2．振荡的起振条件**

式(4-3)是维持振荡的平衡条件，是指振荡电路已进入稳态振荡而言的。为使振荡电路在接通直流电源后能够自动起振，则在相位上要求反馈申压与输入电压同相，在幅度上要求 $U_f > U_i$，因此振荡的起振条件也包括相位条件和振幅条件两个方面。

振幅起振条件

$$|A_u F_u| > 1 \qquad (4\text{-}6)$$

相位起振条件

$$\varphi_a + \varphi_f = 2n\pi(n = 0,1,2,\cdots) \qquad (4\text{-}7)$$

综上所述，要使振荡电路能够起振，在开始振荡时，必须满足$|A_u F_u| > 1$。起振后，振荡幅度迅速增大，使放大器工作在非线性区，以至放大倍数$|A_u|$下降，直到$|A_u F_u| = 1$，振荡幅度不再增大，振荡进入稳定状态。用小信号等电路计算，其值比较小。

**3．正弦波振荡电路的组成**

从以上分析可知，正弦波振荡电路必须由以下四部分组成。

(1) 放大电路：放大电路要结构合理，静态工作点合适，以保证其正常的放大作用。

(2) 正反馈网络：引入正反馈，使放大电路输入信号等于反馈信号。

(3) 选频网络：确定电路的振荡频率，使电路产生单一频率的正弦波振荡，选频网络所确定的频率就是正弦波振荡器的振荡频率。

(4) 稳幅环节：使振荡幅值稳定且保证波形完好。

## 4.1.3　RC 振荡电路

采用RC选频网络构成的振荡电路称为 RC 振荡电路，它适用于低频振荡，一般用于产生 1Hz～1MHz 的低频信号。常用的 RC 振荡电路有 RC 桥式振荡电路和 RC 移相式振荡电路。本节重点介绍由 RC 串并联选频网络构成的 RC 桥式振荡电路。

**1．RC 桥式振荡电路**

1) RC 串并联选频网络

由相同的 RC 组成的串并联选频网络如图 4.2 所示，$Z_1$ 为 RC 串联电路，$Z_2$ 为 RC 并联电路。由图 4.2 可得，RC 串并联选频网络的传递函数 $F_u$ 为

$$F_u = \frac{U_2}{U_1} = \frac{R /\!/ \dfrac{1}{j\omega C}}{R + \dfrac{1}{j\omega C} + R /\!/ \dfrac{1}{j\omega C}} \qquad (4\text{-}8)$$

$$= \frac{1}{3 + j\left(\omega RC - \dfrac{1}{\omega RC}\right)} = \frac{1}{3 + j\left(\dfrac{\omega}{\omega_0} - \dfrac{\omega_0}{\omega}\right)}$$

其中

$$\omega_0 = \frac{1}{RC} \tag{4-9}$$

根据式(4-8)可得到 RC 串并联选频网络的幅频特性和相频特性分别为

$$\left.\begin{array}{l} |F_u| = \dfrac{1}{\sqrt{3^2 + \left(\dfrac{\omega}{\omega_0} - \dfrac{\omega_0}{\omega}\right)^2}} \\[4mm] \varphi_f = -\arctan\dfrac{\dfrac{\omega}{\omega_0} - \dfrac{\omega_0}{\omega}}{3} \end{array}\right\} \tag{4-10}$$

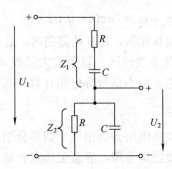

**图 4.2 RC 串并联选频网络**

作出幅频特性和相频特性曲线如图 4.3 所示。由图可见，当 $\omega = \omega_0$ 时，$|F_u|$ 达到最大值并等于 1/3，相位移 $\varphi_f$ 为 0°，输出电压与输入电压同相，所以 RC 串并联网络具有选频作用。

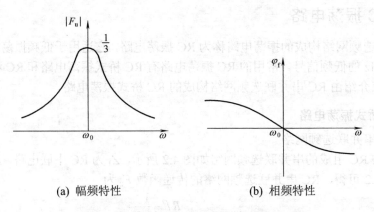

(a) 幅频特性　　　　　　　(b) 相频特性

**图 4.3 RC 串并联网络幅频特性和相频特性**

2) RC 桥式振荡电路

将 RC 串并联选频网络和放大器结合起来即可构成 RC 振荡电路，放大器件可采用集成运算放大器，也可采用分立元件的放大电路。

图 4.4(a)所示为由集成运算放大器构成的 RC 桥式振荡电路，图中 RC 串并联选频网络接在运算放大器的输出端和同相输入端之间，构成正反馈，$R_f$、$R_1$ 接在运算放大器的输出端和反相输入端之间，构成负反馈。正反馈电路与负反馈电路构成一文氏桥电路，如图 4.4(b)所示，运算放大器的输入端和输出端分别跨接在电桥的对角线上，所以，把这种振荡电路称为 RC 桥式振荡电路。

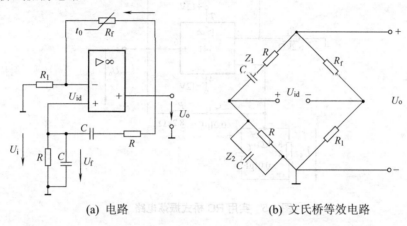

(a) 电路　　　　　　　　　　(b) 文氏桥等效电路

**图 4.4　RC 桥式振荡电路**

由图 4.4(a)可见，振荡信号由同相端输入，故构成同相放大器，输出电压 $U_o$ 与输入电压 $U_i$ 同相，其闭环电压放大倍数 $A_u = U_o/U_i = 1 + (R_f/R_1)$。而 RC 串并联选频网络在 $\omega = \omega_0 = 1/RC$ 时，$F_u = 1/3$，$\varphi_f = 0$。所以，只要 $|A_u| = 1 + (R_f/R_1) > 3$，即 $R_f > 2R_1$，振荡电路就能满足自激振荡的振幅和相位起振条件，产生的自激振荡频率 $f_o$ 为

$$f_o = \frac{1}{2\pi RC} \tag{4-11}$$

3)　稳幅措施

图 4.4(a)所示电路中，$R_f$ 采用了具有负温度系数的热敏电阻，用以改善振荡波形、稳定振荡幅度。若 $R_f$ 用固定电阻时，放大器的增益 $A_u$ 为常数，为了保证起振，则要求 $|A_u|$ 必须大于 3，这样随着振荡幅度的不断增大，只有当运算放大器进入非线性工作区才能使增益下降，然后达到 $|A_uF_u| = 1$ 的振幅平衡条件，这样振荡波形会产生严重失真。由于 RC 串并联选频网络的选频作用差，当放大器的增益较大时，振荡电路输出波形将变为方波。若 $R_f$ 采用负温度系数热敏电阻，起振时，由于 $U_o = 0$，流过 $R_f$ 的电流 $I_f = 0$，热敏电阻 $R_f$ 处于冷态，且阻值比较大，放大器的负反馈较弱，$|A_u|$ 很高，振荡很快建立。随着振荡幅度的增大，流过 $R_f$ 的电流 $I_f$ 也增大，使 $R_f$ 的温度升高，其阻值减小，负反馈加深，$|A_u|$ 自动下降，在运算放人器还未进入非线性工作区时，振荡电路即达到平衡条件 $|A_uF_u| = 1$，$U_o$ 停止增长，因此这时振荡波形为一失真很小的正弦波。同理，当振荡建立后，由于某种原因使 $U_o$ 减小，流过 $R_f$ 的电流 $I_f$ 减小，$R_f$ 增大，负反馈减弱，$A_u$ 升高，迫使 $U_o$ 恢复到原来的大小，反之亦然。由以上分析可见，负反馈支路中采用热敏电阻后不但使 RC 桥式振荡电路的起振容易，振幅波形改善，同时还具有很好的稳幅特性，同理，$R_1$ 用一具有正温度系数的电阻代替，也可以实现稳幅，读者可自行分析。所以，实用 RC 桥式振荡电路中热敏电阻的选择是很重要的。

【**例 4-1**】 图 4.5 所示为实用 RC 桥式振荡电路。①求振荡频率 $f_o$；②说明二极管 $D_1$、$D_2$ 的作用；③说明 $R_P$ 如何调节？

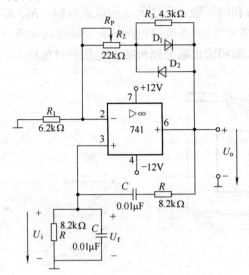

图 4.5 实用 RC 桥式振荡电路

**解** (1) 由式(4-11)可求得振荡频率为

$$f_o = \frac{1}{2\pi \times 8.2 \times 10^3 \Omega \times 0.01 \times 10^{-6} F} = 1.94 \text{kHz}$$

(2) 图中二极管 $D_1$、$D_2$ 用以改善输出电压波形，稳定输出幅度。起振时，由于 $U_o$ 很小，$D_1$、$D_2$ 接近于开路，$R_3$、$D_1$、$D_2$ 并联电路的等效电阻近似等于 $R_3$，此时 $|A_u| = 1+(R_2+R_3)/R_1 > R_3$，电路产生振荡。随着 $U_o$ 的增大，$D_1$、$D_2$ 导通，$D_1$、$D_2$、$R_3$ 并联电路的等效电阻减小，$|A_u|$ 随之下降，使 $|A_u|=3$，$U_o$ 幅度趋于稳定。

(3) $R_P$ 可用来调节输出电压的波形和幅度。为了保证起振，由 $R_2+R_3 > 2R_1$，可得 $R_2$ 的值必须满足 $R_2 > 2R_1 - R_3$。也就是说，$R_2$ 过小，电路有可能停振。调节 $R_P$ 使 $R_2$ 略大于 $(2R_1-R_3)$，起振后的振荡幅度较小，但输出波形比较好。调节 $R_P$ 使 $R_2$ 增大，输出电压的幅度增大，但输出电压波形失真也增大，当 $R_2$ 增大到 $R_2 \geq 2R_1$ 时，使得无论二极管 $D_1$、$D_2$ 导通与否，电路均满足 $|A_u|>3$，$D_1$、$D_2$ 失去了自动稳幅作用，此时振荡将会产生严重的限幅失真，所以为了使输出电压波形不产生严重的失真，要求 $R_2$ 的值必须小于 $2R_1$。由此可见，为了使电路容易起振，又不产生严重的波形失真，应调节 $R_P$，使 $R_2$ 满足：$2R_1 > R_2 > (2R_1-R_3)$。

### 2. 振荡频率可调的 RC 桥式正弦波振荡电路

为了使得振荡频率连续可调，常在 RC 串并联网络中，用双层波段开关接不同的电容，作为振荡频率 $f_o$ 的粗调；用同轴电位器实现 $f_o$ 的微调，如图 4.6 所示。振荡频率的可调范围能够从几赫兹到几百千赫兹。

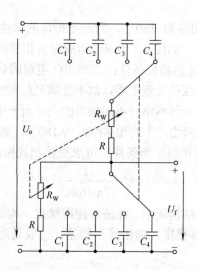

**图 4.6 振荡频率可调的 RC 串并联网络**

**【例 4-2】** 在图 4.6 所示电路中，已知电容的取值分别为 $0.01\,\mu\mathrm{F}$、$0.1\,\mu\mathrm{F}$、$1\,\mu\mathrm{F}$、$10\,\mu\mathrm{F}$，电阻 $R=50\,\Omega$。

试问：$f_o$ 的调节范围是什么？

**解** 因为 $f_o=\dfrac{1}{2\pi RC}$，所以 $f_o$ 的最小值

$$f_{o\min}=\frac{1}{2\pi(R+R_W)C_{\max}}=\frac{1}{2\pi(50+10\times10^3)\times10\times10^{-6}}\approx1.59(\mathrm{Hz})$$

$f_o$ 的最大值

$$f_{o\max}=\frac{1}{2\pi RC_{\min}}=\frac{1}{2\pi\times0.1\times10^{-6}}\approx318000(\mathrm{Hz})=318(\mathrm{kHz})$$

$f_o$ 的调节范围为 $1.59\mathrm{Hz}\sim318\mathrm{kHz}$。

RC 桥式正弦波振荡电路以 RC 串并联网络为选频网和正反馈网络，以电压串联负反馈放大电路为放大环节，具有振荡频率稳定、带负载能力强、输出电压失真小、振荡频率易调节等优点，因此被广泛应用。

**3. RC 移相式振荡电路**

除了 RC 桥式振荡电路以外，还有一种最常见的 RC 振荡电路称为 RC 移相式振荡电路，其电路如图 4.7 所示，图中反馈网络由三节 RC 移相电路构成。

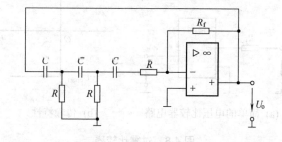

**图 4.7 RC 移相式振荡电路**

由于集成运算放大器的相移为 180°，为满足振荡的相位平衡条件，要求反馈网络对某一频率的信号再移相 180°，如图 4.7 中 RC 构成超前相移网络。由于一节 RC 电路的最大相移为 90°，不能满足振荡的相位条件；二节 RC 电路的最大相移可以达到 180°，但当相移等于 180° 时，输出电压已接近于零，故不能满足起振的幅度条件。所以，这里采用三节 RC 超前相移网络，三节移相网络对不同频率的信号所产生的相移是不同的，但其中总有某一个频率的信号，通过此网络产生的相移刚好为 180°，满足相位平衡条件而产生振荡，该频率即为振荡频率 $f_o$。根据相位平衡条件，可求得移相式振荡电路的振荡频率为

$$f_o = \frac{1}{2\pi\sqrt{6}RC}$$ (4-12)

RC 移相式振荡电路具有结构简单、经济方便等优点。其缺点是选频性能较差，频率调节不方便，由于输出幅度不够稳定，输出波形较差，一般只用于振荡频率固定、稳定性要求不高的场合。

# 4.2  非正弦波信号产生电路

常见的非正弦信号产生电路有方波、三角波产生电路等。由于在非正弦波信号产生电路中经常要用到比较器，下面先介绍电压比较器的基本工作原理。

## 4.2.1  电压比较器

电压比较器的基本功能是对两个输入电压进行比较，并根据比较结果输出高电平或低电平电压。电压比较器除广泛应用于信号产生电路外，还广泛应用于信号处理和检测电路等。采用集成运算放大器可以实现电压比较器的功能，也可采用专用的单片集成电压比较器。比较器的种类很多，这里主要讨论单门限电压比较器和迟滞比较器。

### 1. 单门限电压比较器

最简单的电压比较器如图 4.8(a)所示，图中，$u_I$ 为待比较的输入电压。这时同相端电压为零，即参考电压 $U_R=0$，由于集成运算放大器工作在开环状态，具有很高的开环电压增益，所以，当 $u_I>0$ 时，运算放大器输出为负的最大值，即低电平电压 $U_{OL}=-U_{o(sat)}$，当 $u_I<0$ 时，运算放大器输出为正的最大值，即高电平电压 $U_{OH}=U_{o(sat)}$，其传输特性如图 4.8(b)所示。

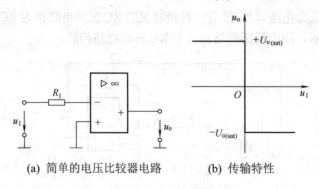

(a) 简单的电压比较器电路    (b) 传输特性

图 4.8  过零比较器

由于输出电压 $U_o$ 每次过零时，输出就要发生跳变。这种比较器称为过零比较器。如果将参考电压 $U_R$ 接在运算放大器的同相端，待比较的输入电压 $u_I$ 接到反相端，如图 4.9(a)所示，即构成反相输入单门限电压比较器，图中输出端所接稳压管用以限定输出高低电平幅度，$R$ 为稳压管限流电阻。当 $u_I < U_R$ 时，输出高电平 $U_{OH} = U_Z$，当 $u_I > U_R$ 时输出为低电平，$U_{OL} = -U_Z$，其传输特性如图 4.9(b)所示。由于 $u_I$ 从反相端输入，故称反相输入单门限电压比较器；反之，当 $u_I$ 由同相端输入，$U_R$ 改接到反相端，则称为同相输入单门限电压比较器。读者可以自行分析其工作过程，画出其传输特性。

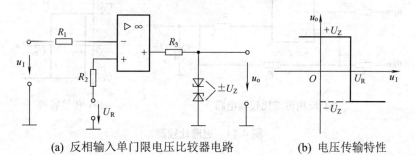

(a) 反相输入单门限电压比较器电路　　　(b) 电压传输特性

**图 4.9　单门限比较器**

求和型单门限比较器，其电路形式如图 4.10(a)所示，输入电压和参考电压均由运算放大器反相输入端输入。根据叠加原理，$\Sigma$ 点的电位为

$$u_\Sigma = \frac{R_1}{R_1 + R_2} U_R + \frac{R_2}{R_1 + R_2} u_I$$

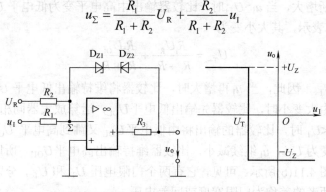

(a) 求和型单门限比较器电路　　　(b) 电压传输特性

**图 4.10　求和型单门限比较器**

$\Sigma$ 点在 $u_\Sigma$ 过零时，$U_o$ 状态翻转，令 $u_\Sigma = 0$ 即可求出，使 $U_o$ 状态翻转的输入电压 $u_I$ 和门限电压值 $U_T$ 的关系：

$$u_I = -\frac{R_1}{R_2} U_R = U_T \tag{4-13}$$

当 $u_I > U_T$ 时，$u_\Sigma > 0$，$U_o = -U_Z$，当 $u_I < U_T$ 时，$u_\Sigma < 0$，$U_o = +U_Z$，其电压传输特性如图 4.10(b)所示。

**2. 迟滞比较器**

上面所介绍的单门限电压比较器工作时抗干扰能力差，如果输入电压在门限附近有微小的干扰，就会导致状态翻转，使比较器输出电压不稳定而出现错误阶跃，为了克服这一缺点，增强比较器的抗干扰能力，常将比较器的输出电压通过反馈网络加到同相输入端，形成正反馈，将待比较电压 $u_I$ 加到反相输入端，参考电压 $U_R$ 通过 $R_2$ 接到运算放大器的同相端，如图 4.11(a)所示，通常将图 4.11(a)所示电路称为反相迟滞比较器，也称为反相施密特触发器。

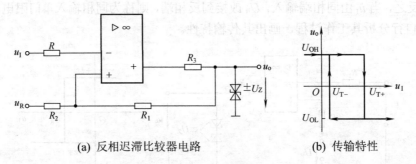

(a) 反相迟滞比较器电路　　　　　(b) 传输特性

**图 4.11　迟滞比较器**

当 $u_I$ 足够小时，比较器输出高电平 $U_{OH}=+U_Z$，此时同相端电压用 $U_{T+}$ 表示，利用叠加原理可求得

$$U_{T+} = \frac{R_1 U_R}{R_1 + R_2} + \frac{R_2 U_{OH}}{R_1 + R_2} \tag{4-14}$$

随着 $u_I$ 的不断增大，当 $u_I>U_{T+}$ 时，比较器输出由高电平变为低电平 $U_{OL}=-U_Z$，此时的同相端电压用 $U_{T-}$ 表示，其大小变为

$$U_{T-} = \frac{R_1 U_R}{R_1 + R_2} + \frac{R_2 U_{OL}}{R_1 + R_2} \tag{4-15}$$

显然，$U_{T-}<U_{T+}$，因此，当 $u_I$ 再增大时，比较器将维持输出低电平 $U_{OL}$。

反之，当 $u_I$ 由大变小时，比较器先输出低电平 $U_{OL}$，运算放大器同相端电压为 $U_{T-}$，只有当 $u_I$ 减小到 $u_I<U_{T-}$ 时，比较器的输出将由低电平 $U_{OL}$ 又跳到高电平 $U_{OH}$，此时运算放大器同相端电压又变为 $U_{T+}$，$u_I$ 继续减小，比较器维持输出高电平 $U_{OH}$。所以，可得迟滞比较器的传输特性如图 4.11(b)所示。可见，它有两个门限电压 $U_{T+}$ 和 $U_{T-}$，分别称为上门限电压和下门限电压，两者的差称为门限宽度或回差电压。

$$\Delta U_T = U_{T+} - U_{T-} = \frac{R_2}{R_1 + R_2}(U_{OH} - U_{OL})$$

调节 $R_1$ 和 $R_2$，可改变 $\Delta U_T$，$\Delta U_T$ 越大，比较器抗干扰的能力越强，但分辨度越差。

如将 $u_I$ 加在同相输入端可构成同相迟滞比较器，其电路如图 4.12(a)所示，其两个门限电压为

$$U_{T+} = \frac{R_1 + R_2}{R_1} U_R - \frac{R_2}{R_1} U_{OL}$$

$$U_{T-} = \frac{R_1 + R_2}{R_1} U_R - \frac{R_2}{R_1} U_{OH}$$

回差电压为

$$\Delta U_{\mathrm{T}} = U_{\mathrm{T+}} - U_{\mathrm{T-}} = \frac{R_2}{R_1 + R_2}(U_{\mathrm{OL}} - U_{\mathrm{OH}})$$

在图 4.12 (a)所示电路中，$U_{\mathrm{OL}} = -U_{\mathrm{Z}}$，$U_{\mathrm{OH}} = +U_{\mathrm{Z}}$。画出电压传输特性如图 4.12(b)所示。

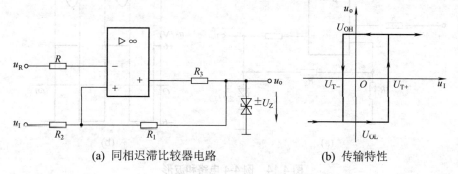

(a) 同相迟滞比较器电路　　　　　　　　(b) 传输特性

**图 4.12　迟滞比较器**

【例 4-3】　如图 4.13(a)所示电路，$U_{\mathrm{Z}} = 6\mathrm{V}$，设 $U_{\mathrm{i}} = 0.05\sin\omega t(\mathrm{V})$，试画出 $U_{\mathrm{o}}$ 的波形图。

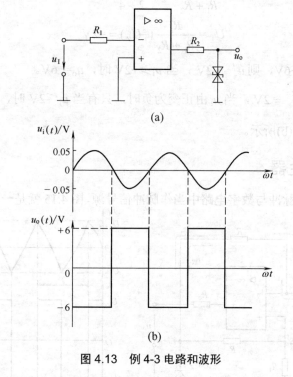

**图 4.13　例 4-3 电路和波形**

**解**　图 4.13(a)为反相的带限幅电路的过零比较器，当 $u_{\mathrm{i}} > 0$ 时，$u_{\mathrm{o}} = -U_{\mathrm{z}}$；$u_{\mathrm{i}} < 0$ 时，$U_{\mathrm{o}} = +U_{\mathrm{z}}$，输出为方波，如图 4.13(b)所示。

【例 4-4】　如图 4.14(a)所示电路，设 $u_{\mathrm{i}} = 3\sin\omega t(\mathrm{V})$，$U_{\mathrm{z}} = 6\mathrm{V}$，$R_1 = 2\mathrm{k\Omega}$，$R_2 = 4\mathrm{k\Omega}$，试画出 $u_{\mathrm{o}}$ 的波形图。

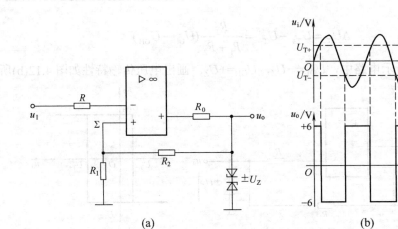

(a)                                                         (b)

**图 4.14   例 4-4 电路和波形**

**解**   图 4.14(a)是一个反相迟滞比较器，使 $u_o$ 发生跳变的门限电压为

$$U_{T+} = \frac{R_1}{R_1 + R_2} U_Z = \frac{2}{2+4} \times 6V = 2V$$

$$U_{T-} = \frac{R_1}{R_1 + R_2}(-U_Z) = -2V$$

设 $\omega t = 0$ 时，$u_o = +6V$，则 $u'_\Sigma = 2V$，当 $u_i \geqslant +2V$ 时，$u_o = -6V$。

当 $u_o = -6V$ 时，$u_\Sigma = 2V$，当 $u_i$ 由正变为负时，只有当 $u_i \leqslant 2V$ 时，$u_o$ 才又跳变到 $+6V$，故 $u_o$ 的波形如图 4.14(b)所示。

## 4.2.2   方波发生器

方波发生器常在脉冲与数字电路中当作脉冲信号源，图 4.15 就是一种方波发生器电路。

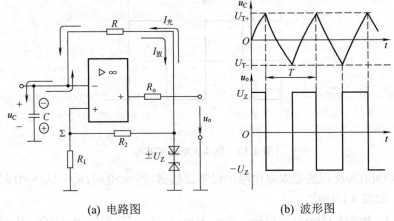

(a) 电路图                                     (b) 波形图

**图 4.15   方波发生器**

运算放大器、$R_1$、$R_2$、$R_0$ 和双向稳压管组成反相迟滞比较器，$R$、$C$ 构成充放电电路。双向稳压管稳定电压值为 $\pm U_Z$。

设 $t = 0$ 时，$u_o = +U_Z$，电容器 $C$ 上电压 $u_C \approx 0$。则 $u_o$ 正电压经 $R$ 给 $C$ 充电，电流 $I_充$ 如

图 4.15(a)所示，$u_C$ 逐渐升高。当 $u_C \geqslant u_\Sigma = \dfrac{R_1}{R_1 + R_2} U_Z = U_{T+}$ 时，输出电压发生跳变，$U_o = -U_Z$，$u_\Sigma = U_{T-}$。$u_C$ 上的正电压经 $R$ 向 $u_o$ 放电。电流 $I_{放}$ 如图 4.15(a)所示，$u_C$ 逐渐降低，并反向充电到负值。当 $u_c \leqslant U_T$ 时，$u_o$ 再一次发生跳变，变成 $+U_Z$，$u_\Sigma = U_{T+}$。$u_o$ 为幅度等于 $\pm U_Z$ 的方波。$u_C$ 为按指数规律充放电的三角波，但波形的线性度不好。$u_C$、$u_o$ 的波形如图 4.15(b)所示。

利用电容 $C$ 经 $R$ 充放电的规律，不难求出方波的周期为

$$T = 2RC\ln\left(1 + \frac{2R_1}{R_2}\right) \tag{4-16}$$

## 4.2.3　三角波发生器

为了得到线性度比较好的三角波，可采用图 4.16(a)所示的三角波产生电路。

$A_1$ 是一个同相端输入的滞回比较器，反相端经 $R'$ 接地，即参考电压为零。$u_\Sigma$ 的电压值过零时，$A_1$ 的输出电压 $u_{o1}$ 发生跳变。故 $u_{o1}$ 发生跳变的条件是 $u_\Sigma = 0$。运放 $A_2$ 则为积分电路。输出电压 $u_o$ 又接到 $A_1$ 的同相输入端。

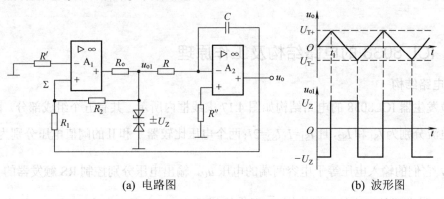

(a) 电路图　　　　　　　　　　　(b) 波形图

图 4.16　三角波发生器

设 $t=0$ 时，$u_{o1}=-U_Z$，$U_T(0)=0$，$u_o(0)=0$。当 $t>0$ 时，$u_{o1}$ 经 $A_2$ 积分，$u_o$ 由零逐渐变正，$A_1$ 的同相输入端的电压值 $u_\Sigma$ 也由负逐渐变正，根据叠加定理

$$u_\Sigma = \frac{R_1}{R_1 + R_2} u_{o1} + \frac{R_1}{R_1 + R_2} u_o \tag{4-17}$$

令 $u_\Sigma = 0$，即可求出使 $u_{o1}$ 发生跳变的门限电压 $U_T$：

$$u_o = -\frac{R_1}{R_2} u_{o1} = \frac{R_1}{R_2} U_Z = U_T$$

当 $u_o$ 达到 $U_T$ 时，$A_1$ 状态发生翻转，$u_{o1}=+U_Z$，则经 $A_2$ 积分后，$u_o$ 由 $U_{T+}$ 值减小，并向负的方向变化，由式(4-17)可知，只有 $u_o$ 达到 $U_{T-}$ 时，$u_\Sigma$ 才能再次过零。$u_{o1}$ 又跳变到 $-U_Z$。经 $A_2$ 积分后，使 $u_o$ 由 $U_{T-}$ 值逐渐变正。当 $u_o$ 又变到 $U_{T+}$ 时，$u_{o1}$ 再跳变到 $+U_Z$……。如此周而复始，电路产生振荡，$u_{o1}$ 为幅度等于 $+U_Z$ 的方波，$u_o$ 为幅度等于 $U_T$ 的三角波，但因积

分电路为恒流充电，故线性度好。

$u_{o1}$ 和 $u_o$ 的波形如图 4.16(b)所示。

三角波的幅度为

$$U_{om} = U_T = \frac{R_1}{R_2}U_Z \tag{4-18}$$

三角波的周期 $T=4t_1$，$t_1$ 是 $u_o$ 从零增长到 $U_T$ 的时间，由式(4-18)

$$U_T = -\frac{1}{RC}\int_0^{t_1} u_{o1}dt = \frac{U_Z}{RC}t_1$$

将 $U_T=U_ZR_1/R_2$ 代入上式，并考虑周期 $T=4t_1$，可得

$$T = \frac{4R_1RC}{R_2} \tag{4-19}$$

# 4.3　8038 集成函数发生器

函数发生器是一种可以同时产生方波、三角波和正弦波的专用集成电路。当调节外部电路参数时，还可以获得占空比可调的矩形和锯齿波。因此，广泛用于仪器仪表之中。下面以型号为 ICL8038 的函数发生器为例，介绍其电路结构、工作原理、参数特点和使用方法。

## 4.3.1　ICL 8038 的电路结构及工作原理

### 1. 电路结构

函数发生器 ICL8038 的电路结构如图 4.17 虚线框内所示，共有五个组成部分。两个电流源的电流分别为 $I_{S1}$ 和 $I_{S2}$，且 $I_{S1}=I$，$I_{S2}=2I$；两个电压比较器 I 和 II 的阈值电压分别为 $\frac{2}{3}V_{CC}$ 和 $\frac{1}{3}V_{CC}$，它们的输入电压等于电容两端的电压 $u_C$，输出电压分别控制 RS 触发器的 $S$ 端和 $\overline{R}$ 端；RS 触发器的状态输出端 $Q$ 和 $\overline{Q}$ 用来控制开关 S，实现对电容 $C$ 的充、放电；两个缓冲放大器用于隔离波形发生电路和负载，使三角波和矩形波输出端的输出电阻足够低，以增强带负载能力；三角波变正弦波电路用于获得正弦电压。

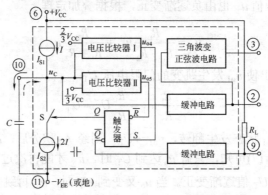

图 4.17　ICL8038 函数发生器电路结构图

除了 RS 触发器外，其余部分均可由前面所介绍的电路实现。RS 触发器是数字电路中具有存储功能的一种基本单元电路。$Q$ 和 $\overline{Q}$ 是一对互补的状态输出端，当 $Q$ 为高电平时，$\overline{Q}$ 为低电平；当 $Q$ 为低电平时，$\overline{Q}$ 为高电平。$S$ 和 $\overline{R}$ 是两个输入端，当 $S$ 和 $\overline{R}$ 均为低电平时，$Q$ 为低电平，$\overline{Q}$ 为高电平；反之，当 $S$ 和 $\overline{R}$ 均为高电平时，$Q$ 为高电平，$\overline{Q}$ 为低电平；当 $S$ 为低电平且 $\overline{R}$ 为高电平时，$Q$ 和 $\overline{Q}$ 保持原状态不变，即储存 $S$ 和 $\overline{R}$ 变化前的状态。

### 2. 工作原理

当给函数发生器 ICL8038 合闸通电时，电容 $C$ 的电压为 0V，根据图 4.18 所示电压传输特性，电压比较器 I 和 II 的输出电压均为低电平；因而 RS 触发器的输出端 $Q$ 为低电平，$\overline{Q}$ 为高电平；使开关 S 断开，电流源 $I_{S1}$ 对电容充电，充电电流为

$$I_{S1}=I \tag{4-20}$$

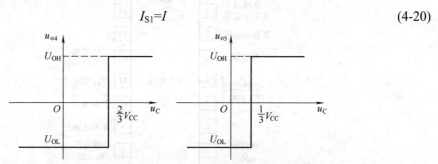

(a) 电压比较器 I 的电压传输特性    (b) 电压比较器 II 的电压传输特性

**图 4.18　ICL8038 函数发生器中电压比较器的电压传输特性**

因充电电流是恒流，所以，电容上电压 $u_C$ 随时间的增长而线性上升。当 $u_C$ 上升到 $\frac{1}{3}V_{CC}$ 时，虽然 RS 触发器的 $R$ 端从低电平跃变为高电平，但其输出不变。一直到 $u_C$ 上升到 $\frac{2}{3}V_{CC}$，使电压比较器 I 的输出电压跃变为高电平，$Q$ 才变为高电平(同时 $\overline{Q}$ 变为低电平)，导致开关 S 闭合，电容 $C$ 开始放电，放电电流为

$$I_{S2}-I_{S1}=I \tag{4-21}$$

因放电电流是恒流，所以，电容上电压 $u_C$ 随时间的增长而线性下降。起初，$u_C$ 的下降虽然使 RS 触发器的 $S$ 端从高电平跃变为低电平，但其输出不变。一直到 $u_C$ 下降到 $\frac{1}{3}V_{CC}$，使电压比较器 II 的输出电压跃变为低电平时，$Q$ 才变为低电平(同时 $\overline{Q}$ 为高电平)，使得开关 S 断开，电容 $C$ 又开始充电，重复上述过程，周而复始，电路产生了自激振荡。由于充电电流与放电电流数值相等，因而电容上的电压为三角波，$Q$(和 $\overline{Q}$)为方波，经缓冲放大器输出。三角波电压通过三角波变正弦波电路输出正弦波电压。

通过以上分析可知，改变电容充放电电流，可以输出占空比可调的矩形波和锯齿波。但是，当输出不是方波时，输出也得不到正弦波了。

## 4.3.2　ICL8038 的性能及其应用

ICL8038 是性能优良的集成函数发生器。可用单电源供电，即将引脚11接地，引脚 6

接$+V_{CC}$，$V_{CC}$ 为 10～30V；也可双电源供电，即将引脚11 接$-V_{EE}$，引脚6 接$+V_{CC}$，它们的值为±5～±15V。频率的可调范围为 0.001Hz～300kHz。

输出矩形波的占空比可调范围为 2%～98%，上升时间为180ns，下降时间为 40ns。

输出三角波(斜坡波)的非线性小于 0.05%。

输出正弦波的失真度小于 1%。

常用接法介绍如下。

图 4.19 所示为 ICL8038 的引脚图，其中引脚 8 为频率调节(简称调频)电压输入端，电路的振荡频率与调频电压成正比。引脚 7 输出调频偏置电压，数值是引脚 7 与电压$+V_{CC}$之差，它可作为引脚 8 的输入电压。

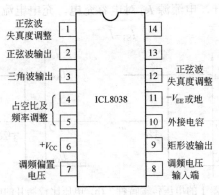

**图 4.19 ICL8038 的引脚图**

图 4.20 所示为 ICL8038 最常见的两种基本接法，矩形波输出端为集电极开路形式，需外接电阻 $R_L$ 至$+V_{CC}$。在图 4.20(a)所示电路中，$R_A$ 和 $R_B$ 可分别独立调整。在图 4.20(b)所示电路中，通过改变电位器 $R_W$ 滑动端的位置来调整 $R_A$ 和 $R_B$ 的数值。当 $R_A=R_B$ 时，各输出端的波形如图 4.21(a)所示，矩形波的占空比为 50%，因而为方波。当 $R_A \neq R_B$ 时，矩形波不再是方波，引脚 2 的输出也就不再是正弦波了，图 4.21(b)所示为矩形波占空比是 15%时各输出端的波形图。根据 ICL8038 内部电路和外接电阻可以推导出占空比的表达式为

$$\frac{T_1}{T} = \frac{2R_A - R_B}{2R_A}$$

故 $R_B < 2R_A$。

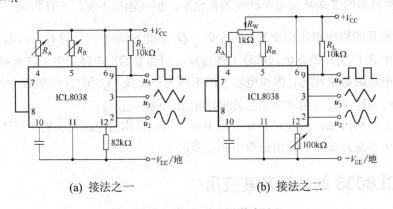

(a) 接法之一　　　　　　　　　(b) 接法之二

**图 4.20 ICL8038 的两种基本接法**

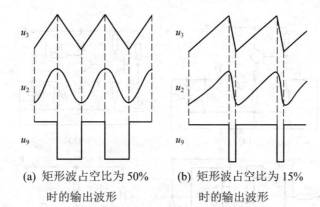

(a) 矩形波占空比为 50%
　　时的输出波形

(b) 矩形波占空比为 15%
　　时的输出波形

图 4.21　ICL8038 的输出波形

在图 4.20(b)所示电路中用100kΩ的电位器取代了图 4.20(a)所示电路中的 82kΩ电阻,调节电位器可减小正弦波的失真度。如果要进一步减小正弦波的失真度,调整它们可使正弦波的失真减小到 0.5%。在 $R_A$ 和 $R_B$ 不变的情况下,调整 $R_{W2}$ 可使电路振荡频率最大值与最小值之比达到 100:1。也可在引脚 8、5、6 之间直接加输入电压调节振荡频率,最高工作频率与最低频率之比可达 1000:1,如图 4.22 所示。

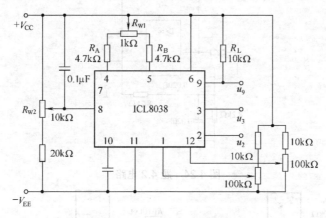

图 4.22　失真减小频率可调的 ICL8038 电路

# 4.4　思考题与习题

4.1　试用振荡相位平衡条件判断图 4.23 所示各电路能否产生正弦振荡,为什么?

4.2　已知 RC 振荡电路如图 4.24 所示。①求振荡频率 $f_o$;②求热敏电阻 $R_t$ 的冷态电阻值;③说明 $R_t$ 应具有怎样的温度系数?

4.3　图 4.24 所示电路,若 $R_f$ 由一个固定电阻 $R_{f1}=1$kΩ和可调电阻 $R_{f2}=10$kΩ串联而成,试分析:①当 $R_{f2}$ 调至 10kΩ时会发生什么现象? 输出波形是怎样的?②当 $R_{f2}$ 调至 0 时又将发生什么现象? 输出波形是怎样的?

4.4　设计一个频率为 1kHz 的 RC 桥式振荡电路,已知 $C=0.01$μF,并用一负温度系数、20kΩ的热敏电阻作为稳幅器件,试画出电路并标出各电阻值。

4.5　试求出图 4.25 所示各电路的阈值(门限)电压,并画出电压传输特性。

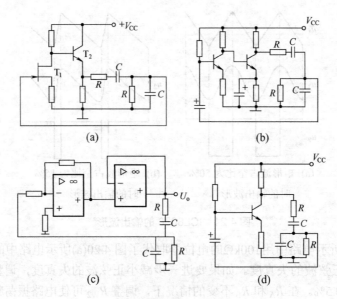

(a)

(b)

(c)

(d)

图 4.23  题 4.1 电路

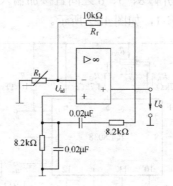

图 4.24  题 4.2 电路

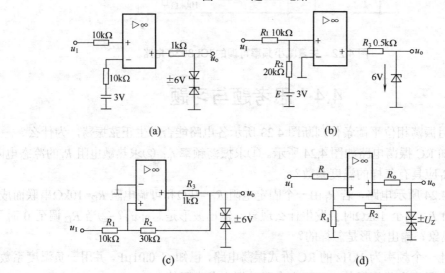

(a)

(b)

(c)

(d)

图 4.25  题 4.5 电路

4.6　已知图 4.25 所示各电路输入正弦电压 $u_i = 5\sin\omega t(V)$，对应输入波形，试画出图 4.25(a)、图 4.25(c)电路的输出波形。

4.7　如图 4.26 所示电路，$U_Z = 5V$，输入电压 $u_i = 0.5\sin\omega t(V)$，试对应画出 $u_{o1}$、$u_{o2}$、$u_o$ 的波形？

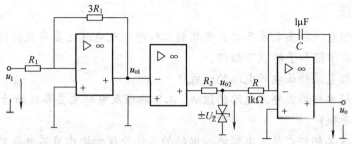

图 4.26　题 4.7 电路

4.8　占空比可调的方波产生器如图 4.27 所示，电位器 $R_P$ 用来调节输出方波的占空比，试分析它的工作原理并定性画出当① $R' = R''$；② $R' > R''$；③ $R' < R''$ 时的波形 $u_o$ 及 $u_C$。

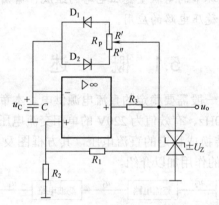

图 4.27　题 4.8 电路

# 第 5 章　直流稳压电源

**本章学习目标**

本章主要介绍直流稳压电源各部分电路的工作原理及电路主要参数的计算。通过对本章的学习，读者应掌握和了解以下知识。

- 了解一般直流稳压电源电路的组成。
- 正确理解单相桥式整流电路的组成、工作原理及电路主要参数的计算(包括选择整流管的参数)。
- 熟练掌握单相桥式整流电容滤波电路的工作原理和输出直流电压的估算。了解其他形式的滤波电路的工作原理。
- 熟练掌握稳压管稳压电路的工作原理。
- 熟练掌握具有放大环节的串联型稳压电路的组成、输出电压的调节及稳压原理。
- 正确理解三端集成稳压电路的应用。

# 5.1　概　　述

在电子电路及设备中，一般需要稳定的直流电源供电。本章所介绍的直流电源为单相小功率电源，它将频率为 50Hz、有效值为 220V 的单相交流电压经过电源变压器、整流电路、滤波电路和稳压电路转换成稳定的直流电压，其方框图及各电路的输出电压波形如图 5.1 所示，下面就各部分的作用加以介绍。

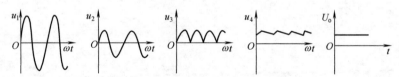

**图 5.1　直流稳压电源的方框图**

直流电源的输入为 220V 的电网电压(即市电)，一般情况下，所需直流电压的数值和电网电压的有效值相差较大，因而需要通过电源变压器降压后，再对交流电压进行处理。变压器副边电压有效值取决于后面电路的需要。

变压器副边交流电压通过整流电路由交流电压转换为直流电压，即将正弦波电压转换为单一方向的脉动电压。全波整流电路的输出波形如图 5.1 中 $u_3$ 所示。可以看出，它含有较大的交流分量，会影响负载电路的正常工作，因而不能直接作为电子电路的供电电源。

为了减小电压的脉动，需通过低通滤波电路滤波，使输出电压平滑。如图 5.1 中 $u_4$ 所示。理想情况下，应将交流分量全部滤掉，使滤波电路的输出电压仅为直流电压。然而，由于滤波电路为无源电路，所以接入负载后势必影响其滤波效果。对于稳定性要求不高的电子电路，整流、滤波后的直流电压可以作为供电电源。

　　交流电压通过整流、滤波后虽然变为交流分量较小的直流电压，但是当电网电压波动或者负载变化时，其平均值也将随之变化。稳压电路的功能是使输出直流电压基本不受电网电压波动和负载电阻变化的影响，而基本保持恒压输出，如图 5.1 中 $U_o$ 所示。

# 5.2　单相小功率整流电路

　　有关大功率整流的问题，属于电力电子技术的研究范围，此处只研究小功率整流问题。在分析整流电路时，为了突出重点，简化分析过程，一般均假定负载为纯电阻性；整流二极管为理想二极管，即加正向电压导通，且正向电阻为零，外加反向电压截止，且反向电流为零；变压器无损耗、内部压降为零等。

　　在研究整流电路时，关键是能够求出下列性能参数。

### 1．衡量整流电路工作性能的参数

　　(1)　输出电压的平均值 $U_{O(AV)}$：它反映整流电路将交流电压转换成直流电压的性能。

　　(2)　脉动系数 $S$：它说明整流电路输出电压中交流成分的大小，是用来衡量整流电路输出电压平滑程度的指标。

### 2．选择整流二极管所需要的参数

　　(1)　流过二极管的正向平均电流 $I_{D(AV)}$。

　　(2)　二极管所承受的最大反向电压 $U_{RM}$。

## 5.2.1　单相半波整流电路

　　单相半波整流电路是最简单的一种整流电路，如图5.2 所示。设变压器的副边电压有效值为 $U_2$，则其瞬时值 $u_2 = \sqrt{2}U_2 \sin\omega t$。

　　在 $u_2$ 的正半周，$A$ 点为正，$B$ 点为负，二极管外加正向电压，因而处于导通状态。电流从 $A$ 点流出，经过二极管 D 和负载电阻 $R_L$ 流入 $B$ 点，$u_o = u_2 = \sqrt{2}U_2 \sin\omega t(\omega t = 0 \sim \pi)$ 且 $i_o = \dfrac{u_2}{R_L}$。在 $u_2$ 的负半周，$B$ 点为正，$A$ 点为负，二极管外加反向电压，因而处于截止状态，$u_o=0(\omega t = \pi \sim 2\pi)$。负载电阻 $R_L$ 的电压和电流都具有单一方向脉动的特性。图 5.3 所示为变压器副边电压 $u_2$、输出电压 $u_o$ 和二极管端电压的波形。

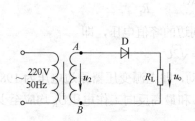
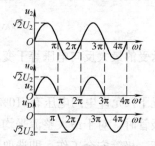

图 5.2　单相半波整流电路　　　　图 5.3　单相半波整流电路的波形图

分析整流电路工作原理时，应研究变压器副边电压极性不同时二极管的工作状态，从而得出输出电压的波形，这样也就弄清了整流原理。整流电路的波形分析是其定量分析的基础。

### 1. 主要参数计算

$$U_{O(AV)} = \frac{1}{2\pi} \int_0^\pi \sqrt{2}U_2 \sin \omega t \, d(\omega t)$$

解得

$$U_{O(AV)} = \frac{\sqrt{2}U_2}{\pi} \approx 0.45U_2 \tag{5-1}$$

负载电流的平均值

$$I_{O(AV)} = \frac{U_{O(AV)}}{R_L} \approx \frac{0.45U_2}{R_L} \tag{5-2}$$

例如，当变压器副边电压有效值 $U_2 = 20V$ 时，单相半波整流电路的输出电压平均值 $U_{O(AV)} \approx 9V$。若负载电阻 $R_L = 20\Omega$，则负载电流平均值 $I_{O(AV)} \approx 0.45A$。

整流输出电压的脉动系数 $S$ 定义为整流输出电压的基波峰值 $U_{O1M}$ 与输出电压平均值 $U_{O(AV)}$ 之比，即

$$S = \frac{U_{O1M}}{U_{O(AV)}} \tag{5-3}$$

因而 $S$ 越大，脉动越大。

由于半波整流电路输出电压 $u_o$ 的周期与 $u_2$ 相同，$u_o$ 的基波角频率也与 $u_2$ 相同，即 50Hz。通过谐波分析可得，$U_{O1M} = U_2/\sqrt{2}$，故半波整流电路输出电压的脉动系数

$$S = \frac{U_2/\sqrt{2}}{\sqrt{2}U_2/\pi} = \frac{\pi}{2} \approx 1.57 \tag{5-4}$$

说明：半波整流电路的输出脉动很大，其基波峰值约为平均值的 1.57%。

### 2. 二极管的选择

当整流电路的变压器副边电压有效值和负载电阻值确定后，电路对二极管参数的要求也就确定了。一般应根据流过二极管电流的平均值和它所承受的最大反向电压来选择二极管的型号。

在单相半波整流电路中，二极管的正向平均电流等于负载电流平均值，即

$$I_{D(AV)} = I_{O(AV)} \approx \frac{0.45U_2}{R_L} \tag{5-5}$$

二极管承受的最大反向电压等于变压器副边的峰值电压，即

$$U_{RM} = \sqrt{2}U_2 \tag{5-6}$$

一般情况下，允许电网电压有±10%的波动，即电源变压器原边电压为 198～242V，因此在选用二极管时，对于最大整流平均电流 $I_F$ 和最高反向工作电压 $U_R$ 均应至少留有10%的余地，以保证二极管安全工作，即选取

$$I_F > 1.1 I_{O(AV)} = 1.1 \frac{\sqrt{2}U_2}{\pi R_L} \tag{5-7}$$

$$U_R > 1.1\sqrt{2}U_2 \tag{5-8}$$

单相半波整流电路简单易行，所用二极管数量少。但是由于它只利用了交流电压的半个周期，所以输出电压低，交流分量大(即脉动大)，效率低。因此，这种电路仅适用于整流电流较小，对脉动要求不高的场合。

**【例 5-1】** 在图5.2 所示的整流电路中，已知变压器副边电压有效值$U_2$=30V，负载电阻 $R_L$=100Ω，试问：

(1) 负载电阻 $R_L$ 上的电压平均值和电流平均值各为多少？

(2) 电网电压波动范围是±10%，二极管承受的最大反向电压和流过的最大电流平均值各为多少？

**解** (1) 负载电阻上的电压平均值

$$U_{O(AV)} \approx 0.45 U_2 = 0.45 \times 30 = 13.5 (V)$$

流过负载电阻的电流平均值

$$I_{O(AV)} = \frac{U_{O(AV)}}{R_L} \approx \frac{13.5}{100} = 0.135 (A)$$

(2) 二极管承受的最大反向电压

$$U_{Rmax} = 1.1\sqrt{2}U_2 \approx 1.1 \times 1.414 \times 30 \approx 46.7 (V)$$

二极管流过的最大平均电流

$$I_{D(AV)} = 1.1 I_{O(AV)} \approx 1.1 \times 0.135 \approx 0.15 (A)$$

## 5.2.2　单相桥式整流电路

为了克服单相半波整流的缺点，在实用电路中采用单相全波整流电路，最常用的是单相桥式整流电路。

单相桥式整流电路由四只二极管接成电桥形式组成，利用二极管的导引作用，使$U_2$的正、负半周都有同一方向的脉动电流流过负载。单相桥式整流电路如图5.4 所示，图 5.4(a)为习惯画法；图 5.4(b)为简化画法。

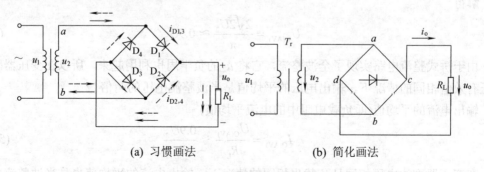

(a) 习惯画法　　　　　(b) 简化画法

**图 5.4　单相桥式整流电路图**

设变压器副边电压 $u_2 = \sqrt{2}U_2\sin\omega t$ ，$U_2$ 为其有效值。

当 $u_2$ 为正半周时，二极管 $D_1$、$D_3$ 因承受正压而导通，$D_2$、$D_4$ 因承受反压而截止。电流由 $a$ 点流出，经 $D_1$、$R_L$、$D_3$ 流入 $b$ 点，如图5.4(a)中实线箭头所示，因而负载电阻 $R_L$ 上的电压等于变压器副边电压，即 $u_o=u_2$，$D_2$ 和 $D_4$ 管承受的反向电压为-$u_2$。当 $u_2$ 为负半周时，$D_2$、$D_4$ 因承受正压而导通，$D_1$、$D_3$ 因承受反压而截止。电流由 $b$ 点流出，经 $D_2$、$R_L$、$D_4$ 流入 $a$ 点，如图5.4(a)中虚线箭头所示，负载电阻 $R_L$ 上的电压等于-$u_2$，即 $u_o= -u_2$，$D_1$、$D_3$ 承受的反向电压为 $u_2$。

这样，由于 $D_1$、$D_3$ 和 $D_2$、$D_4$ 两对二极管交替导通，致使负载电阻 $R_L$ 上在 $u_2$ 的整个周期内都有电流通过，而且方向不变，输出电压 $u_o=|\sqrt{2}U_2\sin\omega t|$。图5.5所示为单相桥式整流电路和各部分电压和电流的波形。

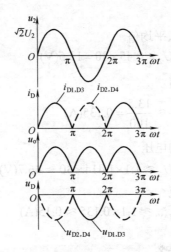

**图 5.5　单相桥式整流电路的波形图**

### 1. 主要参数计算

输出电压平均值 $U_{O(AV)}$ 和输出电流平均值 $I_{O(AV)}$ 的计算如下。

根据图5.5中所示 $u_o$ 的波形可知，输出电压的平均值

$$U_{O(AV)} = \frac{1}{\pi}\int_0^\pi \sqrt{2}U_2\sin\omega t d(\omega t)$$

解得

$$U_{O(AV)} = \frac{2\sqrt{2}U_2}{\pi} \approx 0.9U_2 \tag{5-9}$$

由于桥式整流电路实现了全波整流，它将 $u_2$ 的负半周也利用起来，所以在变压器副边电压有效值相同的情况下，输出电压的平均值是半波整流电压的两倍。

输出电流的平均值(即负载电阻中的电流平均值)

$$I_{O(AV)} = \frac{U_{O(AV)}}{R_L} \approx \frac{0.9U_2}{R_L} \tag{5-10}$$

在变压器副边电压相同且负载也相同的情况下，输出电流的平均值也是半波整流电路的两倍。

根据谐波分析，桥式整流电路的基波 $U_{O1M}$ 的角频率是 $u_2$ 的 2 倍，即 100Hz，$U_{O1M} = \dfrac{2}{3} \times 2\sqrt{2}U_2 / \pi$。故脉动系数为

$$S = \frac{U_{O1M}}{U_{O(AV)}} = \frac{2}{3} \approx 0.67 \tag{5-11}$$

与半波整流电路相比，输出电压的脉动减小很多。

### 2. 二极管的选择

在单相桥式整流电路中，因为每只二极管只在变压器副边电压的半个周期通过电流，所以每只二极管的平均电流只有负载电阻上电流平均值的一半，即

$$I_{D(AV)} = \frac{I_{O(AV)}}{2} \approx \frac{0.45U_2}{R_L} \tag{5-12}$$

与半波整流电路中二极管的平均电流相同。

根据图 5.5 中所示 $u_D$ 的波形可知，二极管承受的最大反向电压

$$U_{RM} = \sqrt{2}U_2 \tag{5-13}$$

与半波整流电路中二极管承受的最大反向电压也相同。

考虑到电网电压的波动范围为±10%，在实际选用二极管时，应至少有10%的余量，选择最大整流电流 $I_F$ 和最高反向工作电压 $U_{RM}$ 分别为

$$I_F > \frac{1.1 I_{O(AV)}}{2} = 1.1 \frac{\sqrt{2}U_2}{\pi R_L} \tag{5-14}$$

$$U_{RM} > 1.1\sqrt{2}U_2 \tag{5-15}$$

单相桥式整流电路与半波整流电路相比，在相同的变压器副边电压下，对二极管的参数要求是一样的，并且还具有输出电压高、变压器利用率高、脉动小等优点，因此得到相当广泛的应用。将桥式整流电路的四个二极管封装成为一个器件就称为整流桥，其外形如图 5.6 所示。$a$、$b$ 端接交流输入电压，$c$、$d$ 为直流输出端，$c$ 为正极端，$d$ 为负极端。目前市场上已有封装好的整流桥出售。

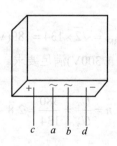

图 5.6　整流桥外形图

可以想象，如果将桥式整流电路变压器副边中点接地，并将两个负载电阻相连接，且连接点接地，如图 5.7 所示。在 $u_{21}$、$u_{22}$ 的正半周，二极管 $D_1$、$D_3$ 导通，$D_2$、$D_4$ 截止。负载电阻上的电流方向由上到下，在 $R_{L1}$、$R_{L2}$ 上产生直流压降，$u_{o1}$、$u_{o2}$ 实际极性为上正、下

负。在 $u_{21}$、$u_{22}$ 的负半周，二极管 $D_2$、$D_4$ 导通，$D_1$、$D_3$ 截止。负载电阻上的电流方向仍然由上到下，在 $R_{L1}$、$R_{L2}$ 产生直流压降，$U_{o1}$、$U_{o2}$ 实际极性仍为上正、下负。这样，两个负载上就分别获得正、负电源，这是其他整流电路难以做到的。

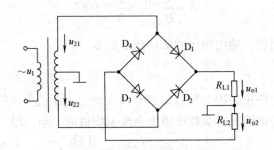

**图 5.7 利用桥式整流电路实现正、负电源**

【**例 5-2**】 已知一直流用电负载，其电阻值 $R_L=80\,\Omega$，要求直流电压 $U_O=110\text{V}$。今采用单相桥式整流电路，交流电源为 380V，试求：

(1) 应选用什么型号的管子？

(2) 求整流变压器的变比及容量。

**解** (1) 负载的直流电流为

$$I_O = \frac{U_{O(AV)}}{R_L} = \frac{110}{80} = 1.4(\text{A})$$

流过每只二极管的平均电流为

$$I_{D(AV)} = \frac{1}{2} I_O = 0.7\text{A}$$

变压器副边电压有效值为

$$U_2 = \frac{U_O}{0.9} = \frac{110}{0.9} = 122(\text{V})$$

考虑到变压器副边侧线电阻及管子上的压降，变压器副边电压比计算值高 10%，即取

$$U_2 = 1.1 \times 122 = 134(\text{V})$$

管子承受的最大反向电压为

$$U_{RM} = \sqrt{2} \times 134 = 189(\text{V})$$

查晶体管手册，可知 2CZ11C(1A/300V)满足要求。

(2) 变压器变比：

$$n = \frac{U_1}{U_2} = \frac{380}{134} = 2.8$$

变压器副边侧电流有效值为

$$I_2 = \frac{I_O}{0.9} = \frac{1.4}{0.9} = 1.55(\text{A})$$

变压器的容量为

$$S = U_2 I_2 = (134 \times 1.55)\text{V} \cdot \text{A} = 208\text{V} \cdot \text{A}$$

可选用 BK300(300 V · A)，380/134V 的变压器。

# 5.3　滤　波　电　路

整流电路的输出电压虽然是单一方向的，但是脉动较大，含有较大的谐波成分，不能适应大多数电子线路及设备的需要。因此，一般在整流后，还需利用滤波电路将脉动的直流电压变为平滑的直流电压。

## 5.3.1　电容滤波电路

从电容器的特性来看，由于电容两端的电压不能突变，因此若将一个大容量电容与负载并联，则负载两端的电压也不会突变，使输出电压得以平滑，达到了滤波的目的。电容滤波电路如图 5.8 所示。

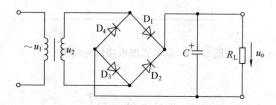

**图 5.8　桥式整流电容滤波电路**

从电容器的阻抗特性来看，其容抗 $X_C=1/(2\pi fC)$，若忽略漏电电阻，则电容器对直流($f=0$)的阻抗为无穷大，直流不能通过。对交流，只要 $C$ 足够大(如几百微法至几千微法)，即使对市电($f=50\text{Hz}$)，$X_C$ 也是很小的，可以近似看成对交流短路。因此整流后得到的脉动即直流中的交流成分，被电容 $C$ 旁路。流过 $R_L$ 的电流则基本上是一个平滑的直流电流，达到了滤除交流成分的目的。

下面我们再以桥式整流、电容滤波电路为例，说明电容器在电路中工作的物理过程。

在 $u_2$ 的正半周 $D_1$、$D_3$ 导通，输出电压 $u_o=u_2$，此电压一方面给电容 $C$ 充电，另一方面产生负载电流 $i_o$。若忽略整流电路的内阻，则电容 $C$ 上电压与 $u_2$ 同步增长。当 $u_2$ 达到峰值并开始下降时，$u_C>u_o$，二极管 $D_1$、$D_3$ 截止，见图 5.9 中的 $A$ 点。之后，电容 $C$ 以指数规律经 $R_L$ 放电，$u_C$ 下降。当放电到达 $B$ 点时，$u_2$ 负半周电压上升，且 $u_2>u_C$ 时，二极管 $D_2$、$D_4$ 导通，整流电路再次有电压输出($u_2$ 的 $BC$ 段)，电容 $C$ 再次被 $u_2$ 充到峰值，同时 $u_2$ 也产生负载电流，到 $C$ 点以后，$u_C>u_2$，二极管 $D_2$、$D_4$ 截止，$C$ 再次经 $R_L$ 放电。如此周期性地充放电，得到如图 5.9 的波形。

可见，在整流电路有输出时，由电源向 $R_L$ 供电；在整流管截止时，由电容 $C$ 向 $R_L$ 供电。输出电压 $u_o=u_C$，不但脉动减小，且输出电压的平均值有所提高。

输出电压平均值 $U_{O(AV)}$ 的大小，显然与 $R_L$、$C$ 的大小有关，$R_L$ 越大、$C$ 越大，电容放电越慢，$U_{O(AV)}$ 越高。极限情况下，$R_L=\infty$，$C$ 上电压充电至 $\sqrt{2}U_2$ 时不再放电，则 $U_{O(AV)}=\sqrt{2}U_2$。当 $R_L$ 很小时，$C$ 放电很快，甚至与 $u_2$ 同步下降，则 $U_{O(AV)}=0.9U_2$。电路的输出特性如图 5.10 所示。可见带电容滤波电路以后，$U_{O(AV)}$ 的大小随负载有较大的变化，

即外特性较差，因此一般用于负载电流较小，且要求输出电压较高、脉动较小的场合。

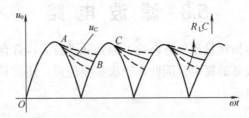

图 5.9　电容滤波电路输出电压的波形图

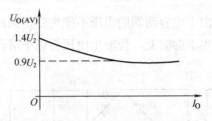

图 5.10　电容滤波电路的外特性

当满足条件

$$R_\text{L}C \geq (3 \sim 5)\frac{T}{2} \tag{5-16}$$

时，一般取输出电压的平均值为

$$U_\text{O(AV)} = U_2（单相半波整流、电容滤波） \tag{5-17}$$

$$U_\text{O(AV)} = 1.2U_2（单相全波整流、电容滤波） \tag{5-18}$$

式(5-16)中的 $T$ 为交流电源电压的周期。

　　另外，有两点需要特别指出：一是滤波电容 $C$ 容量很大，均用电解电容，它是有正、负极性的，"+"端在电路中接高电位处，如果接反则易击穿、爆裂。二是整流二极管的选择，因开机前 $C$ 上电压为零，通电后电源经整流二极管给 $C$ 充电，因 $C$ 容量很大，故充电电流很大。所以通电瞬间有很大电流流过二极管，称为浪涌电流，其值为电路正常工作电流 $I_\text{O(AV)}$ 的 5～7 倍。考虑到浪涌电流的存在，实际电路常在电容 $C$ 之前，整流电路的输出端串一个小电阻，其阻值为 $(0.02 \sim 0.1)R_\text{L}$，以保护整流二极管。

## 5.3.2　电感滤波电路与复式滤波电路

### 1. 电感滤波电路

　　由于通过电感的电流不能突变，则用一个大电感与负载串联，流过负载的电流也就不能突变，$i_\text{o}$ 平滑，输出电压 $u_\text{o}$ 的波形也就平稳了。其实质是因为电感对交流呈现很大的阻抗，频率越高、感抗越大（$X_\text{L} = 2\pi f_\text{L}$），则交流成分绝大部分降到了电感上；若忽略铜线电阻，电感对直流没有压降，即直流均降在负载上，达到了滤波目的。电感滤波电路如图 5.11 所示。

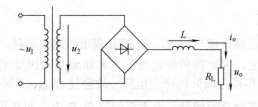

图 5.11　带电感滤波器的桥式整流电路

输出电压的交流成分，是整流电路输出电压的交流成分经 $X_L$ 和 $R_L$ 分压的结果，只有 $\omega L \gg R_L$ 时，滤波效果才好。可见电感滤波适用于负载电阻很小、负载电流大的场合。

输出电压的平均值 $U_{O(AV)}$，一般要小于全波整流电路输出电压的平均值，如果忽略电感线圈的电阻，则

$$U_{O(AV)} \approx 0.9 U_2 \tag{5-19}$$

电感滤波电路对整流二极管没有电流冲击，为了使 $L$ 值足够大(几亨至几十亨)，多用铁芯电感，因此电路体积大、笨重，且输出电压的平均值 $U_{O(AV)}$ 较低。

**2. 复式滤波电路**

为了进一步减小输出电压的脉动程度，可以用电容和铁芯电感组成各种形式的复式滤波电路。图 5.12 给出的是一种电感型 LC 滤波电路，输出电压中的交流成分绝大部分降在了 $L$ 上，$C$ 对交流接近短路，故 $u_o$ 中交流成分很小，几乎是一个平滑的直流电压。其效果比单个电容或电感滤波电路都好。由于整流后先经 $L$ 滤波，其总特性与电感滤波电路相近，故称为电感型 LC 滤波电路。若将 $C$ 平移到 $L$ 之前，则成为电容型 LC 滤波电路。

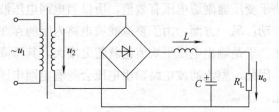

图 5.12　带复式滤波器的桥式整流电路

图 5.13 给出的是另一种复式滤波电路，称为 π 型 LC 滤波电路。整流输出电压先经 $C_1$ 滤除了大部分交流成分，剩下的很少一部分交流成分又绝大多数降在了 $L$ 上，$C_2$ 上的交流成分极少，因此 $u_o$ 几乎是平直的直流电压，滤波效果较好。由于整流输出后先经 $C_1$ 滤波，故其总特性与电容滤波电路相近。

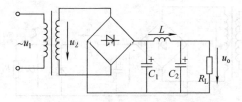

图 5.13　π 型 LC 复式滤波电路

### 3. π型 RC 滤波电路

将图 5.13 中的铁芯电感换成电阻 $R$，就成为 π 型 RC 滤波电路。由于铁芯电感体积大、笨重、成本高且使用不便，因此在负载电流不太大而要求输出脉动很小的场合，多用 π 型 RC 滤波电路。$R$ 对交流和直流成分均产生压降，故会使 $U_{O(AV)}$ 下降。但只要 $R \gg 1/(\omega C_2)$，$C_1$ 滤波后剩下的很少一部分交流成分又绝大多数降在 $R$ 上，照样可有良好的滤波效果。$R$ 越大、$C_2$ 越大，滤波效果越好。

## 5.3.3 各种滤波电路的比较

表 5.1 中列出各种滤波电路的性能比较。构成滤波电路的电容及电感应足够大，$\theta$ 为二极管的导通角，凡 $\theta$ 角小的，整流管的冲击电流大，反之则整流管的冲击电流小。

表 5.1 各种滤波电路的性能比较

| 性　能 | 电容滤波 | 电感滤波 | LC 滤波 | RC 或 LC π型滤波 |
|---|---|---|---|---|
| $U_{O(AV)}/U_2$ | 1.2 | 0.9 | 0.9 | 1.2 |
| $\theta$ | 小 | 大 | 大 | 小 |
| 适用场合 | 小电流负载 | 大电流负载 | 适应性较强 | 小电流负载 |

# 5.4 稳 压 电 路

虽然整流滤波电路能将正弦交流电压变换成较为平滑的直流电压，但是，一方面，由于输出电压平均值取决于变压器副边电压有效值，所以当电网电压波动时，输出电压平均值将随之产生相应的波动；另一方面，由于整流滤波电路内阻的存在，当负载变化时，内阻上的电压将产生变化，于是输出电压平均值也就随之增大，其压降必然增大，输出电压平均值必将相应减小。因此，整流滤波电路输出电压会随着电网电压的波动而波动，随着负载电阻的变化而变化。

## 5.4.1 稳压管稳压电路

### 1. 工作原理

稳压管稳压电路如图 5.14 所示。整流滤波后得到的平直电压作为稳压电路的输入电压 $U_1$，限流电阻 $R$ 和稳压管组成稳压电路，输出电压 $U_O = U_z$。

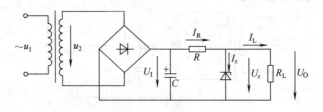

图 5.14　稳压管稳压电路

简单地讲，不论是电网电压波动还是负载 $R_L$ 变化，只要稳压管能正常工作，输出电压 $U_O$ 就等于 $U_z$，$U_z$ 基本恒定，则输出电压 $U_O$ 就基本恒定，达到了稳压的目的。稳压管正常工作的条件是流过稳压管的电流 $I_z$ 在 $I_{zmax}$ 到稳定电流 $I_z$ 之间。

下面从工作的物理过程来分析在电网电压波动或 $R_L$ 变化时是如何稳压的。

1) 设 $R_L$ 不变，电网电压升高

如果电网电压升高，则 $u_2$ 及整流滤波后的直流电压 $U_I$ 升高，则必导致 $U_O$ 升高。而 $U_z=U_O$，根据稳压管特性，当 $U_z$ 上升一点点时，$I_z$ 就会有显著的增加，则 $I_R=I_z+I_L$ 也显著增加，限流电阻上的压降也增加，而 $U_O=U_I-I_RR$，结果是 $U_I$ 增加的量绝大部分降落在限流电阻 $R$ 上，使输出电压保持基本不变。可简述如下：电网电压升高导致

$$U_i\uparrow\to U_O\uparrow\to I_z\uparrow\to I_r\uparrow\to U_r\uparrow \text{——}$$
$$U_O\downarrow \text{◄——}$$

2) 设电网电压不变，$R_L$ 变化

设负载电阻 $R_L$ 阻值加大，若 $I_L$ 减小，则限流电阻 $R$ 上压降减小，$U_I$ 不变，则导致 $U_O$ 升高，即 $U_z$ 升高，这又必然导致 $I_z$ 显著增加，从而使限流电阻 $R$ 的电流增加，使 $R$ 上的压降 $U_R$ 基本不变，则 $U_O$ 也保持不变。可简述如下：

$$R_L\uparrow\to I_L\downarrow\to I_R\downarrow\to U_R\downarrow\to U_O\uparrow\to I_z\uparrow\to I_R\uparrow\to U_R\uparrow \text{——}$$
$$U_O\downarrow \text{◄——}$$

实际上这两个过程同时存在，其调整过程也是同时存在的。

确定稳压管参数一般取

$$\left.\begin{array}{l} U_z = U_O; \quad I_{zmax} = (1.5\sim3)I_{Lmax} \\ U_I = (2\sim3)U_O \end{array}\right\} \tag{5-20}$$

**2. 限流电阻 $R$ 的计算方法**

为了使输出的电压稳定，就必须保证稳压管正常工作，因此就必须根据电网电压和 $R_L$ 的变化范围正确地选择 $R$ 的大小。

我们考虑以下两个极限情况。

(1) $U_I$ 达到最大值而 $I_L$ 达到最小值时。

$U_I = U_{Imax}$，则 $I_R = (U_{Imax} - U_z)/R$ 达到最大值，而 $I_L=I_{Lmin}$，则 $I_z=I_R-I_L$ 达到最大值。为了保证稳压管正常工作，此时的 $I_z$ 值应小于管子的 $I_{zmax}$，即

$$\frac{U_{Imax} - U_z}{R} - I_{Lmin} < I_{zmax}$$

整理可得

$$R > \frac{U_{Imax} - U_z}{I_{zmax} + I_{Lmin}} \tag{5-21}$$

(2) $U_I$ 达到最小值而 $I_L$ 达到最大值时。

此时 $U_I = U_{Imin}$，则流过 $R$ 的电流 $I_R = (U_{Imin} - U_z)/R$ 达到最小值，而 $I_L = I_{Lmax}$，则流过稳压管的电流 $I_z = I_R - I_L$ 达到最小值，为保证稳压管正常工作，此时的 $I_z$ 值就应大于管子的稳定电流 $I_z$，即

$$\frac{U_{Imin} - U_z}{R} - I_{Lmax} > I_z$$

即

$$R < \frac{U_{\text{Imin}} - U_z}{I_z + I_{\text{Lmax}}} \qquad (5\text{-}22)$$

综合式(5-21)和式(5-22)可得

$$\frac{U_{\text{Imax}} - U_z}{I_{z\max} + I_{\text{Lmin}}} < R < \frac{U_{\text{Imin}} - U_z}{I_z + I_{\text{Lmax}}} \qquad (5\text{-}23)$$

【例5-3】 在图5.14所示电路中，已知 $U_I=12V$，电网电压允许波动范围为±10%；稳压管的稳定电压 $U_z=5V$，最小稳定电流 $I_z=5mA$，最大稳定电流 $I_{z\max}=30mA$，负载电阻 $R_L=250\sim350\,\Omega$。

(1) 求 $R$ 的取值范围；

(2) 设滤波电容足够大，变压器副边电压有效值 $U_2$ 约为多少？

**解** (1) 首先求出负载电流的变化范围

$$I_{\text{Lmax}} = U_z / R_{\text{Lmin}} = 5/250 = 0.02(\text{A})$$
$$I_{\text{Lmin}} = U_z / R_{\text{Lmax}} = 5/350 \approx 0.0143(\text{A})$$

再求出 $R$ 的最大值和最小值

$$R_{\max} = \frac{U_{\text{Imin}} - U_z}{I_z + I_{\text{Lmax}}} = \frac{0.9 \times 12 - 5}{0.005 + 0.02} = 232(\Omega)$$

$$R_{\min} = \frac{U_{\text{Imin}} - U_z}{I_{z\max} + I_{\text{Lmin}}} = \frac{1.1 \times 12 - 5}{0.03 + 0.0143} = 185(\Omega)$$

所以，$R$ 的取值范围是 $185\sim232\,\Omega$。

(2) 当 $C$ 足够大时，可以近似认为 $U_2 \approx U_I/1.2 = 10V$。

稳压管稳压电路的优点是电路简单、所用元件数量少。但是，因为受稳压管自身参数的限制，其输出电流较小，输出电压不可调节，因此只适用于负载电流较小、负载电压不变的场合。

## 5.4.2　串联型稳压电路

稳压管稳压电路的输出电流较小，输出电压不可调，不能满足很多场合下的应用。串联型稳压电路以稳压管稳压电路为基础，利用晶体管的电流放大作用，增大负载电流。在电路中引入深度电压负反馈使输出电压稳定，并且，通过改变反馈网络参数使输出电压可调。

### 1. 基本调整管电路

在图5.15所示的稳压管稳压电路中，负载电路最大变化范围等于稳压管的最大稳定电流和最小稳定电流之差，即 $(I_{z\max} - I_z)$。不难想象，扩大负载电流最简单的方法是：利用晶体管的电流放大作用，将稳压管稳定电路的输出电流放大后，再作为负载电流。电路采用射极输出形式，因而引入了电压负反馈，可以稳定输出电压，如图5.15(b)所示，常见画法如图5.15(c)所示。

图5.15(b)、(c)所示电路与一般共集电极放大电路有着明显的区别：其工作电源 $U_I$ 不稳定，"输入信号"为稳定电压 $U_z$，并且要求输出电压 $U_O$ 在 $U_I$ 变化或负载电阻 $R_L$ 变化时基本不变。

其稳压原理简述如下。

当电网电压波动引起 $U_I$ 增大，或负载电阻 $R_L$ 增大时，输出电压 $U_O$ 将随之增大，即晶体管发射极电位 $U_E$ 升高；稳压管端电压基本不变，即晶体管基极电位 $U_B$ 基本不变；故晶体管的 $U_{BE}(=U_B-U_E)$ 减小，导致 $I_B(I_E)$ 减小，从而使 $U_O$ 减小，因此可以保持 $U_O$ 基本不变。当 $U_I$ 减小或负载电阻 $R_L$ 减小时，变化与上述过程相反。可见，晶体管的调节作用使 $U_O$ 稳定，所以称晶体管为调整管，称图 5.15(b)、(c)所示电路为基本调整管电路。

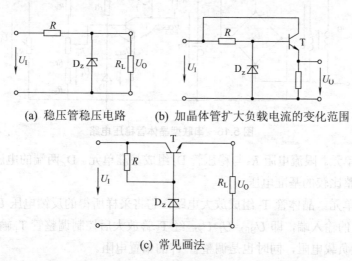

(a) 稳压管稳压电路　　(b) 加晶体管扩大负载电流的变化范围

(c) 常见画法

**图 5.15　基本调整管稳压电路**

根据稳压管稳压电路输出电流的分析可知，晶体管基极的最大电流为 $(I_{zmax}-I_z)$。由于晶体管的电流放大作用，图 5.15(b)所示的最大负载电流为

$$I_{Lmax} = (1+\overline{\beta})(I_{zmax} - I_z) \tag{5-24}$$

这也就大大提高了负载电流的调节范围。输出电压为

$$U_O = U_z - U_{BE} \tag{5-25}$$

从上述稳压过程可知，要想使调整管起到调整作用，必须使之工作在放大状态，因此其管压降应大于饱和压降 $U_{CES}$。换言之，电路应满足 $U_I \geqslant U_O \pm U_{CES}$ 的条件。由于调整管与负载相串联，故称这类电路为串联型稳压电源；由于调整管工作在线性区，故称这类电路为线性稳压电源。

**2．具有放大环节的串联型稳压电路**

式(5-25)表明基本调整管稳压电路的输出电压仍然不可调，且输出电压将因 $U_{BE}$ 的变化而变，稳定性较差。为了使输出电压可调，也为了加深电压负反馈，可在基本调整管稳压电路的基础上引入放大环节。

图 5.16 是由分立元件组成的串联型晶体管稳压电源的典型电路，目前虽可用集成稳压电路所取代，但其电路的稳压原理仍是后者集成稳压器内部电路的基础。

图 5.16 所示电路由以下四部分组成。

(1) 采样单元。$R_1$、$R_2$ 和 $R_P$ 电阻分压器组成采样单元。采样单元与负载 $R_L$ 并联，通过它可以反映 $U_O$ 的变化。反馈电压 $U_f$ 与输出电压 $U_O$ 有关，即

$$U_f = \frac{R_2 + R_{P2}}{R_1 + R_2 + R_P} U_O \tag{5-26}$$

反馈电压 $U_f$ 取出后送到放大单元。改变电位器 $R_P$ 的滑动端子可以调节输出电压 $U_O$ 的高低。

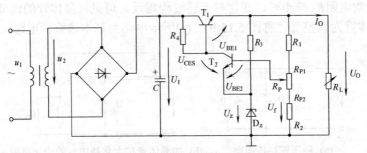

**图 5.16　串联型晶体管稳压电路**

(2)　基准单元。限流电阻 $R_3$ 与稳压管 $D_z$ 组成基准单元。$D_z$ 两端的电压 $U_z$ 作为整个稳压电路自动调整比较的基准电压。

(3)　放大单元。晶体管 $T_2$ 组成放大电路。它将采样所得的反馈电压 $U_f$ 和基准电压 $U_z$ 比较后加在 $T_2$ 的输入端，即 $U_{BE2}=U_f-U_z$，经 $T_2$ 管放大后控制调整管 $T_1$ 输入端的电位。$R_4$ 是 $T_2$ 的集电极负载电阻，同时也是调整管 $T_1$ 的偏置电阻。

(4)　调整单元。$T_1$ 管的基极电位就是 $T_2$ 管的集电极电位。$T_2$ 管的输出反映了整个稳压电路的输出电压 $U_O$ 的变动，又经 $T_1$ 管的放大作用，自动调整 $U_O$ 值维持稳定。若 $T_1$ 用功率管或复合管，就可提供较大的负载电流。

电路自动稳压过程按电网波动和负载电阻改变两种情况分述如下：

当　　　　　$U_i \uparrow \rightarrow U_O \uparrow \rightarrow U_f \uparrow \rightarrow U_{BE2} \uparrow \rightarrow I_{B2} \uparrow \rightarrow I_{C2} \uparrow \rightarrow U_{CE2} \downarrow$

　　　　　　$U_O \downarrow \leftarrow U_{CE1} \uparrow \leftarrow I_{B1} \downarrow \leftarrow U_{BE1} \downarrow$

当　　　　　$R_L \downarrow \rightarrow U_O \downarrow \rightarrow U_f \downarrow \rightarrow U_{BE2} \downarrow \rightarrow I_{B2} \downarrow \rightarrow I_{C2} \downarrow$

　　　　　　$U_O \uparrow \leftarrow U_{CE1} \downarrow \leftarrow I_{B1} \uparrow \leftarrow U_{BE1} \uparrow \leftarrow U_{CE2} \uparrow$

当 $U_i \downarrow$ 或 $R_L \uparrow$ 时的调整过程则相反，读者可自行分析。

由以上分析可见，这是一个负反馈系统。正因为电路内有深度的电压串联负反馈，所以才能使输出电压稳定。

怎样调节输出电压 $U_O$ 的大小呢？

在图 5.16 中，若忽略 $T_2$ 管的 $U_{BE2}$，$T_2$ 管基极电位

$$U_{B2} \approx U_z = \frac{R_2 + R_{P2}}{R_2 + R_1 + R_P} U_O$$

即

$$U_O = \frac{R_1 + R_2 + R_P}{R_2 + R_{P2}} U_z \tag{5-27}$$

调节电位器 $R_P$ 的滑动端子，可以调节输出电压 $U_O$ 的大小。$U_O$ 的调节范围为

$$U_{Omax} \approx \frac{R_1 + R_2 + R_P}{R_2} U_z \ ; \quad U_{Omin} \approx \frac{R_1 + R_2 + R_P}{R_2 + R_P} U_z \tag{5-28}$$

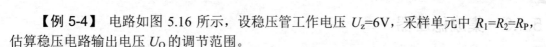

**【例 5-4】** 电路如图 5.16 所示，设稳压管工作电压 $U_z$=6V，采样单元中 $R_1$=$R_2$=$R_P$，估算稳压电路输出电压 $U_O$ 的调节范围。

**解**  根据式(5-28)。可估算得出

$$U_{Omax} \approx \frac{R_1 + R_2 + R_P}{R_2} U_z = 3 \times 6 = 18(V)$$

$$U_{Omin} \approx \frac{R_1 + R_2 + R_P}{R_2 + R_P} U_z = \frac{3}{2} \times 6 = 9(V)$$

该稳压电路的输出电压能在 9～18V 之间调节。

串联型稳压电源中的放大单元也可由运算放大器组成。为了扩大输出电流，可以采用大功率晶体管或复合管用作调整管，如图 5.17 所示。基准电压 $U_z$ 和采样电压 $U_f$ 分别接于运算放大器的同相和反相输入端。其稳压过程：当输出电压升高时

$$U_O \uparrow \to U_f \uparrow \to (U_z - U_f) \downarrow \to U_{B2} \downarrow$$

$$U_O \downarrow \leftarrow U_{CE1} \uparrow \leftarrow U_{B1} \downarrow$$

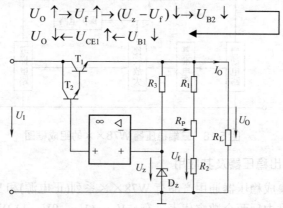

**图 5.17  运算放大器和复合调整管组成串联型稳压电路**

**3．稳压电源的主要技术指标**

稳压电源的技术指标除了标称输出电压 $U_O$ 和输出电流 $I_O$ 以外，还有以下两个主要指标。

1）  稳压系数 $S$

定义：当稳压电路的负载 $R_L$ 不变时，输出电压 $U_O$ 的相对变化量与输入电压相对 $U_i$ 的变化量之比，即

$$S = \frac{\Delta U_O / U_O}{\Delta U_i / U_i} \Big|_{R_L = 常数} \tag{5-29}$$

2）  稳压电路的输出电阻 $r_O$

定义：当输入电压 $u_i$ 不变时，若负载电流有 $\Delta I_O$ 变化，引起输出电压变化 $\Delta U_O$，则

$$r_O = \frac{\Delta U_O}{\Delta I_O} \Big|_{u_i = 常数} \tag{5-30}$$

此外，稳压电源还有反映输出电压脉动的最大纹波电压和输出电压的温度系数等技术指标。

### 5.4.3 集成稳压器

从外形上看，集成稳压器有三个引出端：输入端、输出端和公共端，因而称为三端稳压器。三端稳压器具有应用时外接元件少、性能稳定、价格低廉等优点，因而得到广泛应用。三端稳压器有两种：一种是输出电压是固定的，称为固定输出三端稳压器；另一种是输出电压是可调的，称为可调输出的三端稳压器。它们的基本工作原理都相同，均采用串联型稳压电路，图5.18 是三端稳压器的组成框图。由图5.18 可看出，内部电路与分立元件电路基本相同，只不过芯片内部接有过流、过热短路保护电路及启动电路。保护电路使稳压器能够更安全可靠地工作；而启动电路是在 $U_I$ 加入后，帮助稳压器快速建立输出电压的。

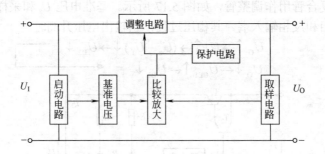

图 5.18 三端稳压器 W78×× 的组成框图

#### 1. 三端固定输出稳压器及其应用

三端固定输出集成稳压器通用产品有 W78×× 系列(正电源)和 W79×× 系列(负电源)。输出电压由具体型号中后两个数字代表，有±5V、±6V、±9V、±12V、±15V、±18V、±24V等档次。其定额输出电流以 78 或 79 后面所加字母来区分。L 表示 0.1A、M 表示 0.5A，例如，W7805 表示输出电压为+5V，额定输出电流为1.5A。另外，78×× 系列为正电源，其输入端是 1 脚，输出端是 2 脚，3 脚是公共端，如图 5.19 所示。而 79×× 系列是负电源，其输入端是 3 脚，输出端是 2 脚，1 脚是公共端，不可接错。

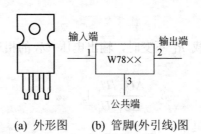

(a) 外形图     (b) 管脚(外引线)图

图 5.19 三端稳压器

1) 输出固定电压的稳定电路

输出固定电压的稳定电路只需在输入端和输出端到地之间各并一个电容即可，如图 5.20 所示。图 5.20(a)输出固定正压，图 5.20(b)输出固定负压。一般 $U_I$ 要比 $U_O$ 大 3～5V 以上，以保证稳压器中的调整管工作在放大区，使片子能正常工作。$C_i$ 可以抵消因输入端接线较长而产生的电感效应，防止产生自激振荡，接线不长时可以不用。$C_i$ 的值一般在 0.1～1μF，如 0.33μF。$C_o$ 用来消除高频噪声和改善输出的瞬态特性，即在负载电流变化时不致引起$U_O$有较大的波动。$C_o$可用1μF电容器。

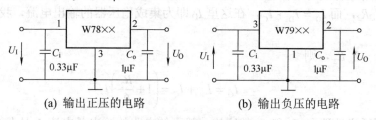

(a) 输出正压的电路　　　　　　(b) 输出负压的电路

**图 5.20    输出单一极性的稳压电路**

2)    输出正、负压的稳压电路

图5.21 是一个可以给出±15V 的实用稳压电源电路。两个24V 的二次侧绕组分别供给两个桥式整流电路,两个 1000μF 电容器分别为两个桥式整流电路的滤波电容。其输出分别加至 W7815(输出正压)和 W7915(输出负压)三端集成稳压器的输入端,输出为±15V 直流电压。$C_i$ 和 $C_o$ 则分别为稳压器的外接输入、输出电容。

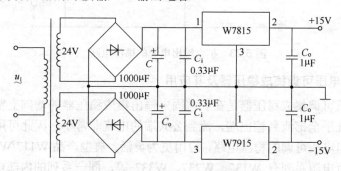

**图 5.21    输出正、负压的稳压电路**

3)    输出电压可调的稳压电路

图 5.22 是用三端稳压器和运算放大器组成的输出电压可调的稳压电源电路。

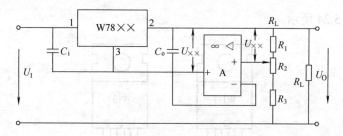

**图 5.22    输出电压可调的稳压电路**

运算放大器接成跟随器形式,其输出电压(即 W78××3 端对 2 端的电压)为 $U_{××}$,因其电压放大倍数为+1,故同相输入端对 2 端的输入电压同样为 $U_+=U_{××}$,根据分压比的关系可求出本电路输出电压 $U_O$ 的调节范围为

$$\frac{R_1 + R_2 + R_3}{R_1 + R_2}U_{××} \leqslant U_O \leqslant \frac{R_1 + R_2 + R_3}{R_1}U_{××} \tag{5-31}$$

4)    扩大输出电流的稳压电路

图 5.23 是可以扩大集成稳压器输出电流的电路。三极管 T 和二极管 D 采用同一种材料

的管子，如均用硅管或均用锗管。一般 T 的发射结电压 $U_{BE}$ 与二极管 D 的正向压降相等，则可得 $I_E R_1 = I_D R_2$，而 $I_O = I_D + I_C$，在这里 $I_D$ 即为集成稳压器的输出电流，我们不妨用 $I_{××}$ 表示。

由于 $I_C R_1 = I_{××} R_2$，则

$$I_O = I_{××} + I_C = \left(1 + \frac{R_2}{R_1}\right)I_{××} \tag{5-32}$$

可见只要适当地选取 $R_2$ 和 $R_1$ 的比值，就可使电路的输出总电流 $I_O$ 比集成稳压器的输出电流 $I_{××}$ 一个所需的倍数。

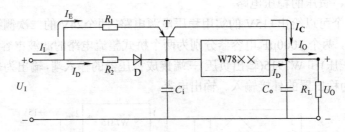

图 5.23　扩大输出电流的稳压电路

### 2．三端输出电压可调集成稳压器及其应用

三端输出电压可调集成稳压器是在三端固定输出集成稳压器的基础上发展起来的，集成片的输入电流几乎全部流到输出端，流到公共端的电流非常小，因此可用少量的外部元件方便地组成输出电压可调的稳压电路，应用更为灵活，典型产品 W117/W217/W317 系列为正电源输出，负电源系列有 W137、W237、W337 等，同一系列的内部电路和工作原理基本相同，只是工作温度不同。如 W137、W237、W337 的工作温度分别为-55~150℃、-25~150℃、0~125℃。根据输出电流的大小，每个系列又分为 L 系列（$I_O \leq 0.1A$）、M 系列（$I_O \leq 0.5A$）。如果不标 M 或 L 的则表示该器件 $I_O \leq 0.5A$。W117 及 W137 系列塑料直插式封装引脚排列如图 5.24 所示。

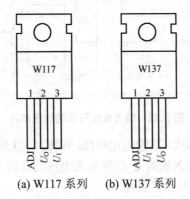

(a) W117 系列　　(b) W137 系列

图 5.24　三端可调输出集成稳压器外形及管脚排列

W117 系列的原理框图如图5.25所示。基准电路有专门引出端子 ADJ，称为电压调整端。因所有放大器和偏置电路的静态工作点电流都流到稳压器的输出端，所以没有单独引出接

地端。当输入电压在 2～40V 范围内变化时，电路均能正常工作，输出端与调整端之间的电压等于基准电压 1.25V。基准电路的工作电流 $I_{REF}$ 很小，约为 50μA，由一恒流特性很好的恒流提供，所以它的大小不受供电电压的影响，非常稳定。可以看出，如果将调整端直接接地，在电路正常工作时，输出电压就等于基准电压 1.25V。

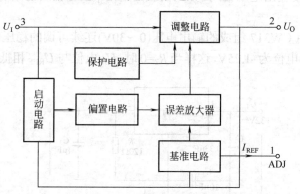

图 5.25　W117 系列集成稳压器内部电路组成框图

图 5.26 所示为三端可调输出集成稳压器的基本应用电路，$D_1$ 用于防止输入短路时 $C_4$ 上存储的电荷产生很大的电流，反向流入稳压器使之损坏。$D_2$ 用于防止输出短路时 $C_2$ 通过调整端放电而损坏稳压器。$R_1$、$R_2$ 构成取样电路，这样，实质上电路构成串联型稳压电路，调节 $R_P$ 可改变取样比，即可调节输出电压 $U_O$ 的大小。该电路的输出电压 $U_O$

$$U_O = \frac{U_{REF}}{R_1}(R_1 + R_2) + I_{REF}R_2$$

由于 $I_{REF} \approx 50\mu A$，可以略去，又 $U_{REF} = 1.25V$，所以

$$U_O \approx 1.25 \times \left(1 + \frac{R_2}{R_1}\right) \tag{5-33}$$

可见，当 $R_2 = 0$ 时，$U_O$=1.25V；当 $R_2$=2.2kΩ 时，$U_O \approx 24V$。

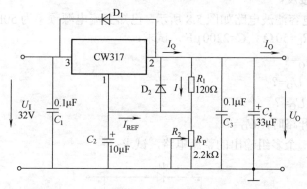

图 5.26　三端可调输出集成稳压器的基本应用电路

考虑到器件内部电路绝大部分的静态工作电流 $I_Q$ 由输出端流出，为保证负载开路时电路工作正常，必须正确选择电阻 $R_1$。根据内部电路设计 $I_Q$=5mA，由于器件参数的分散性，实际应用中可选用 $I_Q$=10mA，这样 $R_1$ 的值为

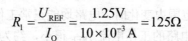

$$R_1 = \frac{U_{REF}}{I_Q} = \frac{1.25V}{10 \times 10^{-3} A} = 125\Omega$$

取标称值为 120Ω 的电阻。若 $R_1$ 取值太大，会有一部分电流不能从输出端流出，影响内部电路正常工作，使输出电压偏高。如果负载固定，$R_1$ 也可取大些，只要保证 $I + I_O \geqslant 10mA$ 即可。

图 5.27 所示为由 CW317 组成的输出电压(0～30V)连续可调的稳压电路。图中 $R_3$、$D_z$ 组成稳压电路使 A 点电位为 -1.25V，这样当 $R_2 = 0$ 时，$U_A$ 电位与 $U_{REF}$ 相抵消，便可使 $U_O = 0V$。

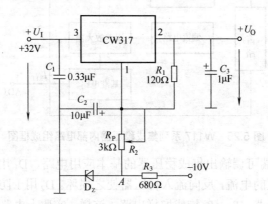

图 5.27　0～30V 可调的稳压电路

# 5.5　思考题与习题

5.1　桥式整流电路如图 5.4 所示，在电路中出现下列故障，会出现什么现象？

(1)　二极管 $D_1$ 开路；

(2)　二极管 $D_1$ 短路或击穿；

(3)　二极管 $D_1$ 接反。

5.2　桥式整流电容滤波电路如图 5.8 所示，已知交流电源频率为 50Hz，变压器副边电压有效值 $U_z = 10V$，$R_L = 50\Omega$，$C = 2200\mu F$，试求：

(1)　输出电压 $U_O = ?$

(2)　$R_L$ 开路时，$U_O = ?$

(3)　$C$ 开路时，$U_O = ?$

(4)　二极管 $D_1$ 开路时，$U_O = ?$

5.3　图 5.28 是一个多组输出的整流电路，试求：

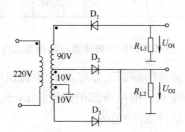

图 5.28　题 5.3 的电路

(1)　负载电阻 $R_{L1}$ 和 $R_{L2}$ 上的整流电压的平均值 $U_{O1}$ 和 $U_{O2}$ 并标出极性。

(2)　二极管 $D_1$、$D_2$、$D_3$ 中的平均电流 $I_{D1}$、$I_{D2}$、$I_{D3}$ 及各管承受的最高反向电压 $U_{RM1}$、$U_{RM2}$ 和 $U_{RM3}$。

5.4　如图 5.29 所示稳压电路，已知稳压管的稳定电压 $U_z$ 为 6V，最小稳定电流 $I_{zmin}$ 为 5mA，最大稳定电流 $I_{zmax}$ 为 40mA；输入电压 $U_I$ 为 15V，波动范围为 ±10%；限流电阻 $R$ 为 $200\,\Omega$。

(1)　电路是否能空载($R_L$ 开路)？为什么？

(2)　负载电流 $I_L$ 的范围为多少？

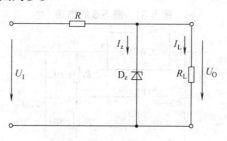

图 5.29　题 5.4 的电路

5.5　一个用运算放大器作为放大器件的稳压电源电路，如图 5.30 所示，若三极管 T 的 $\beta=50$，稳压管稳定电压 $U_z=6V$，$R_1=R_2=R_3=1k\Omega$，运算放大器 A 的最大输出电流 $I_A=5mA$，试求：

(1)　输出电压 $U_O$ 的可调范围。

(2)　最大负载电流 $I_{OM}$ 的数值。

(3)　若 T 的饱和管压降 $U_{CES}=3V$，为使电路正常工作，$U_I$ 最小应为多少？

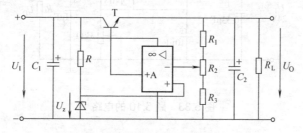

图 5.30　题 5.5 的电路

5.6　电路如图 5.31 所示，已知 $u_2$ 有效值足够大，试通过合理连线构成 5V 的直流电源。

5.7　现有三端稳压器 W7812 一只，通用型集成运算放大器 5G24 一只，$1k\Omega$，1/4W 电阻两只，$1\mu F$ 和 $0.33\mu F$ 电容各一只，试绘出这些元件组成的 +12V 和 +24V 稳压电源的电路图，并标出元件值和直流输入电压 $U_I$ 的值和极性。

5.8　现有三端稳压器 W7909 一只，通用型集成运算放大器 5G24 一只，$1k\Omega$，1/4W 电阻两只，$1\mu F$ 和 $0.33\mu F$ 电容各一只，试绘出这些元件组成的 -9V 和 -18V 稳压电源的电路图，并标出元件值和直流输入电压 $U_I$ 的值和极性。

5.9　电路如图 5.32 所示，$I_Q=5mA$，试求输出电压 $U_O=$？

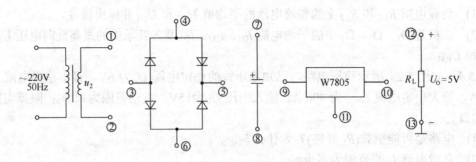

图 5.31　题 5.6 的电路

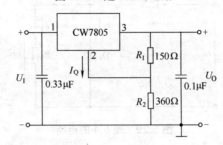

图 5.32　题 5.9 的电路

5.10　电路如图 5.33 所示，试求输出电压的调节范围，并求输入电压的最小值。

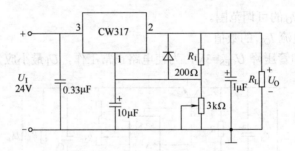

图 5.33　题 5.10 的电路

# 第 6 章　数字电路基础

**本章学习目标**

本章重点讨论逻辑代数中的几个基本概念，在此基础上介绍了两种逻辑函数的简化方法。在学习本章时应掌握以下几点。

- 了解数字信号与数字电路的基本概念。
- 熟悉常用的数制与码制，掌握二进制、十进制、八进制及十六进制的表示方法及它们之间的相互转换。
- 理解逻辑代数、逻辑变量、逻辑函数、逻辑函数表达式及真值表的基本概念，掌握逻辑代数的基本定理和运算规则，熟悉函数表达式与真值表的转换。
- 能够运用公式化简法对函数进行简化，熟练掌握卡诺图化简法。

## 6.1　数字电路概述

在模拟电子技术中介绍了基本放大器、多级放大器、反馈放大器以及集成运算放大器等，这些电路都是用来对模拟信号进行产生、放大、处理和运用的电路，因此把这些电路称作"模拟电路"。

数字电子技术则是一门研究数字信号的产生、整形、编码、运算、记忆、计数、存储、分配、测量和传输的科学技术，简单地说是用数字信号去实现运算、控制和测量的科学。在数字电子技术中，能实现上述功能的电路称为"数字电路"。

### 6.1.1　数字信号

在自然界中，存在着许许多多的物理量。有些物理量在时间和数值上都具有连续变化的特点，如时间、温度、压力及速度等，这种连续变化的物理量，习惯上称为模拟量。把表示模拟量的电信号叫作模拟信号。例如，正弦变化的交流信号，它在某一瞬间的值可以是一个数值区间内的任何值。

还有一种物理量，它们在时间上和数量上是不连续的，它们的变化总是发生在一系列离散的瞬间，它们的数量大小和每次的增减变化都是某一个最小单位的整数倍，而小于这个最小单位的数值是没有物理意义的。例如产量，若最小单位为吨，则产量是在一些离散时刻完成产品有多少吨，显然它只能以吨为单位增加或减少。这一类物理量称为数字量，表示数字量的电信号称为数字信号。

数字信号由 0 和 1 两种数值组成。这里的 0 和 1 不仅可以表示数量的大小，还可以表示一个事物相反的两种状态，如电平的高与低、脉冲的有与无、开关的闭合与断开、灯的亮与灭等。图 6.1 所示为用电平信号表示的数字信号 1110010。其高电平和低电平常用 1 和 0 来表示。

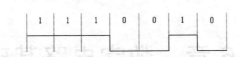

**图 6.1 用电平信号表示的数字信号**

数字信号可以进行两种运算,即算术运算和逻辑运算。如果数字信号 0 和 1 表示的是数量的大小,则它们进行的是算术运算;如果表示的是两种不同的状态,则它们进行的是逻辑运算。在数字电路中,更多情况下是对数字信号进行逻辑运算,所以数字电路又称为数字逻辑电路。

## 6.1.2 数字电路的优点

数字电路与模拟电路相比有如下优点。

(1) 便于高度集成化。由于数字电路采用二进制,其代码符号仅有 0 和 1 两种,因此在数字电路中只要有两个不同的状态分别表示 0 和 1 就可以,所以数字电路的基本单元十分简单,而且对元件要求也不严格,允许电路参数有较大的离散性,有利于将众多的基本单元集成在同一硅片上进行批量生产。

(2) 工作准确可靠,抗干扰能力强。数字信号是用 1 和 0 来表示信号的有无,而数字电路辨别信号的有无是很容易做到的,从而大大提高了电路的工作可靠性。同时数字信号不易受到噪声干扰,因此它的抗干扰能力很强。

(3) 数字信息便于长期保存。借助某种媒体(如硬盘、光盘等)可将数字信息长期保存下来。

(4) 数字集成电路产品系列多、通用性强且成本低。

(5) 保密性好。数字信息容易进行加密处理,不易被窃取。

(6) 不仅能完成数值运算,还可以进行逻辑运算和判断,这在控制系统中是不可缺少的。

数字电路相对于模拟电路的这一系列优点,使它在电视、雷达、计算机、自动控制、数字通信及仪器仪表等各个科学领域中得到广泛应用。

## 6.1.3 数字电路的分类

(1) 根据电路结构的不同,数字电路可分为分立元件电路和集成电路两大类。

分立元件电路是将晶体管、电阻、电容等元器件用导线在线路板上连接起来的电路;而集成电路是将上述元器件通过半导体制造工艺做在一块硅片上而成为一个不可分割的整体电路。随着半导体技术的飞速发展,数字电路几乎都是集成电路。

(2) 根据集成的密度不同,数字集成电路的分类如表 6.1 所示。

(3) 根据半导体导电类型的不同,可分为双极型电路和单极型电路。

以双极型晶体管(二极管、三极管)作为基本器件的集成电路称为双极型数字集成电路,如 TTL、ECL、$I^2L$ 集成电路等。

以 MOS 单极型晶体管作为基本器件的集成电路称为单极型数字集成电路,如 NMOS、PMOS、CMOS 集成电路等。

表 6.1　数字电路按集成度分类

| 类　别 | 集成度 | 电路规模与范围 |
|---|---|---|
| 小规模集成电路<br>(SSI) | 1～10 个门/片，或<br>10～100 个基本元件/片 | 逻辑单元电路<br>如：各种逻辑门电路、集成触发器等 |
| 中规模集成电路<br>(MSI) | 10～100 个门/片，或<br>100～1000 个基本元件/片 | 逻辑功能部件<br>如：编码器、译码器、数据选择器、计数器、寄存器、移位寄存器等 |
| 大规模集成电路<br>(LSI) | 100～1000 个门/片，或<br>1000～10000 个基本元件/片 | 数字逻辑系统<br>如：微处理器、中央控制器、存储器、各种接口电路等 |
| 超大规模集成电路<br>(VLSI) | 大于 1000 个门/片，或<br>大于 10000 个基本元件/片 | 高集成度的数字逻辑系统<br>如：各种型号的单片机，即在一片硅片上集成一个完整的微处理机 |

## 6.1.4　脉冲波形的主要参数

脉冲信号是指短暂时间内作用于电路的电压或电流信号，广义上说，凡是非正弦波都可称为脉冲信号，如方波、矩形波、三角波、锯齿波及钟形波等。

在数字电路中，加工和处理的都是脉冲波形，而应用最多的是矩形脉冲。下面以图 6.2 所示实际矩形脉冲波形来说明脉冲波形的主要参数。

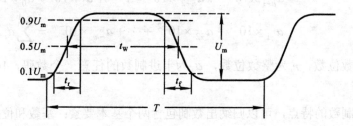

图 6.2　实际矩形脉冲波形

(1) 脉冲幅度 $U_m$：脉冲电压波形变化的最大值，单位为伏(V)。

(2) 脉冲上升时间 $t_r$：脉冲电压波形从 $0.1U_m$ 上升到 $0.9U_m$ 所需的时间。它反映电压上升时过渡过程的快慢。

(3) 脉冲下降时间 $t_f$：脉冲电压波形从 $0.9U_m$ 下降到 $0.1U_m$ 所需的时间。它反映电压下降时过渡过程的快慢。

脉冲上升时间 $t_r$ 和下降时间 $t_f$ 越短，越接近于理想的矩形脉冲，单位为秒(s)、毫秒(ms)、微秒($\mu$s)或纳秒(ns)。

(4) 脉冲宽度 $t_w$：同一脉冲内两次到达 $0.5U_m$ 的时间间隔，单位和 $t_r$、$t_f$ 相同。

(5) 脉冲周期 $T$：在周期性脉冲中，相邻两个脉冲波形相位相同点之间的时间间隔，单位和 $t_r$、$t_f$ 相同。

(6) 脉冲频率 $f$：每秒时间内脉冲出现的次数。单位为赫兹(Hz)、千赫兹(kHz)或兆赫兹(MHz)，$f=1/T$。

(7) 占空比 $q$：脉冲宽度与脉冲重复周期的比值，$q=t_w/T$，它是描述脉冲波形疏密的物理量。

### 6.1.5　数制和码制

#### 1. 数制

数制是一种计数的方法，它是进位计数制度的简称。在生产实践中人们习惯的计数体制是十进制，而在数字电路和计算机中广泛使用的是二进制、八进制和十六进制。

##### 1)　十进制

在十进制数中，采用了 0、1、2、3、4、5、6、7、8、9 十个不同的数码，它的计数规则是"逢十进一、借一当十"。例如，$9+1=10=1\times10^1+0\times10^0$。在十进制数中，数码所处的位置不同，其所代表的数值是不同的，如

$$(1756.23)_{10}=1\times10^3+7\times10^2+5\times10^1+6\times10^0+2\times10^{-1}+3\times10^{-2}$$

这里，数码 1 表示 1000，数码 7 表示 700，数码 5 表示 50，数码 6 表示 6，数码 2 表示 0.2，数码 3 表示 0.03。把 $10^3$、$10^2$、$10^1$、$10^0$ 称为整数部分千位、百位、十位、个位的位权值，而把 $10^{-1}=0.1$ 和 $10^{-2}=0.01$ 称为小数部分十分位和百分位的位权值。十进制数的各个数位的位权值是 10 的幂。"10" 称为十进制的基数。因此，对于一个任意十进制的数值，都可以按位权展开为

$$
\begin{aligned}
(N)_{10} &= a_{n-1}a_{n-2}\cdots a_1 a_0 a_{-1}a_{-2}\cdots a_{-m} \\
&= a_{n-1}\times10^{n-1}+a_{n-2}\times10^{n-2}+\cdots+a_1\times10^1+a_0\times10^0+ \\
&\quad a_{-1}\times10^{-1}+a_{-2}\times10^{-2}+\cdots+a_{-m}\times10^{-m}=\sum_{i=-m}^{n-1}a_i\times10^i
\end{aligned}
\tag{6-1}
$$

式中，$m$ 为小数位数，$n$ 为整数位数，$a_i$ 为十进制数的任意一个数码，$10^i$ 为十进制的位权值。

根据十进制数的特点，可以归纳出数制包含两个基本要素：基数和位权。

一种数制允许使用的基本数码的个数称为这种进位制的基数。一般而言，$R$ 进制的基数为 $R$，可供选用的基本数码有 $R$ 个，其计数规则是"逢 $R$ 进一、借一当 $R$"。

数制中每位数码所表示的数值，等于该数码值乘以一个与数码所处位置有关的常数，这个常数称为位权，简称权。位权的大小是以基数为底、数码所处位置的序号为指数的整数次幂。各数码所处位置的序号计法为：以小数点为基准，整数部分自右向左依次为 0、1、…递增，小数部分自左向右依次为 –1、–2、…递减。

任何数制的值都可以表示成该数制中各位数码值与相应位权乘积的累加和形式，该形式称为按权展开的多项式和。一个 $R$ 进制数 $(N)_R$ 用按权展开的多项式和形式可表示为：

$$(N)_R=\sum_{i=-m}^{n-1}a_i\times R^i \tag{6-2}$$

式中，$m$ 为小数位数，$n$ 为整数位数，$a_i$ 为 $R$ 个数码中的一个，$R^i$ 为 $R$ 进制的位权值。

##### 2)　二进制

在二进制中，只有 0 和 1 两个数码，它的计数规则是"逢二进一、借一当二"。各位的权都是 2 的幂，如二进制数 $(1101.01)_2$ 可表示为

$$(1101.01)_2=1\times2^3+1\times2^2+0\times2^1+1\times2^0+0\times2^{-1}+1\times2^{-2}$$

式中整数部分的权为 $2^3$、$2^2$、$2^1$、$2^0$，小数部分的权为 $2^{-1}$、$2^{-2}$。

3)　八进制和十六进制

(1)　八进制。

八进制是以 8 为基数的计数体制。在八进制中，采用了 0、1、2、3、4、5、6、7 八个不同的数码，它的计数规则是"逢八进一、借一当八"，各位的权为 $8(2^3)$ 的幂。如八进制数 $(231.56)_8$ 可表示为

$$(231.56)_8=2\times8^2+3\times8^1+1\times8^0+5\times8^{-1}+6\times8^{-2}$$

式中 $8^2$、$8^1$、$8^0$、$8^{-1}$、$8^{-2}$ 分别为八进制数各位的权。

(2)　十六进制。

十六进制是以 16 为基数的计数体制。在十六进制中，采用了 0、1、2、3、4、5、6、7、8、9、A(10)、B(11)、C(12)、D(13)、E(14)、F(15)十六个不同的数码，它的计数规则是"逢十六进一、借一当十六"，各位的权为 $16(2^4)$ 的幂。如十六进制数 $(4AF.7D)_{16}$ 可表示为

$$(4AF.7D)_{16}=4\times16^2+10\times16^1+15\times16^0+7\times16^{-1}+13\times16^{-2}$$

式中，$16^2$、$16^1$、$16^0$、$16^{-1}$、$16^{-2}$ 分别为十六进制数各位的位权。

### 2．不同数制间的转换

1)　各种数制转换成十进制

将各种数制转换成十进制时，只要将它们按权展开，求出相加的和，便得到相应进制数对应的十进制数，如

$$(1010.11)_2=1\times2^3+0\times2^2+1\times2^1+0\times2^0+1\times2^{-1}+1\times2^{-2}$$
$$=8+0+2+0+0.5+0.25$$
$$=(10.75)_{10}$$
$$(265.34)_8=2\times8^2+6\times8^1+5\times8^0+3\times8^{-1}+4\times8^{-2}$$
$$=128+48+5+0.375+0.06248$$
$$=(181.43748)_{10}$$
$$(4B3.7F)_{16}=4\times16^2+11\times16^1+3\times16^0+7\times16^{-1}+15\times16^{-2}$$
$$=1024+176+3+0.4375+0.0585$$
$$=(1203.496)_{10}$$

2)　十进制数转换为各种数制

将十进制数转换为其他各种数制时，需将十进制数分成整数部分和小数部分，然后将整数和小数分别进行转换，再将转换结果排列在一起，就得到该十进制数转换的完整结果。下面以十进制数转换为二进制数为例来进行说明。

【例 6-1】　将十进制数 $(49.625)_{10}$ 转换成二进制数。

**解**　第一步进行整数部分的转换：

将十进制数的整数部分转换为二进制数时采用基数除法，即"除 2 取余法"，它是将整数部分逐次被 2 除，依次记下余数，直到商为 0，所得余数即为相应的二进制数。其中，

第一个余数为二进制的最低位，最后一个余数为最高位。

$$
\begin{array}{r}
\text{余数} \\
2\,\underline{|\,49} \quad\cdots\cdots\cdots\cdots\quad 1 \quad\cdots\cdots\quad a_0 \quad\quad \text{最低位}\\
2\,\underline{|\,24} \quad\cdots\cdots\cdots\cdots\quad 0 \quad\cdots\cdots\quad a_1 \\
2\,\underline{|\,12} \quad\cdots\cdots\cdots\cdots\quad 0 \quad\cdots\cdots\quad a_2 \quad\quad \text{读取顺序}\\
2\,\underline{|\,6} \quad\cdots\cdots\cdots\cdots\quad 0 \quad\cdots\cdots\quad a_3 \\
2\,\underline{|\,3} \quad\cdots\cdots\cdots\cdots\quad 1 \quad\cdots\cdots\quad a_4 \\
2\,\underline{|\,1} \quad\cdots\cdots\cdots\cdots\quad 1 \quad\cdots\cdots\quad a_5 \quad\quad \text{最高位}\\
0
\end{array}
$$

所以，$(49)_{10} = (a_5 a_4 a_3 a_2 a_1 a_0)_2 = (110001)_2$。

第二步进行小数部分的转换

将十进制数的小数部分转换为二进制数，采用基数乘法，即"乘 2 取整法"，它是将小数部分连续乘以 2，取乘积的整数部分作为二进制小数的各有关位，直至最后乘积为 0，或达到满意精度为止。

$$0.625\times2=1.250 \qquad\qquad a_{-1}=1$$
$$0.250\times2=0.500 \qquad\qquad a_{-2}=0$$
$$0.500\times2=1.000 \qquad\qquad a_{-3}=1$$

所以，$(0.625)_{10} = (0.a_{-1} a_{-2} a_{-3})_2 = (0.101)_2$

由此可得十进制数$(49.625)_{10}$对应的二进制数为$(110001.101)_2$

3) 二进制与八(十六)进制的转换

(1) 二进制数转换成八(十六)进制数。由于八(十六)进制数的基数为8(16)，故每位八(十六)进制数由三(四)位二进制数构成。因此，二进制数转换为八(十六)进制数的方法是：整数部分从低位开始，每三(四)位二进制数为一组，最后不足三(四)位的，则在高位加 0 补足三(四)位为止；小数点后的二进制数则从高位开始，每三(四)位二进制数为一组，最后不足三(四)位的，则在低位加0补足三(四)位为止，然后用对应的八(十六)进制数来代替，再按顺序写出对应的八(十六)进制数。

**【例6-2】** 将二进制数$(1100101.01100111)_2$转换成八进制数。

**解**

$$
\underset{1}{\underline{001}}\ \underset{4}{\underline{100}}\ \underset{5}{\underline{101}}\ \cdot\ \underset{3}{\underline{011}}\ \underset{1}{\underline{001}}\ \underset{6}{\underline{110}}
$$

所以

$$(1100101.01100111)_2=(145.316)_8。$$

(2) 八(十六)进制数转换成二进制数。将每位八(十六)进制数用三(四)位二进制数来代替，再按原来的顺序排列起来，便得到了相应的二进制数。

**【例6-3】** 将十六进制数$(4A5.37E)_{16}$转换成二进制数。

**解**

$$
\underset{0100}{\overset{4}{\overbrace{\quad}}}\ \underset{1010}{\overset{A}{\overbrace{\quad}}}\ \underset{0101}{\overset{5}{\overbrace{\quad}}}\ \cdot\ \underset{0011}{\overset{3}{\overbrace{\quad}}}\ \underset{0111}{\overset{7}{\overbrace{\quad}}}\ \underset{1110}{\overset{E}{\overbrace{\quad}}}
$$

所以

$$(4A5.37E)_{16}=(10010100101.00110111111)_2。$$

### 3. 码制

在数字技术中，常将有特定意义的信息(如文字、数字、符号及指令等)用一定码制规定的二进制代码来表示。下面介绍一些常用的码制。

1) 二-十进制编码

用一组二进制码来表示一个给定的十进制数称为二-十进制编码，简称BCD码(Binary Coded Decimal)。由于十进制数共有 0，1，…，9 十个数码，因此至少需要 4 位二进制码来表示 1 位十进制数。而 4 位二进制码共有 $2^4$=16 种码组，在这 16 种码组中，可以任选 10 种来表示 0~9 这十个数码，所以 BCD 码的编码方式很多，共有 $N = P_{16}^{10} = 16!/(16{-}10)!$ 种。

BCD 码分有权码和无权码两大类。将常用的BCD码列于表6.2中，下面简要介绍它们的编码规则及特点。

表 6.2  常用 BCD 代码

| 十进制数 | 有 权 码 | | | 无 权 码 | | |
|---|---|---|---|---|---|---|
| | 8421 码 | 2421 码 | 5421 码 | 余 3 码 | 余 3 格雷码 | 移存码 |
| 0 | 0000 | 0000 | 0000 | 0011 | 0010 | 0001 |
| 1 | 0001 | 0001 | 0001 | 0100 | 0110 | 0010 |
| 2 | 0010 | 0010 | 0010 | 0101 | 0111 | 0100 |
| 3 | 0011 | 0011 | 0011 | 0110 | 0101 | 1001 |
| 4 | 0100 | 0100 | 0111 | 0111 | 0100 | 0011 |
| 5 | 0101 | 1011 | 1000 | 1000 | 1100 | 0111 |
| 6 | 0110 | 1100 | 1100 | 1001 | 1101 | 1111 |
| 7 | 0111 | 1101 | 1101 | 1010 | 1111 | 1110 |
| 8 | 1000 | 1110 | 1110 | 1011 | 1110 | 1100 |
| 9 | 1001 | 1111 | 1111 | 1100 | 1010 | 1000 |

(1) 有权码。

有权 BCD 码是指在表示 0~9 十个十进制数码的四位二进制代码中，每个二进制数码都有确定的位权值。如表中的8421BCD 码、2421 码、5421 码等。对于有权BCD码，只需将数码为 1 的位权值相加，便可求得所代表的十进制数。例如，8421BCD码的位权值由高至低依次为8、4、2、1，则

$$[0111]_{8421BCD\,码}=4+2+1=[7]_{10}$$

8421BCD码是用得最多的有权码，由于它的位权值是按 2 的幂增加，这与二进制数的位权值完全一致，所以 8421BCD 码又被称为自然权码，也可简称为 8421 码。

2421 码和 5421 码的特点是具有自补性，即表示十进制数 0 与 9、1 与 8、…、4 与 5 等的码组互为反码。例如，1 的 2421 码为 0001，而 8 的 2421 码为 1110，这对于求取10 的补码是很方便的。

(2) 无权码。

这种代码的各位二进制数码都没有确定的位权值，所以不能按位权值展开来求得它们

所代表的十进制数。但这些代码都具有某些特点，因而可在不同场合根据需要来选用。

① 余3BCD码。

余3BCD码可在8421BCD码的基础上得到，即将某十进制数所对应的8421码加3(0011)便是该十进制数的余3BCD码。例如：

$$[5]_{余3BCD码}=[5]_{8421BCD码}+0011=1000$$

如果将两个余3BCD码相加，所得的和将比十进制数所对应的二进制数多6。因此在用余3BCD码作十进制加法运算时，若两数为10，正好等于二进制数的16，于是便可从高位自动产生进位信号。所以利用余3BCD码进行加减法运算比8421BCD码方便。另外，余3BCD码也具有自补特性。

② 单位间距码。

这类码的特点是两个相邻码组之间仅有一位码元不同(注意：数0和9所对应的码组也是相邻码组)，例如表6.2中的余3格雷码。这种特性称为单位间距性，将具有单位间距特性的代码称为单位间距码，也称为循环码或反射码。单位间距码的单位间距特性使其在逻辑电路和部件的设计中获得广泛应用。例如用在计数器中，由于数的出现是按顺序进行的，因此当一个数转换到相邻数的过程中，就不会出现其他许用码组。假如使用其他BCD码，由于相邻码组之间有两个或两个以上的码元不同，而实际电路不可能使多个码元在同一瞬间改变，总有先后之分，这样当相邻数之间发生转换时，就可能出现其他许用码组。尽管出现的时间是短暂的，但在某些场合可能导致逻辑错误或产生不应有的噪声。

因此使用单位间距码就能从根本上杜绝计数过程中的瞬间模糊状态，这是它在高分辨率的设备中常被采用的原因。

2) 可靠性编码

代码在形成过程中难免会产生错误，为了减少这种错误，出现了一种可靠性编码的方法。它使代码本身具有一种特性和能力，从而在代码形成过程中不易出错，或者这种代码在出错时容易被发现，甚至能查出出错的位置加以纠正。最常用的可靠性代码有格雷码和奇偶检验码。

(1) 格雷码。

格雷码的形式有多种，但它们都有一个共同的特点就是具有单位间距性，因此格雷码具有单位间距码的优点。表6.3中包含一种典型的格雷码，它是由二进制码转换得到的，其编码规则是格雷码的第 $i$ 位等于二进制码的第 $i$ 位与第 $i+1$ 位的异或，即

$$G_i = B_i \oplus B_{i+1} \tag{6-3}$$

例如，7的二进制码为0111，则7的格雷码可在其二进制码的最高位前补一个0，然后根据格雷码的编码规则求得为0100。

(2) 奇偶检验码。

二进制信息在传送时，可能会发生错误，即有的1错成0，有的0错成1，奇偶检验码是一种能检验出这种错误的代码。

奇偶检验码由两部分组成：信息码和奇偶检验位。信息码就是被传送的信息，可以是位数不限的二进制码组；奇偶检验位仅有一位，其取值取决于数字系统是采用奇检验还是偶检验。若采用奇检验，则奇偶检验位的取值应使奇偶检验码中"1"的总个数为奇数，若采用偶检验，则奇偶检验位的取值应使奇偶检验码中"1"的总个数为偶数。通常，收到奇

偶检验码之后要进行检验,即看码组中"1"的个数的奇偶是否正确。如果不对,就说明信息传送有错。例如,若传送的是奇检验码,那么如果收到的码组是 00001、11111 等,就认为传送正确,如果收到的码组是 00110、10001 等,则因为这些码组中"1"的总数为偶数,就认为信息在传送中发生了错误。

奇偶检验码只具有检测一位差错(或奇数位差错)的功能,对于其发生双错(有两位出错)是检测不出来的。但是由于双错的概率要比单错小得多,因此,奇偶检验码在数字设备和计算机中仍然获得广泛应用。

各种代码都可以构成奇偶检验码,表 6.3 所列为 8421BCD 码的奇偶检验码。

表 6.3　常用可靠性代码

| $N$ | 二进制码 | 典型格雷码 | 奇检验 8421 码 | 偶检验 8421 码 |
|---|---|---|---|---|
| 0 | 0 0 0 0 | 0 0 0 0 | 0 0 0 0 1 | 0 0 0 0 0 |
| 1 | 0 0 0 1 | 0 0 0 1 | 0 0 0 1 0 | 0 0 0 1 1 |
| 2 | 0 0 1 0 | 0 0 1 1 | 0 0 1 0 0 | 0 0 1 0 1 |
| 3 | 0 0 1 1 | 0 0 1 0 | 0 0 1 1 1 | 0 0 1 1 0 |
| 4 | 0 1 0 0 | 0 1 1 0 | 0 1 0 0 0 | 0 1 0 0 1 |
| 5 | 0 1 0 1 | 0 1 1 1 | 0 1 0 1 1 | 0 1 0 1 0 |
| 6 | 0 1 1 0 | 0 1 0 1 | 0 1 1 0 1 | 0 1 1 0 0 |
| 7 | 0 1 1 1 | 0 1 0 0 | 0 1 1 1 0 | 0 1 1 1 1 |
| 8 | 1 0 0 0 | 1 1 0 0 | 1 0 0 0 0 | 1 0 0 0 1 |
| 9 | 1 0 0 1 | 1 1 0 1 | 1 0 0 1 1 | 1 0 0 1 0 |
| 10 | 1 0 1 0 | 1 1 1 1 | | |
| 11 | 1 0 1 1 | 1 1 1 0 | | |
| 12 | 1 1 0 0 | 1 0 1 0 | | |
| 13 | 1 1 0 1 | 1 0 1 1 | | |
| 14 | 1 1 1 0 | 1 0 0 1 | | |
| 15 | 1 1 1 1 | 1 0 0 0 | | |

# 6.2　逻 辑 代 数

逻辑代数是描述客观事物逻辑关系的数学方法,它首先是由英国数学家乔治·布尔提出,因此也称为布尔代数,而后克劳德·香农将逻辑代数应用到继电器开关电路的设计中,所以又称为开关代数。和普通代数一样,在逻辑代数中用字母表示变量与函数,但变量与函数的取值只有 0 和 1 两种可能。这里的 0 和 1 已不再表示数量的大小,只代表两种不同的逻辑状态。我们把这种二值变量称为逻辑变量,简称为变量,这种二值函数称为逻辑函数,简称为函数。

## 6.2.1　基本逻辑运算

在逻辑代数中,最基本的逻辑运算有与逻辑运算、或逻辑运算和非逻辑运算三种。

### 1. 与逻辑运算

首先举一个例子。图 6.3 中有两个开关 $S_1$、$S_2$，其工作状态如表 6.4 所示。通过此例，可以得出这样一种因果关系：只有当决定某一事件(如灯亮)的条件(如开关闭合)全部具备时，这一事件(如灯亮)才会发生。把这种因果关系称之为与逻辑关系。

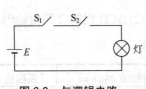

图 6.3　与逻辑电路

表 6.4　与逻辑举例状态表

| $S_1$ | $S_2$ | 灯 |
|---|---|---|
| 断开 | 断开 | 灭 |
| 断开 | 闭合 | 灭 |
| 闭合 | 断开 | 灭 |
| 闭合 | 闭合 | 亮 |

现在用 $A$、$B$ 来作为开关 $S_1$、$S_2$ 的状态变量(逻辑变量)，以取值 1 表示开关闭合，以取值 0 表示开关断开；用 $F$ 来作为灯的状态变量(逻辑函数)，以取值 1 表示灯亮，取值 0 表示灯灭。那么，逻辑变量与逻辑函数所有可能取值的一一对应关系可以用列表方式表示，如表 6.5 所示。这种表称为真值表。

表 6.5　与逻辑真值表

| $A$ | $B$ | $F$ |
|---|---|---|
| 0 | 0 | 0 |
| 0 | 1 | 0 |
| 1 | 0 | 0 |
| 1 | 1 | 1 |

同时可将逻辑变量与逻辑函数之间的关系用一个数学表达式来描述，这个数学表达式称为逻辑函数表达式。将与逻辑关系用逻辑函数表达式来描述，可以写成

$$F = A \cdot B \tag{6-4}$$

在逻辑代数中，将实现与逻辑关系的运算称为与逻辑运算，又称为逻辑乘，简称与运算。其运算符号为"$\cdot$"，在不致混淆的情况下，也可将"$\cdot$"符号省略，写成 $F=AB$。

如果推广至 $n$ 个逻辑变量，其与逻辑运算的逻辑函数表达式为 $F=A_1 \cdot A_2 \cdot \cdots \cdot A_n$，且通过对与逻辑真值表的分析，可以得出与逻辑运算的特点为：只有在逻辑变量取值全部为 1 时，逻辑函数 $F$ 才为 1，其他取值均使 $F$ 为 0。

### 2. 或逻辑运算

如果将图 6.3 所示电路中的开关 $S_1$、$S_2$ 改接为图 6.4 所示，则其工作状态如表 6.6 所示。通过此例，可以得出这样一种因果关系：只要决定某一事件(如灯亮)的条件(如开关闭合)有一个或几个具备时，这一事件(如灯亮)就会发生。把这种因果关系称之为或逻辑关系。

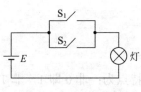

图 6.4　或逻辑电路

表 6.6　或逻辑举例状态表

| $S_1$ | $S_2$ | 灯 |
|---|---|---|
| 断开 | 断开 | 灭 |
| 断开 | 闭合 | 亮 |
| 闭合 | 断开 | 亮 |
| 闭合 | 闭合 | 亮 |

同样用 $A$、$B$ 来作为开关 $S_1$、$S_2$ 的状态变量(逻辑变量)，以取值1表示开关闭合，以取值0表示开关断开；用 $F$ 来作为灯的状态变量(逻辑函数)，以取值1表示灯亮，取值 0 表示灯火。那么，或逻辑真值表如表 6.7 所示。

表 6.7　或逻辑真值表

| $A$ | $B$ | $F$ |
|---|---|---|
| 0 | 0 | 0 |
| 0 | 1 | 1 |
| 1 | 0 | 1 |
| 1 | 1 | 1 |

将或逻辑关系用逻辑函数表达式来描述，可以写成

$$F = A + B \qquad (6\text{-}5)$$

把这种运算称为或逻辑运算，简称或运算，又称为逻辑加。其运算符号为 "+"。

如果推广至 $n$ 个逻辑变量，其或逻辑运算的逻辑函数表达式为 $F=A_1+A_2+\cdots+A_n$，且通过对或逻辑真值表的分析，可以得出或逻辑运算的特点为：只要有一个逻辑变量取值为 1，逻辑函数 $F$ 就为 1，只有当全部逻辑变量取值为 0，$F$ 才为 0。

### 3．非逻辑运算

再看图 6.5 所示的电路，其工作状态如表 6.8 所示。通过此例，可以得出这样一种因果关系：当决定某一事件(如灯亮)的条件(如开关闭合)具备时，事件(如灯亮)不会发生，反之，当决定事件的条件不具备时，事件发生。把这种因果关系称之为非逻辑关系。

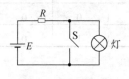

图 6.5　非逻辑电路

表 6.8　非逻辑举例状态表

| S | 灯 |
|---|---|
| 断开 | 亮 |
| 闭合 | 灭 |

可以以相同的方式列出非逻辑真值表如表 6.9 所示，这种非逻辑关系用逻辑函数表达式来描述可以写成

$$F = \overline{A} \qquad (6\text{-}6)$$

式中，$\overline{A}$ 读作 "$A$ 非"，把这种运算称为非逻辑运算，简称非运算，又称为反相运算或求补运算，其运算符号为 "－"。

**表 6.9  非逻辑真值表**

| A | F |
|---|---|
| 0 | 1 |
| 1 | 0 |

通过对非逻辑真值表的分析，可以得出非逻辑运算的特点为：非 0 即 1，非 1 即 0。

### 4．复合运算

实际应用中会出现一些复杂的逻辑式，它们都是由上述这三种最基本的逻辑运算复合而成。当它们进行混合运算时，其运算顺序是非→与→或，若有括号则先进行括号内运算，若括号与非号下的变量一致，则括号可以省略。例如：

$$F = \overline{(A+B)} \cdot C = \overline{A+B} \cdot C = \overline{A+B}\ C$$

下面介绍几种基本的复合运算。

**1) 与非逻辑运算**

与非逻辑运算是与运算和非运算的复合，它是将逻辑变量先进行与运算再进行非运算。其表达式为

$$F = \overline{AB} \tag{6-7}$$

与非逻辑的真值表如表 6.10 所示。由真值表可见，对于与非运算，只要逻辑变量中有一个取值为0，则 F 就为1，只有当逻辑变量取值全部为1 时，F 才为 0。

**2) 或非逻辑运算**

或非逻辑运算是或运算和非运算的复合，它是将逻辑变量先进行或运算再进行非运算。其表达式为

$$F = \overline{A+B} \tag{6-8}$$

或非逻辑的真值表如表6.11 所示。由真值表可见，对于或非运算，只要逻辑变量中有一个取值为1，则 F 就为0，只有当逻辑变量取值全部为0 时，F 才为1。

**表 6.10  与非逻辑真值表**

| A | B | F |
|---|---|---|
| 0 | 0 | 1 |
| 0 | 1 | 1 |
| 1 | 0 | 1 |
| 1 | 1 | 0 |

**表 6.11  或非逻辑真值表**

| A | B | F |
|---|---|---|
| 0 | 0 | 1 |
| 0 | 1 | 0 |
| 1 | 0 | 0 |
| 1 | 1 | 0 |

**3) 与或非逻辑运算**

与或非逻辑运算是与运算、或运算和非运算三种运算的复合，它是将逻辑变量先进行与运算后进行或运算再进行非运算。其表达式为

$$F = \overline{AB + CD} \tag{6-9}$$

读者可以自行列出对应的真值表。可以验证，其对应的逻辑关系为：当 A=1，B=1 或 C=1，D=1 或 A=B=C=D=1 时，F=0，其余的各种情况下，F 皆为 1。

4)　同或和异或逻辑运算

同或逻辑和异或逻辑是只有两个逻辑变量的逻辑函数。如果当两个逻辑变量 $A$ 和 $B$ 相同时，逻辑函数 $F$ 等于 1，否则 $F$ 等于 0，这种逻辑关系称为同或，其逻辑函数表达式为

$$F = A \odot B = AB + \overline{A}\,\overline{B} \tag{6-10}$$

反之，如果当两个逻辑变量 $A$ 和 $B$ 相异时，逻辑函数 $F$ 等于 1，否则 $F$ 等于 0，这种逻辑关系称为异或，其逻辑函数表达式为

$$F = A \oplus B = A\overline{B} + \overline{A}B \tag{6-11}$$

式中，"$\odot$"是同或的运算符号，"$\oplus$"是异或的运算符号。它们所对应的真值表分别如表 6.12 和表 6.13 所示。

表 6.12　同或逻辑真值表

| $A$ | $B$ | $F$ |
| --- | --- | --- |
| 0 | 0 | 1 |
| 0 | 1 | 0 |
| 1 | 0 | 0 |
| 1 | 1 | 1 |

表 6.13　异或逻辑真值表

| $A$ | $B$ | $F$ |
| --- | --- | --- |
| 0 | 0 | 0 |
| 0 | 1 | 1 |
| 1 | 0 | 1 |
| 1 | 1 | 0 |

通过同或和异或逻辑的定义和真值表可见，同或和异或具有互补关系，即

$$A \odot B = \overline{A \oplus B} \tag{6-12}$$

这里必须指出，同一命题中对逻辑变量给予不同的定义则表示出的逻辑关系就不同。若是用电路来实现逻辑关系，可用高电平表示逻辑 1，用低电平表示逻辑 0，在这种规定下的逻辑关系称为正逻辑；事实上，还有另一种规定：用高电平表示逻辑 0，用低电平表示逻辑 1，在这种规定下的逻辑关系称为负逻辑。例如对于图 6.3 所示的电路，若采用正逻辑定义开关灯，即开关闭合为 1，断开为 0，灯亮为 1，灯灭为 0，则 $F = A \cdot B$ 为与的关系。若采用负逻辑定义，即开关闭合为 0，断开为 1，灯亮为 0，灯灭为 1，则灯亮与开关的逻辑关系为 $F = A + B$ 是或的关系。可见，对于同一逻辑电路而言，其所实现的是何种逻辑关系与采用的是正逻辑还是负逻辑有关。在本书中，除特殊情况注明负逻辑外，一律采用正逻辑。

## 6.2.2　逻辑代数的基本定理与运算规则

在介绍逻辑代数的基本定理前，首先介绍逻辑函数相等的概念。设有两个逻辑函数：$F_1 = f_1(A_1, A_2, \cdots, A_n)$；$F_2 = f_2(A_1, A_2, \cdots, A_n)$。如果对于 $A_1 \sim A_n$ 的任何一组取值，$F_1$ 和 $F_2$ 均具有相同的值，则称这两个逻辑函数值相等，即 $F_1 = F_2$。由定义可知，相等的逻辑函数一定具有相同的真值表，反之亦然。例如，$F_1 = A + B$，$F_2 = A + \overline{A}B$。为了证明 $F_1$ 和 $F_2$ 是否相等，可先列出它们的真值表，如表 6.14 所示。由表可见，对应于 $A$ 和 $B$ 的任何一组取值，$F_1$ 和 $F_2$ 均具有相同的值，则 $F_1 = F_2$，也可称 $F_1$ 和 $F_2$ 为同一逻辑函数的不同表达式。

**表 6.14　相等函数真值表**

| A | B | $F_1$ | $F_2$ |
|---|---|-------|-------|
| 0 | 0 | 0 | 0 |
| 0 | 1 | 1 | 1 |
| 1 | 0 | 1 | 1 |
| 1 | 1 | 1 | 1 |

### 1．逻辑函数的基本定理

(1) 0-1 律　　$A \cdot 0 = 0$　　　　　$A + 1 = 1$　　　　　　　　(6-13)

(2) 互补律　　$A \cdot \overline{A} = 0$　　　　$A + \overline{A} = 1$　　　　　　　(6-14)

(3) 非非律　　$\overline{\overline{A}} = A$　　　　　　　　　　　　　　　　　　(6-15)

(4) 自等律　　$A \cdot 1 = A$　　　　　$A + 0 = A$　　　　　　　(6-16)

(5) 重叠律　　$A \cdot A = A$　　　　　$A + A = A$　　　　　　(6-17)

(6) 交换律　　$A \cdot B = B \cdot A$　　　　$A + B = B + A$　　　(6-18)

(7) 结合律　　$A \cdot (B \cdot C) = (A \cdot B) \cdot C$　$A + (B + C) = (A + B) + C$ (6-19)

(8) 分配律　　$A \cdot (B+C) = AB + AC$　$A + BC = (A + B)(A + C)$ (6-20)

(9) 吸收律　　$A + AB = A$　　　　$A(A + B) = A$　　　　(6-21)

(10) 摩根定律　$\overline{AB} = \overline{A} + \overline{B}$　　　　$\overline{A + B} = \overline{A}\overline{B}$　　　(6-22)

(11) 几种常用公式定律

① 合并定律：$AB + A\overline{B} = A$　　　　$(A + B)(A + \overline{B}) = A$　　(6-23)

② 消去定律：$A + \overline{A}B = A + B$　　　$A(\overline{A} + B) = AB$　　(6-24a)

　　　$AB + \overline{A}C + BC = AB + \overline{A}C$　$(A + B)(\overline{A} + C)(B + C) = (A + B)(\overline{A} + C)$ (6-24b)

读者可借助真值表来验证以上定理的正确与否。

### 2．逻辑代数的基本运算规则

#### 1) 代入规则

任何一个含有变量 $A$ 的等式，如果在所有 $A$ 的地方都代之以一个逻辑函数 $F$，则等式仍然成立。代入规则之所以成立，是因为任何一个逻辑函数，它和逻辑变量一样，只有 0 和 1 两种取值。

**【例 6-4】** 已知 $A + BC = (A + B)(A + C)$，设 $F = C + D$。试证明将所有变量 $A$ 的位置都代之以 $F$，则等式依然成立。

　　证明：等式左边：$A + BC = C + D + BC = C + D$

　　　　　等式右边：$(A + B)(A + C) = (C + D + B)(C + D + C) = (C + D + B)(C + D) = C + D$

　　　　　所以等式依然成立。

#### 2) 反演规则

已知逻辑函数 $F$，如果将 $F$ 中所有的"·"换为"+"，所有的"+"换为"·"；所有的 0 换为 1，所有的 1 换为 0；所有的原变量(如 $A$)换为反变量(如 $\overline{A}$)，所有的反变量(如 $\overline{A}$)

换为原变量(如 $A$)，这样所得到的函数式，即为原函数 $F$ 的反函数，记作 $\overline{F}$。

应用反演规则应注意两点：其一，对跨越两个或两个以上变量的非号应保持不变；其二，不得改变原运算顺序。

**【例 6-5】** 已知函数 $F = \overline{AB} + CD$，求 $\overline{F}$。

**解一：** 应用反演规则　　$\overline{F} = \overline{\overline{A} + \overline{B}}(\overline{C} + \overline{D}) = AB\overline{CD}$

**解二：** 应用摩根定律　　$\overline{F} = \overline{\overline{AB} + CD} = AB\overline{CD}$

3)　对偶规则

首先介绍一下对偶式。已知逻辑函数 $F$，如果 $F$ 中所有的"·"换为"+"，所有的"+"换为"·"；所有的 0 换为 1，所有的 1 换为 0；变量形式保持不变，这样所得到的函数式，即为原函数 $F$ 的对偶函数，记作 $F^*$。

**【例 6-6】** 
$$F = A(B + \overline{C}) \qquad\qquad F^* = A + B\overline{C}$$
$$F = (A + \overline{C} + 0)(B + C) \qquad F^* = A \cdot \overline{C} \cdot 1 + BC$$
$$F = \overline{\overline{A + B \cdot \overline{C}}} \qquad\qquad F^* = \overline{\overline{A \cdot B + \overline{C}}}$$

所谓对偶规则就是：如果两个逻辑函数 $F$ 和 $G$ 相等，则它们的对偶函数 $F^*$ 和 $G^*$ 也相等。

例如，已知分配律 $A \cdot (B + C) = AB + AC$，现在令 $F = A \cdot (B + C)$，$G = AB + AC$，由于 $F^* = A + BC$，$G^* = (A + B)(A + C)$，则根据对偶规则，可推知 $F^* = G^*$，即 $A + BC = (A + B)(A + C)$。

本节中所提到的逻辑函数的基本定理(式(6-13)~式(6-24))，其每一条都具有互为对偶式的特点，因此这些公式只需记住一半就可以了。

## 6.3　逻辑函数的建立及其表示方法

任何一个具体的因果关系都可以用一个逻辑函数来描述。对于一个二值逻辑问题，我们常常可以设定此问题产生的条件为输入逻辑变量，设定此问题产生的结果为输出逻辑函数。当我们对输入逻辑变量和输出逻辑函数赋值后，就可以建立相应的逻辑函数。

逻辑函数共有四种表示方法，分别为真值表、逻辑函数表达式、卡诺图和逻辑图。它们各有特点，又相互联系，并且可相互转换。这一节只介绍前面两种方法，用卡诺图和逻辑图表示逻辑函数的方法将在后面做专门介绍。

下面举例说明。

**【例 6-7】** 军民联欢会的入场券分红、黄两色，军人持红票入场，群众持黄票入场。会场入口处设一"自动检票机"，符合条件者可自动放行，不符合条件者则不准入场。试建立其逻辑式。

**解**　首先，仔细推敲逻辑问题给出的条件和结果，正确设定逻辑变量和逻辑函数。

设变量 $A$ 为军民信号($A=1$ 为军人；$A=0$ 为群众)；变量 $B$ 为红票信号($B=1$ 为有红票；$B=0$ 为无红票)；变量 $C$ 为黄票信号($C=1$ 为有黄票；$C=0$ 为无黄票)，$A$、$B$、$C$ 均为输入逻辑变量。再设定输出逻辑函数 $F$ 表示此逻辑问题的结果，$F=1$，可入场；$F=0$，禁止入场。

然后根据逻辑问题给出的条件列出真值表，如表 6.15 所示。这种用真值表表示逻辑函

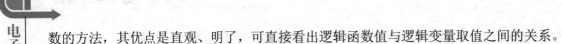

数的方法，其优点是直观、明了，可直接看出逻辑函数值与逻辑变量取值之间的关系。

表 6.15　例 6-7 的真值表

| A | B | C | F |
|---|---|---|---|
| 0 | 0 | 0 | 0 |
| 0 | 0 | 1 | 1 |
| 0 | 1 | 0 | 0 |
| 0 | 1 | 1 | 1 |
| 1 | 0 | 0 | 0 |
| 1 | 0 | 1 | 0 |
| 1 | 1 | 0 | 1 |
| 1 | 1 | 1 | 1 |

在填写真值表时应注意以下问题。

(1) 应表示出逻辑变量的所有可能取值，当逻辑函数有 $n$ 个逻辑变量时，共有 $2^n$ 个不同变量取值组合。在列真值表时，为避免遗漏，变量取值组合一般按 $n$ 位二进制数递增的方式列出。

(2) 根据逻辑问题给出的条件，相应地填入所有变量组合的逻辑结果，即逻辑函数值。

那么如何将真值表转换为逻辑函数表达式？

由真值表可见，在输入变量的取值组合为

$$A=0、B=0、C=1；$$
$$A=0、B=1、C=1；$$
$$A=1、B=1、C=0；$$
$$A=1、B=1、C=1$$

这四种时，$F$ 的值才为 1。而当 $A=0$、$B=0$、$C=1$ 时，必然使乘积项 $\overline{A}\,\overline{B}C=1$；当 $A=0$、$B=1$、$C=1$ 时，必然使乘积项 $\overline{A}BC=1$；当 $A=1$、$B=1$、$C=0$ 时，必然使乘积项 $AB\overline{C}=1$；当 $A=1$、$B=1$、$C=1$ 时，必然使乘积项 $ABC=1$，因此 $F$ 的逻辑函数表达式应当等于这四个乘积项之和，即

$$F = \overline{A}\,\overline{B}C + \overline{A}BC + AB\overline{C} + ABC \tag{6-25}$$

由此可以总结出从真值表写出函数表达式的一般方法。

(1) 找出真值表中使逻辑函数 $F=1$ 的那些逻辑变量取值的组合。

(2) 每组逻辑变量取值的组合对应一个乘积项，其中取值为 1 的写入原变量，取值为 0 的写入反变量。

(3) 将这些乘积项相加，即得 $F$ 的逻辑函数式。

用逻辑函数表达式表示逻辑函数的特点是：它描述了逻辑变量与逻辑函数之间的逻辑关系，是实际问题的抽象表达。这种抽象表达抓住了逻辑问题的本质，并且用简练的形式表示出来。

当然，可以利用逻辑代数定理将式(6-25)进一步简化为

$$F = \overline{A}C(B+\overline{B}) + AB(C+\overline{C}) = \overline{A}C + AB \tag{6-26}$$

这个表达式描述了"自动检票机"的逻辑功能。

再举一个例子来说明如何将逻辑函数表达式转换为真值表。

**【例 6-8】** 已知逻辑函数 $F = AB + A\overline{B}C + B\overline{C}$，列出它对应的真值表。

**解**　将 $A$、$B$、$C$ 的各种取值逐一代入 $F$ 式中计算，将计算结果列表，即得如表 6.16 所示的真值表。

表 6.16　例 6-8 的真值表

| $A$ | $B$ | $C$ | $F$ |
|---|---|---|---|
| 0 | 0 | 0 | 0 |
| 0 | 0 | 1 | 0 |
| 0 | 1 | 0 | 1 |
| 0 | 1 | 1 | 0 |
| 1 | 0 | 0 | 0 |
| 1 | 0 | 1 | 1 |
| 1 | 1 | 0 | 1 |
| 1 | 1 | 1 | 1 |

# 6.4　逻辑函数的简化

实现同一逻辑功能的逻辑函数表达式可以是多种多样的，它们在繁简程度上会有所差异。逻辑函数的简化就是将较繁的逻辑函数表达式变换为与之等效的最简逻辑函数表达式。

实际上，逻辑函数是依靠逻辑电路来实现其逻辑功能的。逻辑函数的简化意味着用较少的逻辑器件合理而经济地来实现同样的逻辑功能，这对于提高电路的可靠性和降低成本都是有利的。

由于逻辑代数的基本定理公式多以与—或式(逻辑变量的与运算称为与项，与项的逻辑加为与—或式)或者或—与式(逻辑变量的或运算称为或项，或项的逻辑乘为或—与式)的形式给出，因此用于化简与—或逻辑函数或者或—与逻辑函数比较方便。下面主要讨论与—或式的简化。

逻辑函数的简化主要有公式化简法和卡诺图化简法两种方法。

## 6.4.1　公式化简法

下面分别介绍与—或式和或—与式的化简方法。

### 1. 与—或式的简化

公式化简法就是利用逻辑代数的定理公式进行化简。简化的原则以项数最少，每一项所含的变量数最少为最佳。现将经常使用的方法归纳如下。

1) 合并项法

利用公式 $AB + A\overline{B} = A$ 可将两项合并为一项，并消去 $B$ 和 $\overline{B}$ 这一对互补因子。根据代入规则，$A$ 和 $B$ 可以是任何复杂的逻辑式。

**【例6-9】** 利用合并项法化简下列逻辑函数。

$$F_1 = A(\overline{BC} + BC) + A(B\overline{C} + \overline{B}C) \qquad F_2 = \overline{A}B + ACD + \overline{A}\overline{B} + \overline{A}CD$$

**解** $F_1 = A(B \odot C) + A(B \oplus C) = A\overline{(B \oplus C)} + A(B \oplus C) = A$

$F_2 = \overline{A}B + \overline{A}\overline{B} + (ACD + \overline{A}CD) = \overline{A} + CD$

**2) 吸收法**

利用 $A + AB = A$ 吸收多余因子，$A$ 和 $B$ 均可为任意复杂的逻辑函数。

**【例6-10】** 利用吸收法化简下列逻辑函数。

$$F_1 = A + \overline{\overline{ABC}}(\overline{A} + \overline{\overline{BC}} + D) + BC \qquad F_2 = AB + AB\overline{C} + ABD + AB(\overline{C} + \overline{D})$$

**解** $F_1 = A + (A + BC)(\overline{A} + \overline{\overline{BC}} + D) + BC$

$\qquad = (A + BC) + (A + BC)(\overline{A} + \overline{\overline{BC}} + D) = A + BC$

$F_2 = AB + AB(\overline{C} + D + \overline{C} + \overline{D}) = AB$

**3) 消去法**

利用公式 $A + \overline{A}B = A + B$ 消去多余的变量；利用公式 $AB + \overline{A}C + BC = AB + \overline{A}C$ 消去多余项。

**【例6-11】** 利用消去法化简下列逻辑函数。

$$F_1 = AB + \overline{A}C + \overline{B}C \qquad F_2 = AC + A\overline{B} + \overline{\overline{B} + C}$$

**解** $F_1 = AB + (\overline{A} + \overline{B})C = AB + \overline{AB}C = AB + C$

$F_2 = AC + A\overline{B} + \overline{B}\overline{C} = AC + \overline{B}\overline{C}$

**4) 添项法**

利用公式 $A = A + A$；$A = AB + A\overline{B}$；$AB + \overline{A}C = AB + \overline{A}C + BC$ 进行添项。利用所添的项与其他项进行合并达到简化目的。

**【例6-12】** 利用添项法化简逻辑函数 $F = A\overline{B} + B\overline{C} + \overline{B}C + \overline{A}B$

**解** $F = A\overline{B}(C + \overline{C}) + (A + \overline{A})B\overline{C} + \overline{B}C + \overline{A}B$

$\qquad = A\overline{B}C + A\overline{B}\,\overline{C} + AB\overline{C} + \overline{A}B\overline{C} + \overline{B}C + \overline{A}B$

$\qquad = (A\overline{B}C + \overline{B}C) + (AB\overline{C} + A\overline{B}\,\overline{C}) + (\overline{A}B\overline{C} + \overline{A}B)$

$\qquad = \overline{B}C + A\overline{C} + \overline{A}B$ \hfill [吸收、合并]

也可这样进行添项：

$$F = A\overline{B} + B\overline{C} + (\overline{B}C + \overline{A}B + \overline{A}C) = (A\overline{B} + \overline{A}C + B\overline{C}) + (B\overline{C} + \overline{A}C + \overline{A}B)$$

$\qquad = A\overline{B} + \overline{A}C + B\overline{C}$

通过这道例题可知，逻辑函数的最简式并不是唯一的。

**2．或—与式的简化**

或—与式的简化可采用直接公式简化法或两次对偶简化法。

**【例6-13】** 化简逻辑函数 $F = A(A + B)(\overline{A} + D)(\overline{B} + \overline{C})(A + C + E + F)$

**解一** 直接公式简化法

$$F = A(\overline{A} + D)(\overline{B} + \overline{C}) \hfill [吸收]$$

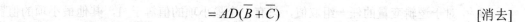

$$= AD(\overline{B} + \overline{C}) \qquad\qquad \text{[消去]}$$

**解二**　两次对偶简化法

$$F^* = A + AB + \overline{A}D + \overline{B}\ \overline{C} + ACEF = A + \overline{A}D + \overline{B}\ \overline{C} \qquad \text{[吸收]}$$

$$= A + D + \overline{BC} \qquad\qquad \text{[消去]}$$

$$F = (F^*)^* = AD(\overline{B} + \overline{C})$$

运用公式化简法，要求熟练掌握逻辑代数的定理和运算规则，并需要掌握一定的简化技巧，同时对于一个较复杂的逻辑式也难以判断简化结果是否为最简。为了克服这个缺点，引入另一种化简方法——卡诺图化简法。

## 6.4.2　卡诺图化简法

任意一个逻辑函数都可以用真值表正确、唯一地表示出来，但是真值表直接作为运算工具显得特别不方便。卡诺图是将真值表换一种画法，使其保留真值表的特性，又便于作逻辑运算。下面先介绍有关的概念，再介绍具体的化简方法。

**1. 逻辑函数的卡诺图表示法**

1)　最小项

(1) 最小项的定义。设有 $n$ 个逻辑变量 $A_1 \sim A_n$，$P$ 是由这 $n$ 个逻辑变量构成的与项。如果在与项 $P$ 中，所有的变量都以原变量($A_i$)或者反变量($\overline{A}_i$)的形式出现且仅出现一次，则称与项 $P$ 为最小项，记作 $m_i$。其中，下标 $i$ 按下面规则确定：将变量 $A_1 \sim A_n$ 按顺序排列，如果与项中变量以原变量形式出现，则代之以 1，以反变量形式出现，则代之以 0，那么它们按序排列成一个二进制数，将二进制数转换为十进制数即为下标 $i$。

对于 $n$ 个逻辑变量，其所构成的最小项共有 $2^n$ 个。如 $A$、$B$、$C$ 三个逻辑变量所构成的最小项共有八个，分别为：$\overline{ABC}\ (m_0)$，$\overline{AB}C\ (m_1)$，$\overline{A}B\overline{C}\ (m_2)$，$\overline{A}BC\ (m_3)$，$A\overline{BC}\ (m_4)$，$A\overline{B}C\ (m_5)$，$AB\overline{C}\ (m_6)$，$ABC\ (m_7)$。

(2) 最小项的性质。三变量全部最小项真值表如表 6.17 所示。通过对此真值表的分析，可得出最小项具有以下性质。

表 6.17　三变量全部最小项真值表

| $A$ | $B$ | $C$ | $\overline{ABC}$ | $\overline{AB}C$ | $\overline{A}B\overline{C}$ | $\overline{A}BC$ | $A\overline{BC}$ | $A\overline{B}C$ | $AB\overline{C}$ | $ABC$ |
|---|---|---|---|---|---|---|---|---|---|---|
| 0 | 0 | 0 | 1 | 0 | 0 | 0 | 0 | 0 | 0 | 0 |
| 0 | 0 | 1 | 0 | 1 | 0 | 0 | 0 | 0 | 0 | 0 |
| 0 | 1 | 0 | 0 | 0 | 1 | 0 | 0 | 0 | 0 | 0 |
| 0 | 1 | 1 | 0 | 0 | 0 | 1 | 0 | 0 | 0 | 0 |
| 1 | 0 | 0 | 0 | 0 | 0 | 0 | 1 | 0 | 0 | 0 |
| 1 | 0 | 1 | 0 | 0 | 0 | 0 | 0 | 1 | 0 | 0 |
| 1 | 1 | 0 | 0 | 0 | 0 | 0 | 0 | 0 | 1 | 0 |
| 1 | 1 | 1 | 0 | 0 | 0 | 0 | 0 | 0 | 0 | 1 |

- 对于逻辑变量的任一组取值，只有一个最小项的值等于 1，其他最小项的值皆等于 0。所以，可认为逻辑变量的任一组取值都对应着一个最小项，其对应关系为：将变量取值的组合当成二进制数，与二进制数对应的十进制数即为所对应的最小项的下标。如表 6.17 所示，当变量取值为 $A=1$，$B=0$，$C=0$ 时，对应最小项 $m_4$，即 $\overline{A}\,\overline{B}\,\overline{C}$。
- 任意两个不同的最小项之积为 0。
- 全体最小项之和等于 1。

(3) 最小项的标准型。将最小项相或，即为最小项标准型，也称为标准与一或式。

(4) 将逻辑函数变换为最小项标准型有以下两种方法。

**方法一**：利用真值表将逻辑函数变换为最小项标准型。

【**例 6-14**】 将逻辑函数 $F = AB + \overline{A}BC + \overline{B}C$ 变换为最小项标准型。

**解** 首先作出 $F$ 的真值表如表 6.18 所示。

表 6.18  例 6-14 的真值表

| 对应最小项 | $A$ | $B$ | $C$ | $F$ |
|---|---|---|---|---|
| $m_0$ | 0 | 0 | 0 | 0 |
| $m_1$ | 0 | 0 | 1 | 1 |
| $m_2$ | 0 | 1 | 0 | 0 |
| $m_3$ | 0 | 1 | 1 | 1 |
| $m_4$ | 1 | 0 | 0 | 0 |
| $m_5$ | 1 | 0 | 1 | 1 |
| $m_6$ | 1 | 1 | 0 | 1 |
| $m_7$ | 1 | 1 | 1 | 1 |

由表 6.18 可见，$F = \overline{A}\,\overline{B}C + \overline{A}BC + A\overline{B}C + AB\overline{C} + ABC$

$$= m_1 + m_3 + m_5 + m_6 + m_7$$
$$= \sum m(1,3,5,6,7)$$

其方法归纳如下。

首先作出函数的真值表，找出真值表中使 $F$ 为 1 的变量取值组合，而后分别写出其所对应的最小项(如果变量取值为 1 取原变量，变量取值为 0 取反变量)，最后将所构成的最小项相或，即得最小项标准型。

**方法二** 利用公式 $A + \overline{A} = 1$ 将函数变换为最小项标准型。

仍然以上题为例。

**解** $F = AB(C + \overline{C}) + \overline{A}BC + (A + \overline{A})\overline{B}C = ABC + AB\overline{C} + \overline{A}BC + A\overline{B}C + \overline{A}\,\overline{B}C$

$$= m_1 + m_3 + m_5 + m_6 + m_7 = \sum m(1,3,5,6,7)$$

2) 卡诺框的构成

卡诺框是一种二维图表，由真值表变换而来。它是将真值表中的变量分为两组，一组作行变量，一组作列变量，为了便于简化，变量的取值按照循环码的方式排列。例如，变

量 $A$ 和 $B$ 必须按以下顺序取值：$00 \rightarrow 01 \rightarrow 11 \rightarrow 10$。图 6.6 所示为 2～4 变量的卡诺框。从图中可见，每一个小方格都对应着一组变量的取值，也即对应着一个最小项，方格中所填的数字为所对应最小项的下标。这些数字是为了说明方便，一般情况下，这些数字不填。

这里有必要说明一下逻辑相邻的概念。如果对应于两组变量的取值，只有一个变量取值不同，而其他变量的取值相同，则这两组变量取值所对应的小方格或最小项为逻辑相邻。这样从卡诺框的构成可以看出：

(1) 几何位置上相邻的小方格或最小项，在逻辑上具有相邻性；

(2) 水平方向同一行里最左和最右的小方格或最小项，以及垂直方向同一列最上和最下的小方格或最小项在逻辑上是相邻的

例如，在四变量卡诺框中，与最小项 $m_4$ 逻辑相邻的有 $m_0$、$m_5$、$m_6$ 和 $m_{12}$。

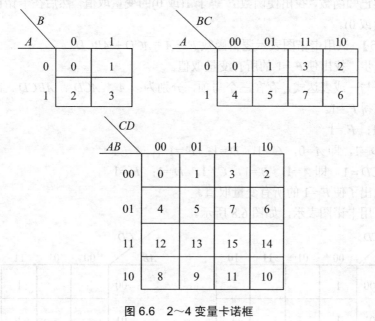

图 6.6　2～4 变量卡诺框

3) 卡诺图表示逻辑函数

卡诺框只是一个空的表格，如果在每个小方格填入相应的函数值，所构成的图表称为卡诺图。

对于一个给定的逻辑函数，一般有三种方法作出它的卡诺图，即真值表法、标准型法和观察法。

(1) 真值表法。

先作出已知逻辑函数的真值表，然后将表中每一栏函数值填入卡诺框中相应的小方格。

(2) 标准型法。

将已知函数转换为最小项标准型，然后在卡诺框中与函数所含最小项对应的小方格上填 1，其余填 0。为简化作图，通常只填写一种逻辑值。例如，如果填写逻辑 1(或逻辑 0)，则另一种逻辑值 0(或逻辑 1)可以不填。

【例6-15】 试用卡诺图表示逻辑函数 $F = \overline{ABCD} + \overline{ABD} + ACD + A\overline{B}$。

**解** 第一步，展开为最小项标准型

$F = \overline{A}\,\overline{B}\,\overline{C}\,\overline{D} + \overline{A}B\overline{D}(C + \overline{C}) + ACD(B + \overline{B}) + A\overline{B}(C + \overline{C})$

$= \overline{A}\,\overline{B}\,\overline{C}\,\overline{D} + \overline{A}BC\overline{D} + \overline{A}B\overline{C}\,\overline{D} + ABCD + A\overline{B}CD + A\overline{B}C(D + \overline{D}) + A\overline{B}\,\overline{C}(D + \overline{D})$

$= \overline{A}\,\overline{B}\,\overline{C}\,\overline{D} + \overline{A}BC\overline{D} + \overline{A}B\overline{C}\,\overline{D} + ABCD + A\overline{B}CD + A\overline{B}C\overline{D} + A\overline{B}\,\overline{C}D + A\overline{B}\,\overline{C}\,\overline{D}$

$= m_0 + m_6 + m_4 + m_{15} + m_{11} + m_{10} + m_9 + m_8$

$= \sum m(0, 4, 6, 8, 9, 10, 11, 15)$

第二步，用卡诺图表示，如图 6.7 所示。

(3) 观察法。

直接观察已知函数，找出使函数 $F$ 等于 1(或 0)的变量取值，然后在卡诺框中相应的小方格内填入 1(或 0)。

【例6-16】 试用卡诺图表示逻辑函数 $F = A + \overline{A}CD + ABCD$。

**解** 第一步，找出使 $F = 1$ 的所有变量取值。

这是一个与—或表达式，存在三个与项，分别为：$A$、$\overline{A}CD$、$ABCD$。因此，在下列三种情况下使得 $F = 1$。

① $A = 1$；$F = 1$

② $\overline{A}CD = 1$，即 $A = 0$，$C = 1$，$D = 1$；$F = 1$

③ $ABCD = 1$，即 $A = 1$，$B = 1$，$C = 1$，$D = 1$；$F = 1$

这样就找出了使 $F = 1$ 的所有变量取值。

第二步，用卡诺图表示，如图 6.8 所示。

| AB\\CD | 00 | 01 | 11 | 10 |
|---|---|---|---|---|
| 00 | 1 | | | |
| 01 | 1 | | 1 | |
| 11 | | | 1 | |
| 10 | 1 | 1 | 1 | 1 |

图 6.7 例6-15 的卡诺图

| AB\\CD | 00 | 01 | 11 | 10 |
|---|---|---|---|---|
| 00 | | | 1 | |
| 01 | | | 1 | |
| 11 | 1 | 1 | 1 | 1 |
| 10 | 1 | 1 | 1 | 1 |

图 6.8 例6-16 的卡诺图

### 2. 利用卡诺图简化逻辑函数

下面从三个公式的应用中找出卡诺图简化逻辑函数的规则。

1) 公式 $AB + A\overline{B} = A$ 的应用

【例6-17】 简化逻辑函数 $F = \overline{A}BCD + \overline{A}\,\overline{B}CD$。

**解** 利用公式化简法中的合并项法，将函数简化为 $F = \overline{A}CD$。现在来看一下这一简化过程在卡诺图中的体现。

首先将原函数在卡诺图中表示出来，如图 6.9(a)所示。从图中可见，原函数 $F$ 含有两个最小项 $\overline{A}\overline{B}CD$、$\overline{A}B CD$，分别对应于最小项 $m_3$、$m_7$，且这两个最小项为相邻最小项。这样，可把这相邻的两个(1)格(填 1 的最小项)圈起来，用来表示合并项 $\overline{A}CD$。

根据表达式 $\overline{A}CD$ 的形式可知，利用这个圈消去了在圈中取值发生变化的变量 $B$，保留了在圈中取值未发生变化的变量 $A$、$C$、$D$，并用 $A$、$C$、$D$ 来构成与项 $\overline{A}CD$，其构成规则为：如果变量取值为 1 则取原变量，如果变量取值为 0 则取反变量。

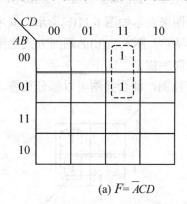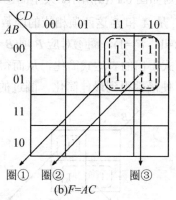

(a) $F=\overline{A}CD$　　　　　　　　(b) $F=AC$

图 6.9　相邻项合并举例之一

相邻"1"格的合并方法可推广至相邻单元。

【例 6-18】　简化逻辑函数 $F=\overline{A}\overline{B}CD+\overline{A}BCD+\overline{A}\overline{B}C\overline{D}+\overline{A}BC\overline{D}$。

**解**　$F=\overline{A}CD+\overline{A}C\overline{D}=\overline{A}C$。

同样可将原函数 $F$ 用卡诺图表示出来，如图 6.9(b)所示。由图可见，原函数含有四个最小项 $m_2$、$m_3$、$m_6$、$m_7$，且这四个最小项循环相邻。根据相邻 1 格的合并方法，可将 $m_3$、$m_7$ 合并为一项，用圈①(虚线圈)表示，对应与项为 $\overline{A}CD$，$m_2$、$m_6$ 合并为一项，用圈②(虚线圈)表示，对应与项为 $\overline{A}C\overline{D}$，而圈①和圈②为相邻单元，可合并为圈③(实线圈)，相应与项为 $\overline{A}C$(消去圈中取值发生变化的变量 $B$ 和 $D$)，使函数得以最简。相邻单元的概念可继续推广。如图 6.10(a)所示，卡诺图中所含的 8 个"1"格循环相邻，可把这 8 个"1"格合并为一个圈，其简化结果为 $F=\overline{A}$。如果对于函数 $F$ 而言，在卡诺图中所有的小方格内都填 1，则 $F=1$，如图 6.10(b)所示。

图 6.10　相邻项合并举例之二

通过以上分析，可得出卡诺图化简规则一如下。

将逻辑值为 1 的相邻最小项圈起来，为了使函数最简，圈要尽可能大，但圈中所含 1 的个数必须为 2 的幂次方，如 1 个、2 个、4 个、8 个等。一个圈代表一个与项，由圈中取值未发生变化的变量构成，如果变量取值为 1 则取原变量，取值为 0 则取反变量。

2) 公式 $A+\overline{A}B=A+B$ 的应用

令 $F_1=A+\overline{A}B$，$F_2=A+B$。那么 $F_1$ 是 $A$ 和 $\overline{A}B$ 这两项相或的函数，如果用卡诺图来表示函数 $F_1$，则如图 6.11(a)所示。其中圈①对应 $A$ 项($A=1$；$F_1=1$)，圈②对应与项 $\overline{A}B$($A=0$，$B=1$；$F_1=1$)。$F_2$ 是 $A$ 和 $B$ 这两项相或的函数，$F_2$ 用卡诺图来表示如图 6.11(b)所示。其中圈③对应 $A$ 项($A=1$；$F_2=1$)，圈④对应 $B$ 项($B=1$；$F_2=1$)。显然，图 6.11(b)的画圈方式比图 6.11(a)的画圈方式得出的表达式简化，从而得出卡诺图化简的规则二如下。

为了使函数得到最佳简化，圈过的 1 格可重复被圈，即合并圈可以部分重叠。

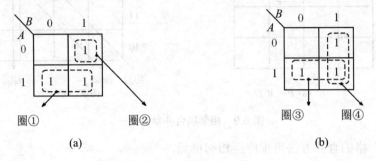

(a)  (b)

图 6.11 相邻项合并举例之三

3) 公式 $AB+\overline{A}C+BC=AB+\overline{A}C$ 的应用

令 $F_1=AB+\overline{A}C+BC$，用卡诺图来表示，如图 6.12(a)所示。其中圈①表示与项 $AB$，圈②表示与项 $\overline{A}C$，圈③(实线圈)表示与项 $BC$。再令 $F_2=AB+\overline{A}C$，用卡诺图来表示 $F_2$，如图 6.12(b)所示。其中圈④表示与项 $\overline{A}C$，圈⑤表示与项 $AB$。通过图 6.12(a)与图 6.12(b)画圈方式的对比，可得出图 6.12(a)的圈③是多余的，应舍去。由此得出卡诺图化简的规则三如下。

若一个合并圈中所含的"1"格均被其他合并圈圈过，则这个合并圈是多余的，必须消除。

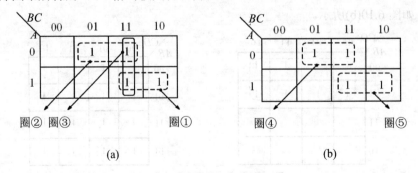

(a)  (b)

图 6.12 相邻项合并举例之四

另外，在应用卡诺图化简的三条规则对函数进行简化时还应注意以下内容。

● 画合并圈是针对卡诺图中的"1"格，为尽量避免出现多余圈，着手点应从孤立的

“1”格(无其他“1”格与之相邻)或只有一种圈法的“1”格开始，并逐步把圈扩大，但圈中所含的必须是 $2^n$ 个循环相邻的“1”格；

● 每个“1”格必须至少被圈过一次，圈过的“1”格可重复被圈；

● 对同一逻辑函数而言，合并圈的画法并不唯一，以圈数最少、圈最大为最佳；

● 每个圈代表一个与项，将所有的与项相或，得出的结果为最简与一或表达式；

● 最简式可能不是唯一的。

【例 6-19】 试用卡诺图法将函数 $F = \sum m(0,2,5,6,7,8,9,10,11,14,15)$ 简化为最简与一或表达式。

**解** 将函数 $F$ 用卡诺图表示出来。首先从只有一种圈法的“1”格着手，按照合并最小项的规则进行画圈。例如，从最小项 $m_0$ 出发，圈出 $\sum m(0,2,8,10)$，从最小项 $m_5$ 出发，圈出 $\sum m(5,7)$，从最小项 $m_9$ 出发，圈出 $\sum m(8,9,10,11)$，如图 6.13(a)所示。然后，用尽可能少而大的圈将余下的“1”格全部覆盖掉，如图 6.13(b)所示。最后根据所画的圈将最简与一或式写出来为：

$$F = \sum m(0,2,8,10) + \sum m(5,7) + \sum m(8,9,10,11) + \sum m(6,7,14,15)$$
$$= \overline{B}\overline{D} + \overline{A}BD + A\overline{B} + BC$$

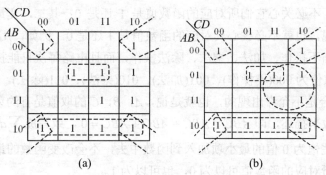

图 6.13　例 6-19 的卡诺图

【例 6-20】 试用卡诺图法将函数 $F = \overline{ABCD} + CD + BC\overline{D} + AC\overline{D}$ 简化为最简与一或表达式。

**解** 首先利用观察法将函数 $F$ 用卡诺图表示出来，然后按照最小项的合并规则进行画圈，如图 6.14 所示。

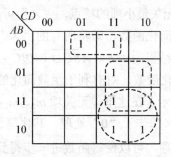

图 6.14　例 6-20 的卡诺图化简

根据所画的圈将最简与一或式写出来为：

$$F = \sum m(6,7,14,15) + \sum m(1,3) + \sum m(10,11,14,15)$$
$$= BC + \overline{A}BD + AC$$

以上所述是对卡诺图中所有的"1"格进行画圈合并，得到最简的与一或表达式。同理，对卡诺图中所有的"0"格进行画圈合并，可得到最简的或一与表达式。对"0"格画圈合并的原理以及化简方法和步骤与圈"1"格的方法完全相同。所不同的是，一个由 $2^n$ 个循环相邻的"0"格构成的圈，代表的是一个或项，由圈中取值未发生变化的变量构成(变量取值为 1 取反变量，变量取值为 0 则取原变量)，将所有的或项相与得到最简或一与表达式。

### 3. 具有无关最小项的逻辑函数的简化

(1) 无关最小项的定义。一个 $n$ 变量的逻辑函数应该有 $2^n$ 组变量取值。但在有些实际逻辑事件中，有的逻辑函数并不是 $2^n$ 组变量取值都有确定的函数值(0 或 1)，而是其中的一部分有确定的值，另一部分没有确定的值。我们把这些无确定函数值的变量取值所对应的最小项称为无关最小项，简称无关项，又称随意项或约束项，用 $d$ 来表示。

(2) 出现无关最小项的场合。出现无关最小项的情况有两类：其一，某些变量的取值对函数没有影响，不必关心它们所对应的函数值是 1 还是 0；其二，变量的某些取值不会在逻辑事件中出现，也就不必关心其对应的函数值是 1 还是 0。例如，用 $A$，$B$，$C$ 三变量的组合来表示电路不操作、加法、乘法、除法操作，而且电路每次只能执行一次操作。如果选择 $A,B,C$ 的取值为 000(不操作)、001(加法)、010(乘法)、011(除法)，那么，100、101、110、111 这些组合是不允许出现的，也就是说，$A$，$B$，$C$ 的取值是有约束条件的，这种约束条件用逻辑函数来描述，即 $\overline{A}B\overline{C} + \overline{A}BC + AB\overline{C} + ABC = 0$，或写成 $\sum d(4,5,6,7)=0$。

显然，把这些恒为 0 值的最小项加入到函数中去，不会改变函数的最终结果，也就是说，无关最小项所对应的函数值可以为 0，也可以为 1。

(3) 具有无关最小项的逻辑函数的简化。

【例 6-21】 将函数 $F(A,B,C,D)= \sum m(3,4,5,7,8,15) + \sum d(6,10,11,13)$ 简化为最简与一或表达式。

**解** 将函数在卡诺图中表示出来。其中函数所含的最小项为 $m_3$、$m_4$、$m_5$、$m_7$、$m_8$、$m_{15}$，在卡诺图中相应的最小项小方格内填入 1；$m_6$、$m_{10}$、$m_{11}$、$m_{13}$ 为无关最小项，在相应的最小项小方格内填入"×"。根据无关最小项的特点，"×"可以表示 1，也可以表示 0。

如果不利用无关最小项来简化函数，即将所有的"×"表示 0，那么对应的卡诺图画圈方式如图 6.15(a)所示。化简结果为：$F = \overline{A}B\overline{C}\overline{D} + \overline{A}BC + \overline{A}CD + BCD$。

如果利用无关最小项来简化函数，对有利于函数简化的"×"作 1 来处理，则对应的卡诺图画圈方式如图 6.15(b)所示。在这里，无关项 $m_6$、$m_{10}$、$m_{11}$ 所对应的"×"作了"1"处理，无关项 $m_{13}$ 所对应的"×"作了"0"处理。其化简结果为：$F = \overline{A}B + CD + \overline{A}B\,\overline{D}$。

可见，合理利用无关最小项，可以使得函数进一步得到简化。

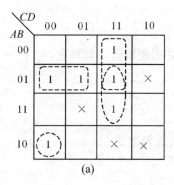
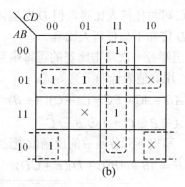

图 6.15　例 6-21 的卡诺图化简

# 6.5　思考题与习题

**6.1**　数字信号与模拟信号的主要区别是什么？数字电路与模拟电路相比有何特点？

**6.2**　将下列二进制数分别转换为十进制数、八进制数及十六进制数。

(1)　$(101011)_2$ 　　　　　　　　(2)　$(11101.01)_2$

(3)　$(10011110.101)_2$ 　　　　　(4)　$(0.110111)_2$

**6.3**　将下列十进制数分别转换为二进制数、八进制数及十六进制数。

(1)　$(58)_{10}$ 　　　　　　　　　(2)　$(100.375)_{10}$

(3)　$(71.25)_{10}$ 　　　　　　　(4)　$(0.362525)_{10}$

**6.4**　将下列十六进制数分别转换为二进制数及八进制数。

(1)　$(78)_{16}$ 　　　　　　　　　(2)　$(2E.F)_{16}$

(3)　$(139.54C)_{16}$ 　　　　　　(4)　$(0.5B)_{16}$

**6.5**　将下列各数按权展开。

(1)　$(156.48)_{10}$ 　　　　　　　(2)　$(11001)_2$

(3)　$(56.13)_8$ 　　　　　　　　(4)　$(E.71)_{16}$

**6.6**　将下列十进制数分别转换为三位 8421BCD 码及余 3BCD 码。

(1)　$(125)_{10}$ 　　　　　　　　(2)　$(576)_{10}$

**6.7**　解释下列名词。

最小项、正逻辑、负逻辑、逻辑函数标准型

**6.8**　用公式化简法简化逻辑函数应遵循什么准则？卡诺图化简法简化逻辑函数应遵循什么准则？

**6.9**　列出下述问题的真值表，并写出逻辑函数表达式。

(1)　有 $A$、$B$、$C$ 三个输入信号，如果三个输入信号均为 0 或其中一个为 1 时，输出 $F=1$，其余情况下，输出 $F=0$。

(2)　有 $A$、$B$、$C$ 三个输入信号，当三个输入信号出现奇数个 1 时，输出为 1，否则，输出为 0。

**6.10**　已知有四个运动员参加拳击比赛，举行拳击比赛的条件有：

(1)　只有在有他人在旁的条件下，$A$ 可与任何人比赛；

(2)　$B$ 只与 $C$ 比赛，而且还要无他人在旁；

(3) $C$ 可与任何人比赛，但 $D$ 在场则拒绝比赛；

(4) $D$ 宣布不与任何人比赛。

试求出举行一次拳击比赛的逻辑函数表达式，并用逻辑语言解释之。

6.11 用真值表证明下列等式。

(1) $AB + \overline{A}C + BC = (A+C)(\overline{A}+B)$

(2) $A \oplus B \oplus C = A \odot B \odot C$

6.12 写出下列各函数的反函数表达式和对偶函数表达式。

(1) $F = AB + \overline{AB}(C+D)(E+\overline{CD})$

(2) $F = AB + \overline{CD} + \overline{BC} + \overline{\overline{D} + \overline{CE} + \overline{B} + \overline{E}}$

6.13 指出下列函数 $A$，$B$，$C$ 取哪些值时，$F$ 为 1。

(1) $F(A,B,C) = A + \overline{BC}$

(2) $F(A,B,C) = \overline{A + B\overline{C}(A+B)}$

6.14 将下列函数转换为最小项标准型。

(1) $F(A,B,C,D) = A + \overline{B}CD + BCD + \overline{A}D$

(2) $F(A,B,C,D) = A + B + CD$

(3) $F(A,B,C,D) = A \oplus B + \overline{A}C$

(4) $F(A,B,C) = (A+B)(B+C)(A+C)$

6.15 利用布尔代数定理证明下列等式。

(1) $A\overline{B} + B + \overline{A}B = A + B$

(2) $\overline{ABC} + A + B + C = 1$

(3) $A\overline{B} + B\overline{C} + \overline{A}C = \overline{A}B + \overline{B}C + A\overline{C}$

(4) $AB + \overline{A}C + (\overline{B} + \overline{C})D = AB + \overline{A}C + D$

(5) $\overline{AB + \overline{A}\ \overline{B}} + \overline{\overline{A}B + A\overline{B}} = 0$

(6) $A(B \oplus C) = AB \oplus AC$

6.16 用公式化简法简化下列逻辑函数。

(1) $F = \overline{A}\ \overline{B} + (AB + \overline{A}\overline{B} + \overline{AB})C$

(2) $F = A\overline{B}CD + ABD + \overline{A}CD$

(3) $F = (A \oplus B)C + ABC + \overline{AB}$

(4) $F = \overline{\overline{ABC} + A\overline{B}}$

(5) $F = \overline{A}C + \overline{A}B + \overline{A}CD + BC$

(6) $F = B\overline{C} + AB\overline{C}E + \overline{B}C\overline{A}\ \overline{D} + AD + B(A\overline{D} + \overline{A}D)$

6.17 用卡诺图化简法简化下列逻辑函数，写出最简与或表达式。

(1) $F(A,B,C,D) = \sum m(0,1,4,5,6,7,9,10,13,14,15)$

(2) $F(A,B,C,D) = \sum m(4,5,6,13,14,15)$

(3) $F(A,B,C,D) = \sum m(0,1,2,5,8,9,10,12,14)$

(4) $F(A,B,C) = AB + \overline{B}\ \overline{C} + \overline{A}C$

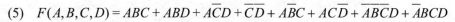

(5)　$F(A,B,C,D) = ABC + ABD + A\overline{C}D + \overline{C}\overline{D} + \overline{A}\overline{B}C + AC\overline{D} + \overline{A}\overline{B}CD + \overline{A}BCD$

(6)　$F(A,B,C,D) = A\overline{B} + \overline{A}C + BC + \overline{C}D$

6.18　用卡诺图化简下列具有无关最小项的逻辑函数，写出最简与一或表达式。

(1)　$F(A,B,C) = \sum m(0,1,3,7) + \sum d(2,5)$

(2)　$F(A,B,C,D) = \sum m(4,5,6,13,14,15) + \sum d(8,9,10,11)$

(3)　$F(A,B,C,D) = \sum m(1,3,4,7,11,13,14) + \sum d(2,5,12,15)$

(4)　$F(A,B,C,D) = \sum m(2,3,7,8,11,14) + \sum d(0,5,10,15)$

(5)　$F(A,B,C,D) = \overline{A}\overline{B}C + ABC + \overline{A}B\overline{C}D$，给定的约束条件为 $A \oplus B = 0$。

(6)　$F(A,B,C,D) = C\overline{D}(A \oplus B) + \overline{A}B\overline{C} + \overline{A}CD$，给定的约束条件为 $AB + CD = 0$。

# 第7章 组合逻辑电路

**本章学习目标**

本章首先介绍了 TTL 逻辑门和 CMOS 逻辑门,重点讨论它们的典型电路结构、工作原理和性能指标,而后详细阐述了组合逻辑电路的分析方法和设计方法。学习本章时应掌握以下几点。

- 熟悉各种功能逻辑门的符号,了解二极管、三极管、场效应管的开关特性,掌握 TTL 与非门和 CMOS 反相器的工作原理和性能指标。
- 掌握 OC 门和三态门的电路结构特点,并能够进行应用。
- 了解逻辑门在使用时应注意的问题。
- 熟练掌握小规模组合电路的分析方法和设计方法。
- 了解常用中规模器件(全加器、编码器、译码器、数据选择器、比较器)的逻辑功能,掌握利用译码器和数据选择器实现逻辑函数的方法。
- 了解组合电路中的冒险现象。

## 7.1 逻 辑 门

逻辑门是实现基本逻辑关系的基本单元电路,它实际上是一种信号控制电路。当输入信号符合特定关系时,它输出一种电平信号;当输入信号不符合特定关系时,它输出另一种电平信号。

基本的逻辑门有与门、或门和非门,分别用来实现与逻辑、或逻辑和非逻辑关系。其他逻辑门是这三种逻辑门的复合。常用的复合逻辑门有与非门、或非门、与或非门、异或门(简称异门)和同或门(简称同门),分别用来实现与非逻辑、或非逻辑、与或非逻辑、异或逻辑和同或逻辑关系。

在数字逻辑电路中,采用了一些逻辑符号图形来表示逻辑门。表 7.1 和表 7.2 所示分别为基本逻辑门和常用复合逻辑门的逻辑符号和它们对应实现的逻辑关系。在表格中所采用的逻辑门符号为国家标准的电气图用图形符号,通常在复合逻辑门的逻辑符号中采用小圆圈"。"来表示非门。

表 7.1 基本逻辑门的逻辑函数式和逻辑符号

| 逻辑种类 | 与门 | 或门 | 非门 |
|---|---|---|---|
| 逻辑符号 | 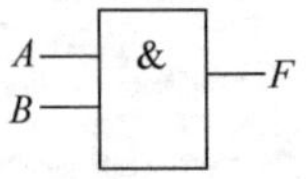 $A$、$B$ → [ & ] → $F$ | 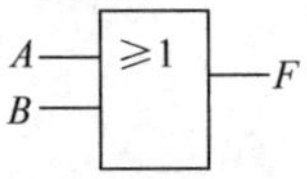 $A$、$B$ → [ ≥1 ] → $F$ | 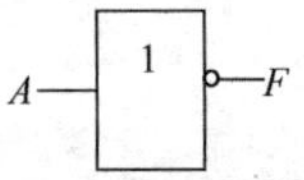 $A$ → [ 1 ] ○→ $F$ |
| 逻辑函数式 | $F = AB$ | $F = A + B$ | $F = \overline{A}$ |

表 7.2　复合逻辑门的逻辑函数式和逻辑符号

| 逻辑种类 | 与非门 | 或非门 | 与或非门 | 异或门 | 同或门 |
|---|---|---|---|---|---|
| 逻辑符号 | $A$ $B$ —&— $F$ | $A$ $B$ —≥1— $F$ | $A$ $B$ $C$ $D$ —&≥1— $F$ | $A$ $B$ —=1— $F$ | $A$ $B$ —=1— $F$ |
| 逻辑函数式 | $F = \overline{AB}$ | $F = \overline{A+B}$ | $F = \overline{AB+CD}$ | $F = A \oplus B$ | $F = A \odot B$ |

## 7.1.1　半导体器件的开关特性

构成逻辑门电路的核心器件是半导体器件，即二极管、三极管和场效应管，而且它们在门电路中经常工作在开关状态。为了能够了解门电路的特性，必须了解半导体器件工作在开关状态下的特性。

### 1．二极管的开关特性

一个理想的开关，其静态特性为：当它断开时，电阻应为无穷大，流过开关的电流为零；当它闭合时，开关电阻为零，开关两端的压降为零。其动态特性为：开关状态的转换能在瞬间完成。

由于二极管具有外加正向电压时导通，加反向电压时截止的单向导电性，因此，在数字电路中它可作为一个受外加电压控制的开关使用。

参照图 7.1 所示二极管的伏安特性曲线和图 7.2(a)所示电路，可得出二极管的静态开关特性。

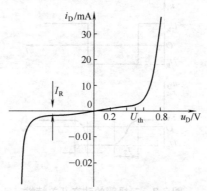

图 7.1　二极管伏安特性曲线

(1)　输入 $u_I$ 为正向电压，且 $u_I$ 大于二极管导通电压 $U_{D(on)}$ 时，二极管处于导通状态，由于此时二极管两端呈现很小的导通电阻 $R_D$，其两端的正向导通压降 $u_D \approx U_{D(on)}$ 也很小，因此二极管可等效于开关闭合，如图 7.2(b)所示。

(2)　输入 $u_I$ 为反向电压时，二极管处于截止状态，那么，由于流过二极管的电流(反向饱和电流)很小，二极管两端呈现很大的电阻，因此二极管可等效于一个断开的开关，如图 7.2(c)所示。

由于二极管正向导通时，正向导通压降和正向导通电阻不为零；截止时，反向饱和电流不为零，反向电阻不为无穷大，因此二极管的静态特性并不理想。

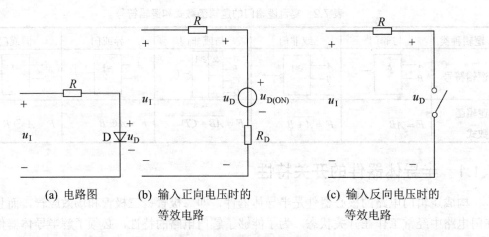

(a) 电路图　　　　(b) 输入正向电压时的　　　　(c) 输入反向电压时的
　　　　　　　　　　　等效电路　　　　　　　　　　等效电路

**图 7.2　二极管的静态开关特性**

当图 7.2(a)所示电路中的 $u_I$ 由正向电压跳变为反向电压，或由反向电压跳变为正向电压时，由于二极管具有结电容效应，使二极管两端的电压不能突变，因而造成二极管由导通变为截止，或由截止变为导通需要一定的时间，如图 7.3 所示。将二极管由截止转向导通所需时间称为正向恢复时间 $t_{on}$，二极管由导通转向截止所需时间称为反向恢复时间 $t_R$，二者之和称为开关时间，它的长短决定了二极管的最高工作速度。在低速开关电路中，二极管的开关时间是可以忽略的，然而在高速开关电路中，开关时间必须考虑进去。显然，二极管的动态特性也不理想。

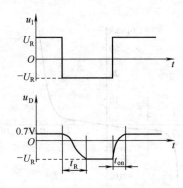

**图 7.3　二极管的动态开关特性**

### 2. 三极管的开关特性

如图 7.4 所示，改变 $u_I$，就可以改变 $i_B$，从而可改变输出特性中工作点的位置，使三极管处于三种工作状态，即放大状态、饱和状态和截止状态。

- 截止状态：如果 $u_I \leqslant U_{BE(on)}$(硅为 0.6～0.7V，锗为 0.2～0.3V)，那么发射结和集电结都反偏，三极管处于截止状态，如 $A$ 点，流过基极和集电极的电流都近似等于零，即 $i_B \approx 0$，$i_C \approx 0$，且 B—E、C—E 之间的电阻很大。
- 放大状态：增大 $u_I$，使 $u_I \geqslant U_{BE(on)}$，造成发射结正偏，集电结反偏，使工作点落入输出特性曲线的中间部分，三极管处于放大状态，其特点为：$u_{BE} = U_{BE(on)}$，$i_C = \beta i_B$。

● 饱和状态：继续增大 $u_I$，造成发射结和集电结都正偏，这样随着 $i_B$ 和 $i_C$ 的增加，使工作点 $Q$ 上移而进入输出特性曲线的弯曲部分，如 $S$ 点，三极管处于饱和状态。其特点为：$i_B$ 和 $i_C$ 不再成比例关系，$u_{BE}=U_{BE(sat)}$(硅为 0.6～0.7V，锗为 0.2～0.3V)，$u_{CE}=U_{CE(sat)}$(硅约为 0.3，锗约为 0.1V)，且 C—E 之间的电阻很小。

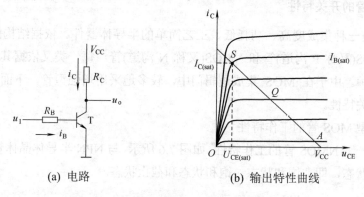

(a) 电路　　　　　　　　　　(b) 输出特性曲线

**图 7.4　三极管的静态开关特性**

使晶体三极管饱和的条件为

$$i_B \geqslant I_{B(sat)} = I_{C(sat)} / \beta \tag{7-1}$$

式中，$I_{C(sat)}$ 为集电极饱和电流，计算公式为

$$I_{C(sat)} = (V_{CC} - U_{CE(sat)})/R_C \tag{7-2}$$

$i_B$ 可按以下公式求得

$$i_B = (u_I - U_{BE(sat)})/R_B \tag{7-3}$$

从公式可见，$u_I$ 和 $R_C$ 越大，三极管的饱和程度越深。

根据以上对三极管三种状态特点的分析，利用三极管的饱和状态和截止状态，可把三极管当作受基极电压控制的开关元件。具体分析如下。

将三极管的集电极(C)和三极管的发射极(E)作为开关的两端，那么三极管的静态特性如下。

(1) 如果输入 $u_I$ 为高电平，使三极管工作在饱和状态，则 $u_{CE}=U_{CE(sat)}$，也就是说此时 C、E 端口的压降很小，C、E 端口之间的电阻很小，相当于开关闭合，如图 7.5(a)所示。

(2) 如果输入 $u_I$ 为低电平，使三极管工作于截止状态，则流过集电极的电流 $i_C$ 很小，C、E 端口之间的电阻很大，相当于开关断开，如图 7.5(b)所示。

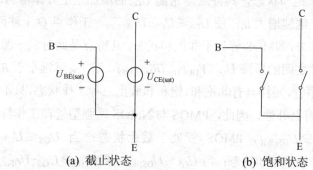

(a) 截止状态　　　　　　　　　(b) 饱和状态

**图 7.5　三极管的开关等效电路**

与二极管的静态开关特性一样，晶体三极管的静态开关特性也不理想。又因为三极管在由饱和变为截止，或由截止变为饱和的过渡过程中，会出现短暂的放大状态，而不能瞬间完成开关动作，所以三极管的动态开关特性也不理想。

### 3. MOS 管的开关特性

MOS 管是一种集成度高、功耗低、工艺简单的半导体器件。依据结构的不同，MOS 管可分为 PMOS(又称 P 沟道)管和 NMOS(又称 N 沟道)管。每一类又依据其特性分为增强型和耗尽型两种。由于在 MOS 集成逻辑门中，较多地采用增强型管，下面主要讨论这种增强型管的开关特性。

### 1) 增强型 MOS 管的工作特性

首先来看一下 NMOS 管的工作特性。如图 7.6 所示，与 NPN 半导体晶体管类似，NMOS 管有三种工作状态，即非饱和状态、饱和状态和截止状态。

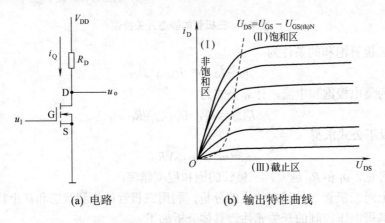

(a) 电路　　　　　　　(b) 输出特性曲线

**图 7.6　MOS 管开关电路及输出特性曲线**

- 截止状态：如果 $u_I \leq U_{GS(th)N}$，则 NMOS 管处于截止状态，其特点是流过漏极的电流近似等于零，即 $i_D \approx 0$，且漏极(D)和源极(S)之间的电阻很大。

- 饱和状态：增大 $u_I$($U_{GS}$ 增大)，那么 NMOS 管在输出特性曲线上的工作点上移。如果 $u_I \geq U_{GS(th)N}$，但 $u_{DS} \geq u_{GS} - U_{GS(th)N}$，工作点将落入输出特性曲线的中间部分，NMOS 管处于饱和状态，其特点是 $i_D$ 随 $U_{GS}$ 的增加呈平方律增加。

- 非饱和状态：继续增大 $u_I$，使 $U_{DS} \leq U_{GS} - U_{GS(th)N}$，工作点 $Q$ 上移而进入输出特性曲线的弯曲部分，NMOS 管处于非饱和状态。其特点是此时漏—源之间的电阻 $r_{DS}$ 很小，漏—源之间的压降 $U_{DS} = V_{DD} r_{DS}/(R_D + r_{DS})$，若 $r_{DS}$ 远远小于 $R_D$，则 $U_{DS} \approx 0$。

至于 PMOS 增强型管，同样具有非饱和、饱和和截止三种工作状态，只不过，由于 PMOS 和 NMOS 在结构上具有互补性，因此，PMOS 与 NMOS 增强型管在工作特性上存在互补。具体表现为：当 $U_{GS} \geq U_{GS(th)P}$，PMOS 管处于截止状态；当 $U_{GS} \leq U_{GS(th)P}$，且 $U_{DS} \leq U_{GS} - U_{GS(th)P}$，PMOS 管处于饱和状态；当 $U_{GS} \leq U_{GS(th)P}$，但 $U_{DS} \geq U_{GS} - U_{GS(th)P}$，PMOS 管处于非饱和状态。

2)　MOS 管的开关特性

利用 MOS 管的非饱和状态和截止状态,可把 MOS 管的漏极 D 和源极 S 之间作为一个受栅极电压控制的开关使用。以 NMOS 增强型管为例说明如下。

(1)　如果输入 $u_1$ 为高电平,使 NMOS 管工作于非饱和状态,则 D、S 之间的压降很小,D、S 之间的电阻很小,相当于开关闭合,如图 7.7(a)所示;

(2)　如果输入 $u_1$ 为低电平,使 NMOS 管工作于截止状态,那么流过漏极的电流很小,D、S 之间的电阻很大,相当于开关断开,如图 7.7(b)所示。

同样,MOS 管的开关特性也不理想。

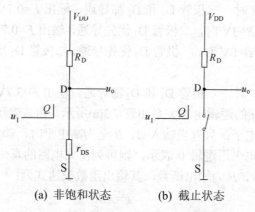

(a)　非饱和状态　　　(b)　截止状态

图 7.7　MOS 管的静态开关特性

## 7.1.2　分立元件门电路

由于数字信号仅由 0 和 1 组成,因此对于一个电路的输入和输出信号,只要能明确高电平和低电平两种状态就可以了,所以高电平和低电平都允许有一定的范围,如图 7.8 所示。这样数字电路对元器件参数的精度要求比模拟电路要低一些。通常若用电路来实现逻辑关系,一般采用正逻辑来表示信号的状态,也就是高电平表示逻辑 1,低电平表示逻辑 0。

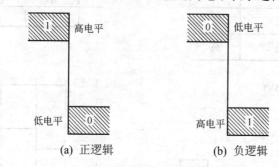

(a)　正逻辑　　　　　　　(b)　负逻辑

图 7.8　逻辑电平示意图

对于一个电路实现的是何种逻辑关系,可按以下步骤进行判断。

- 根据输入信号的各种状态可能,分别得出输出信号的状态;
- 把输入信号作为逻辑变量(又称为输入变量),输出信号作为逻辑函数(又称为输出函数),然后将信号的状态高电平用逻辑 1 表示,低电平用逻辑 0 表示,列出电路

所对应的真值表;

● 根据真值表写出逻辑函数表达式(又称为输出函数表达式),从而得出电路所实现的逻辑关系。

早期的逻辑门是采用电容、电阻、二极管、三极管等分立元件构成。下面介绍最简单的与、或、非门电路。

**1. 二极管与门电路**

如图 7.9(a)所示,此电路有两个输入信号 $A$ 和 $B$,一个输出信号 $F$。若输入信号高电平 $U_{iH}=3V$,低电平 $U_{iL}=0V$,二极管的正向压降 $U_D=0.7V$。下面分析它的逻辑功能。

(1) 当输入 $A=B=0V$ 时,二极管 $D_1$ 和 $D_2$ 都导通,输出 $F=0.7V$,为低电平。

(2) 当输入 $A=0V$,$B=3V$ 时,二极管 $D_1$ 优先导通,输出 $F=0.7V$,使二极管 $D_2$ 反偏截止。同理,当输入 $A=3V$,$B=0V$ 时,二极管 $D_2$ 优先导通,二极管 $D_1$ 反偏截止,输出 $F=0.7V$,为低电平。

(3) 当输入 $A=B=3V$ 时,二极管 $D_1$ 和 $D_2$ 都导通,输出 $F=3.7V$,为高电平。

上述输出与输入之间的逻辑电平关系如表 7.3(a)所示。由该表可见,当输入 $A$、$B$ 中有低电平时,输出 $F$ 为低电平;只有当输入 $A$、$B$ 全为高电平时,输出 $F$ 为高电平。如果高电平用逻辑 1 表示,低电平用逻辑 0 表示,则可列出此电路的真值表如表 7.3(b)所示。该表中的 $A$、$B$ 为输入变量,$F$ 为输出函数,其输出函数表达式为:

$$F=AB$$

由此可知,此电路用来实现与逻辑关系,为二输入与门电路,对应逻辑符号如图 7.9(b)所示,与门电路的输入信号与输出信号工作波形如图 7.9(c)所示。

<table>
<tr><td colspan="3">表 7.3(a)　与逻辑电平关系</td></tr>
<tr><td>A</td><td>B</td><td>F</td></tr>
<tr><td>低</td><td>低</td><td>低</td></tr>
<tr><td>低</td><td>高</td><td>低</td></tr>
<tr><td>高</td><td>低</td><td>低</td></tr>
<tr><td>高</td><td>高</td><td>高</td></tr>
</table>

<table>
<tr><td colspan="3">表 7.3(b)　与逻辑真值表</td></tr>
<tr><td>A</td><td>B</td><td>F</td></tr>
<tr><td>0</td><td>0</td><td>0</td></tr>
<tr><td>0</td><td>1</td><td>0</td></tr>
<tr><td>1</td><td>0</td><td>0</td></tr>
<tr><td>1</td><td>1</td><td>1</td></tr>
</table>

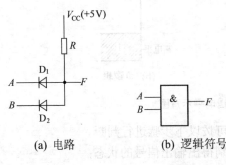

(a) 电路　　　　(b) 逻辑符号

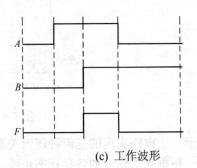

(c) 工作波形

图 7.9　与逻辑门

### 2. 二极管或门电路

如图 7.10(a)所示，此电路有两个输入信号 $A$ 和 $B$，一个输出信号 $F$。同样设输入信号高电平 $U_{iH}$=3V，低电平 $U_{iL}$=0V，二极管的正向压降 $U_D$=0.7V。下面分析它的逻辑功能。

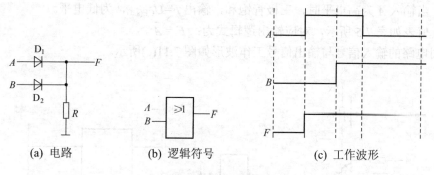

| (a) 电路 | (b) 逻辑符号 | (c) 工作波形 |

**图 7.10　或逻辑门**

(1)　当输入 $A=B$=0V 时，二极管 $D_1$ 和 $D_2$ 都截止，输出 $F$=0V，为低电平。

(2)　当输入 $A$=0V，$B$=3V 时，二极管 $D_2$ 优先导通，输出 $F$=2.3V，使二极管 $D_1$ 反偏截止。同理，当输入 $A$=3V，$B$=0V 时，二极管 $D_1$ 优先导通，二极管 $D_2$ 反偏截止，输出 $F$=2.3V，为高电平。

(3)　当输入 $A=B$=3V 时，二极管 $D_1$ 和 $D_2$ 都导通，输出 $F$=2.3V，为高电平。

上述输出与输入之间的逻辑电平关系如表 7.4(a)所示。由该表可见，当输入 $A$、$B$ 中有高电平时，输出 $F$ 为高电平；只有当输入 $A$、$B$ 全为低电平时，输出 $F$ 为低电平。如果高电平用逻辑 1 表示，低电平用逻辑 0 表示，则可列出此电路的真值表如表 7.4(b)所示。写出其输出函数表达式为

$$F=A+B$$

由此可知，此电路用来实现或逻辑关系，为二输入或门电路，对应逻辑符号如图 7.10(b)所示，或门电路的输入信号与输出信号工作波形如图 7.10(c)所示。

<table>
<tr><td colspan="3">表 7.4(a)　或逻辑电平关系</td><td colspan="3">表 7.4(b)　或逻辑真值表</td></tr>
<tr><td>A</td><td>B</td><td>F</td><td>A</td><td>B</td><td>F</td></tr>
<tr><td>低</td><td>低</td><td>低</td><td>0</td><td>0</td><td>0</td></tr>
<tr><td>低</td><td>高</td><td>高</td><td>0</td><td>1</td><td>1</td></tr>
<tr><td>高</td><td>低</td><td>高</td><td>1</td><td>0</td><td>1</td></tr>
<tr><td>高</td><td>高</td><td>高</td><td>1</td><td>1</td><td>1</td></tr>
</table>

### 3. 三极管非门电路

图 7.11(a)所示为三极管非门电路，图 7.11(b)是其逻辑符号。为了使该电路实现非逻辑关系，输入信号 $A$ 的电位必须满足下列要求。

● 当输入 $A$ 为高电平时，此高电平电位必须使得 $i_B \geq I_{B(sat)} = I_{C(sat)} / \beta$，以保证三极管工作在饱和状态。

● 当输入 $A$ 为低电平时，此低电平电位必须保证基极和射极间的电位 $u_{BE} \leq 0$，使三

极管工作在截止状态。

那么该电路的逻辑功能分析如下。

(1) 当输入 $A$ 为低电平时,三极管截止,流过集电极的电流 $i_C=0$,输出 $F=V_{CC}$,为高电平。

(2) 当输入 $A$ 为高电平时,三极管饱和,输出 $F=U_{CE(sat)}$,为低电平。

其真值表如表 7.5 所示,对应输出逻辑式为: $F = \overline{A}$ 。

非门电路的输入信号与输出信号工作波形如图 7.11(c)所示。

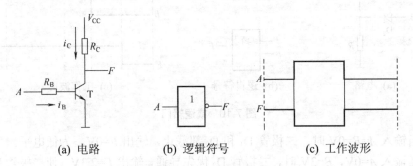

(a) 电路　　　　(b) 逻辑符号　　　　(c) 工作波形

图 7.11　非逻辑门

表 7.5　非逻辑真值表

| $A$ | $F$ |
| --- | --- |
| 0 | 1 |
| 1 | 0 |

### 7.1.3　TTL 集成逻辑门

随着集成电路的出现,逻辑门的生产已走向了标准化和系列化。目前数字系统中使用的门电路均为集成逻辑门。根据制造工艺的不同,集成逻辑门分为双极型和单极型两大类。TTL 电路是目前双极型数字集成电路中用得最多的一种。

TTL 集成逻辑门是晶体管—晶体管逻辑门电路的简称,依据芯片上集成的基本门的数量,TTL 逻辑器件可分为小规模、中规模和大规模集成电路。依据电路的工作速度和功耗,可将 TTL 逻辑器件分为四个系列:标准通用系列(CT54/74 系列,国内沿用的 T1000 系列,与国际上 SN54/74 系列相当);高速系列(CT54H/74H 系列,国内沿用的 T2000 系列,与国际上 SN54H/74H 系列相当);肖特基系列(CT54S/74S 系列,国内沿用的 T3000 系列,与国际上 SN54S/74S 系列相当);低功耗肖特基系列(CT54LS/74LS 系列,国内沿用的 T4000 系列,与国际上 SN54LS/74LS 系列相当)。

由于任何逻辑运算都可用与非门实现,所以与非门是一种最基本、应用最广泛的逻辑门。下面以 TTL 与非门为例来介绍 TTL 逻辑门的工作原理和性能指标。

**1. TTL 与非门的电路组成和工作原理**

1) TTL 与非门的电路组成

图 7.12(a)所示为 TTL 与非门的典型电路,图 7.12(b)是其逻辑符号。它主要由输入级、

中间级和输出级三部分组成。

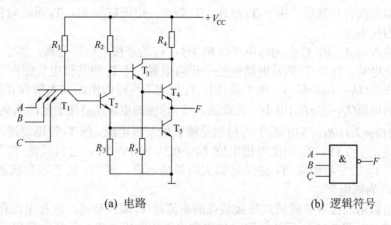

(a) 电路　　　　　　　　　(b) 逻辑符号

**图 7.12　TTL 与非门**

输入级由多发射极晶体管 $T_1$ 和电阻 $R_1$ 组成。其中多发射极晶体管 $T_1$ 在结构形式上相当于连接在一起的一组二极管，如图 7.13 所示。它实际上等效于一个与门，只是在它的输出级多了一个二极管，所以由 $T_1$ 和 $R_1$ 构成的是与门输入级。

中间级由晶体管 $T_2$ 和电阻 $R_2$、$R_3$ 组成。从 $T_2$ 的集电极 $C_2$ 和发射极 $E_2$ 输出两个相位相反的信号，去控制 $T_3$ 和 $T_5$ 的工作，以满足输出级互补工作的需要。

输出级由晶体管 $T_3$、$T_4$、$T_5$ 和电阻 $R_4$、$R_5$ 组成。采用推拉结构，射级输出，使其输出阻抗大大减小。

2) TTL 与非门的工作原理

TTL 与非门电路具有三个输入端 $A$、$B$、$C$ 和一个输出端 $F$。假设输入信号高电平 $U_{iH}$=3.6V，低电平 $U_{iL}$=0.3V，晶体管的发射结正向偏压 $U_{BE(on)}$=0.7V。下面分析它的逻辑功能。

(1) 当输入端 $A$、$B$、$C$ 不全为高电平，即 $A$、$B$、$C$ 有一个或几个输入低电平(0.3V)时，$T_1$ 的基极与低电平输入的发射极间处于正向偏置，那么 $T_1$ 的基极电位 $U_{B1}$=0.3V+0.7V=1V。而如果要使 $T_2$ 和 $T_5$ 导通，$T_1$ 的基极电位必须为 2.1V(包括 $T_1$ 集电结正向压降在内)，所以 $T_2$ 和 $T_5$ 处于截止状态。此时，由于 $I_{B1}$= $(V_{CC}-1)/R_1$，$I_{C1}$= $I_{B2}$≈0，那么 $I_{B1}$>>$I_{C1}/\beta$，所以 $T_1$ 处于深度饱和状态。

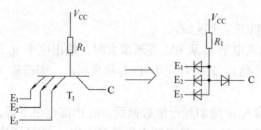

**图 7.13　多发射极晶体管等效电路**

又由于 $T_2$ 截止，那么 $T_2$ 的集电极电位 $U_{C2}$=$V_{CC}$-$I_{B3}R_2$，而 $I_{B3}$ 很小可忽略不计，因此 $T_2$ 的集电极电位接近于 $V_{CC}$，使 $T_3$ 和 $T_4$ 导通，所以输出端 $F$ 的电位为

$$F= V_{CC}-I_{B3}R_2-U_{BE3}-U_{BE4}\approx3.6V$$

即输出 $F$ 为高电平。

此时当输出接有负载后，由于 $T_4$ 导通，$T_5$ 截止，电流将经 $R_4$、$T_4$ 而流向各个负载门，这种电流称为拉电流。

(2) 当输入端 $A$、$B$、$C$ 全为高电平(3.6V)时，$T_1$ 的基极电位将升高，当它上升至 2.1V 时，$T_1$ 管的集电结、$T_2$ 和 $T_5$ 的发射结便处于正向偏置，使 $T_1$ 的基极电位钳在 2.1V。这时，$T_1$ 处于反向工作($U_{E1} > U_{B1} > U_{C1}$)。由于晶体管 $T_1$ 反向工作时的电流放大倍数 $\beta_{\text{反}}$ 很小，那么流入发射极的电流($I_{E1} = \beta_{\text{反}} I_{B1}$)很小，因此流入 $T_1$ 基极的电流($I_{B1}$)几乎全部从集电极流出，即 $I_{C1} \approx I_{B1} = (V_{CC} - 2.1)/R_1$。该电流给 $T_2$ 提供足够大的基极电流，使 $T_2$ 管迅速进入饱和状态，那么 $U_{CE2} = U_{CE(sat)} = 0.3V$，$T_2$ 的集电极电位 $U_{C3} = 0.3V + 0.7V = 1V$，它只能使 $T_3$ 导通，而 $T_4$ 截止。同时，$T_2$ 的发射极向 $T_5$ 提供足够大的基极电流，使 $T_5$ 处于饱和状态，因此 $F = U_{CE(sat)} = 0.3V$，为低电平。

这时，当输出端接有负载后，外接负载的电流经 $T_5$ 灌入至地，这种电流称为灌电流。

综上所述，对图 7.12 所示的电路，如果高电平用逻辑 1 表示，低电平用逻辑 0 表示，则可列出表 7.6 所示的真值表。由表可知：当输入中有一个或几个低电平时，输出高电平；只有输入全部为高电平时，输出才为低电平。所以图 7.12 所示电路为与非门，其输出逻辑表达式为 $F = \overline{ABC}$。

表 7.6　图 7.12 的真值表

| $A$ | $B$ | $C$ | $F$ |
|-----|-----|-----|-----|
| 0 | 0 | 0 | 1 |
| 0 | 0 | 1 | 1 |
| 0 | 1 | 0 | 1 |
| 0 | 1 | 1 | 1 |
| 1 | 0 | 0 | 1 |
| 1 | 0 | 1 | 1 |
| 1 | 1 | 0 | 1 |
| 1 | 1 | 1 | 0 |

### 2. TTL 与非门的电压传输特性

门电路输出电压 $u_o$ 随输入电压 $u_i$ 变化的特性曲线称为电压传输特性。若按图 7.14(a) 所示电路，在 TTL 与非门的输入端加可变的输入信号 $u_i$，其余输入端接高电平 5V，测量输出电压 $u_o$ 和相应输入电压 $u_i$，就可以描绘出如图 7.14(b)所示的 TTL 与非门电压传输特性曲线 $u_o = f(u_i)$。

其特性曲线共分为以下三个区域。

(1) $AOB$ 段：当输入电平 $u_i$ 从 0V 逐渐增大时，输出电平 $u_o$ 保持为高电平，即 $u_o \geqslant U_{\text{oHmin}}$(输出高电平的最小值)，此时对应于 $T_5$ 为截止状态，因而称 TTL 与非门处于截止或关闭状态。

(2) $BO'C$ 段：当输入 $u_i$ 增加到一定数据后，$u_o$ 由高电平下降，当 $u_i$ 继续增大时，$u_o$ 又将急剧下降到某一低电平 $U_{\text{oLmax}}$(输出低电平的最大值)，此区域称为转折区。

(3) $CD$ 段：以后 $u_i$ 再增加，输出电平 $u_o$ 将保持低电平，即 $u_o \leqslant U_{\text{oLmax}}$，此时对应于 $T_5$ 为饱和状态，称 TTL 与非门处于导通或开启状态。

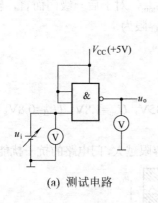

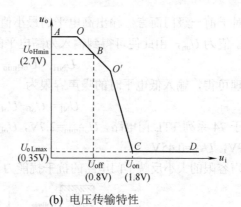

（a）测试电路　　　　　　　　（b）电压传输特性

图 7.14　TTL 与非门电压传输特性测试电路及结果

### 3．TTL 与非门的性能指标

TTL 与非门的主要性能指标如下。

1）　输出高电平 $U_{oH}$ 和输出低电平 $U_{oL}$

与非门输入端至少一个接低电平时，输出电压的值称为输出高电平 $U_{oH}$。当输出空载时，$U_{oH}$ 在 3.6V 左右，当输出端接有拉电流负载时，$U_{oH}$ 有所下降。对于 TTL 逻辑门，输出高电平的允许范围为 2.7～5V，即要求输出高电平的最小值 $U_{oHmin}$=2.7V。

与非门所有输入端都接高电平时，输出电压的值称为输出低电平 $U_{oL}$。$U_{oL}$ 的大小取决于 $T_5$ 的饱和深度及外接负载的灌电流。当输出空载时，$U_{oL}$ 在 0.3V 左右，当输出端接有灌电流负载时，$U_{oH}$ 有所上升。对于 TTL 逻辑门，输出低电平的允许范围为 0～0.35V，即要求输出低电平的最大值 $U_{oLmax}$=0.35V。

输出 0.35～2.7V 的电压信号属于转折区，是不允许使用的，否则会造成逻辑混乱。

2）　输入开门电平 $U_{on}$ 和输入关门电平 $U_{off}$

关门电平 $U_{off}$：保持电路输出端为高电平状态所允许输入低电平的最大值。一般 TTL 门电路 $U_{off}$ 均为 0.8V，如图 7.14(b)所示。换言之，如果 $u_i \leqslant U_{off}$ (0.8V)，则 $u_o \geqslant 2.7V$，与非门输出保持高电平。

开门电平 $U_{on}$：使输出端维持低电平状态所允许的输入高电平的最小值。一般 TTL 门电路 $U_{on}$ 均为 1.8V，如图 7.14(b)所示。换言之，如果 $u_i \geqslant U_{on}$(1.8V)，则 $u_o \leqslant 0.35V$，与非门输出保持低电平。

3）　阈值电压 $U_{TH}$

在转折区内，TTL 与非门状态发生急剧的变化，通常将转折区的中点对应的输入电压称为 TTL 的阈值电压 $U_{TH}$。一般 $U_{TH} \approx 1.4V$。

4）　噪声容限

从电压传输特性上可以看到，当输入信号偏离正常的低电平(如 0.3V)而升高时，输出的高电平并不立刻改变。同样当输入信号偏离正常的高电平(如3.6V)而降低时，输出的低电平也不会立刻改变。因此输入的高低电平信号各允许一个波动范围。在保证输出高、低电平基本不变(或者变化的大小不超过允许限度)的条件下，输入电平的允许波动范围称为噪声容限。

在将许多门电路互相连接组成系统时，前一级门的输出就是后一级门的输入，如图 7.15

所示。对于前一级门而言，输出高电平的最小值为 $U_{\text{oHmin}}$，对于后一级门而言，输入高电平的最小值为 $U_{\text{on}}$，由此便可得到输入为高电平的噪声容限为

$$U_{\text{NH}}= U_{\text{oHmin}}-U_{\text{on}} \tag{7-4}$$

同理可得，输入低电平时的噪声容限为

$$U_{\text{NL}}= U_{\text{off}}-U_{\text{oLmax}} \tag{7-5}$$

对于 74 系列 TTL 门电路，$U_{\text{oHmin}}=2.7\text{V}$，$U_{\text{oLmax}}=0.35\text{V}$，$U_{\text{on}}=1.8\text{V}$，$U_{\text{off}}=0.8\text{V}$。故可得，$U_{\text{NH}}=0.9\text{V}$，$U_{\text{NL}}=0.45\text{V}$。

噪声容限的大小反映了门电路的抗干扰能力，噪声容限越大，门电路的抗干扰能力越强。

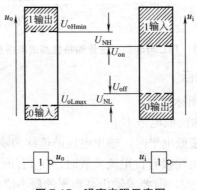

图 7.15 噪声容限示意图

5) 平均传输延迟时间 $t_{\text{pd}}$

在与非门的输入端加上一脉冲电压，则脉冲电压所对应产生的输出脉冲将有一定的时间延迟，如图 7.16 所示。其中，$t_{\text{pd1}}$ 为导通延迟时间，$t_{\text{pd2}}$ 为截止延迟时间，则平均传输延迟时间 $t_{\text{pd}}=(t_{\text{pd1}}+t_{\text{pd2}})/2$。它是表示与非门开关速度的一个参数，$t_{\text{pd}}$ 越小越好。一般 TTL 门电路的 $t_{\text{pd}}\leqslant 40\text{ns}$。

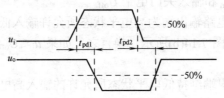

图 7.16 延迟时间

6) 输入短路电流 $I_{\text{iL}}$ 和输入漏电流 $I_{\text{iH}}$

输入短路电流 $I_{\text{iL}}$ 是指与非门的一个或多个输入端接低电平，而其他输入端接高电平(或悬空)时流向低电平端的电流，如图 7.17(a)所示。$I_{\text{iL}}$ 的数量级为 mA 级，这个电流参数与接至低电平的输入端数无关。

输入漏电流 $I_{\text{iH}}$ 是指与非门的一个或多个输入端接高电平，而流入高电平输入端的电流，其共有两种情况。

(1) 三个输入端全为高电平，如图 7.17(b)所示。这时 $T_1$ 反向工作，其发射结反偏而集电结正偏，对于每个输入端都存在漏电流 $I_{\text{iH}}$，从发射极流入。

(2) 输入端有接高电平、有接低电平，如图 7.17(c)所示。这时输入端 $A$、基极、集电极构成反向工作的晶体管，存在反向漏电流 $I_{\text{iH1}}$ 从发射极 $A$ 端流入；另外，输入端 $A$、基

极和输入端 $B$(或 $C$)构成寄生晶体管，此时存在交叉漏电流 $I_{iH2}$ 也从发射极 $A$ 端流入。这样在输入端 $A$ 产生的总漏电流 $I_{iH}=I_{iH1}+I_{iH2}$。

$I_{iH}$ 的数量级为微安级，对一个 TTL 门电路来说，总的漏电流与接至高电平输入端的个数有关。

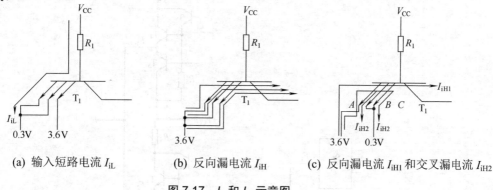

(a) 输入短路电流 $I_{iL}$      (b) 反向漏电流 $I_{iH}$      (c) 反向漏电流 $I_{iH1}$ 和交叉漏电流 $I_{iH2}$

**图 7.17** $I_{iL}$ 和 $I_{iH}$ 示意图

在数字系统中，高电平输入端的漏电流是前级门电路的拉电流负载电流，此漏电流太大将会造成前级门输出高电平的下降。

低电平输入端的短路电流是前级门电路的灌电流负载电流，此短路电流太大将会造成前级门输出低电平的上升。

7) 扇入系数 $N_i$ 和扇出系数 $N_o$

一个门电路允许的输入端数目，称为该门电路的扇入系数 $N_i$。一般 TTL 门电路的 $N_i$ 为 $1\sim5$，最多不超过 8。

扇出系数 $N_o$ 是指一个门电路的输出能够带同类门的最大数目，它用来说明门电路的负载能力。

当门电路输出低电平时，允许输出端带同类门电路的个数称为低电平扇出系数，用 $N_{oL}$ 表示。如果门电路输出低电平时允许灌入的最大电流为 $I_{oLmax}$，每个负载门输入低电平的短路电流为 $I_{iL}$，则输出低电平扇出系数 $N_{oL}$ 为

$$N_{oL} = \frac{I_{oLmax}}{I_{iL}} \tag{7-6}$$

当门电路输出高电平时，允许输出端带同类门电路的个数称为输出高电平扇出系数，用 $N_{oH}$ 表示。如果门电路输出高电平时允许拉出的最大电流为 $I_{oHmax}$，每个负载门输入高电平的漏电流为 $I_{iH}$，则输出高电平扇出系数 $N_{oH}$ 为

$$N_{oH} = \frac{I_{oHmax}}{I_{iH}} \tag{7-7}$$

一般 TTL 门电路的扇出系数取决于低电平扇出系数，且 $N_o \geqslant 8$。

### 4. 其他功能的 TTL 门电路

TTL 集成逻辑门电路除与非门外，常用的还有非门、或非门、与或非门、异或门、集电极开路门和三态门。它们的逻辑功能虽各不相同，但都是在与非门的基础上发展出来的。下面介绍两种特殊的 TTL 门电路。

1) 集电极开路门(OC 门)

若两个 TTL 与非门的输出端连接在一起，如图 7.18 所示，则当其中一个门的 $T_4$ 导通、$T_5$ 截止，另一个门的 $T_4$ 截止、$T_5$ 饱和时，将有大电流流过各门的输出导通管，导致其损坏。

所以，一般 TTL 门电路使用时不允许将多个门电路的输出端直接连接在一起。为此，专门设计了一种集电极开路门，也称 OC 门。

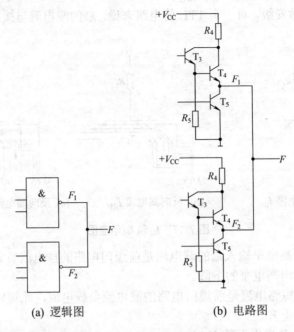

(a) 逻辑图          (b) 电路图

**图 7.18　两个 TTL 与非门输出并接使用的情况**

(1) OC 门的电路结构和工作原理。图 7.19 所示是 OC 门与非门的电路图及逻辑符号。从图中可以看出，OC 门与普通 TTL 门不同之处在于 $T_5$ 的集电极是开路的。这里要注意的是 OC 门在使用时需要在开路的集电极上外接上拉电阻 $R_P$ 和电源 $E_P$，如图 7.20 所示。其工作原理为：当输入端有"0"电平时 $T_1$ 深度饱和，$T_2$、$T_5$ 均截止，输出端为"1"电平(高电平 $E_P$)。当输入端全为"1"电平时，$T_2$、$T_5$ 均饱和导通，输出"0"电平(0.3V)。所以，该电路具有与非门逻辑功能。

(2) OC 门的应用。

① 实现"线与"逻辑。用导线将两个或两个以上的 OC 门输出连接在一起，其总的输出为各个 OC 门输出的逻辑"与"。这种用导线连接而实现的逻辑"与"就称作"线与"。

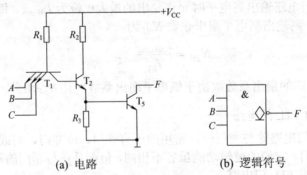

(a) 电路          (b) 逻辑符号

**图 7.19　集电极开路与非门**

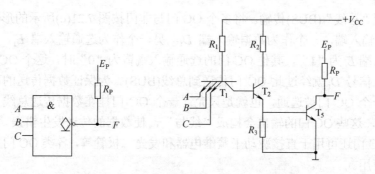

**图 7.20　OC 门输出需外接电阻 $R_P$ 及电源 $E_P$**

图 7.21(a)所示为将两个 OC 门与非门的输出连接在一起来实现"线与"的逻辑图。当 $OC_1$ 门或者 $OC_2$ 门的 $T_5$ 处于饱和状态，使相应输出端 $F_1$ 或 $F_2$ 为低电平时，通过导线连接起来的总的输出 $F$ 为低电平；当 $OC_1$ 门和 $OC_2$ 门的 $T_5$ 处于截止状态，相应输出端 $F_1$ 和 $F_2$ 为高电平时，那么流过外接电阻 $R_P$ 的电流很小，可忽略不计，总的输出 $F$ 为高电平($E_P$)。

因此，OC 门能很方便地实现"线与"，即 $F = F_1 \cdot F_2$。由于 $F_1 = \overline{AB}$，$F_2 = \overline{CD}$，所以从总的逻辑式 $F = \overline{AB} \cdot \overline{CD} = \overline{AB + CD}$ 可见；利用 OC 门与非门的"线与"可用来实现与或非逻辑功能。

除了 OC 门与非门外，其他 TTL 门电路也可以作为集电极开路形式，比如将 TTL 非门的集电极开路构成 OC 非门，TTL 或非门的集电极开路构成 OC 或非门等，并且也都可以连接成"线与"的形式。

② 实现逻辑电平的转换，可作为接口电路。在数字逻辑系统中，可能会应用到不同逻辑电平的电路，如 TTL 逻辑电平($U_H = 3.6V$，$U_L = 0.3V$)就和后面将要介绍的 CMOS 逻辑电平(在 $V_{DD}$ 为 10V 的情况下，$U_H = 10V$，$U_L = 0V$)不同。如果信号在不同的逻辑电平电路之间传输，就会出现不匹配的情况。因此必须加上接口电路，OC 门就可以用来做这种接口电路。

如图 7.21(b)所示，OC 非门作为 TTL 门和 CMOS 门电平转换的接口电路。当 TTL 的逻辑高电平 $U_H = 3.6V$ 输入到 OC 门后，经 OC 门的变换输出低电平 $U_L = 0.3V$；TTL 的逻辑低电平 $U_L = 0.3V$，输入到 OC 门后，经 OC 门变换输出高电平为外接电源 $E_P$ 电平，即 $U_H = E_P = 10V$，这就是 CMOS 所允许的逻辑电平值。

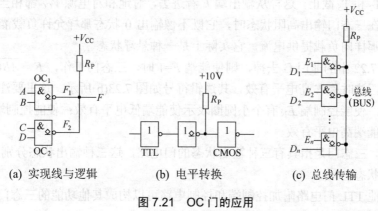

　　(a) 实现线与逻辑　　　　(b) 电平转换　　　　(c) 总线传输

**图 7.21　OC 门的应用**

③ 实现"总线"(BUS)传输。将多个 OC 门与非门按图 7.21(c)所示的形式连接，每个 OC 门有两个输入端，一个作为数据输入端 $D_i$，另一个作为选通输入端 $E_i$。当某一个 OC 门的选通输入端 $E_i$ 为"1"，其他 OC 门的选通输入端皆为"0"时，这个 OC 门就被选通，它的数据输入信号 $D_i$ 就经过此 OC 门传送到总线(BUS)。为保证数据传送的可靠性，任何时刻只允许一个 OC 门被选通，也就是只允许一个 OC 门挂在数据传送总线上。如果多个 OC 门被选通，这些 OC 门的输出会构成"线与"，使数据的传送发生错误。

此外，OC 门还可用于直接驱动干簧继电器和发光二极管等，各类 OC 门在计算机中都有着广泛的应用。

2) 三态输出门(TSL)

(1) 三态输出门的工作原理。三态输出门简称三态门，也是在计算机中广泛应用的一种特殊门电路。图 7.22 所示为三态与非门的电路，图 7.23(a)为其逻辑符号。此电路是在普通 TTL 门电路的基础上增加控制端和控制电路构成。其中 $\overline{E}$ 为控制端，又称使能端；非门 G 和二极管 D 为控制电路。该电路的工作原理说明如下。

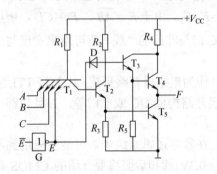

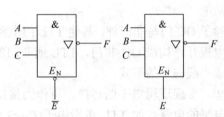

(a) $\overline{E}$ 低电平使能　　(b) $E$ 高电平使能

图 7.22　三态与非门　　　　图 7.23　三态与非门逻辑符号

如果 $\overline{E}=0$(低电平)，则 G 输出 $E=1$(高电平)，使二极管截止，其结构相当于普通 TTL 与非门，三态门处于工作状态，输出 $F=\overline{ABC\cdot 1}=\overline{ABC}$，这时称使能端 $\overline{E}$ 低电平有效。

如果 $\overline{E}=1$(高电平)，那么 G 输出 $E=0$(低电平)，即 $E$ 的电位 $U_E=0.3V$，它一方面使二极管 D 导通，$U_{B3}=0.3V+0.7V=1V$，从而 $T_3$ 导通、$T_4$ 截止；另一方面，$U_{B1}=U_E+U_{BE1}=0.3V+0.7V=1V$，使 $T_2$ 和 $T_5$ 截止。这样从输出端 $F$ 看进去，对地和对电源 $V_{CC}$ 都相当于开路，输出呈现高阻。在三态门输出高阻状态时，它既不像输出 0 状态那样允许负载灌电流，也不像输出 1 状态那样向负载提供电流，它实际上是一种悬浮状态。

如果将图 7.22 中的非门 G 去掉，则使能端 $E=1$ 时，三态门工作，$F=\overline{ABC}$；$E=0$ 时，输出呈现高阻，这时称 $E$ 高电平有效，其逻辑符号如图 7.23(b)所示。这里要注意：在三态门逻辑符号中，使能控制端 $E_N$ 有个小圆圈表示使能端低电平有效；使能控制端 $E_N$ 没有小圆圈则表示使能端高电平有效。

综上所述，三态门是指具有三种输出状态的门电路，这三种输出状态分别为：逻辑 1、逻辑 0 和高阻状态。

同样，其他 TTL 门电路附加控制端和控制电路可以构成其他功能的三态门，如三态非门、三态或非门等。

(2) 三态门的应用。

① 用三态输出门构成单向总线。

图 7.24(a)所示为由三态与非门构成的单向总线,当某个三态门的使能端 $E_{\mathrm{N}n}$ 为"0",其余使能端为"1"时,该三态门处于工作状态,它的输出为 $\overline{A_n B_n}$,而其余三态门均为高阻悬浮。这样数据 $A_n$、$B_n$ 便以与非的关系送上总线。这里要注意:任何时刻只允许一个使能端有效,否则也会产生普通 TTL 门输出端并接使用的后果。

② 用三态输出门实现数据的双向传输。

图 7.24(b)所示为用三态非门实现数据的双向传输。当 $E_{\mathrm{N}}=1$ 时,$G_2$ 呈高阻态,$G_1$ 工作,输入数据 $D_0$ 经 $G_1$ 反相传送到总线上;当 $E_{\mathrm{N}}=0$ 时,$G_1$ 呈高阻态,$G_2$ 工作,总线上的数据经 $G_2$ 反相后输出 $\overline{D_1}$。可见通过 $E_{\mathrm{N}}$ 的取值可实现数据的双向传输。

### 5. TTL 集成逻辑门使用时应注意的几个问题

#### 1) 输出端的连接

具有推拉输出结构的 TTL 门电路的输出端不允许直接并接使用。输出端也不允许直接接电源 $V_{\mathrm{CC}}$ 或直接接地。三态门的输出端可并接使用,但在同一时刻只能有一个门工作,其他门输出处于高阻状态。集电极开路门输出端可并接使用,但公共输出端应外接电阻和电源。

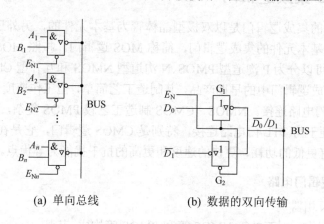

(a) 单向总线 (b) 数据的双向传输

图 7.24 三态门的应用

#### 2) 闲置输入端的处理

将 TTL 门电路不使用的输入端称为闲置输入端,对于闲置输入端的处理以不改变电路逻辑状态及工作稳定性为原则。一般处理方法有以下几种。

(1) 根据公式 $A=A\cdot 1$,可将与非门的闲置输入端直接接电源电压 $V_{\mathrm{CC}}$,或通过 $1\sim10\mathrm{k}\Omega$ 的电阻接电源 $V_{\mathrm{CC}}$,如图 7.25(a)和(b)所示,即 $F=\overline{AB}=\overline{AB\cdot 1}$;也可在干扰很小的情况下,将与非门的闲置输入端剪断或悬空(表示逻辑 1),如图 7.25(c)所示。

(2) 根据公式 $A=A\cdot A$ 或 $A=A+A$,可在前级门驱动能力允许的前提下,将闲置输入端与有用输入端并联使用,如图 7.25(d)和图 7.25(e)所示,即 $F=\overline{AB}=\overline{AAB}$ (见图7.25(d)),$F=\overline{A+B}=\overline{A+A+B}$ (见图7.25(e))。

(3) 根据公式 $A=A+0$,可将或非门不使用的闲置输入端接地,如图 7.25(f)所示,即 $F=\overline{A+B}=\overline{A+B+0}$,或对与或非门中不使用的与门至少有个输入端接地,如图 7.25(g)所示，即 $F = \overline{\overline{A} + BC} = \overline{\overline{A} + BC + 0}$ 。

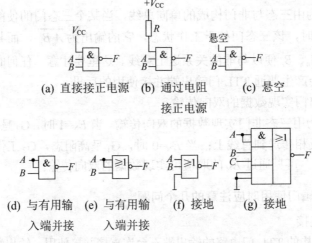

(a) 直接接正电源　(b) 通过电阻　(c) 悬空
接正电源

(d) 与有用输　(e) 与有用输　(f) 接地　(g) 接地
入端并接　　　入端并接

图 7.25　TTL 与非门和或非门闲置输入端的处理

### 7.1.4　CMOS 集成逻辑门

前面所讨论的集成逻辑门是以双极型晶体管为基本元件的，另外还有一种以单极型晶体管 MOS 管为基本元件的集成逻辑门，简称 MOS 逻辑门。按照 MOS 管类型的不同，MOS 集成逻辑门可以分为 P 沟道型 PMOS、N 沟道型 NMOS 和互补型 CMOS 三种集成门。PMOS 是 MOS 集成逻辑门中的早期产品，其制造工艺简单，但工作速度低，且因使用负电源而不便与 TTL 门电路连接。NMOS、CMOS 制造工艺较 PMOS 复杂，但工作速度较高，且使用正电源，便于与 TTL 门电路连接，特别是 CMOS 逻辑门，它是在 NMOS 的基础上发展起来的，具有更低的功耗、更快的速度和更高的抗干扰能力等优点。

**1. CMOS 逻辑门电路**

1)　CMOS 反相器

CMOS 反相器由一对互补管 NMOS 管和 PMOS 管构成，其基本电路结构如图 7.26 所示。在 CMOS 反相器电路中，工作管 $T_1$ 为增强型 NMOS 管，负载管 $T_2$ 为增强型 PMOS 管，两管的栅极相连作为反相器的输入端，漏极相连作为反相器的输出端，要求

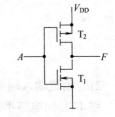

图 7.26　CMOS 反相器

$$V_{DD} \geqslant U_{GS(th)N} + | U_{GS(th)P} |$$

式中，$U_{GS(th)N}$ 为 $T_1$ 的开启电压，$U_{GS(th)P}$ 为 $T_2$ 的开启电压。

设输入低电平 $U_{iL}=0V$，输入高电平 $U_{iH}=V_{DD}$，现分析它的逻辑功能。

(1) 当输入 $A$ 为低电平(0V)时，由于 $T_1$ 管的栅源极间电压 $U_{GS1}=0V<U_{GS(th)N}$，$T_1$ 截止；$T_2$ 管的栅源极间电压 $U_{GS2}=0V-V_{DD}=-V_{DD}<U_{GS(th)P}$，$T_2$ 导通。结果输出端与电源接通，与地断开，输出端 $F$ 为高电平($\approx V_{DD}$)。

(2) 当输入 $A$ 为高电平($V_{DD}$)时，由于 $U_{GS1}=V_{DD}>U_{GS(th)N}$，$T_1$ 导通；$U_{GS2}=V_{DD}-V_{DD}=0V>U_{GS(th)P}$，$T_2$ 截止。结果输出端与电源断开，与地接通，输出端 $F$ 为低电平($\approx 0V$)。

由此可见，该电路实现了非逻辑功能，故称为非门，其输出逻辑表达式为 $F=\overline{A}$。

2)　CMOS 与非门

图 7.27 所示为 CMOS 与非门电路，工作管 $T_1$ 和 $T_2$ 为增强型 NMOS 管，两管串联；负载管 $T_3$、$T_4$ 为增强型 PMOS 管，两管并联，$T_1$ 和 $T_3$ 为一对互补管，它们的栅极相连作为输入端 $A$，$T_2$ 和 $T_4$ 作为一对互补管，它们的栅极作为输入端 $B$。

其工作原理分析如下。

(1)　当 $A$、$B$ 两个输入信号中有一个为逻辑 0(低电平)时，与该端相连的 NMOS 截止，与该端相连的 PMOS 导通，结果输出 $F$ 与电源相通，与地断开，输出 $F$ 为逻辑 1(高电平)。

(2)　当 $A$、$B$ 两个输入信号全为逻辑 1(高电平)时，$T_1$、$T_2$ 均导通，$T_3$、$T_4$ 均截止，结果输出与电源断开，与地接通，输出 $F$ 为逻辑 0(低电平)。因此该电路实现了与非逻辑功能，为与非门，其输出逻辑式为：$F=\overline{AB}$。

3)　CMOS 或非门

图 7.28 所示为 CMOS 或非门电路，工作管 $T_1$ 和 $T_2$ 为增强型 NMOS 管，两管并联；负载管 $T_3$、$T_4$ 为增强型 PMOS 管，两管串联，$T_1$ 和 $T_3$ 为一对互补管，它们的栅极相连作为输入端 $A$，$T_2$ 和 $T_4$ 作为一对互补管，它们的栅极相连作为输入端 $B$。

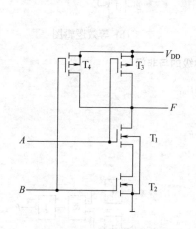

图 7.27　CMOS 与非门

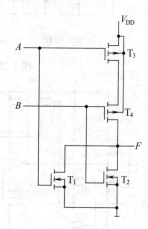

图 7.28　CMOS 或非门

其工作原理分析如下。

(1)　当 $A$、$B$ 两个输入信号中有一个为逻辑 1(高电平)时，与该端相连的 NMOS 导通，与该端相连的 PMOS 截止，结果输出 $F$ 与电源断开，与地相通，输出 $F$ 为逻辑 0(低电平)。

(2)　当 $A$、$B$ 两个输入信号全为逻辑 0(低电平)时，$T_1$、$T_2$ 均截止，$T_3$、$T_4$ 均导通，结果输出与电源接通，与地断开，输出 $F$ 为逻辑 1(高电平)。因此该电路实现了或非逻辑功能，为或非门，其输出逻辑式为：$F=\overline{A+B}$。

图 7.27 和图 7.28 所示电路结构虽然简单，但也存在着一些严重缺点，以图 7.27 所示与非门为例说明。

其一，由于与非门的工作管 $T_1$ 和 $T_2$ 是串联的，因此，在此两管同时导通时，输出的等效电阻为两管导通电阻之和，这会引起输出低电平的上升(相对于 CMOS 非门所输出的低电平)。与非门输入端数越多，串联工作管就越多，输出低电平上升也就越大，而低电平 $U_{oL}$ 的升高会使低电平噪声容限 $U_{NL}$ 降低，从而使门电路的抗干扰能力下降，这是不利的。

其二，由于与非门的负载管 $T_3$ 和 $T_4$ 是并联的，因此，一个负载管导通和两个负载管同时导通时，它们输出的等效电阻是不同的。导通负载管越多，输出高电平也就更接近于 $V_{DD}$。

由以上分析可知，CMOS 门电路输入端数目不同，输出的高、低电平会不一致，且输入端数越多，抗干扰能力也会越弱。为了克服上述缺点，可在每个输入端和输出端增加一级反相器作缓冲级，构成带缓冲级的 CMOS 门。带缓冲级的与非门是在或非门的输入端和输出端接入反相器构成的，如图 7.29 所示。

用类似方法，可以构成其他带缓冲级的门电路。图 7.30 所示为带缓冲级的或非门。

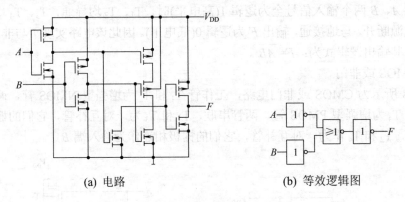

(a) 电路　　　　　　　　(b) 等效逻辑图

图 7.29　带缓冲级的与非门

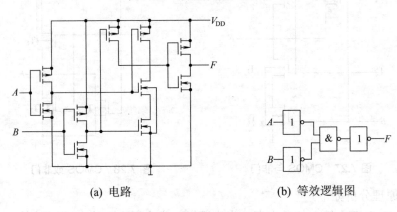

(a) 电路　　　　　　　　(b) 等效逻辑图

图 7.30　带缓冲级的或非门

4) CMOS 传输门和双向模拟开关

如图 7.31 所示为 CMOS 传输门的电路及逻辑符号。它由两个参数对称一致的增强型 NMOS 管 $T_1$ 和 PMOS 管 $T_2$ 并联构成。图中，PMOS 管的源极与 NMOS 管的漏极相连，作为输入端 $u_i$，NMOS 管的源极与 PMOS 管的漏极相连作为输出端 $u_o$。两管栅极作为控制端，受一对互为反相的电压信号 $C$ 和 $\bar{C}$ 控制。由于 MOS 器件的源和漏两个扩散区是对称的，所以 CMOS 传输门属于双向器件，它的输入 $u_i$ 和输出 $u_o$ 是可以对换使用的。

设输入 $u_i$ 在 0V～$V_{DD}$ 范围内变化，且 $U_{GS(th)N} = |U_{GS(th)P}|$，栅极控制信号 $C$ 和 $\bar{C}$ 的低电平为 0V，高电平为 $V_{DD}$，要求 $V_{DD} \geqslant U_{GS(th)N} + |U_{GS(th)P}|$。现分析其逻辑功能如下。

(1) 若控制信号 $C=1(V_{DD})$ 时，$\bar{C}=0(0V)$，当 $0V \leqslant u_i \leqslant V_{DD}-U_{GS(th)N}$ 时，$u_{GS1} \geqslant U_{GS(th)N}$，$T_1$ 导通；当 $|U_{GS(th)P}| \leqslant u_i \leqslant V_{DD}$ 时，$U_{GS2} \leqslant U_{GS(th)P}$，$T_2$ 导通。因此，输入 $u_i$ 在 0V～$V_{DD}$

范围内变化时，$T_1$ 和 $T_2$ 中至少有一管导通，输出和输入之间呈现低阻，相当于开关闭合，使输入信号 $u_i$ 传输到输出端，即 $u_o = u_i$ 。这时称传输门开通。

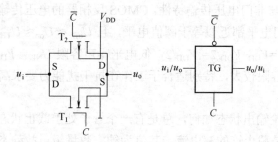

图 7.31　CMOS 传输门的电路结构和逻辑符号

(2) 若控制信号 $C=0(0V)$ 时，则 $\overline{C}=1(V_{DD})$。当 $u_i$ 在 $0V \sim V_{DD}$ 内变化时，$u_{GS1}<U_{GS(th)N}$，$u_{GS2}>U_{GS(th)P}$，$T_1$ 和 $T_2$ 都处于截止状态，输入和输出之间呈现高阻，相当于开关断开，输入信号 $u_i$ 不能传输到输出端，这时称传输门关闭。

传输门的一个重要用途是作模拟开关，用来传输连续变化的模拟信号，这一点是无法用一般的逻辑门来实现的。模拟开关的基本电路由一个 CMOS 传输门和一个 CMOS 反相器组成，如图 7.32 所示，其等效于在输入和输出之间存在一个受 $C$ 控制的开关。当 $C=1$ 时，开关接通，可用来传输幅度在 $0V \sim V_{DD}$ 任意大小的模拟信号；当 $C=0$ 时，开关断开，不能用来传输信号。同样，模拟开关是双向的。

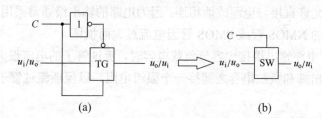

图 7.32　CMOS 双向模拟开关的电路和逻辑符号

### 2. CMOS 逻辑门的性能指标

以 CMOS 反相器为例来介绍 CMOS 逻辑门的一些主要性能指标。

1) 电压传输特性

图 7.33 描绘出了 CMOS 反相器的电压传输特性曲线，从图中可见：

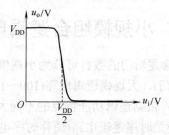

图 7.33　CMOS 反相器的电压传输特性曲线

(1) 输出高电平 $U_{oH} = V_{DD}$，输出低电平 $U_{oL} = 0V$，输出高电平接近于电源电压，因此电源的利用率高。

(2) 相比于 TTL 与非门电压传输特性，CMOS 反相器的电压传输特性在转折区更为陡峭，其开门电平和关门电平都近似等于阈值电平，且 $U_{off} \approx U_{on} \approx U_{TH} \approx V_{DD}/2$，故可得其高电平噪声容限 $U_{NH} = V_{DD} - V_{DD}/2 = V_{DD}/2$，低电平噪声容限 $U_{NL} = V_{DD}/2 - 0 = V_{DD}/2$，因此 CMOS 反相器的噪声容限较大，特别适合于工作在抗干扰能力要求高的场合。

2) 电源功耗

CMOS 反相器无论输出状态如何，总是有一个管子处于截止状态，所以反相器的静态电流很小，实际上只是截止管的漏电流，其值为纳安数量级，故静态功耗仅为几十纳瓦。当然，在频率较高的情况下，动态功耗不可忽略。

3) 负载能力

$T_1$ 和 $T_2$ 的栅极是反相器的输入端，由于输入电流近似为 0，几乎不向前级门提供负载电流，因此 CMOS 反相器带同类门的能力强，扇出系数可达 50。

4) 工作速度

由于 $T_1$ 和 $T_2$ 的导通电阻很小，因此其工作速度高于其他类型的 MOS 门，特别是 HC-CMOS 系列的工作速度已可与 S 系列的 TTL 相比。

### 3. 使用 MOS 逻辑门应注意的问题

1) 输出端的连接

(1) 输出端不允许直接与电源或地相连。因为电路的输出级通常采用 CMOS 反相器结构，这会使输出级的 NMOS 管或 PMOS 管因电流过大而损坏。

(2) 当 CMOS 电路输出端接大容量负载电容时，流过管子的电流很大，有可能将管子损坏。因此需在输出端和负载电容之间接一个限流电阻，以保证流过管子的电流不超过允许值。

2) 闲置输入端的处理

(1) 闲置输入端不允许悬空。

(2) 对于与门和与非门闲置输入端应接正电源或高电平；对于或门和或非门闲置输入端应接地或低电平。

(3) 在工作速度低的情况下，闲置输入端可与使用输入端并联使用，但在工作速度高的情况下不宜这样，因为这样会增加输入电容，造成电路的工作速度下降。

# 7.2 小规模组合逻辑电路

一般逻辑电路依据电路所含逻辑门的数目可分为小规模逻辑电路(1～10 个逻辑门)、中规模逻辑电路(10～100 个逻辑门)、大规模逻辑电路(100～1000 个逻辑门)和超大规模逻辑电路(大于 1000 个逻辑门)；另外依据逻辑功能特点的不同大致可分为两类，一类是组合逻辑电路(简称组合电路)，另一类是时序逻辑电路(简称时序电路)。

组合逻辑电路在逻辑功能上的特点是：这种电路任何时刻的输出仅仅取决于该时刻的

输入信号，而与这一时刻输入信号作用前电路原来的状态没有任何关系，也就是说，这种电路没有记忆的功能。这样决定了组合逻辑电路在电路结构上有以下特点。

- 主要由逻辑门组成，其中不包含有存储信息的记忆元件。
- 只有从输入到输出的单向通路，而没有从输出到输入的反馈回路。

图 7.34 所示是组合逻辑电路的一般框图，图中输入信号 $X_1$，$X_2$，…，$X_n$ 是二值逻辑变量，输出信号 $F_1$、$F_2$、…、$F_m$ 是二值逻辑函数，输出与输入之间的关系可用 $m$ 个逻辑式来描述：

$$F_1 = f_1(X_1,\ X_2,\ \ldots,\ X_n)$$
$$F_2 = f_2(X_1,\ X_2,\ \ldots,\ X_n)$$
$$\vdots$$
$$F_m = f_m(X_1,\ X_2,\ \ldots,\ X_n) \tag{7-8}$$

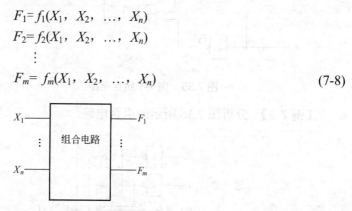

**图 7.34 组合电路框图**

从逻辑式可见，一旦该时刻的输入信号 $X_1$，$X_2$，…，$X_n$ 被确定后，输出 $F_1$，$F_2$，…，$F_m$ 便被唯一地确定下来，而与以前的输出状态没有任何关系。

本节将重点介绍小规模组合逻辑电路的分析方法和设计方法。

## 7.2.1 小规模组合逻辑电路的分析

为了研究给定组合电路的逻辑功能，就需要对该电路进行分析，找出电路输出与输入之间的逻辑关系。对于小规模组合逻辑电路，其分析的一般步骤如下。

(1) 根据给定组合电路的逻辑图，从输入端开始，按照每个逻辑门的基本功能逐级向后递推，推导出输出端的逻辑函数表达式。

(2) 简化逻辑函数，求出最简逻辑函数，列出它的真值表(可视电路的繁简情况，省略某些步骤)。

(3) 描述电路的逻辑功能。

**【例 7-1】** 分析图 7.35 所示的组合电路。

**解** 第一步，用逐级递推法求出输出 $F$ 的逻辑函数表达式。

由图可见，$F_1 = \overline{AB}$，$F_2 = \overline{A}$，$F_3 = \overline{B}$，$F_4 = \overline{F_2 F_3} = \overline{\overline{A}\,\overline{B}}$

所以

$$F = \overline{F_1 F_4} = \overline{\overline{AB} \cdot \overline{\overline{A}\,\overline{B}}} \tag{7-9}$$

第二步，对 $F$ 予以简化可得

$$F = AB + \overline{A}\,\overline{B} = A \odot B \tag{7-10}$$

列出真值表如表 7.7 所示。

第三步，得出该电路的逻辑功能为实现 $A$ 与 $B$ 的同或运算，即相当于同门。

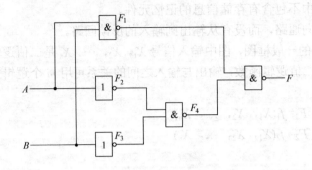

图 7.35　例 7-1 组合电路

表 7.7　例 7-1 真值表

| $A$ | $B$ | $F$ |
|---|---|---|
| 0 | 0 | 1 |
| 0 | 1 | 0 |
| 1 | 0 | 0 |
| 1 | 1 | 1 |

【例 7-2】　分析图 7.36 所示的组合电路。

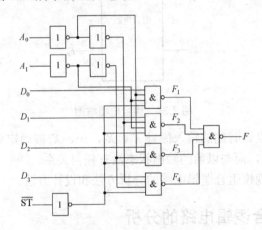

图 7.36　例 7-2 组合电路

解　第一步，以同样的方法写出输出函数表达式为

$$F = \overline{F_1 F_2 F_3 F_4}$$
$$= \overline{\overline{\overline{A_1} \, \overline{A_0} D_0 \text{ST}} \cdot \overline{\overline{A_1} A_0 D_1 \text{ST}} \cdot \overline{A_1 \overline{A_0} D_2 \text{ST}} \cdot \overline{A_1 A_0 D_3 \text{ST}}}$$
$$= \text{ST}(\overline{A_1} \, \overline{A_0} D_0 + \overline{A_1} A_0 D_1 + A_1 \overline{A_0} D_2 + A_1 A_0 D_3) \tag{7-11}$$

第二步，列出真值表见表 7.8。

表 7.8　例 7-2 真值表

| $\overline{\text{ST}}$ | $A_1$ | $A_0$ | $D_3$ | $D_2$ | $D_1$ | $D_0$ | $F$ |
|---|---|---|---|---|---|---|---|
| 1 | × | × | × | × | × | × | 0 |
| 0 | 0 | 0 | × | × | × | $D_0$ | $D_0$ |
| 0 | 0 | 1 | × | × | $D_1$ | × | $D_1$ |
| 0 | 1 | 0 | × | $D_2$ | × | × | $D_2$ |
| 0 | 1 | 1 | $D_3$ | × | × | × | $D_3$ |

表头：输入 / 输出

第三步，描述电路逻辑功能。

由表可见，当 $\overline{ST}$ =1 时，$F$=0，此时输出 $F$ 与输入信号 $A_1$、$A_0$、$D_0$、$D_1$、$D_2$、$D_3$ 无关，电路为禁止状态；当 $\overline{ST}$ =0 时，输出 $F$ 由 $A_1A_0$ 的取值从 $D_0 \sim D_3$ 四个输入数据中选择一个输出，即实现数据选择器的功能，该电路是一个带使能端的 4 选 1 数据选择器，可参见 7.3.4 小节。

## 7.2.2　小规模组合逻辑电路的设计

组合电路的设计就是依据逻辑功能的要求及器件的资源情况，设计出能实现该功能的最佳电路。它实际上是分析的逆过程。

小规模组合逻辑电路的一般设计步骤如下。

(1) 将逻辑功能要求抽象成真值表的形式。具体过程为：首先分析事件的因果关系，确定输入变量和输出函数，然后以二值逻辑的 0、1 两种状态分别表示输入变量和输出函数的两种不同状态，再根据给定的因果关系列出真值表。

(2) 根据真值表写出逻辑函数表达式，通常要将函数简化为最简与一或表达式。

(3) 根据所采用的器件类型进行适当的函数表达式变换。比如在实际应用中，常以与非门作为基本元件来组成逻辑电路，这样就必须将逻辑式转换为与非一与非的形式，当然有时也将根据所提供的器件将逻辑式转换为或非一或非、与或非或者异或的形式等。

(4) 根据函数表达形式画逻辑图。

在组合电路设计时还需考虑提供输入变量的方式，一种是提供原、反变量；另一种是只提供原变量。下面举例说明。

【例 7-3】 某汽车驾驶员培训班进行结业考试，有三名评判员，其中 $A$ 为主评判员，$B$ 和 $C$ 为副评判员。在评判时，按照少数服从多数原则，但若主评判员认为合格，亦可通过。试用与非门构成的逻辑电路实现此评判规定。

解　第一步，根据设计要求，设定 3 个输入变量 $A$、$B$、$C$。

$A$ 表示主评判员意见：$A$=1 表示主评判员认为合格

　　　　　　　　　　 $A$=0 表示主评判员认为不合格

$B$ 表示副评判员意见：$B$=1 表示副评判员认为合格

　　　　　　　　　　 $B$=0 表示副评判员认为不合格

$C$ 表示副评判员意见：$C$=1 表示副评判员认为合格

　　　　　　　　　　 $C$=0 表示副评判员认为不合格

设定 $F$ 为输出函数：$F$=1 表示驾驶员结业考试通过

　　　　　　　　　 $F$=0 表示驾驶员结业考试不通过

根据给出的逻辑条件列出真值表如表 7.9 所示。

表 7.9　例 7-3 真值表

| $A$ | $B$ | $C$ | $F$ |
|-----|-----|-----|-----|
| 0 | 0 | 0 | 0 |
| 0 | 0 | 1 | 0 |
| 0 | 1 | 0 | 0 |
| 0 | 1 | 1 | 1 |
| 1 | 0 | 0 | 1 |
| 1 | 0 | 1 | 1 |
| 1 | 1 | 0 | 1 |
| 1 | 1 | 1 | 1 |

第二步，根据真值表画出卡诺图，如图 7.37 所示，利用卡诺图化简法，写出输出 $F$ 的最简与一或表达式为

$$F = A + BC \tag{7-12}$$

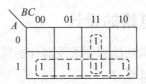

图 7.37　例 7-3 卡诺图

第三步，将逻辑式转换为与非一与非的形式。

$$F = \overline{\overline{A} \cdot \overline{BC}} \tag{7-13}$$

第四步，用与非门构成实现此逻辑函数的逻辑图，如图 7.38 所示。其中图 7.38(a)输入提供原、反变量，图 7.38(b)输入仅提供原变量。

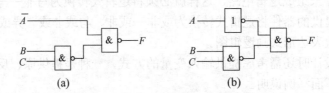

图 7.38　例 7-4 逻辑电路图

(a) 提供原、反变量；(b) 仅提供原变量

【例 7-4】　试设计一位半加器和一位全加器。

　　**解**　在设计之前先介绍一下加法器的逻辑功能。加法器是数字计算中最基本的单元。因为计算机中两个二进制数之间的算术运算无论是加、减、乘、除，最后都是化作若干加法运算来进行的，而加法运算又是通过逻辑运算来完成的。能够实现加法运算的电路称为加法器，一位加法器是用来实现 2 个一位二进制数加法的电路，分为一位半加器和一位全加器。

　　一位半加器：只考虑 2 个一位二进制数 $A$、$B$ 相加，不考虑低位来的进位数据的相加称为一位半加，实现一位半加的电路称为一位半加器。一位半加器的真值表如表 7.10 所示。其中 $S$ 为本位和数，$C$ 为向高位送出的进位数。由真值表可得其逻辑函数式为

$$\left.\begin{array}{l} S = A\overline{B} + \overline{A}B = A \oplus B \\ C = A \cdot B \end{array}\right\} \tag{7-14}$$

表 7.10　一位半加器真值表

| $A$ $B$ | $S$ $C$ |
|---|---|
| 0　0 | 0　0 |
| 0　1 | 1　0 |
| 1　0 | 1　0 |
| 1　1 | 0　1 |

显然，异或门具有半加器求和的功能，与门具有进位功能。半加器的逻辑电路如

图 7.39(a)所示，逻辑符号如图 7.39(b)所示。

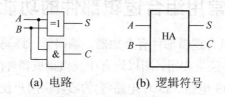

(a) 电路       (b) 逻辑符号

**图 7.39　一位半加器**

一位全加器：除了两个一位二进制数相加以外，还要考虑低位向本位的进位数的相加称为一位全加，实现一位全加的电路称为一位全加器。

因此，一位全加器的输入变量有三个：$A_i$、$B_i$ 为 2 个一位二进制数的被加数和加数，$C_{i-1}$ 表示低位来的进位数；输出函数有两个：$S_i$ 为相加后的本位和，$C_i$ 为向高位的进位数。全加器的真值表如表 7.11 所示。

**表 7.11　一位全加器真值表**

| $A_i$ | $B_i$ | $C_{i-1}$ | $S_i$ | $C_i$ |
|-------|-------|-----------|-------|-------|
| 0 | 0 | 0 | 0 | 0 |
| 0 | 0 | 1 | 1 | 0 |
| 0 | 1 | 0 | 1 | 0 |
| 0 | 1 | 1 | 0 | 1 |
| 1 | 0 | 0 | 1 | 0 |
| 1 | 0 | 1 | 0 | 1 |
| 1 | 1 | 0 | 0 | 1 |
| 1 | 1 | 1 | 1 | 1 |

由真值表可得其逻辑函数式为

$$
\begin{aligned}
S_i &= \overline{A_i}\,\overline{B_i}C_{i-1} + \overline{A_i}B_i\overline{C_{i-1}} + A_i\overline{B_i}\,\overline{C_{i-1}} + A_iB_iC_{i-1}\\
&= (\overline{A_i}B_i + A_i\overline{B_i})\overline{C_{i-1}} + (\overline{A_i}\,\overline{B_i} + A_iB_i)C_{i-1}\\
&= (A_i \oplus B_i)\overline{C_{i-1}} + \overline{(A_i \oplus B_i)}C_{i-1}\\
&= A_i \oplus B_i \oplus C_{i-1}
\end{aligned}
\tag{7-15}
$$

$$
\begin{aligned}
C_i &= \overline{A_i}B_iC_{i-1} + A_i\overline{B_i}C_{i-1} + A_iB_i\overline{C_{i-1}} + A_iB_iC_{i-1}\\
&= (\overline{A_i}B_i + A_i\overline{B_i})C_{i-1} + A_iB_i\\
&= (A_i \oplus B_i)C_{i-1} + A_iB_i
\end{aligned}
\tag{7-16}
$$

由以上逻辑表达式可画出一位全加器的逻辑电路与逻辑符号，如图 7.40 所示。

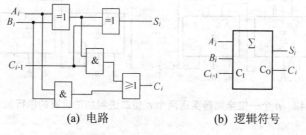

(a) 电路       (b) 逻辑符号

**图 7.40　一位全加器**

# 7.3 常用组合逻辑部件的功能分析

在数字系统中，常用组合逻辑部件有全加器、编码器、译码器、数据选择器、比较器等。由于这些组合逻辑部件经常使用，所以均有中规模集成器件(MSI)产品，并且可以提供类型齐全(TTL 电路、CMOS 电路、ECL 电路等)的芯片供用户使用，因此直接使用中规模集成器件进行逻辑设计是一种方便而有效的方法。在使用中规模集成器件进行设计时，重点在于掌握整个器件的逻辑功能，即器件的外特性，从而正确使用这些器件，充分发挥其逻辑功能。作为用户来说，对于中规模集成器件内部逻辑实现的细节，只要作一般的了解就可以了。

## 7.3.1 全加器

### 1．全加器的工作原理

在例 7-4 中已对一位半加器和一位全加器分别作了介绍。显然一位全加器可用来实现对一位二进制数的相加，那么如果要实现对 $n$ 位二进制数的相加，由于其运算过程可用图 7.41 的形式来表示(对其中第 $i$ 位的相加过程可概括为：第 $i$ 位的被加数 $A_i$ 和加数 $B_i$ 及相邻低位来的进位 $C_{i-1}$ 三者相加，得到本位的和数 $S_i$ 及向相邻高位($i$+1)位的进位 $C_{i+1}$)，因此要完成此任务，最简单的方法是将 $n$ 个一位全加器串接起来，如图 7.42 所示，构成所谓的串行加法器。将此电路集成到一个芯片上，就可制成加法器集成芯片。串行加法器电路结构简单，但由于每一位的相加结果都必须等到低一位的进位产生之后才能实现，所以它的运算速度慢。为了提高运算速度，可以采用一种"先行进位"的技术，来构成超前进位加法器。由于其逻辑功能仍为实现多位二进制数的相加，故对先行进位的实现原理不再作介绍。

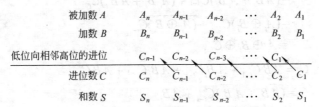

图 7.41　两个 $n$ 位二进制数相加的形式

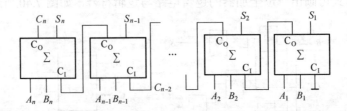

图 7.42　$n$ 个一位全加器实现两个 $n$ 位二进制加法运算的串行加法器

### 2. 全加器的功能扩展

目前，集成全加器最多为 4 位，其逻辑符号如图 7.43 所示。如果要构成 8 位或者更多位的加法器就必须由多片 4 位全加器串接而成。图 7.44 所示是由 2 片 4 位全加器所构成的 8 位全加器。接线时将低位片的进位输出端接至相邻高位片的进位输入端。由于最低位 $A_1$ 和 $B_1$ 进行的是半加运算，而不是全加运算，所以把低位芯片的进位输入端接 "0"(地)即可。

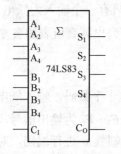

图 7.43　4 位全加器的逻辑符号

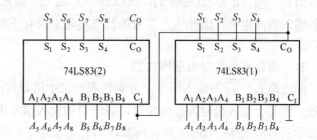

图 7.44　2 片 4 位全加器扩展为 8 位全加器

## 7.3.2　编码器

编码器是将具有特定意义的信息编成若干位二进制代码的组合逻辑电路。

图 7.45 所示为编码器电路的示意框图。其中，$X_1$，$X_2$，$\cdots$，$X_m$ 为所需编码的信号，$Y_1$，$Y_2$，$\cdots$，$Y_n$ 为所对应的编码输出。此电路是用 $n$ 位二进制代码来对 $m$ 个信号进行编码，故称为 $m$—$n$ 线编码器，且 $m$ 与 $n$ 之间应满足关系 $2^n \geq m$。显然，编码器是一个多输入多输出的组合电路。

编码器一般分为简易编码器和优先编码器两类。

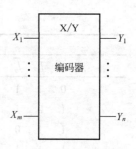

图 7.45　编码器框图

### 1. 简易编码器

首先我们从一个简易编码器的例子出发来了解一下编码器所能实现的逻辑功能。图 7.46 所示是由拨盘和 TTL 与非门构成的 8421BCD 码编码器，其逻辑功能分析如下。

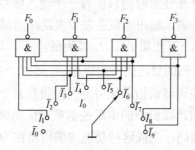

图 7.46　由拨盘和与非门构成的 8421BCD 码编码器

1) 根据逻辑图写出输出函数表达式

$$F_3 = \overline{\overline{I_8} \cdot \overline{I_9}}; \quad F_2 = \overline{\overline{I_4} \cdot \overline{I_5} \cdot \overline{I_6} \cdot \overline{I_7}}; \quad F_1 = \overline{\overline{I_2} \cdot \overline{I_3} \cdot \overline{I_6} \cdot \overline{I_7}}; \quad F_0 = \overline{\overline{I_1} \cdot \overline{I_3} \cdot \overline{I_5} \cdot \overline{I_7} \cdot \overline{I_9}} \quad (7\text{-}17)$$

2) 根据表达式列出真值表

虽然此逻辑图有十个输入信号 $\overline{I_0} \sim \overline{I_9}$，应有 $2^{10}$ 个取值组合，但由于采用拨盘输入，拨盘指针所指向的输入端为低电平(逻辑 0)，拨盘指针没有指向的输入端对于 TTL 与非门输入而言，相当于悬空(逻辑 1)，所以 $\overline{I_0} \sim \overline{I_9}$ 这十个输入信号始终只有一个输入为低电平，其他输入为高电平。因此输入信号的状态实际上只有十种，因此可列出其真值表如表 7.12 所示。

3) 根据真值表得出逻辑功能

此电路 $\overline{I_0} \sim \overline{I_9}$ 为输入信号，分别代表一位十进制数的 $0 \sim 9$ 这十个数码，输入低电平有效。当某个输入信号为低电平时，表示对该输入信号进行编码。$F_3 \sim F_0$ 为输出信号，用以表示所对应的 8421BCD 码。例如，当 $\overline{I_6}$ 为低电平，表示对十进制数 6 进行编码，对应输出其 8421BCD 码 0110。

表 7.12  8421BCD 码编码器真值表

| 输　　入 | | | | | | | | | | 输　　出 | | | |
|---|---|---|---|---|---|---|---|---|---|---|---|---|---|
| $\overline{I_0}$ | $\overline{I_1}$ | $\overline{I_2}$ | $\overline{I_3}$ | $\overline{I_4}$ | $\overline{I_5}$ | $\overline{I_6}$ | $\overline{I_7}$ | $\overline{I_8}$ | $\overline{I_9}$ | $F_3$ | $F_2$ | $F_1$ | $F_0$ |
| 0 | 1 | 1 | 1 | 1 | 1 | 1 | 1 | 1 | 1 | 0 | 0 | 0 | 0 |
| 1 | 0 | 1 | 1 | 1 | 1 | 1 | 1 | 1 | 1 | 0 | 0 | 0 | 1 |
| 1 | 1 | 0 | 1 | 1 | 1 | 1 | 1 | 1 | 1 | 0 | 0 | 1 | 0 |
| 1 | 1 | 1 | 0 | 1 | 1 | 1 | 1 | 1 | 1 | 0 | 0 | 1 | 1 |
| 1 | 1 | 1 | 1 | 0 | 1 | 1 | 1 | 1 | 1 | 0 | 1 | 0 | 0 |
| 1 | 1 | 1 | 1 | 1 | 0 | 1 | 1 | 1 | 1 | 0 | 1 | 0 | 1 |
| 1 | 1 | 1 | 1 | 1 | 1 | 0 | 1 | 1 | 1 | 0 | 1 | 1 | 0 |
| 1 | 1 | 1 | 1 | 1 | 1 | 1 | 0 | 1 | 1 | 0 | 1 | 1 | 1 |
| 1 | 1 | 1 | 1 | 1 | 1 | 1 | 1 | 0 | 1 | 1 | 0 | 0 | 0 |
| 1 | 1 | 1 | 1 | 1 | 1 | 1 | 1 | 1 | 0 | 1 | 0 | 0 | 1 |

这种简易编码器的特点是在任意时刻只能有一个输入信号要求编码。如果同时有两个或两个以上的输入信号要求编码，输出端就会发生混乱，出现错误。例如：假设在图 7.46 的电路中没有采用拨盘输入，而如果 $\overline{I_9}$、$\overline{I_5}$ 都为低电平，同时要求编码，则对应输出 $F_3F_2F_1F_0 = 1101$，是 8421BCD 码的禁用码，出现错误。

但在许多实际应用中，编码器的输入端可能同时收到几个信号，这时就要求按预先规定的优先次序编码输出。例如，微机中的中断控制就有优先级别，在这种情况下要求只对优先级别高的输入信号进行编码，完成这种功能的编码器称为优先编码器。

**2. 优先编码器**

1) 优先编码器的功能分析

常用的优先编码器有 8—3 线(74LS148、CT54LS148 等)，10—4 线 8421BCD 优先编码

器(74LS147、CT54LS147、CC40147 等)。

图 7.47 所示为 8—3 线优先编码器 74LS148 的逻辑图和逻辑符号。根据逻辑图可写出：

$$
\left.
\begin{aligned}
\overline{Y_2} &= \overline{(I_4 + I_5 + I_6 + I_7)\text{EI}} \\
\overline{Y_1} &= \overline{(I_2\overline{I_4}\,\overline{I_5} + I_3\overline{I_4}\,\overline{I_5} + I_6 + I_7)\text{EI}} \\
\overline{Y_0} &= \overline{(I_1\overline{I_2}\,\overline{I_4}\,\overline{I_6} + I_3\overline{I_4}\,\overline{I_6} + I_5\overline{I_6} + \overline{I_7})\text{EI}} \\
\text{EO} &= \overline{\overline{\overline{I_0}\,\overline{I_1}\cdots\overline{I_7}}\cdot\text{EI}} \\
\overline{\text{GS}} &= \overline{\text{EO}\cdot\text{EI}} = \overline{\text{EO}} + \overline{\text{EI}}
\end{aligned}
\right\}
\tag{7-18}
$$

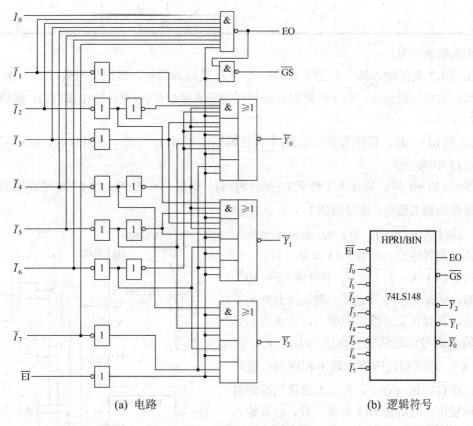

(a) 电路　　　　　　　　　　　　(b) 逻辑符号

**图 7.47　74LS148 型编码器**

由式(7-18)可列出真值表 7.13。实际上，中规模器件的真值表(或称功能表)都会直接给出，所以在以后介绍中规模器件时，可直接通过其真值表了解该器件的功能，而不详尽地分析该器件的内部电路。

**表 7.13　8—3 线优先编码器真值表**

| 输　入 | | | | | | | | | 输　出 | | | | |
|---|---|---|---|---|---|---|---|---|---|---|---|---|---|
| $\overline{\text{EI}}$ | $\overline{I_0}$ | $\overline{I_1}$ | $\overline{I_2}$ | $\overline{I_3}$ | $\overline{I_4}$ | $\overline{I_5}$ | $\overline{I_6}$ | $\overline{I_7}$ | $\overline{Y_2}$ | $\overline{Y_1}$ | $\overline{Y_0}$ | $\overline{\text{GS}}$ | EO |
| 1 | × | × | × | × | × | × | × | × | 1 | 1 | 1 | 1 | 1 |
| 0 | 1 | 1 | 1 | 1 | 1 | 1 | 1 | 1 | 1 | 1 | 1 | 1 | 0 |

续表

| 输入 | | | | | | | | | 输出 | | | | |
|---|---|---|---|---|---|---|---|---|---|---|---|---|---|
| $\overline{EI}$ | $\overline{I_0}$ | $\overline{I_1}$ | $\overline{I_2}$ | $\overline{I_3}$ | $\overline{I_4}$ | $\overline{I_5}$ | $\overline{I_6}$ | $\overline{I_7}$ | $\overline{Y_2}$ | $\overline{Y_1}$ | $\overline{Y_0}$ | $\overline{GS}$ | EO |
| 0 | × | × | × | × | × | × | × | 0 | 0 | 0 | 0 | 0 | 1 |
| 0 | × | × | × | × | × | × | 0 | 1 | 0 | 0 | 1 | 0 | 1 |
| 0 | × | × | × | × | × | 0 | 1 | 1 | 0 | 1 | 0 | 0 | 1 |
| 0 | × | × | × | × | 0 | 1 | 1 | 1 | 0 | 1 | 1 | 0 | 1 |
| 0 | × | × | × | 0 | 1 | 1 | 1 | 1 | 1 | 0 | 0 | 0 | 1 |
| 0 | × | × | 0 | 1 | 1 | 1 | 1 | 1 | 1 | 0 | 1 | 0 | 1 |
| 0 | × | 0 | 1 | 1 | 1 | 1 | 1 | 1 | 1 | 1 | 0 | 0 | 1 |
| 0 | 0 | 1 | 1 | 1 | 1 | 1 | 1 | 1 | 1 | 1 | 1 | 0 | 1 |

由真值表可见:

① $\overline{EI}$ 为使能输入端,低电平有效;$\overline{I_0}\sim\overline{I_7}$ 是输入信号,低电平有效;$\overline{Y_2}\sim\overline{Y_0}$ 是输出信号,采用反码输出;为了扩展器件功能还增设有输出使能(允许输出)端 EO,编码选择端 $\overline{GS}$。

② 当 $\overline{EI}=1$ 时,器件为禁止状态(不允许编码),输出 $\overline{Y_2}$、$\overline{Y_1}$、$\overline{Y_0}$ 和 $\overline{GS}$、EO 均为 1,见表 7.13 中第一行。

③ 当 $\overline{EI}=0$ 时,器件为工作状态(允许编码),如果 $\overline{I_0}\sim\overline{I_7}$ 均为"1"电平,则表示无要求编码的输入信号,此时输出 $\overline{Y_2}$、$\overline{Y_1}$、$\overline{Y_0}$ 均为 1,同时输出 $\overline{GS}=1$,EO=0,表示本级优先编码器无编码输出,见表 7.13 中第二行。

④ 当 $\overline{EI}=0$,且 $\overline{I_0}\sim\overline{I_7}$ 中有输入为"0"电平时,见表 7.13 中其他行,表示该器件为工作状态,并存在要求编码的输入,该优先编码器对输入信号编码的优先次序为 $\overline{I_7}\sim\overline{I_0}$,以 $\overline{Y_2}$、$\overline{Y_1}$、$\overline{Y_0}$ 采用反码形式输出相应的二进制码。此时 $\overline{GS}=0$,EO=1,表示本级优先编码器有编码输出。例如表 7.13 中第三行,只要输入信号 $\overline{I_7}=0$($\overline{I_7}$ 要求编码),则无论其他输入是否为低电平,$\overline{Y_2}$ $\overline{Y_1}$ $\overline{Y_0}$ 输出 7 的反码 000,其余各行以此类推。

2) 编码器的功能扩展

图 7.48 所示是采用 2 片 74LS148 将 8—3 线优先编码器扩展为 16—4 线优先编码器,其中,$\overline{I_{15}}\sim\overline{I_0}$ 为输入信号,$\overline{Y_3}\sim\overline{Y_0}$ 为输出信号,$\overline{S}$ 为扩展编码器的使能输入端。其工作原理如下。

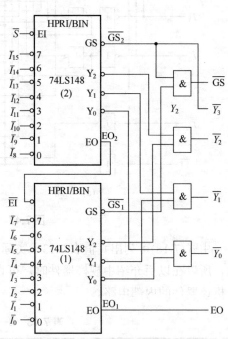

图 7.48　2 片 8—3 线优先编码器扩展为 16—4 线优先编码器

① 若 $\overline{S}$ =1，高位片不允许编码，则 $EO_2$=1，控制低位片不允许编码。所以当 $\overline{S}$=1 时禁止整个编码器工作，此时 $\overline{GS}$、$EO$、$\overline{Y_3}$、$\overline{Y_2}$、$\overline{Y_1}$、$\overline{Y_0}$ 均为 1。

② 若 $\overline{S}$=0，则整个编码器允许工作，其工作情况有三种：当 $\overline{I_{15}}\sim\overline{I_8}$ 中有低电平输入时，高位片工作，可对 $\overline{I_{15}}\sim\overline{I_8}$ 进行编码，且输出 $EO_2$=1，控制低位片禁止编码。编码输出 $\overline{Y_3}=\overline{GS_2}$=0，其他三位的输出由接至高位片 $\overline{I_7}\sim\overline{I_0}$ 的输入信号 $\overline{I_{15}}\sim\overline{I_8}$ 状态决定；当 $\overline{I_{15}}\sim\overline{I_8}$ 全为高电平，$\overline{I_7}\sim\overline{I_0}$ 存在低电平时，$EO_2$=0，控制低位片工作，可对 $\overline{I_7}\sim\overline{I_0}$ 进行编码。编码输出 $\overline{Y_3}=\overline{GS_2}$=1，其他三位输出由接至低位片 $\overline{I_7}\sim\overline{I_0}$ 的输入信号 $\overline{I_7}\sim\overline{I_0}$ 状态决定，以上两种情况输出 $\overline{GS}$=0，$EO$=1；当 $\overline{I_{15}}\sim\overline{I_0}$ 全为高电平时，整个编码器的编码输出 $\overline{Y_3}\,\overline{Y_2}\,\overline{Y_1}\,\overline{Y_0}$=1111，且 $\overline{GS}$=1，$EO$=0，表示没有进行编码，无编码输出。

例如，输入 $\overline{I_4}$=0 是下标最大的低电平输入信号，则输出 $\overline{Y_3}\,\overline{Y_2}\,\overline{Y_1}\,\overline{Y_0}$=1011，是 4 的反码。

### 7.3.3　译码器

译码是编码的逆过程，是将输入的每组二进制代码译为一个特定的输出信号以表示代码原意的过程。完成译码功能的组合逻辑电路称为译码器。

译码器的示意框图如图7.49所示。它有 $n$ 个输入端，$m$ 个输出端，此电路是利用 $m$ 个不同输出来表示每组 $n$ 位二进制代码含义，也称为 $n$—$m$ 线译码器，且 $m$ 与 $n$ 之间满足条件：$2^n \geq m$。显然，译码器是一个多输入多输出的组合电路。

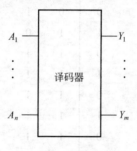

图 7.49　译码器框图

常用的译码器有二进制译码器、二–十进制译码器和显示译码器三类。

**1．二进制译码器**

二进制译码器是将 $n$ 位输入变量构成的二进制代码译成 $2^n$ 个不同输出信号的译码器。二进制译码器的主要产品有双2—4线译码器(74LS139、CE10172、CC4555等)；3—8线译码器(74LS138、CE10161、CC74HC138等)；4—16线译码器(74154、CC4515、CC74HC154等)。

1)　译码器的工作原理

现以3—8线译码器为例来说明二进制译码的功能。

图 7.50 给出了 3—8 线译码器(74LS138)的逻辑电路图和逻辑符号，其真值表如表 7.14所示。由真值表可见：

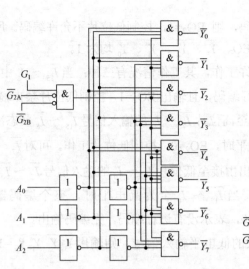

(a) 电路

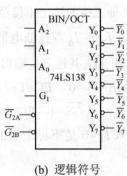

(b) 逻辑符号

图 7.50　74LS138 译码器

表 7.14　3—8 线译码器真值表

| $G_1$ | $\overline{G}_{2A} + \overline{G}_{2B}$ | $A_2$ | $A_1$ | $A_0$ | $\overline{Y}_0$ | $\overline{Y}_1$ | $\overline{Y}_2$ | $\overline{Y}_3$ | $\overline{Y}_4$ | $\overline{Y}_5$ | $\overline{Y}_6$ | $\overline{Y}_7$ |
|---|---|---|---|---|---|---|---|---|---|---|---|---|
| × | 1 | × | × | × | 1 | 1 | 1 | 1 | 1 | 1 | 1 | 1 |
| 0 | × | × | × | × | 1 | 1 | 1 | 1 | 1 | 1 | 1 | 1 |
| 1 | 0 | 0 | 0 | 0 | 0 | 1 | 1 | 1 | 1 | 1 | 1 | 1 |
| 1 | 0 | 0 | 0 | 1 | 1 | 0 | 1 | 1 | 1 | 1 | 1 | 1 |
| 1 | 0 | 0 | 1 | 0 | 1 | 1 | 0 | 1 | 1 | 1 | 1 | 1 |
| 1 | 0 | 0 | 1 | 1 | 1 | 1 | 1 | 0 | 1 | 1 | 1 | 1 |
| 1 | 0 | 1 | 0 | 0 | 1 | 1 | 1 | 1 | 0 | 1 | 1 | 1 |
| 1 | 0 | 1 | 0 | 1 | 1 | 1 | 1 | 1 | 1 | 0 | 1 | 1 |
| 1 | 0 | 1 | 1 | 0 | 1 | 1 | 1 | 1 | 1 | 1 | 0 | 1 |
| 1 | 0 | 1 | 1 | 1 | 1 | 1 | 1 | 1 | 1 | 1 | 1 | 0 |

(1)　$G_1$、$\overline{G}_{2A}$、$\overline{G}_{2B}$ 是译码器的使能输入端，$G_1$ 高电平有效，$\overline{G}_{2A}$、$\overline{G}_{2B}$ 低电平有效。$A_2$、$A_1$、$A_0$ 为输入变量，也称地址输入变量，构成二进制代码；$\overline{Y}_0 \sim \overline{Y}_7$ 为输出信号，低电平有效，每个输出对应一组二进制代码的含义。

(2)　当使能端无效，译码器禁止工作时，输出 $\overline{Y}_0 \sim \overline{Y}_7$ 均为高电平，与 $A_2$、$A_1$、$A_0$ 无关，如表中第一、二行。

(3)　当 $G_1 = 1$，$\overline{G}_{2A} = \overline{G}_{2B} = 0$，即使能端有效时，译码器工作。那么对于 $A_2$、$A_1$、$A_0$ 的每组取值，输出 $\overline{Y}_0 \sim \overline{Y}_7$ 只有一个为低电平，其余的为高电平。这个为低电平的输出即为 $A_2$、$A_1$、$A_0$ 在该种取值下的译码输出。例如表 7.14 中第 6 行，当 $A_2 A_1 A_0 = 011$ 时，$\overline{Y}_3 = 0$，其余输出为 1，则 $\overline{Y}_3$ 为代码 011 的译码输出。

这样，在译码器使能端有效的情况下，对于 3—8 线译码器的每个输出，都唯一地对应输入变量的一种取值，也就对应由输入变量构成的一个最小项，由于输出低电平有效，所以输出 $\overline{Y_0} \sim \overline{Y_7}$ 和输入 $A_2 \sim A_0$ 之间的关系可用函数式来描述为

$$\overline{Y_i} = \overline{m_i} \; (i = ,1,\cdots,7) \tag{7-19}$$

式中，$m_i$ 为由 $A_2$，$A_1$，$A_0$ 所构成的最小项。

此结论可推广至其他二进制译码器。

这里要注意 $\overline{Y_0} \sim \overline{Y_7}$ 是表示输出函数的符号，其上的"–"是用来强调输出的有效电平为低电平。

如果二进制译码器输出的有效电平为高电平，则 $n—2^n$ 线译码器的输出 $Y_0 \sim Y_{2^n-1}$ 和输入 $A_{n-1} \sim A_0$ 之间的逻辑关系可描述为

$$Y_i = m_i \; (i = 0,1,\cdots,2^n-1) \tag{7-20}$$

式中，$m_i$ 是以 $A_{n-1} \sim A_0$ 所构成的最小项。

2)　译码器的应用举例：分配器

二进制译码器除了用作二进制代码译码外，还可作为数据分配器使用。例如将图 7.50 所示的 3—8 线译码器 $\overline{G_{2A}}$ 和 $\overline{G_{2B}}$ 相连输入数据 $D$，$G_1$ 接 "1"，利用 $A_2 \sim A_0$ 作为分配地址，就构成了 8 输出的数据分配器，如图 7.51 所示。其工作原理为：在地址输入信号 $A_2 \sim A_0$ 的作用下，若数据输入 $D$ 为 0(使能端有效)，则 $\overline{Y_0} \sim \overline{Y_7}$ 中对应的输出便为 0；若 $D$

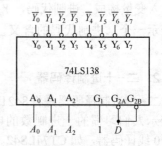

图 7.51　74LS138 构成三地址数据分配器

为 "1"(使能端无效)，对应的输出也为 "1"(尽管此时所有的输出都为 "1")。即数据 $D$ 被分配到了由地址选中的输出端。

3)　译码器的功能扩展

合理利用译码器的使能端可对译码器进行功能扩展。图 7.52 所示是将两片 74LS138 译码器扩展为 4—16 线译码器的连接图。其接线特点为：将四个输入信号 $A_3 \sim A_0$ 中的低三位 $A_2 \sim A_0$ 同时接至两个芯片的地址输入端。输入信号的最高位 $A_3$ 接至两个芯片的使能端(如芯片 1 的 $\overline{G_{2A}}$ 和芯片 2 的 $G_1$)，使两个芯片不能同时工作，另外可增设控制信号 $\overline{E}$ 接至两个芯片的使能端(如芯片 1 的 $\overline{G_{2B}}$ 和芯片 2 的 $\overline{G_{2A}}$、$\overline{G_{2B}}$)，以作为整个译码器的使能输入端，其工作原理如下。

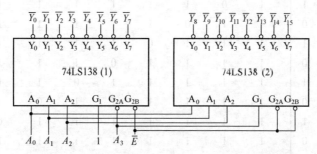

图 7.52　两片 3—8 线译码器扩展为 4—16 线译码器

(1) 当 $\overline{E}=1$ 时，芯片 1 和芯片 2 禁止工作，则整个译码器处于"禁止"状态，输出 $\overline{Y_0} \sim$ $\overline{Y_{15}}$ 全为高电平，称 $\overline{E}=1$ 无效。

(2) 当 $\overline{E}=0$ 时，如果 $A_3=0$，则芯片 1 处于工作状态，芯片 2 禁止工作。此时 $\overline{Y_0} \sim \overline{Y_7}$ 将有一个输出为低电平对应于 $A_2$、$A_1$、$A_0$ 的取值，$\overline{Y_8} \sim \overline{Y_{15}}$ 输出全为高电平。那么从整体来看，$\overline{Y_0} \sim \overline{Y_{15}}$ 这 16 个输出，只有一个输出为低电平，该输出反映了 0000~0111 之中的某一代码；如果 $A_3=1$，则芯片 1 禁止工作，芯片 2 处于工作状态。此时 $\overline{Y_0} \sim \overline{Y_7}$ 输出全为高电平，$\overline{Y_8} \sim \overline{Y_{15}}$ 将有一个输出为低电平对应于 $A_2$、$A_1$、$A_0$ 的取值。那么从整体来看，16 个输出信号 $\overline{Y_0} \sim \overline{Y_{15}}$ 只有一个输出为低电平，该输出反映了 1000~1111 之中的某一代码。

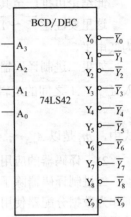

综上所述，当 $\overline{E}=0$ 时，使能输入端有效，$A_3 \sim A_0$ 作为地址输入变量构成二进制代码，$\overline{Y_0} \sim \overline{Y_{15}}$ 作为输出信号，每个输出表示一个二进制代码的含义，即能实现 4—16 线译码器的功能。

图 7.53　74LS42 码器逻辑符号

### 2. 二-十进制译码器

二-十进制译码器是将 8421BCD 码译为 10 个不同的输出，以表示人们习惯的十进制数的电路。二-十进制译码器也称 4—10 线译码器，如 CT74LS42、CT5442 等。

表 7.15 所示为二-十进制译码器 74LS42 的真值表，其逻辑符号如图 7.53 所示。由表可见：地址输入端 $A_3 \sim A_0$ 为 8421BCD 编码输入，$\overline{Y_0} \sim \overline{Y_9}$ 作为输出，分别对应十进制 0~9 这十个数码，低电平有效。其译码实现为：对于 $A_3 \sim A_0$ 的每一组代码输入，都能在相应输出端输出低电平来作为译码输出。如表 7.15 中第二行，若 8421BCD 代码为 0001，那么在表示十进制数 1 的输出端 $\overline{Y_1}$ 输出低电平，而其余为高电平，即能够将 8421BCD 码译成十进制 1，如果有 8421BCD 码禁用的码组(1010~1111)输入时，输出均为 1，即无译码输出信号。

表 7.15　二-十进制译码器真值表

| $A_3$ | $A_2$ | $A_1$ | $A_0$ | $\overline{Y_0}$ | $\overline{Y_1}$ | $\overline{Y_2}$ | $\overline{Y_3}$ | $\overline{Y_4}$ | $\overline{Y_5}$ | $\overline{Y_6}$ | $\overline{Y_7}$ | $\overline{Y_8}$ | $\overline{Y_9}$ |
|---|---|---|---|---|---|---|---|---|---|---|---|---|---|
| 0 | 0 | 0 | 0 | 0 | 1 | 1 | 1 | 1 | 1 | 1 | 1 | 1 | 1 |
| 0 | 0 | 0 | 1 | 1 | 0 | 1 | 1 | 1 | 1 | 1 | 1 | 1 | 1 |
| 0 | 0 | 1 | 0 | 1 | 1 | 0 | 1 | 1 | 1 | 1 | 1 | 1 | 1 |
| 0 | 0 | 1 | 1 | 1 | 1 | 1 | 0 | 1 | 1 | 1 | 1 | 1 | 1 |
| 0 | 1 | 0 | 0 | 1 | 1 | 1 | 1 | 0 | 1 | 1 | 1 | 1 | 1 |
| 0 | 1 | 0 | 1 | 1 | 1 | 1 | 1 | 1 | 0 | 1 | 1 | 1 | 1 |
| 0 | 1 | 1 | 0 | 1 | 1 | 1 | 1 | 1 | 1 | 0 | 1 | 1 | 1 |
| 0 | 1 | 1 | 1 | 1 | 1 | 1 | 1 | 1 | 1 | 1 | 0 | 1 | 1 |
| 1 | 0 | 0 | 0 | 1 | 1 | 1 | 1 | 1 | 1 | 1 | 1 | 0 | 1 |
| 1 | 0 | 0 | 1 | 1 | 1 | 1 | 1 | 1 | 1 | 1 | 1 | 1 | 0 |

续表

| $A_3$ | $A_2$ | $A_1$ | $A_0$ | $\overline{Y}_0$ | $\overline{Y}_1$ | $\overline{Y}_2$ | $\overline{Y}_3$ | $\overline{Y}_4$ | $\overline{Y}_5$ | $\overline{Y}_6$ | $\overline{Y}_7$ | $\overline{Y}_8$ | $\overline{Y}_9$ |
|---|---|---|---|---|---|---|---|---|---|---|---|---|---|
| 1 | 0 | 1 | 0 | | | | | | | | | | |
| 1 | 0 | 1 | 1 | | | | | | | | | | |
| 1 | 1 | 0 | 0 | | | | | 全 1 | | | | | |
| 1 | 1 | 0 | 1 | | | | | | | | | | |
| 1 | 1 | 1 | 0 | | | | | | | | | | |
| 1 | 1 | 1 | 1 | | | | | | | | | | |

### 3. 显示译码器

在数字技术中，经常需要把测量或运算的结果用十进制数码显示出来。实现这种功能的逻辑电路称为数码显示电路。数码显示电路主要由数码显示器和显示译码/驱动器组成。

1) 数码显示器

数码显示器按发光物质不同可分为四类：气体放电显示器(如辉光数码管)；荧光数字显示器(如荧光数码管)；半导体显示器(如 LED 显示器)；液晶数字显示器。目前，应用最广泛的显示器件是 LED 七段数码管，它是由七个发光二极管(简称 LED)构成七个字段而成，通常有共阴极和共阳极两种。图 7.54(a)表示了 LED 七段数码管的七段字形；图 7.54(b)、(c)表示 LED 七段数码管的内部接线图。

从图 7.54 可以看出，共阳 LED 是将各发光二极管的阳极连在一起接高电平(正电源)，阴极接到译码/驱动器的输出端。当某个阴极为低电平时，该字段发亮，数字的显示便由这些发亮的字段组合而成。共阴 LED 是将七个发光二极管的阴极连在一起接低电平(地)，阳极接到译码/驱动器的各输出端，当阳极为高电平时，该字段便发亮，发亮字段组合成数字显示。

常用的共阳显示器有 BS204、BS206 等，共阴显示器有 BS201、BS203 等。

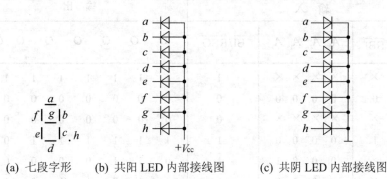

(a) 七段字形 　　 (b) 共阳 LED 内部接线图 　　 (c) 共阴 LED 内部接线图

**图 7.54　LED 七段数码管**

2) 显示译码/驱动器

显示译码/驱动器是用来驱动数码显示器件的中规模集成器件，它是数字显示电路中的核心部件。数码显示方式不同，其译码电路也不同，所以要驱动上述两类 LED 七段数码管，就必须配合以相应的译码/驱动器才能完成显示功能。驱动共阴极 LED 的典型产品有74LS48、74LS248、CC14513、CT5448 等。驱动共阳极 LED 的典型产品有 74LS47、74LS247

等。这些产品一般都带有驱动器，可以直接驱动 LED 七段数码管进行数字显示。

图 7.55 所示是译码/驱动器 74LS48 的逻辑符号，利用该器件输出 $Q_a \sim Q_g$ 分别驱动共阴 LED 数码管的 $a \sim g$ 段，便可构成数字显示，表 7.16 给出了 74LS48 的真值表，由真值表可见：

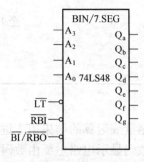

图 7.55　74LS48 译码/驱动器逻辑符号

(1)　这是一个 4—7 线译码/驱动器。$A_3 \sim A_0$ 是 8421BCD 码输入端；$Q_a \sim Q_g$ 是输出端，高电平有效(相应字段亮)，发亮字段组合显示出相应数字。这里要注意：现在对于每个输入代码，输出并不只有一个为低电平(或高电平)，而是另一个 7 位的代码。因此它跟我们前面讲的译码器不同，是另外一种类型的译码器，习惯上称作显示译码器。

(2)　辅助控制端的功能。

● 试灯输入 $\overline{\text{LT}}$：低电平有效。当 $\overline{\text{LT}}=0$，$\overline{\text{BI}}/\text{RBO}=1$ 时，不管其他输入是什么状态，$Q_a \sim Q_g$ 全为 1，则驱动数码管七段全亮，应显示"8"，用于检测数码管是否正常。

表 7.16　七段显示译码器的真值表

| 输入 | | | | | | 输出 | | | | | | | 显示字符 |
|---|---|---|---|---|---|---|---|---|---|---|---|---|---|
| $\overline{\text{LT}}$ | $\overline{\text{RBI}}$ | $A_3$ $A_2$ $A_1$ $A_0$ | | | | $\overline{\text{BI}}/\text{RBO}$ | $Q_a$ | $Q_b$ | $Q_c$ | $Q_d$ | $Q_e$ | $Q_f$ $Q_g$ | |
| 0 | × | × × × × | | | | 1 | 1 | 1 | 1 | 1 | 1 | 1　1 | 8 (试灯) |
| 1 | 0 | 0 0 0 0 | | | | 0 | 0 | 0 | 0 | 0 | 0 | 0　0 | 灭零 |
| × | × | × × × × | | | | 0 | 0 | 0 | 0 | 0 | 0 | 0　0 | 熄灭 |
| 1 | 1 | 0 0 0 0 | | | | 1 | 1 | 1 | 1 | 1 | 1 | 1　0 | 0 |
| 1 | × | 0 0 0 1 | | | | 1 | 0 | 1 | 1 | 0 | 0 | 0　0 | 1 |
| 1 | × | 0 0 1 0 | | | | 1 | 1 | 1 | 0 | 1 | 1 | 0　1 | 2 |
| 1 | × | 0 0 1 1 | | | | 1 | 1 | 1 | 1 | 1 | 0 | 0　1 | 3 |
| 1 | × | 0 1 0 0 | | | | 1 | 0 | 1 | 1 | 0 | 0 | 1　1 | 4 |
| 1 | × | 0 1 0 1 | | | | 1 | 1 | 0 | 1 | 1 | 0 | 1　1 | 5 |
| 1 | × | 0 1 1 0 | | | | 1 | 0 | 0 | 1 | 1 | 1 | 1　1 | 6 |
| 1 | × | 0 1 1 1 | | | | 1 | 1 | 1 | 1 | 0 | 0 | 0　0 | 7 |
| 1 | × | 1 0 0 0 | | | | 1 | 1 | 1 | 1 | 1 | 1 | 1　1 | 8 |

续表

| 输入 | | | | | 输出 | | | | | | | 显示字符 |
|---|---|---|---|---|---|---|---|---|---|---|---|---|
| $\overline{LT}$ | $\overline{RBI}$ | $A_3\ A_2\ A_1\ A_0$ | $\overline{BI}/\overline{RBO}$ | | $Q_a$ | $Q_b$ | $Q_c$ | $Q_d$ | $Q_e$ | $Q_f$ | $Q_g$ | |
| 1 | × | 1　0　0　1 | 1 | | 1 | 1 | 1 | 0 | 0 | 1 | 1 | 9 |
| 1 | × | 1　0　1　0 | 1 | | 0 | 0 | 0 | 1 | 1 | 0 | 1 | |
| 1 | × | 1　0　1　1 | 1 | | 0 | 0 | 1 | 1 | 0 | 0 | 1 | |
| 1 | × | 1　1　0　0 | 1 | | 0 | 1 | 0 | 0 | 0 | 1 | 1 | 不规则字符 |
| 1 | × | 1　1　0　1 | 1 | | 1 | 0 | 0 | 1 | 0 | 1 | 1 | |
| 1 | × | 1　1　1　0 | 1 | | 0 | 0 | 0 | 1 | 1 | 1 | 1 | |
| 1 | × | 1　1　1　1 | 1 | | 0 | 0 | 0 | 0 | 0 | 0 | 0 | |

- 灭零输入 $\overline{RBI}$：低电平有效。当 $\overline{LT}=1$，$\overline{RBI}=0$ 时，如果 $A_3\ A_2\ A_1\ A_0$ 为 0000 时，$Q_a \sim Q_g$ 均为 0，各段熄灭；而 $A_3\ A_2\ A_1\ A_0$ 为非 0000 信号时，则可照常显示。

- 熄灭输入/灭零输出端 $\overline{BI}/\overline{RBO}$：它有两个功能。其一，在 $\overline{BI}/\overline{RBO}$ 端加入低电平，则不论其他输入状态如何，数码管熄灭；其二，令 $\overline{LT}=1$，$\overline{RBI}=0$，$A_3\ A_2\ A_1\ A_0=0000$，即实现灭零功能，则有 $\overline{BI}/\overline{RBO}=0$，即 $\overline{BI}/\overline{RBO}$ 端输出低电平。

如果将 $\overline{RBI}$ 和 $\overline{BI}/\overline{RBO}$ 配合使用，很容易实现多位数码显示的灭零控制，从而熄灭不需要显示的 0。

图 7.56 所示为一个五位数显示器。各位显示译码/驱动器的 $\overline{LT}=1$，$\overline{RBI}$ 和 $\overline{BI}/\overline{RBO}$ 按图所示形式连接，就可以将有效数字前、后多余的 0 熄灭。这样既便于读数，又可以减少功耗。如输入显示数 008.80 时，由于芯片 I 的 $\overline{RBI}=0$，因此百位数上的 0 被熄灭，且使芯片 I 的 $\overline{BI}/\overline{RBO}=0$，使芯片 II 也具有灭零的条件，因此此时输入十位数为零也被熄灭。由于芯片 V 的 $\overline{RBI}=0$，因此输入的尾零也可熄灭，且使芯片 IV 也具备灭零条件，但芯片 IV 输入数为 8，不是 0，因此仍可显示。

这个五位显示器最后显示的是 8.8。

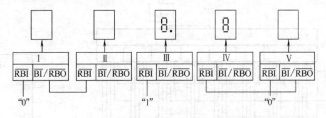

图 7.56　五位数显示器

(3) 如果器件输入端 $A_3 \sim A_0$ 出现 8421BCD 码的禁用码组 1010～1111 时，显示器会显示出一些特殊的符号，借助于它们可以判定输入 BCD 是否发生错误。

## 7.3.4　数据选择器

数据选择器简称 MUX，又称多路选择器或多路开关。它的功能是在选择输入或称"地址输入"信号的作用下，从多个数据输入通道中选择某一通道的数据传至输出端。它是一个多输入、单输出的组合逻辑部件。

数据选择器与数据分配器的功能恰好相反。在译码器中曾介绍过用译码器可将输入数据在地址输入的控制下，分配到相应的输出通道上，如图 7.57(a)所示；而数据选择器的功能相当于图 7.57(b)所示的单刀多掷开关。它们的功能从图中可以清楚地看出。

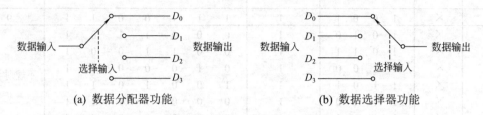

图 7.57　数据选择器与数据分配器的功能比较

对于一个有 $2^n$ 路数据输入和 1 路数据输出的数据选择器，即"$2^n$ 选 1"，需要有 $n$ 个选择信号输入端，用以控制对输入信号的选择。常见的中规模数据选择器有 2 选 1，如 CT54157、CT54LS158；4 选 1，如 CT54LS253、CT54153、CC14539；8 选 1，如 CT54151、CT54152；16 选 1，如 CT54150。

中规模数据选择器都设置有一个或多个使能端，以便扩展功能，同时还具有多种输出方式和结构。如原码、反码或原/反码互补输出，集电极开路输出及三态输出结构等。各种类型组件中又有品种繁多的系列产品。所以，数据选择器是一种通用性很强，使用十分灵活，用途非常广泛的中规模器件。

### 1．数据选择器的工作原理

在前面的组合逻辑电路分析中，我们已对 4 选 1 数据选择器作了简要介绍，现在以 8 选 1 数据选择器为例来进一步了解数据选择器的功能。

图 7.58 所示为 8 选 1 的数据选择器 74LS151 的逻辑电路图和逻辑符号，其真值表如表 7.17 所示。

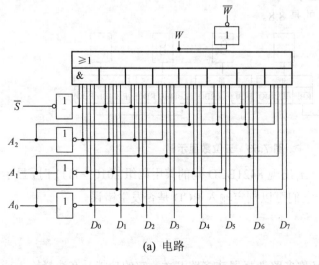
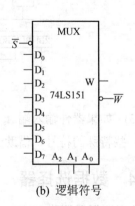

图 7.58　74LS151 型数据选择器

表 7.17 74LS151 真值表

| $\bar{S}$ | $A_2$ | $A_1$ | $A_0$ | $W$ | $\bar{W}$ |
|---|---|---|---|---|---|
| 1 | × | × | × | 0 | 1 |
| 0 | 0 | 0 | 0 | $D_0$ | $\bar{D}_0$ |
| 0 | 0 | 0 | 1 | $D_1$ | $\bar{D}_1$ |
| 0 | 0 | 1 | 0 | $D_2$ | $\bar{D}_2$ |
| 0 | 0 | 1 | 1 | $D_3$ | $\bar{D}_3$ |
| 0 | 1 | 0 | 0 | $D_4$ | $\bar{D}_4$ |
| 0 | 1 | 0 | 1 | $D_5$ | $\bar{D}_5$ |
| 0 | 1 | 1 | 0 | $D_6$ | $\bar{D}_6$ |
| 0 | 1 | 1 | 1 | $D_7$ | $\bar{D}_7$ |

由真值表可见:

(1) $\bar{S}$ 为使能端,$A_2 \sim A_0$ 为地址输入端,$D_0 \sim D_7$ 为数据通道输入端。$W$ 和 $\bar{W}$ 为互补输出端,分别输出原码和反码。

(2) 当 $\bar{S}$ =1 时,数据选择器禁止工作,输出 $W$ =0 和 $\bar{W}$ =1,与地址输入端 $A_2 \sim A_0$ 和数据输入端 $D_0 \sim D_7$ 的信号无关。

(3) 当 $\bar{S}$ =0 时,数据选择器工作,它将在地址输入 $A_2 \sim A_0$ 的信号控制下,从 $D_0 \sim D_7$ 这 8 个数据通道中选择一个通道的数据传送至输出。其选择规律为:将地址输入变量的组合当成二进制数,以二进制数对应的十进制数即为所选择的数据通道的下标。如表 7.17 中第四行,当 $A_2A_1A_0$=010 时,由于 $(010)_2=(2)_{10}$,所以选择 $D_2$ 传送至输出。

在使能端 $\bar{S}$ 有效的情况下,可将输出 $W$ 与地址输入 $A_2 \sim A_0$ 和数据输入 $D_0 \sim D_7$ 之间的关系用一个函数式来描述为

$$W = \overline{A_2}\,\overline{A_1}\,\overline{A_0}D_0 + \overline{A_2}\,\overline{A_1}A_0D_1 + \cdots + A_2A_1A_0D_7 = \sum_{i=0}^{7} m_i D_i \qquad (7\text{-}21)$$

其中,$m_i$ 为由 $A_2$、$A_1$、$A_0$ 所构成的最小项。

此函数式可推广至其他数据选择器。例如:当选择器输入地址为 $n$ 位时,可实现对 $2^n$ 路数据通道的选择,那么在使能输入端有效的情况下,它的输出为

$$W = \sum_{i=0}^{2^n-1} m_i D_i \qquad (7\text{-}22)$$

其中,$m_i$ 为由地址输入变量构成的最小项。

### 2. 数据选择器的功能扩展

利用数据选择器的使能端可进行功能扩展。如图 7.59 所示,是将两片 74LS151 扩展为 "16 选 1" 数据选择器的接线图。该电路接线特点为:增设一位

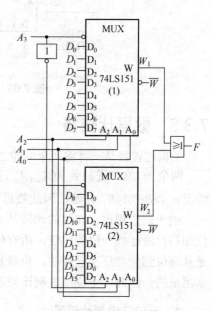

图 7.59 两片 8 选 1 数据选择器扩展为 16 选 1 数据选择器

地址输入 $A_3$，将地址输入 $A_3 \sim A_0$ 的低三位 $A_2 \sim A_0$ 同时接至两片 8 选 1 数据选择器的地址输入，将 $A_3$ 按图 7.59 所示接至两个芯片的使能输入端，以控制这两个芯片不同时工作。数据输入通道 $D_0 \sim D_{15}$ 分别接至两个芯片的数据通道输入端 $D_0 \sim D_7$。其工作原理如下。

(1) 当 $A_3 = 0$ 时，芯片 1 工作，芯片 2 不工作，输出 $W_2 = 0$，则该电路将根据 $A_2 \sim A_0$ 的信号控制，从 $D_0 \sim D_7$ 中选择一个通道的数据传送至输出。

(2) 当 $A_3 = 1$ 时，芯片 1 禁止工作，芯片 2 工作，输出 $W_1 = 0$，则该电路将根据 $A_2 \sim A_0$ 的信号控制，从 $D_8 \sim D_{15}$ 中选择一个通道的数据传送至输出。

综上所述，该电路是在地址输入 $A_3 A_2 A_1 A_0$ 的控制下，从 $D_0 \sim D_{15}$ 这 16 个数据通道中选择一个通道的数据传送至输出，即实现了"16 选 1"数据选择器的功能。

**3．数据选择器的应用举例：并/串行转换器**

数据选择器的一个典型应用是用来完成并行码输入，串行码输出的转换。如图 7.60 所示，16 选 1 数据选择器并行输入了 $D_0 \sim D_{15}$ 十六个数据。当选择输入 $A_3 A_2 A_1 A_0$ 的二进制数码依次由 0000 递增至 1111(可由四位二进制加法计数器获得)时，16 个通道的数据便依次传送到输出端，转换为串行数据。如果并行数据 $D_0 \sim D_{15}$ 的值各自预先置为"0"或"1"，则此时数据选择器可在选择输入的控制下，输出所要求的序列信号，这就是一个"图形发生器"，或称作"可编序列信号发生器"。

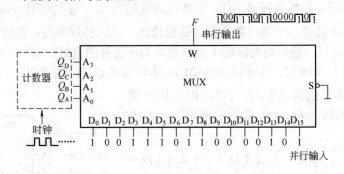

**图 7.60　并行输入数据转换成串行输出**

## 7.3.5　数据比较器

数据比较器是一种将两个 $n$ 位二进制数进行比较，并判决其大小关系的逻辑电路。

两个 $n$ 位二进制数 $A(A_{n-1} A_{n-2} \cdots A_1 A_0)$ 和 $B(B_{n-1} B_{n-2} \cdots B_1 B_0)$ 比较的结果只可能有三种情况：$A>B$；$A=B$；$A<B$，因此数据比较器的示意框图如图 7.61 所示。

由于两数相比，高位的比较结果起着决定性作用，即高位不等便可确定两数大小，高位相等再进行低一位的比较，所有位相等才表示两数相等，所以 $n$ 位二进制数的比较过程是从高位到低位逐次进行的，也就是说，$n$ 位二进制数比较器是由 $n$ 个一位二进制数比较器组成的。因此，一位二进制比较器是 $n$ 位二进制比较器的基本单元。

**1．一位二进制比较器**

如图 7.62 所示为一位二进制比较器，其逻辑功能分析如下。

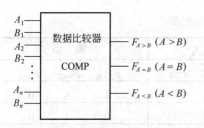

图 7.61　数据比较器框图

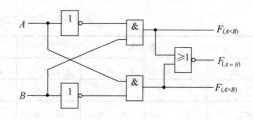

图 7.62　一位二进制比较器

(1) 写出 $F_{A>B}$，$F_{A<B}$，$F_{A=B}$ 的逻辑函数表达式为

$$F_{A<B} = \overline{A}B \tag{7-23}$$

$$F_{A>B} = A\overline{B} \tag{7-24}$$

$$F_{A=B} = \overline{AB} + AB = A \odot B \tag{7-25}$$

(2) 由逻辑函数表达式可得真值表，如表 7.18 所示。

表 7.18　一位二进制比较器真值表

| $A$ | $B$ | $F_{A>B}$ | $F_{A<B}$ | $F_{A=B}$ |
|---|---|---|---|---|
| 0 | 0 | 0 | 0 | 1 |
| 0 | 1 | 0 | 1 | 0 |
| 1 | 0 | 1 | 0 | 0 |
| 1 | 1 | 0 | 0 | 1 |

(3) 逻辑功能说明：一位二进制比较器是对两个一位二进制数 $A$ 和 $B$ 进行比较，$F_{A>B}$ 表示 $A > B$ 输出端；$F_{A=B}$ 表示 $A = B$ 输出端；$F_{A<B}$ 表示 $A < B$ 输出端，并且高电平有效，即如果 $A > B$ 事实成立，则表示 $A > B$ 的输出端 $F_{A>B}$ 输出高电平，其余输出端输出低电平。

### 2. 四位二进制比较器

四位二进制比较器是在一位二进制比较器的基础上设计而成。如图 7.63 所示为四位二进制比较器的逻辑符号，它的真值表如表 7.19 所示。通过对真值表的分析，可得出四位二进制比较器的逻辑功能为：四位二进制比较器是对两个四位二进制数 $A(A_3A_2A_1A_0)$ 和 $B(B_3B_2B_1B_0)$ 进行比较并判决其大小关系的电路。其比较规律是由高位开始比较，逐位进行。$F_{A>B}$ 是表示 $A > B$ 的输出端；$F_{A=B}$ 是表示 $A = B$ 的输出端；$F_{A<B}$ 是表示 $A < B$ 的输出端，高电平有效。为了进行功能扩展，增设了二个输入端，称为级联输入端，分别为 $A > B$、$A = B$、$A < B$。一般来说，级联输入信号是由低位比较器的输出而来。由真值表可见，当 $A_3 = B_3$、$A_2 = B_2$、$A_1 = B_1$、$A_0 = B_0$ 时，$A$ 和 $B$ 的大小判决还必须取决于级联输入 $A > B$、$A = B$、$A < B$ 的状态。

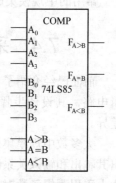

图 7.63　74LS85 比较器
逻辑符号

表 7.19　四位二进制比较器功能表

| 输　入 | | | | 级联输入 | | | 输　出 | | |
|---|---|---|---|---|---|---|---|---|---|
| $A_3$ $B_3$ | $A_2$ $B_2$ | $A_1$ $B_1$ | $A_0$ $B_0$ | $A>B$ | $A<B$ | $A=B$ | $F_{A>B}$ | $F_{A<B}$ | $F_{A=B}$ |
| $A_3>B_3$ | × × | × × | × × | × | × | × | 1 | 0 | 0 |
| $A_3<B_3$ | × × | × × | × × | × | × | × | 0 | 1 | 0 |
| | $A_2>B_2$ | × × | × × | × | × | × | 1 | 0 | 0 |
| | $A_2<B_2$ | × × | × × | × | × | × | 0 | 1 | 0 |
| | | $A_1>B_1$ | × × | × | × | × | 1 | 0 | 0 |
| | | $A_1<B_1$ | × × | × | × | × | 0 | 1 | 0 |
| $A_3=B_3$ | $A_2=B_2$ | $A_1=B_1$ | $A_0>B_0$ | × | × | × | 1 | 0 | 0 |
| | | | $A_0<B_0$ | × | × | × | 0 | 1 | 0 |
| | | | $A_0=B_0$ | 1 | 0 | 0 | 1 | 0 | 0 |
| | | | | 0 | 1 | 0 | 0 | 1 | 0 |
| | | | | 0 | 0 | 1 | 0 | 0 | 1 |

利用级联输入端可扩展数值比较的位数。图 7.64 所示为两片四位二进制比较器扩展为八位二进制比较器的逻辑图。其接线规律为：将低位芯片的输出接至高位芯片的级联输入端，而低位芯片的级联输入端 $A>B$、$A<B$ 置 0，$A=B$ 置 1。

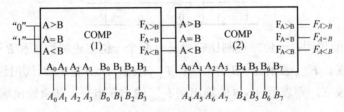

图 7.64　两片四位二进制比较器扩展为八位二进制比较器

常用的中规模集成四位二进制比较器有 CT5484、CC4063、CT74LS85 等。

# 7.4　采用中规模集成器件实现组合逻辑函数

前面已经介绍了小规模组合电路的设计方法，如果利用中规模集成器件来设计组合逻辑电路，其设计步骤与小规模组合电路的设计步骤总体上一致，只是在某些步骤上存在差异。

大多数中规模集成器件是专用的功能器件，都具有某种确定的逻辑功能，也都可以写出其输出和输入关系的逻辑函数表达式。因此，用这些功能器件来实现组合逻辑函数，基本上采用逻辑函数对比的方法，即将所要实现的逻辑函数表达式进行变换，尽可能变换成与某些中规模集成器件的逻辑函数表达式类似的形式，而不需将所要实现的逻辑函数式化为最简形式。在具体实现中要注意以下情况。

(1) 如果需要实现的逻辑函数表达式与某种中规模集成器件的逻辑函数表达式形式上

完全一致，则使用这种器件最方便。

(2) 如果需要实现的逻辑函数其变量数比中规模集成器件的输入变量少，则只需将中规模集成器件的多余输入端作适当的处理(固定为 1 或固定为 0)。

(3) 如果需要实现的逻辑函数其变量数比中规模集成器件的输入变量多，则可通过将中规模集成器件进行扩展的方法来实现。

由于在实际应用中，许多逻辑问题可以直接选用相应的中规模集成器件来实现，这样既省去烦琐的设计，又可以避免设计中带来的错误，因此我们尽量利用中规模集成器件来实现组合逻辑函数。

下面以几种常用的中规模集成器件为例，介绍中规模集成器件是如何实现组合逻辑函数的。

## 7.4.1　利用译码器来实现组合逻辑函数

由于一个 $n$ 变量的二进制译码器输出的是由 $n$ 个变量所构成的全部最小项(或最小项的"非")，而所有逻辑函数都可以表示成最小项之和的形式，因此，如果将所需实现函数的输入变量接至二进制译码器的地址输入端，则利用 $n$ 变量的二进制译码器的输出，再附加一定的门电路，就可以实现任何输入变量不大于 $n$ 的组合逻辑函数。

**【例 7-5】** 利用译码器实现一组多输出函数

$$\begin{cases} F_1 = \overline{A}B + \overline{B}C + AC \\ F_2 = A\overline{C} + BC + \overline{A}C \\ F_3 = AB + \overline{A}BC + B\overline{C} \end{cases}$$

**解**　第一步，选取相应器件。

由于这是一组 3 变量的多输出函数，因此可选用 3—8 线译码器。例如选用 3—8 线译码器 74LS138，其真值表见表 7.14。可知此译码器在使能端有效($G_1=1$；$\overline{G_{2A}} = \overline{G_{2B}} = 0$)的情况下，完成译码工作，译码输出 $\overline{Y_i} = \overline{m_i}$ ( $i=0,1$，…，7)，其中 $m_i$ 为由 $A_2$、$A_1$、$A_0$ 所构成的最小项。

第二步，将输出函数写成最小项标准型(最小项之和)，并进行相应变换。

$$F_1 = \overline{A}B(C+\overline{C}) + (A+\overline{A})\overline{B}C + A(B+\overline{B})C = m_1 + m_2 + m_3 + m_5 + m_7$$
$$= \overline{\overline{m_1} \cdot \overline{m_2} \cdot \overline{m_3} \cdot \overline{m_5} \cdot \overline{m_7}} \tag{7-26}$$

$$F_2 = A(B+\overline{B})\overline{C} + (A+\overline{A})BC + \overline{A}(B+\overline{B})C = m_1 + m_3 + m_4 + m_6 + m_7$$
$$= \overline{\overline{m_1} \cdot \overline{m_3} \cdot \overline{m_4} \cdot \overline{m_6} \cdot \overline{m_7}} \tag{7-27}$$

$$F_3 = AB(C+\overline{C}) + \overline{A}BC + (A+\overline{A})B\overline{C} = m_2 + m_3 + m_6 + m_7$$
$$= \overline{\overline{m_2} \cdot \overline{m_3} \cdot \overline{m_6} \cdot \overline{m_7}} \tag{7-28}$$

第三步，函数对比实现。

将输入变量 $A$、$B$、$C$ 加到译码器的地址输入端 $A_2$、$A_1$、$A_0$，利用译码器的输出附加与非门，就可以实现逻辑函数 $F_1$、$F_2$、$F_3$，如图 7.65 所示。

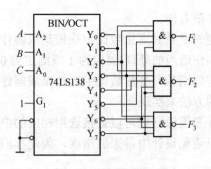

图 7.65　例 7-5 逻辑电路图

## 7.4.2　利用数据选择器来实现组合逻辑函数

数据选择器在使能端有效的情况下，其输出函数表达式如式(7-22)所示。如果用数据选择器来实现逻辑函数，会存在下列三种情况。

### 1. 所需实现函数的变量数小于数据选择器的地址输入变量数

处理方法：将所需实现函数的变量接至数据选择器的低位地址输入端，而其高位地址接固定"0"电平。

**【例 7-6】** 试用 8 选 1 数据选择器来实现两变量逻辑函数 $F = A + \overline{A}B$。

**解** 第一种方法：采用代数式对比法。

第一步，写出 8 选 1 数据选择器的输出函数表达式为

$$W = \overline{A_2}\,\overline{A_1}\,\overline{A_0}D_0 + \overline{A_2}\,\overline{A_1}A_0D_1 + \cdots + A_2A_1A_0D_7 = \sum_{i=0}^{7}m_iD_i$$

其中，$m_i$ 为由 $A_2$、$A_1$、$A_0$ 所构成的最小项。

其函数表达式具有以下特点。

● 函数表达式是与—或表达式。

● 每个与项含有由地址变量构成的最小项因子。

由于其地址输入变量有 3 个，因此可将数据选择器的高位地址 $A_2$ 接固定"0"电平，这样上式就变换为

$$W = \overline{A_1}\,\overline{A_0}D_0 + \overline{A_1}A_0D_1 + A_1\overline{A_0}D_2 + A_1A_0D_3 \tag{7-29}$$

从而将 8 选 1 数据选择器变换为 4 选 1 数据选择器。

第二步，将所需实现的逻辑函数表达式变换为最小项标准型，即

$$F = A(B+\overline{B}) + \overline{A}B = \overline{A}B + A\overline{B} + AB \tag{7-30}$$

第三步，进行函数对比。

经过函数对比可知，将函数 $F$ 的变量 $A$ 和 $B$ 加到数据选择器的低位地址输入端 $A_1$、$A_0$，且在其数据输入端分别输入：$D_0=0$；$D_1=1$；$D_2=1$；$D_3=1$，则可用该数据选择器的输出端 $W$ 来实现函数 $F$，如图 7.66 所示。

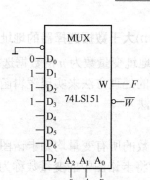

图 7.66　例 7-6 逻辑电路图

第二种方法：采用卡诺图对比法。

可将 8 选 1 和 4 选 1 数据选择器的功能用卡诺图的形式表示出来，如图 7.67(a)、(b)所示。同时作出函数 $F$ 的卡诺图如图 7.67(c)所示，将图 7.67(b)与图 7.67(c)进行对比，得出的函数实现方案与第一种方法一致。

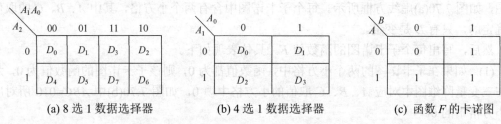

(a) 8 选 1 数据选择器　　　　(b) 4 选 1 数据选择器　　　　(c) 函数 $F$ 的卡诺图

图 7.67　例 7-6 的卡诺图对比

### 2．所需实现函数的变量数等于数据选择器的地址输入变量数

处理方法：将所需实现函数的变量接至数据选择器的地址输入端，将 1 或 0 接至数据选择器相应的数据输入端。

【例 7-7】　用 8 选 1 数据选择器实现三变量函数 $F = \overline{A} + BC$。

**解**　采用卡诺图对比法。

第一步，作出函数 $F$ 的卡诺图如图 7.68 所示。

第二步，与 8 选 1 数据选择器的卡诺图(图 7.67(a))进行对比，那么只要将 $A$、$B$、$C$ 作为 8 选 1 数据选择器的地址输入，且在其数据的各输入端分别输入：$D_0 = D_1 = D_2 = D_3 = D_7 = 1$，$D_4 = D_5 = D_6 = 0$，就可以用 8 选 1 数据选择器的输出实现函数 $F$。其实现电路如图 7.69 所示。

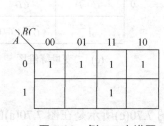

图 7.68　例 7-7 卡诺图

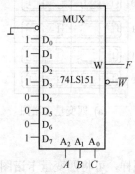

图 7.69　例 7-7 逻辑电路图

### 3. 所需实现函数的变量数($m$)大于数据选择器的地址输入变量数($n$)

处理方法有两个：其一是将地址变量数为 $n$ 的数据选择器扩展为地址变量数为 $m$ 的数据选择器，然后按照第二种情况的处理方法来实现逻辑函数。其扩展方法参见数据选择器的功能扩展；其二是采用降维图法。

1) 降维图的概念

在一个函数的卡诺图中，函数的所有变量均为卡诺图的变量。图中每一个小方格都填有 1 或 0 或任意值"×"。一般将卡诺图中的变量数称为该图的维数。如果把某些变量也作为卡诺图小方格内的值，则会减少卡诺图的维数。这种卡诺图称为降维卡诺图，简称降维图。作为降维图小方格中值的那些变量称为记图变量。

2) 降维图的作法

图 7.70(a)所示为四变量的卡诺图。若将变量 $D$ 作为记图变量，以 $A$、$B$、$C$ 作为三维卡诺图的输入变量，则三变量降维图如图 7.70(b)所示。其具体作法如下。

首先，对应于 $A$、$B$、$C$ 的八种取值 $000\sim111$，将四变量卡诺图分解为 8 个单变量子卡诺图，如图 7.70(a)虚线方框所示。每个子卡诺图中含有两个小方格，其中 $A$、$B$、$C$ 的取值是确定的，只有 $D$ 是变量。

然后，写出每个子卡诺图的函数值 $F$。具体表现如下。

(1) 如果在子卡诺图的两个小方格中，函数值都为 0，则该子卡诺图的函数值为 0，那么在三变量降维图中对应 $A$、$B$、$C$ 取值的小方格中填 0，如图 7.70(b)中 $ABC=010$ 所对应的小方格中的 0。

(2) 如果在子卡诺图的两个小方格中，函数值都为 1，则该子卡诺图的函数值为 1，那么在三变量降维图中对应 $A$、$B$、$C$ 取值的小方格中填 1，如图 7.70(b)中 $ABC=000$、$ABC=100$ 及 $ABC=101$ 所对应的小方格中的 1。

(3) 如果在子卡诺图的两个小方格中，函数值有 0 有 1，则将函数值为 1 的小方格找出来，将函数值写成以 $D$ 为变量的形式(如果函数值为 1 的小方格对应 $D$ 取值为 1，则 $D$ 取原变量，即函数值为 $D$；如果对应 $D$ 取值为 0，则 $D$ 取反变量，即函数值为 $\overline{D}$)。例如，在 $ABC=110$ 的子卡诺图中，由于函数值为 1 所对应的变量 $D$ 取值为 0，所以该子卡诺图的函数值为 $\overline{D}$，那么在图 7.70(b)中对应 $ABC=110$ 的小方格中填入 $\overline{D}$。

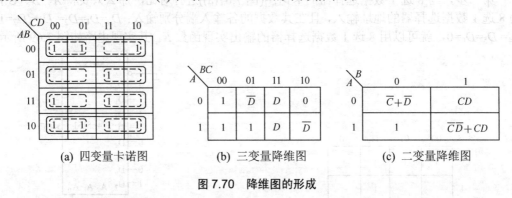

(a) 四变量卡诺图　　(b) 三变量降维图　　(c) 二变量降维图

**图 7.70　降维图的形成**

同样，可将四变量卡诺图形成二变量降维卡诺图。图 7.70(c)所示是在图 7.70(a)的基础上，以 $A$、$B$ 为输入变量，$C$、$D$ 为记图变量所对应的二变量降维图。其形成方式与三变量降维图的形成方式类似：首先根据 $A$、$B$ 的四种取值组合 $00\sim11$ 将四变量卡诺图分解为 4 个两变量子卡诺图，如图 7.70(a)中实线方框所示；然后写出每个子卡诺图的函数值(以 $C$、$D$ 为变量)填入图 7.70(c)所对应的小方格内。例如，对 $AB=00$ 的子卡诺图进行函数简化(注意：不能跨越此子卡诺图范围)可得 $F=\overline{C}+\overline{D}$，所以在图 7.70(c)中对应 $AB=00$ 的小方格内填入 $\overline{C}+\overline{D}$。

【例 7-8】 试用 4 选 1 数据选择器实现四变量逻辑函数 $F=\sum m(0,1,5,6,7,9,10,14,15)$。

**解** 第一步，首先作出函数 $F$ 的卡诺图；然后以 $A$、$B$ 为输入变量，$C$、$D$ 为记图变量，将卡诺图分解为四个子卡诺图(子卡诺图可以不在图中圈出)；再对子卡诺图进行函数化简，如图 7.71(a)所示，图 7.71(b)是由图 7.71(a)所形成的二变量降维图。

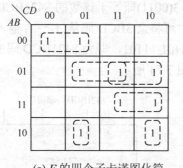 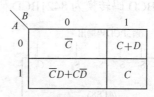

(a) $F$ 的四个子卡诺图化简          (b) 二变量降维图

**图 7.71 例 7-8 二变量降维图的形成**

第二步，将函数的二变量降维图与 4 选 1 数据选择器的卡诺图(图 7.67(b))进行比较，则只要 $A$、$B$ 作为 4 选 1 数据选择器的地址输入，然后在 4 选 1 数据选择器数据的各输入端分别输入：$D_0=\overline{C}$；$D_1=C+D$；$D_2=\overline{C}D+C\overline{D}=C\oplus D$；$D_3=C$，就可用 4 选 1 数据选择器的输出实现函数 $F$。

第三步，画出逻辑电路，如图 7.72 所示。

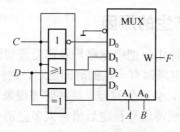

**图 7.72 例 7-8 逻辑电路图**

这里顺便指出：从四变量中选择两个变量作为降维图的输入变量，即数据选择器的地址变量可以是任意的，但不同的选择方案会有不同的结果。要得到最佳方案，必须对原始卡诺图仔细推敲，以选择子卡诺图函数式最简单的方案。

由于数据选择器是单输出的组合逻辑电路，因此用来实现单输出函数比较方便，而对于多输出函数则用译码器比较方便。例如，对于要实现一个 3 输出的组合电路，必须用 3 个数据选择器，但只需用一个译码器就可以了。

### 7.4.3　采用全加器来实现组合逻辑函数

全加器的基本功能是实现二进制数的加法。因此，若某一逻辑函数的输出为输入信号相加，则采用全加器比较方便。

**【例 7-9】** 设计将 8421BCD 码转换为余 3BCD 码和余 3BCD 码转换为 8421BCD 码的码制转换电路。

**解**　因为某数的余 3BCD 码等于该数的 8421BCD 码加上恒定常数 3(0011)，所以可将 8421BCD 码从四位全加器的 $A_4 \sim A_1$ 输入，令 $B_3B_2B_1B_0=0011$，$C_i=0$，则输出 $F_3F_2F_1F_0 = A_4A_2A_1A_0+0011$，即为余 3BCD 码的输出，从而实现了将 8421BCD 码转换为余 3BCD 码，如图 7.73 所示。

反过来，某数的余 3BCD 码减去恒定常数 3(0011) 即等于该数的 8421BCD 码。如果利用全加器将减法运算变为补码加法运算，那么，可将余 3BCD 码从 $A_4 \sim A_1$ 输入，$B_3B_2B_1B_0=(0011)_{补}=1101$，$C_i=0$，则输出 $F_3F_2F_1F_0=A_3A_2A_1A_0+1101$，即为 8421BCD 码的输出，从而实现了将余 3BCD 码转换为 8421BCD 码，如图 7.74 所示。

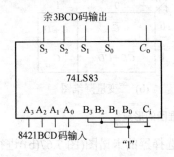

图 7.73　8421BCD 码转换为余 3BCD 码的转换电路

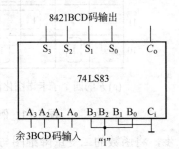

图 7.74　余 3BCD 码转换为 8421BCD 码的转换电路

## 7.5　组合逻辑电路中的冒险现象

### 7.5.1　冒险现象及其产生的原因

在前面组合逻辑电路的讨论中，把门电路均看作是理想的，没有考虑门电路的平均延迟时间，而实际上信号通过门电路都有一定的时间延迟，这样信号经过不同的路径(即经过不同个数的门电路)到达某点时，会产生时差，这种时差现象称为竞争。竞争现象可能会使电路产生短暂的错误输出，虽然待信号稳定后错误大多会消失，但仍会导致工作不可靠，有时甚至导致永久性的错误。这种由竞争产生的错误输出就称为组合逻辑电路中的冒险现象。

下面来讨论图 7.75 和图 7.76 所示的两个电路，并假定门的延迟时间相同，令一个门的延迟时间为 $t_{pd}$。

图 7.75(a) 是一个简单的组合逻辑电路，若不考虑门电路的延迟时间，则 $F=A \cdot \overline{A}=0$，即无论输入信号 $A$ 怎样变化，输出 $F$ 恒为 0。如果考虑门电路的延迟时间，则 $\overline{A}$ 将滞后于 $A$ 到达 $G_2$。此时，若 $A$ 由 0 变为 1，则 $\overline{A}$ 由于时延的存在不能立刻由 1 变为 0，也即在一个短暂的瞬间，$G_2$ 的两个输入将同时为 1，使电路的输出为 1，由此导致电路出现了正尖脉冲的错误输出(毛刺)，如图 7.75(b) 所示。

再来看图 7.76(a)所示的电路，由图可得 $F = \overline{A}B + AC$。若不考虑门电路的延迟时间，那么当 $B = C = 1$ 时，则有 $F = A + \overline{A} = 1$，即无论输入信号 $A$ 怎样变化，输出 $F$ 恒为 1。如果考虑门电路的延迟时间，那么信号 $A$ 以 $\overline{A}$ 的形式传输到门 $G_4$ 的输入端需要延迟时间为 $2t_{pd}$；而以 $A$ 的形式传输到门 $G_4$ 的输入端需要延迟时间为 $1t_{pd}$，即 $\overline{A}$ 将滞后于 $A$ 到达 $G_4$。此时，若 $A$ 由 1 变为 0，则 $\overline{A}$ 由于时延的存在不能立刻由 0 变为 1，也即在一个短暂的瞬间，$G_4$ 的两个输入将同时为 0，使电路的输出为 0，由此导致了电路出现了负尖脉冲的错误输出，如图 7.76(b)所示。

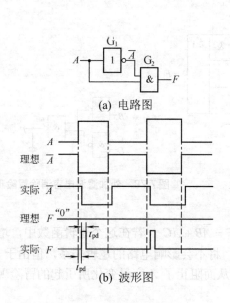

图 7.75　冒险现象举例之一

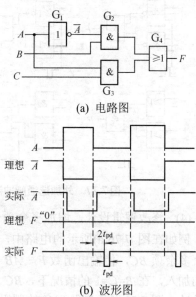

图 7.76　冒险现象举例之二

由以上两个例子可以看出，如果某个逻辑门的两个输入互补变化，并且这两个信号的变化存在时差，则这个逻辑门的输出就可能出现冒险。

## 7.5.2　冒险现象的判别与消除

一个组合电路是否存在冒险可以通过逻辑函数表达式来判断，如果在一个输入变量发生变化的条件下，若其他输入变量的某种取值使函数 $F = X \cdot \overline{X}$ 或者 $F = X + \overline{X}$，则可以判定电路存在冒险。

【例 7-10】　判断函数 $F = A\overline{B} + B\overline{C}$ 是否存在冒险。

解　由表达式可以看出，当 $A = 1$，$C = 0$ 时，$F = B + \overline{B}$，因此存在冒险。

【例 7-11】　判断函数 $F = AB + \overline{A}BC + \overline{A}BD$ 是否存在冒险。

解　由表达式可以看出，只有变量 $A$ 和 $B$ 的原、反变量都出现在表达式中，因此只有变量 $A$ 或 $B$ 在发生变化的条件下存在冒险的可能。但是在变量 $A$ 发生变化的条件下，不管 $B$、$C$、$D$ 如何取值，都不会使函数 $F = A + \overline{A}$，同样，在变量 $B$ 发生变化的条件下，不管 $A$、$C$、$D$ 如何取值，也都不会使函数 $F = B + \overline{B}$。所以判断函数 $F$ 不存在冒险。

当电路出现冒险时，常用的冒险现象消除法有以下四种。

(1) 改变电路结构，增加或调整时延，消除信号之间的竞争。

(2) 由于冒险发生在信号变化的瞬间，因此可引入选通脉冲，使可能出现冒险现象的门电路的输出，在输入信号稳定之前保持不变。常用的选通脉冲极性和所加位置如图 7.77 所示。

(3) 在对输出波形要求不高的情况下，利用电容两端的电压不能突变的性能，我们可在电路的输出端并接一个不大的滤波电容来滤除冒险现象的窄脉冲，如图 7.78 所示。在 TTL 电路中滤波电容一般为几百皮法。

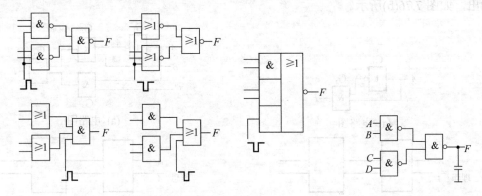

图 7.77　外加选通脉冲消除冒险现象　　　图 7.78　外加滤波电容消除冒险现象

(4) 修改逻辑设计，增加多余项。

例如在图 7.76(a)所示的电路中，输出函数 $F = \overline{A}B + AC$。若在这个逻辑函数中，增加一个多余项 $BC$，使输出函数 $F = \overline{A}B + AC + BC$，将不会影响电路的逻辑关系，但由于 $BC$ 项的加入，在 $B=C=1$ 的情况下，$BC$ 项恒为 1，从而阻止了 $A$ 变量变化所引起的冒险现象窄脉冲。图 7.79 是无冒险现象的逻辑图。

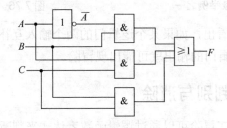

图 7.79　增加与门消除冒险现象的逻辑图

# 7.6　思考题与习题

7.1　解释下列名词：

开门电平　关门电平　阈值电平　抗干扰容限　扇入系数　扇出系数

7.2　某 TTL 电路一个输入端的等效电路如图 7.80 所示，估算当该输入端对地短路时的电流 $I_{iL}$ 和开路时 $T_1$ 的基极电流 $I_{B1}$。并说明如果将该输入端接到-2V 的电源上会出现什么问题？

图中 $D_0$ 是保护二极管，在电路正常工作时，是反向偏置的，对电路无影响。

7.3　TTL 门电路的传输特性曲线上可反映出它有哪些主要参数？

7.4　TTL 门的闲置输入端应如何处理，试举例说明。

7.5　在下列五种不同的情况下，如果用内阻为 $20\text{k}\Omega/\text{V}$ 的万用表去测量 TTL 与非门的一个悬空输入端，问测量的电压值为多少？

(1)　其他输入端悬空；

(2)　其他输入端均接 1 电平；

(3)　其他输入端中有一个接地；

(4)　其他输入端均接地；

(5)　其他输入端接 0.3V。

7.6　电路如图 7.81 所示。问调节电位器阻值对与非门输出是否会产生影响，为什么？

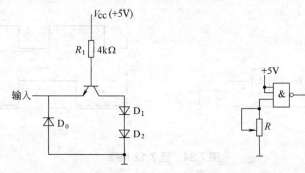

图 7.80　题 7.2 电路　　　　图 7.81　题 7.6 电路

7.7　OC 门、三态门各有什么特点？它们各自有哪些应用？

7.8　在图 7.82 电路中，$G_1$、$G_2$ 是两个集电极开路与非门，接成线与形式，每个门在输出低电平时允许灌入的最大电流为 13mA，输出高电平时的漏电流小于 $250\mu\text{A}$。$G_3$、$G_4$ 和 $G_5$ 是三个 TTL 与非门，它们输入端的个数分别为一个、两个和三个，而且全部并联起来使用。已知 TTL 与非门的输入短路电流为 2mA，输入漏电流 $<50\mu\text{A}$，$V_{CC}=5\text{V}$。问 $R_L$ 应该选多大？

7.9　试画出用 OC 门实现异或功能的逻辑图。

7.10　如图 7.83 电路中，$G_1$ 为三态门，$G_2$ 为一般 TTL 非门。试分别求出 $\overline{E}$ 为低电平及高电平两种情况下，开关 S 在闭合及断开两种状态下的电压表的测量值为多少？

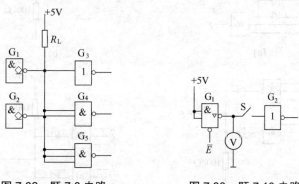

图 7.82　题 7.8 电路　　　　图 7.83　题 7.10 电路

7.11　试说明下列各种门电路中哪些可以将输出端并联使用。

(1)　具有推拉式输出级的 TTL 电路。

(2) TTL 电路的 OC 门。

(3) TTL 电路的三态门。

(4) 普通的 CMOS 门。

(5) 漏极开路的 CMOS 门。

(6) CMOS 电路的三态输出门。

7.12 画出图 7.84(a)电路在下列两种情况下的输出电压波形。

(1) 忽略所有门的传输延迟时间。

(2) 考虑每个门都有传输延迟时间 $t_{\text{pd}}$。

输入端 $A$、$B$ 的电压波形如图 7.84(b)所示。

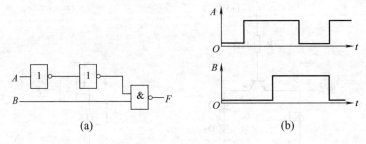

图 7.84 题 7.12 电路

7.13 CMOS 反相器输出端可以对地短路吗？为什么？如果把两个同类型 CMOS 反相器输入端并联起来，输出端也并联起来作为一个反相器来用，以增强其驱动负载的能力，可以吗？为什么？

7.14 CMOS 门的闲置输入端应如何处理，试举例说明。

7.15 试分析图 7.85 所示各电路的逻辑关系，写出各个输出信号 $F$ 的表达式，并画出简化的等效电路图。图中的门电路均为 CMOS 门电路。

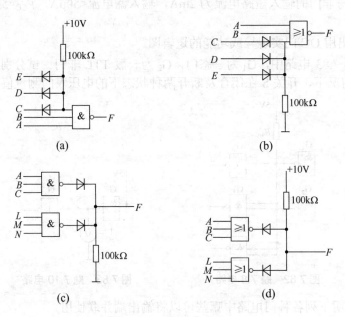

图 7.85 题 7.15 电路

7.16　求图 7.86(a)、(b)电路的输出函数 F。

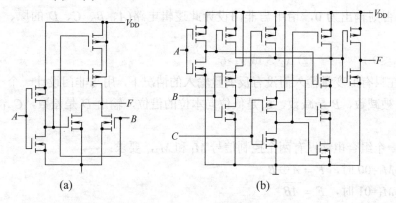

图 7.86　题 7.16 电路

7.17　组合逻辑电路的特点是什么？怎样分析和设计一个组合逻辑电路？

7.18　下列组件各实现什么逻辑功能？它们还可以扩展哪些应用？

　　4 位全加器　编码器　译码器　数据选择器　4 位比较器

7.19　试述余 3BCD 码和格雷码的构成特点以及应用。

7.20　什么是组合逻辑电路的冒险？如何消除它们？

7.21　试写出图 7.87(a)～(c)电路输出函数 F 的表达式。若要求电路输出高电平，它们的输入变量各应取什么值？

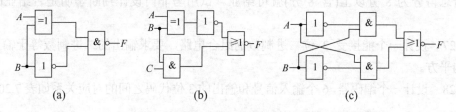

(a)　　　　　　　　(b)　　　　　　　　(c)

图 7.87　题 7.21 电路

7.22　分析图 7.88 电路的逻辑功能，写出 $F_1$、$F_2$ 的逻辑函数式，列出真值表，指出电路完成什么逻辑功能。

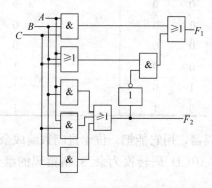

图 7.88　题 7.22 电路

7.23 设 $ABCD$ 是一个 8421BCD 码的四位, 若此码表示的数字 $x$ 符合下列条件, 则输出 $F$ 为 1, 否则输出为 0, 请用与非门设计此逻辑电路($A$、$B$、$C$、$D$ 的原、反变量均可提供)。

① $4 < x_1 \leqslant 9$ ② $x_2 < 3$ 或 $x_3 > 6$

7.24 在只有原变量输入而没有反变量输入的情况下, 用与非门设计一个一位全减器, 其输入 $A$ 是被减数, $B$ 是减数, $C_i$ 是低位向本位的借位, 输出 $D$ 是差数, $C_{i+1}$ 是本位向高位的借位。

7.25 一个组合电路设有两个控制信号 $M_1$ 和 $M_2$, 要求:

(1) $M_2M_1 = 00$ 时, $F = A \oplus B$

(2) $M_2M_1 = 01$ 时, $F = \overline{AB}$

(3) $M_2M_1 = 10$ 时, $F = \overline{A + B}$

(4) $M_2M_1 = 11$ 时, $F = A \odot B$

试用与非门设计实现上述逻辑功能的电路。

7.26 李明参加四门课程考试。规定如下。

(1) 化学: 及格得 1 分; 不及格得 0 分。

(2) 生物: 及格得 2 分; 不及格得 0 分。

(3) 几何: 及格得 4 分; 不及格得 0 分。

(4) 物理: 及格得 5 分; 不及格得 0 分。

若总得分为 8 分以上(含 8 分)就可结业。试用与非门设计判断李明是否结业的逻辑电路。

7.27 设计一个能接受 3 位二进制数的组合电路, 要求输出的二进制数等于输入二进制数的平方。

7.28 设计一个编码器, 6 个输入信号和输出的 3 位代码之间的对应关系如表 7.20 所示。

表 7.20 输入信号和输出信呈的关系

| 输　入 | | | | | | 输　出 | | | |
| --- | --- | --- | --- | --- | --- | --- | --- | --- | --- |
| $A_0$ | $A_1$ | $A_2$ | $A_3$ | $A_4$ | $A_5$ | | $X$ | $Y$ | $Z$ |
| 1 | 0 | 0 | 0 | 0 | 0 | | 0 | 0 | 1 |
| 0 | 1 | 0 | 0 | 0 | 0 | | 0 | 1 | 0 |
| 0 | 0 | 1 | 0 | 0 | 0 | | 0 | 1 | 1 |
| 0 | 0 | 0 | 1 | 0 | 0 | | 1 | 0 | 0 |
| 0 | 0 | 0 | 0 | 1 | 0 | | 1 | 0 | 1 |
| 0 | 0 | 0 | 0 | 0 | 1 | | 1 | 1 | 0 |

7.29 设计一个简易编码器, 用它能把一位十进制数编成余 3BCD 码。

7.30 设计一个能把余 3BCD 码转换为余 3 格雷码的组合逻辑电路(其转换码表见表 6.2)。

7.31 设计一个有两个 2 位二进制数的乘法电路。

7.32 设计一个有三个输入端、一个输出端的组合逻辑电路，其逻辑功能是，在三个输入信号中有奇数个为高电平时，输出也为高电平，否则为低电平。这个电路也称为判奇电路。

7.33 $A$ 和 $B$ 是两个 2 位二进制数，$A=A_2A_1$，$B=B_2B_1$。试设计一个对 $A$ 和 $B$ 进行数值比较的电路。

7.34 图 7.89 电路是用译码器 74LS138 和数据选择器 74LS151 构成的比较器，它用来比较数码 $X_2X_1X_0$ 与 $Y_2Y_1Y_0$ 是否相同。试分析该电路的工作原理。

7.35 写出图 7.90 所示电路的逻辑函数表达式。

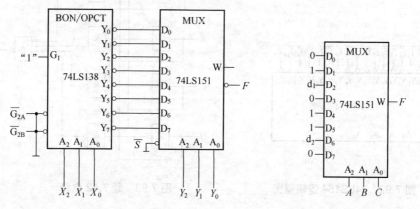

图 7.89 题 7.34 电路　　　　图 7.90 题 7.35 电路

7.36 用 4 选 1 数据选择器实现下列函数：

(1) $F(A,B,C)=\sum m(2,4,5,7)$

(2) $F(A,B,C,D)=\sum m(1,2,3,5,6,8,9,12)$

7.37 试用 4 选 1 数据选择器实现函数 $F = \overline{A}CD + \overline{A}BCD + BC + B\overline{C}D$。

7.38 设计用 3 个开关控制一个电灯的逻辑电路，要求改变任何一个开关的状态都能控制电灯由亮变灭或者由灭变亮。要求用数据选择器来实现。

7.39 分析图 7.91 所示电路，写出 $F_1$、$F_2$ 的逻辑函数表达式。

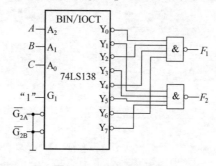

图 7.91 题 7.39 电路

7.40 试用 74LS138 设计一位全加器。

7.41 画出用 4—16 线译码器 74LS154 和门电路实现如下多输出逻辑函数的逻辑图。图 7.92 是 74LS154 的逻辑框图，图中的 $\overline{S}_A$ 和 $\overline{S}_B$ 是两个使能端，译码器工作时应使 $\overline{S}_A$ 和 $\overline{S}_B$

同时为低电平。当输入地址变量 $A_3A_2A_1A_0$ 为 0000～1111 这 16 种状态时，输出从 $\overline{Y}_0$ 到 $\overline{Y}_{15}$ 依次给出低电平输出信号。

$$F_1 = \overline{A}BCD + \overline{A}B C\overline{D} + A\overline{B}C D + \overline{A}B C\overline{D}$$

$$F_2 = \overline{A}BCD + A\overline{C}D + BC\overline{D}$$

$$F_3 = A\overline{B}$$

7.42 分析图 7.93 电路中是否存在冒险现象，如果存在，如何消除？

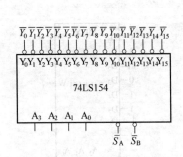

图 7.92 74LS154 逻辑框图

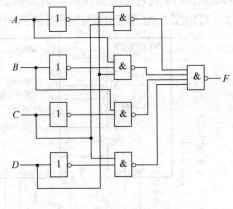

图 7.93 题 7.42 电路

# 第8章 时序逻辑电路

**本章学习目标**

本章首先介绍触发器的特性、功能和结构，触发器的触发方式以及常用的集成触发器。而后介绍时序逻辑电路的分析方法以及中规模集成组件：寄存器、移位寄存器、计数器的逻辑功能和应用。通过对本章的学习，读者应掌握和了解以下知识。

- 了解同步触发器电路结构及工作原理。
- 着重理解 RS 触发器、D 触发器、JK 触发器、T 触发器、T′触发器的时钟条件(触发方式)、逻辑功能及电路符号。
- 了解时序逻辑电路的分析方法。
- 掌握计数器、寄存器工作原理；熟练掌握中规模集成组件引脚功能。
- 熟练掌握用中规模集成计数器构成任意进制计数器的方法。

## 8.1 触　发　器

时序逻辑电路与组合逻辑电路的不同之处在于，它的输出不仅与当前的输入有关，而且还与前一时刻的电路状态有关。因此，时序逻辑电路需要对前一时刻的状态进行记忆，完成记忆功能的部件称为存储单元。触发器就是时序逻辑电路中实现记忆功能的基本存储单元。

### 8.1.1　基本 RS 触发器

#### 1. 电路结构

由两个与非门的输入和输出交叉耦合组成的基本 RS 触发器如图 8.1(a)所示，图 8.1(b)为其逻辑符号。$\overline{R}_D$ 和 $\overline{S}_D$ 为信号输入端，它们上面的非号表示低电平有效，在逻辑符号中用小圆圈表示。$Q$ 和 $\overline{Q}$ 为输出端，在触发器处于正常工作时，它们总是处于互补的状态，即一个为 0 时，另一个为 1。定义 $Q$ 端的状态为触发器状态，如 $Q=1$、$\overline{Q}=0$ 时，触发器为 1 态；$Q=0$、$\overline{Q}=1$ 时，触发器为 0 态。

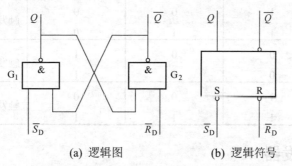

(a) 逻辑图　　　　　(b) 逻辑符号

**图 8.1　与非门组成的基本 RS 触发器和逻辑符号**

## 2. 逻辑功能

下面根据与非门的逻辑功能讨论基本 RS 触发器的工作原理。

(1) 当 $\overline{R}_D =0$、$\overline{S}_D =1$ 时，触发器置 0。因 $\overline{R}_D =0$，$G_2$ 输出 $\overline{Q} =1$，这时 $G_1$ 输入都为高电平 1，输出 $Q=0$，触发器被置 0。使触发器处于 0 状态的输入端 $\overline{R}_D$ 称为置 0 端，也称复位端，低电平有效。

(2) 当 $\overline{R}_D =1$、$\overline{S}_D =0$ 时，触发器置 1。因 $\overline{S}_D =0$，$G_1$ 输出 $Q=1$，这时 $G_2$ 输入都为高电平 1，输出 $\overline{Q} =0$，触发器被置 1。使触发器处于 1 状态的输入端 $\overline{S}_D$ 称为置 1 端，也称置位端，置位端也是低电平有效。

(3) 当 $\overline{R}_D = \overline{S}_D =1$ 时，触发器保持原状态不变。如触发器处于 $Q=0$、$\overline{Q} =1$ 的 0 状态时，则 $Q=0$ 反馈到 $G_2$ 的输入端，$G_2$ 因输入有低电平 0，输出 $\overline{Q} =1$；$\overline{Q} =1$ 又反馈到 $G_1$ 输入端，$G_1$ 输入都为高电平 1，输出 $Q=0$。电路保持 0 状态不变。

如触发器原处于 $Q=1$、$\overline{Q} =0$ 的 1 状态时，则电路同样能保持 1 状态不变。

(4) 当 $\overline{R}_D = \overline{S}_D =0$ 时，触发器输出 $Q= \overline{Q} =1$，这时触发器处于非正常状态。而在 $\overline{R}_D = \overline{S}_D$ 同时由 0 变为 1 时，由于 $G_1$ 和 $G_2$ 电气性能上的差异，其输出状态无法预知，可能是 0 状态，也可能是 1 状态，即触发器处于不定状态。而实际上，这种情况是不允许的。为避免出现这种情况，使用时，必须保证 $\overline{R}_D$、$\overline{S}_D$ 中至少有一个为 1，即满足 $\overline{R}_D + \overline{S}_D =1$ 的条件。

## 3. 特性表

下面介绍两个名词。原态(或现态)：是指触发器输入信号($\overline{R}_D$、$\overline{S}_D$ 端)变化前的状态，用 $Q^n$ 表示；新态(或次态)：是指触发器输入信号变化后的状态，用 $Q^{n+1}$ 表示。触发器次态 $Q^{n+1}$ 与输入信号和电路原有状态(现态)之间关系的真值表称作特性表。因此，上述基本 RS 触发器的逻辑功能可用表 8.1 所示的特性表来表示。

表 8.1　与非门组成的基本 RS 触发器的特性表

| 输 入 | | 原 态 | 次 态 | 说 明 |
|---|---|---|---|---|
| $\overline{R}_D$ | $\overline{S}_D$ | $Q^n$ | $Q^{n+1}$ | |
| 0 | 0 | 0 | × | 触发器状态不定 |
| 0 | 0 | 1 | × | |
| 0 | 1 | 0 | 0 | 触发器置 0(复位) |
| 0 | 1 | 1 | 0 | |
| 1 | 0 | 0 | 1 | 触发器置 1(置位) |
| 1 | 0 | 1 | 1 | |
| 1 | 1 | 0 | 0 | 触发器保持原状态不变 |
| 1 | 1 | 1 | 1 | |

## 8.1.2　同步触发器

上面介绍的基本 RS 触发器动作的特点是当 $\overline{R}_D$、$\overline{S}_D$ 端的置 0 信号或置 1 信号一出现，输出状态就可能随之而发生变化，触发器状态转换没有一个统一的节拍，这不仅使电路的抗干扰能力下降，也不便于多个触发器同步工作。在实际使用中，经常要求触发器按一定的节拍翻转，为此，需要加入一个时钟控制端 CP，只有在 CP 端上出现时钟脉冲时，触发器的状态才能变化。具有时钟脉冲控制的触发器称为时钟触发器，又称同步触发器(或钟控触发器)，因为触发器状态的改变与时钟脉冲同步。

### 1. 同步 RS 触发器

#### 1) 电路结构

同步 RS 触发器是在基本 RS 触发器的基础上增加了两个时钟脉冲 CP 控制的门 $G_3$、$G_4$ 组成的，如图 8.2(a)所示，图 8.2(b)为其逻辑符号。图中 CP 为时钟脉冲输入端，简称钟控端或 CP 端。

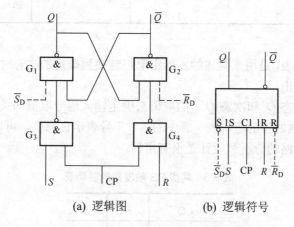

(a) 逻辑图      (b) 逻辑符号

图 8.2 同步 RS 触发器和逻辑符号

#### 2) 逻辑功能

当 CP=0 时，$G_3$、$G_4$ 被封锁，都输出 1，这时，不管 $R$ 端和 $S$ 端的信号如何变化，触发器的状态保持不变，即 $Q^{n+1}=Q^n$。

当 CP=1 时，$G_3$、$G_4$ 解除封锁，$R$、$S$ 端的输入信号才能通过这两个门使基本 RS 触发器的状态翻转。其输出状态仍由 $R$、$S$ 端的输入信号和电路的原有状态 $Q^n$ 决定。电路的逻辑功能如表 8.2 所示。

由表 8.2 可看出，在 $R=S=1$ 时，$G_3$、$G_4$ 门的输出均为 0，从而使触发器 $Q=\overline{Q}=1$，而当时钟脉冲信号由 1 变为 0 后，触发器的输出状态不定，为避免出现这种情况，应使 $R$、$S$ 至少有一个为 0。

在图 8.2(a)中，虚线所示 $\overline{R}_D$ 和 $\overline{S}_D$ 为直接置 0(复位)端和直接置 1(置位)端。如取 $\overline{R}_D=1$、$\overline{S}_D=0$，触发器置 1；如取 $\overline{R}_D=0$、$\overline{S}_D=1$，触发器置 0。它不受 CP 脉冲的控制。因此，$\overline{R}_D$ 和 $\overline{S}_D$ 端又称为异步置 0 端和异步置 1 端。在 $\overline{R}_D=\overline{S}_D=1$ 时，触发器正常工作。

表 8.2  同步 RS 触发器的特性表

| 输 入 | | 原 态 | 次 态 | 说 明 |
|---|---|---|---|---|
| $R$ | $S$ | $Q^n$ | $Q^{n+1}$ | |
| 0 | 0 | 0 | 0 | 触发器保持原状态不变 |
| 0 | 0 | 1 | 1 | |
| 0 | 1 | 0 | 1 | 触发器状态和 $S$ 相同 |
| 0 | 1 | 1 | 1 | |
| 1 | 0 | 0 | 0 | 触发器状态和 $S$ 相同 |
| 1 | 0 | 1 | 0 | |
| 1 | 1 | 0 | × | 触发器状态不定 |
| 1 | 1 | 1 | × | |

3) 驱动表

驱动表又称激励表,是用来描述触发器由现态转换到确定的次态时对输入信号的要求。驱动表可由特性表得出。

根据触发器的现态 $Q^n$ 和次态 $Q^{n+1}$ 的取值来确定输入信号取值的关系,由表 8.2 可列出表 8.3 所示同步 RS 触发器的驱动表。表中的"×"号表示任意值,可以为 0,也可以为 1。驱动表对时序逻辑电路的分析和设计是很有用的。

表 8.3  同步 RS 触发器的驱动表

| $Q^n \to Q^{n+1}$ | | $R$ | $S$ |
|---|---|---|---|
| 0 | 0 | × | 0 |
| 0 | 1 | 0 | 1 |
| 1 | 0 | 1 | 0 |
| 1 | 1 | 0 | × |

4) 特性方程

触发器次态 $Q^{n+1}$ 与 $R$、$S$ 及现态 $Q^n$ 之间关系的逻辑表达式称为触发器的特性方程。

根据表 8.2 可画出同步 RS 触发器 $Q^{n+1}$ 的卡诺图,如图 8.3 所示。由此可得同步 RS 触发器特性方程为

$$\left. \begin{array}{l} Q^{n+1} = S + \overline{R}Q^n \\ RS = 0(约束条件) \end{array} \right\} \tag{8-1}$$

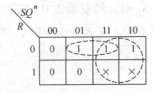

图 8.3  同步 RS 触发器 $Q^{n+1}$ 的卡诺图

5)　状态转换图

触发器的逻辑功能还可用状态转换图来描述。它表示触发器从一个状态变化到另一个状态或保持原状态不变时，对输入信号 $(R、S)$ 提出的要求。图 8.4 所示状态转换图是根据表 8.3 画出来的。图中的两个圆圈分别表示触发器的两个稳定状态，箭头表示在输入时钟信号 CP 作用下状态转换的情况，箭头线旁标注的 $R、S$ 值表示触发器状态转换的条件。例如要求触发器由 0 状态转换 1 状态时，由图 8.4 可知，应取输入信号 $R=0、S=1$。

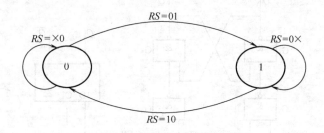

图 8.4　同步 RS 触发器的状态转换图

6)　时序图

时序图又称为工作波形图或时间波形图，它是以波形的形式来描述逻辑功能的。下面以例 8-1 说明一下 RS 触发器的时序图。

【例 8-1】　同步 RS 触发器逻辑电路如图 8.2 所示，已知输入信号 $R、S$ 及 CP 波形如图 8.5 所示。设触发器初始状态为 0，$\overline{R}_D = \overline{S}_D = 1$，试画出触发器输出 $Q$ 与 $\overline{Q}$ 端的波形。

**解**　根据给定的输入信号波形图，由同步 RS 触发器的特性表可知，第一个 CP 脉冲到来时，输入 $R=0$，$S=1$，所以 $Q$ 由 0 状态翻转为 1 状态。当 CP 脉冲由 1 恢复为 0 时，触发器状态保持不变。第二个 CP 脉冲到来时，输入 $R=1$，$S=0$，所以 $Q$ 又由 1 状态翻转为 0 状态，此状态一直保持到第三个 CP 脉冲到来时，由于此时 $R=0$，$S=0$，$Q$ 端仍保持原状态 0。直到第四个 CP 脉冲到来时，因为输入 $R=1$，$S=1$，所以 $Q=1$，$\overline{Q}=1$。当 CP 脉冲由 1 恢复为 0 后，触发器输出 $Q$ 与 $\overline{Q}$ 出现不定状态。通过以上分析，画出 $Q$ 与 $\overline{Q}$ 的波形如图 8.5 所示。

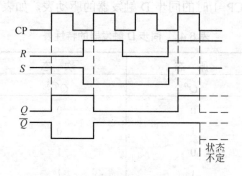

图 8.5　例 8-1 输入与输出的波形图

同步 RS 触发器在时钟脉冲 CP=1 期间，如果输入端 $R、S$ 信号状态发生多次变化，则可能引起触发器输出状态出现多次翻转现象，造成触发器输出状态混乱，产生所谓"空翻"

现象，RS 触发器空翻现象的波形图，类似于后面讲的同步 D 触发器的空翻现象的波形图。

### 2. 同步 D 触发器

#### 1) 电路结构

为了避免同步 RS 触发器同时出现 $R$ 和 $S$ 都为 1 的情况，可在 $R$ 和 $S$ 之间接入非门 $G_5$，如图 8.6(a)所示，这种单输入的触发器称为 D 触发器。图 8.6(b)所示为其逻辑符号。

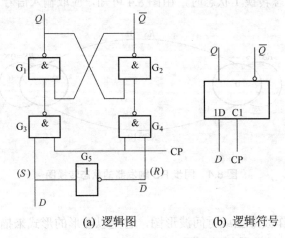

(a) 逻辑图　　　　　　(b) 逻辑符号

**图 8.6　同步 D 触发器和逻辑符号**

#### 2) 逻辑功能

在 CP=0 时，$G_3$ 和 $G_4$ 被封锁都输出 1，触发器保持原状态不变，不受 $D$ 端输入信号的控制。

在 CP=1 时，$G_3$ 和 $G_4$ 解除封锁，可接收 $D$ 端输入的信号。如 $D$=1 时，$\overline{D}$=0，触发器翻转到 1 状态，即 $Q^{n+1}$=1，如 $D$=0，$\overline{D}$=1，触发器翻转到 0 状态时，即 $Q^{n+1}$=0。由此可列出表 8.4 所示同步 D 触发器的特性表。

由上述分析可知，同步 D 触发器的逻辑功能如下：当 CP 由 0 变为 1 时，触发器的状态翻转到和 $D$ 相同的状态；当 CP 由 1 变为 0 时，触发器保持原状态不变。

根据表 8.4 可得到在 CP=1 时的同步 D 触发器的驱动表，如表 8.5 所示。

**表 8.4　同步 D 触发器的特性表**

| 输　入 | 原　态 | 次　态 | 说　明 |
|:---:|:---:|:---:|:---:|
| $D$ | $Q^n$ | $Q^{n+1}$ | |
| 0 | 0 | 0 | 输出状态和 $D$ 相同 |
| 0 | 1 | 0 | 输出状态和 $D$ 相同 |
| 1 | 0 | 1 | 输出状态和 $D$ 相同 |
| 1 | 1 | 1 | 输出状态和 $D$ 相同 |

表 8.5 同步 D 触发器的驱动表

| $Q^n$ | $\rightarrow$ | $Q^{n+1}$ | $D$ |
|---|---|---|---|
| 0 | | 0 | 0 |
| 0 | | 1 | 1 |
| 1 | | 0 | 0 |
| 1 | | 1 | 1 |

3) 特性方程

根据表 8.4 可画出 D 触发器 $Q^{n+1}$ 的卡诺图，如图 8.7 所示。由该图可得

$$Q^{n+1}=D \tag{8-2}$$

4) 状态转换图

由表 8.5 所示驱动表可画出图 8.8 所示的状态转换图。

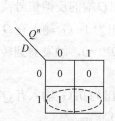

图 8.7 同步 D 触发器 $Q^{n+1}$ 的卡诺图

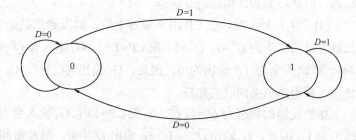

图 8.8 同步 D 触发器的状态转换图

### 3. 同步 JK 触发器

1) 电路结构

克服同步 RS 触发器在 $R=S=1$ 时出现不定状态的另一种方法是将触发器输出端 $Q$ 和 $\overline{Q}$ 的状态反馈到输入端，这样，$G_3$ 和 $G_4$ 的输出不会同时出现 0，从而避免了不定状态的出现，电路如图 8.9(a)所示。图 8.9(b)为其逻辑符号。

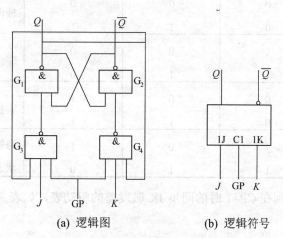

(a) 逻辑图          (b) 逻辑符号

图 8.9 同步 JK 触发器和逻辑符号

電子技術基礎（第2版）

### 2) 逻辑功能

当 CP=0 时，$G_3$ 和 $G_4$ 被封锁，都输出 1，触发器保持原状态不变。

当 CP=1 时，$G_3$ 和 $G_4$ 解除封锁，输入 $J$、$K$ 端的信号可控制触发器的状态。

(1) 当 $J=K=0$ 时，$G_3$ 和 $G_4$ 都输出 1，触发器保持原状态不变，即 $Q^{n+1}=Q^n$。

(2) 当 $J=1$、$K=0$ 时，如触发器为 $Q^n=0$、$\bar{Q}^n=1$ 的 0 状态，则 CP=1 时，$G_3$ 输入全为 1，输出为 0，$G_1$ 输出 $Q^{n+1}=1$。由于 $K=0$ 时，$G_4$ 输出 1，这时 $G_2$ 输入全为 1，输出 $\bar{Q}^{n+1}=0$。触发器翻转到 1 状态，即 $Q^{n+1}=1$。

如触发器为 $Q^n=1$、$\bar{Q}^n=0$ 的状态 1 时，在 CP=1 时，$G_3$ 和 $G_4$ 的输入分别为 $\bar{Q}^n=0$ 和 $K=0$，这两个门都输出 1，触发器保持原状态不变，即 $Q^{n+1}=Q^n$。

可见在 $J=1$、$K=0$ 时，不论触发器原来处于什么状态，则在 CP 由 0 变为 1 后，触发器翻转到和 $J$ 相同的 1 状态。

(3) 当 $J=0$、$K=1$ 时，用同样的分析方法可知，在 CP 由 0 变为 1 后，触发器翻转到 0 状态，即翻转到和 $J$ 相同的 0 状态。

(4) 当 $J=K=1$ 时，在 CP 由 0 变为 1 后，触发器的状态由 $Q$ 和 $\bar{Q}$ 端的反馈信号决定。如触发器的状态为 $Q^n=0$、$\bar{Q}^n=1$，在 CP=1 时，$G_4$ 输入有 $Q^n=0$，输出为 1；$G_3$ 输入有 $\bar{Q}^n=1$、$J=1$，即输入全为 1，输出为 0。因此，$G_1$ 输出 $Q^{n+1}=1$，$G_2$ 输出 $\bar{Q}^{n+1}=0$，触发器翻转到 1 状态，和电路原来的状态相反。

如触发器的状态为 $Q^n=1$、$\bar{Q}^n=0$，在 CP=1 时，$G_4$ 输入全为 1，输出为 0；$G_3$ 输入有 $\bar{Q}^n=0$，输出为 1，因此，$G_2$ 输出 $\bar{Q}^{n+1}=1$，$G_1$ 输出 $Q^{n+1}=0$，触发器翻转到 0 状态。

可见，在 $J=K=1$ 时，每输入一个时钟脉冲 CP，触发器的状态变化一次，电路处于计数状态，这时 $Q^{n+1}=\bar{Q}^n$。

上述同步 JK 触发器的逻辑功能可用表 8.6 来表示。

表 8.6 同步 JK 触发器的特性表

| 输　入 | | 初　态 | 次　态 | 说　明 |
|:---:|:---:|:---:|:---:|:---|
| $J$ | $K$ | $Q^n$ | $Q^{n+1}$ | |
| 0 | 0 | 0 | 0 | 输出保持原状态不变 |
| 0 | 0 | 1 | 1 | |
| 0 | 1 | 0 | 0 | 输出状态和 $J$ 相同 |
| 0 | 1 | 1 | 0 | |
| 1 | 0 | 0 | 1 | 输出状态和 $J$ 相同 |
| 1 | 0 | 1 | 1 | |
| 1 | 1 | 0 | 1 | 每输入一个时钟脉冲，输出状态翻转变化一次 |
| 1 | 1 | 1 | 0 | |

根据表 8.6 可得到在 CP=1 时的同步 JK 触发器的驱动表，如表 8.7 所示。

表 8.7　同步 JK 触发器的驱动表

| $Q^n \rightarrow$ | $Q^{n+1}$ | $J$ | $K$ |
|---|---|---|---|
| 0 | 0 | 0 | × |
| 0 | 1 | 1 | × |
| 1 | 0 | × | 1 |
| 1 | 1 | × | 0 |

3）特性方程

根据表 8.6 可画出图 8.10 所示的同步 JK 触发器 $\overline{Q}^{n+1}$ 的卡诺图。由此可得

$$Q^{n+1}=J\overline{Q}^n+\overline{K}Q^n \tag{8-3}$$

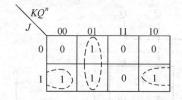

图 8.10　同步 JK 触发器的 $Q^{n+1}$ 的卡诺图

4）状态转换图

根据表 8.7 可画出同步 JK 触发器的状态转换图，如图 8.11 所示。

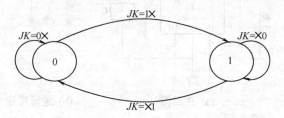

图 8.11　同步 JK 触发器的状态转换图

**4．同步触发器的空翻**

在 CP 为高电平 1 期间，若同步触发器的输入信号发生多次变化时，其输出状态也相应发生多次变化，这种现象称为触发器的空翻。图 8.12 所示为同步 D 触发器的空翻波形。由该图可看出，在 CP=1 期间，输入 D 的状态发生多次变化时，其输出状态也随之变化。

同步触发器由于存在空翻，它只能用于数据锁存，而不能用于计数器、移位寄存器和存储器等。下面将介绍几种没有空翻现象的触发器。

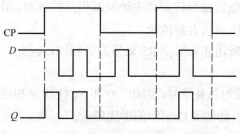

图 8.12　同步 D 触发器的空翻波形

### 8.1.3 主从触发器

为了提高触发器的工作可靠性，要求在 CP 的每个周期内触发器的状态只能变化一次。为此，常采用主从结构的触发器。主从触发器是在同步 RS 触发器的基础上发展起来的，它的类型较多，这里主要介绍主从 RS 触发器和主从 JK 触发器。

#### 1. 主从 RS 触发器

1) 电路结构

主从 RS 触发器的逻辑图如图 8.13(a)所示，图 8.13(b)为逻辑符号。由逻辑图可看出，它是由两个同步 RS 触发器串联组成的，上面的为从触发器、下面的为主触发器。G 门的作用是将 CP 反相为 $\overline{CP}$，使主、从两个触发器分别工作在两个不同的时区内。

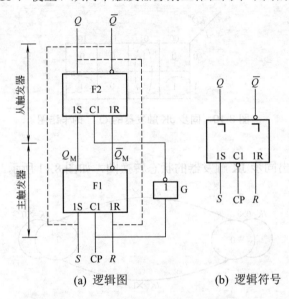

(a) 逻辑图        (b) 逻辑符号

图 8.13 主从 RS 触发器的逻辑图和逻辑符号

2) 逻辑功能

当 CP=1 时，$\overline{CP}$=0，从触发器被封锁，保持原状态不变。这时，主触发器工作，接收 $R$ 和 $S$ 端的输入信号。如 $R$=1、$S$=0 时，根据同步 RS 触发器的逻辑功能可知，主触发器翻转到 $Q_M^{n+1} = 0$，$\overline{Q}_M^{n+1} = 1$ 的 0 状态。其余功能请读者自行分析。

当 CP 由 1 负跃到 0 时，即 CP=0、$\overline{CP}$=1。主触发器被封锁，不受 $R$、$S$ 端输入信号的控制，且保持原状态不变。由于 $\overline{CP}$=1，从触发器跟随主触发器的状态翻转，这时 $Q^{n+1}= Q_M^{n+1}$、$\overline{Q}^{n+1} = \overline{Q}_M^{n+1}$，即从触发器翻转到和主触发器相同的状态。由以上分析可知，主从 RS 触发器是在 CP 下降沿到达后状态翻转的。

主从 RS 触发器的逻辑功能和同步 RS 触发器的相同，因此，它们的特性表、驱动表、特性方程也相同。

由于 $Q$ 和 $\overline{Q}$ 端输出的为互补信号，因此，$\overline{Q}$ 和 $S$、$Q$ 和 $R$ 相连后，便组成了 T′ 触发器，T′ 触发器在 8.1.4 中介绍，如图 8.13(a)中的虚线所示。

### 2．主从 JK 触发器

1)　电路结构

如将图 8.14(a)的 $Q$ 端和 $R$ 端相连，$\overline{Q}$ 端和 $S$ 端相连，并在主触发器的输入部分增加 $J$ 和 $K$ 两个输入端，便构成了图 8.14(a)所示的主从 JK 触发器。图 8.14(b)为其逻辑符号。

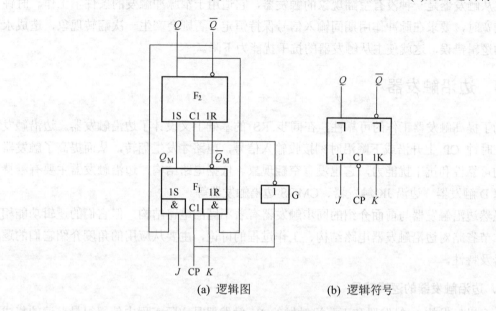

(a)　逻辑图　　　　　　(b)　逻辑符号

**图 8.14　主从 JK 触发器逻辑图和逻辑符号**

2)　逻辑功能

由图 8.14(a)可知，在 CP=1 时，主触发器工作，$R$ 和 $S$ 的逻辑表达式为

$$\left.\begin{array}{l} R = KQ^n \\ S = J\overline{Q}^n \end{array}\right\} \tag{8-4}$$

将式(8-4)代入 RS 触发器的特性方程中便得主触发器的特性方程为

$$\begin{aligned} Q_{M}^{n+1} &= S + \overline{R}Q^n \\ &= J\overline{Q}^n + \overline{KQ^n}Q^n \\ &= J\overline{Q^n} + \overline{K}Q^n \end{aligned} \tag{8-5}$$

当 CP 由 1 变为 0 时，主触发器保持原状态不变，从触发器工作，并跟随主触发器状态变化，即

$$Q^{n+1} = Q_{M}^{n+1}$$
$$Q^{n+1} = J\overline{Q}^n + \overline{K}Q^n \text{（CP 下降沿到来有效）} \tag{8-6}$$

上式为主从 JK 触发器的特性方程，由该式可知，它具有前述 JK 触发器相同的逻辑功能，即

当 $J=0$、$K=0$ 时，$Q^{n+1}=Q^n$，触发器保持原状态不变；

当 $J=1$、$K=1$ 时，$Q^{n+1}=\overline{Q}^n$，每输入一个时钟脉冲，触发器的状态变化一次；

当 $J=1$、$K=0$ 时，$Q^{n+1}=1$，在时钟脉冲作用下，触发器置 1；

当 $J=0$、$K=1$ 时，$Q^{n+1}=0$，在时钟脉冲作用下，触发器置 0。

和主从 RS 触发器一样，主从 JK 触发器中的主触发器和从触发器也是工作在 CP 的不同时区内。因此，输入 $J$、$K$ 状态的变化不会直接影响 JK 触发器的输出状态，也是用 CP 负跃变触发的。

主从触发器是一种没有空翻现象的触发器，它适用于窄脉冲触发的条件下工作。时钟脉冲较宽时，要求在脉冲作用期间输入信号保持恒定，否则会产生一次翻转现象，造成永久性的逻辑错误，这就使主从触发器的抗干扰能力下降。

## 8.1.4 边沿触发器

为了提高触发器工作的可靠性，在同步 RS 的基础上又设计了边沿触发器。边沿触发器只在时钟 CP 上升沿或下降沿时刻接收输入信号，电路才发生翻转，从而提高了触发器工作的可靠性和抗干扰能力，它也没有空翻现象。依据电路结构，边沿触发器主要有维持与阻塞 D 触发器、边沿 JK 触发器、CMOS 边沿触发器等。

虽然边沿触发器与前面介绍的同步触发器有着不同的电路结构，但它们的逻辑功能相同，本节省略对边沿触发器电路结构、工作过程的讨论，主要从应用的角度介绍它们的逻辑符号及特性。

### 1. 边沿触发器的逻辑符号

上升沿触发的 D 触发器和下降沿触发的 JK 触发器是实际工程中使用得最普遍的集成边沿触发器，这两种触发器的逻辑符号分别如图 8.15、图 8.16 所示。

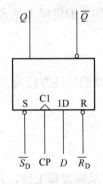
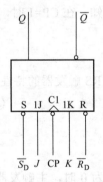

图 8.15 上升沿触发的 D 触发器符号　　图 8.16 下降沿触发的 JK 触发器符号

符号图中的输入端 $\overline{R}_D$、$\overline{S}_D$ 曾经在图 8.2 中出现过。$\overline{R}_D$ 为复位端(也称直接置 0 端)，$\overline{S}_D$ 为置位端(也称直接置 1 端)。$\overline{R}_D$、$\overline{S}_D$ 输入端的"。"表示它们为低电平有效，当它们均为高电平时，对触发器的状态不产生任何影响。当 $\overline{R}_D=0$、$\overline{S}_D=1$ 时，无论 CP 和输入信号如何，触发器均被置"0"；当 $\overline{R}_D=1$、$\overline{S}_D=0$ 时，无论 CP 和输入信号如何，触发器均被置"1"。$\overline{R}_D$、$\overline{S}_D$ 不可同时为"0"，否则将导致触发器状态不确定。由此可见，$\overline{R}_D$、$\overline{S}_D$ 实际上相当于基本 RS 触发器的两个输入信号端，可以随时在不受 CP 脉冲控制的情况下直接将触发器置为所需状态，在应用中为触发器的初始化提供了方便的手段。

符号图 CP 端有"∧"、无"。"表示触发器采用上升沿触发，CP 端既有"∧"、又有"。"表示触发器采用下降沿触发。边沿 D 触发器，多用上升沿触发。TTL 边沿的 JK 触发器多用下降沿触发，若是 CMOS 多用上升沿触发。

复位端、置位端也不一定是低电平有效，若将图 8.15、图 8.16 中的 $R$、$S$ 端小圈圈"。"去掉，复位、置位时就变成高电平有效了。当它们均为低电平时，对触发器的状态不产生任何影响。

**2. 边沿触发器的时序图**

图 8.17 是图 8.15 上升沿触发的 D 触发器 $\overline{R}_D = \overline{S}_D = 1$ 的时序图，从图中可以清楚地看出，在每一个 CP 上升沿时刻，触发器均根据当时输入信号 $D$ 的状态进行翻转，其他时刻触发器维持原态不变。

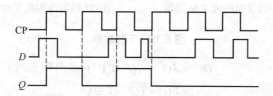

图 8.17　上升沿触发的 D 触发器的时序图

图 8.18 是图 8.16 下降沿触发的边沿 JK 触发器，加了 $\overline{R}_D$、$\overline{S}_D$ 信号的时序图，从图中可以清楚地看出，只有在 $\overline{R}_D = \overline{S}_D = 1$ 时每一个 CP 下降沿时刻，触发器均根据当时的输入信号 $J$、$K$ 进行翻转，在置 0 或置 1 期间触发器不随 $J$、$K$ 信号进行翻转，如图 8.18 波形中，第六个脉冲下降沿到来时触发器本应翻转为 1，但由于触发器处于置 0 期间，因此 $Q$ 维持原状态 0 不变。

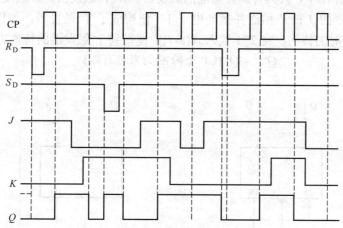

图 8.18　下降沿触发的 JK 触发器的时序图

**3. 用边沿触发器构成 T 触发器和 T′ 触发器**

1) T 触发器

在时钟 CP 作用下，具有保持和翻转功能的触发器，称为 T 触发器。若将 $J$ 和 $K$ 相连

作为 $T$ 输入端就构成了 T 触发器，电路如图 8.19(a)所示，将 $T$ 代入 JK 触发器的特性方程中，便得到 T 触发器特性方程。

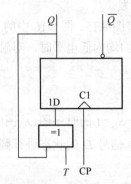

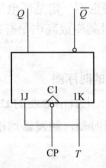

(a) JK 触发器构成 T 触发器　　　　　(b) D 触发器构成 T 触发器

图 8.19　T 触发器

$$Q^{n+1} = J\overline{Q}^n + \overline{K}Q^n \text{ (CP 下降沿到来时有效)}$$
$$= T\overline{Q}^n + \overline{T}Q^n = T \oplus Q^n \tag{8-7}$$

和 JK 触发器一样，用 D 触发器也可构成 T 触发器，如图 8.19(b)所示，根据 T 触发器特性方程和 D 触发器特性方程可得到

$$Q^{n+1} = D = T \oplus Q^n \text{ (CP 上升沿到来时有效)} \tag{8-8}$$

根据式(8-7)和式(8-8)可知，当 $T=0$ 时，在 CP 作用下，触发器的输出状态保持不变，当 $T=1$ 时，每来一个时钟 CP 脉冲，触发器的输出状态翻转一次。

2)　T′ 触发器

在时钟脉冲作用下，只具有翻转功能的触发器称作 T′ 触发器。T′ 触发器又称计数触发器。将 JK 触发器的 $J$ 和 $K$ 相连并接高电平 1，便构成了 T′ 触发器，如图 8.20(a)所示。T′ 触发器是 $T=1$ 时的特例，将 $T=1$ 代入式(8-7)中便得到 T′ 触发器的特性方程：

$$Q^{n+1} = \overline{Q}^n \text{ (CP 下降沿到来时有效)} \tag{8-9}$$

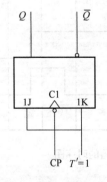

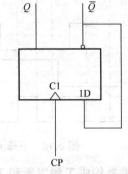

(a) JK 触发器构成的 T′ 触发器　　　　　(b) D 触发器转换成 T′ 触发器

图 8.20　T′ 触发器

T′触发器也可用 D 触发器转换而成，如图 8.20(b)所示，将 *T*=1 代入式(8-8)中可得：

$$Q^{n+1} = D = \overline{Q^n} \text{ (CP 上升沿到来时有效)}\qquad\qquad(8\text{-}10)$$

T′ 触发器在时钟脉冲 CP 作用下，具有翻转功能。因此，它可用来组成分频电路。图 8.21(a)所示为由 D 触发器组成的分频电路，图 8.21(b)为输入和输出波形。由波形图可看出，输出 *Q* 波形的周期为输入时钟脉冲 CP 的两倍，其频率则为 CP 的 1/2。因此，图 8.21(a)所示电路为一个二分频电路。

T 和 T′ 触发器也可用同步触发器、主从触发器转换而成，使用时注意时钟条件，时钟条件取决于是由哪种触发器转换而成的。

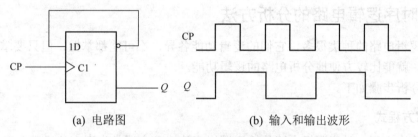

(a) 电路图　　　　　　　　　(b) 输入和输出波形

图 8.21　D 触发器组成的分频电路

# 8.2　时序逻辑电路

本节在简单介绍了同步时序逻辑电路的分析方法、寄存器与移位寄存器、异步计数器和同步计数器的基本工作原理后，着重介绍了有关中规模集成电路的逻辑功能、使用方法和应用。

## 8.2.1　概述

时序逻辑电路又称时序电路，它主要由存储电路和组合逻辑电路两部分组成，如图 8.22 所示。与组合逻辑电路不同，时序逻辑电路在任何一个时刻的输出状态不仅取决于当时的输入信号，而且还取决于电路原来的状态。时序逻辑电路的状态是由存储电路来记忆和表示的。因此，在时序逻辑电路中，触发器是必不可少的，而有些时序逻辑电路中则可以没有组合逻辑电路，在以后讨论时序逻辑电路的功能时，可以看到这一点。

时序逻辑电路的现态和次态是由组成该时序逻辑电路的触发器的现态和次态来表示的，其时序波形也是根据各个触发器的状态变化情况来描绘的。

根据电路状态转换情况的不同，时序逻辑电路又分为同步时序逻辑电路和异步时序逻辑电路两大类。在同步时序逻辑电路中，所有触发器的时钟输入端 CP 都连在一起，在同一个时钟脉冲 CP 作用下，凡具备翻转条件的触发器在同一时刻状态翻转。也就是说，触发器状态的更新和时钟脉冲 CP 是同步的。而在异步时序逻辑电路中，时钟脉冲只触发部分触发器，其余触发器则是由电路内信号触发的。因此，凡具备翻转条件的触发器状态的翻转有先有后，并不都和时钟脉冲 CP 同步。在以后讨论时序逻辑电路时，所讲的计数脉冲实际上就是时钟脉冲 CP，二者是一致的。

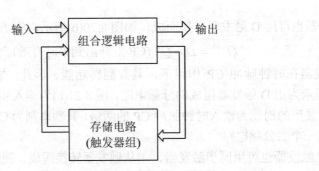

图 8.22　时序逻辑电路结构框图

## 8.2.2　时序逻辑电路的分析方法

时序逻辑电路的种类很多，它们的逻辑功能各异，不可能都掌握，但只要掌握了它的分析方法，就能比较方便地分析电路的逻辑功能。

基本分析步骤如下。

### 1．写方程式

(1)　输出方程。时序逻辑电路的输出逻辑表达式，它通常为现态的函数。

(2)　驱动方程。各触发器输入端的逻辑表达式。如 JK 触发器 $J$ 和 $K$ 的逻辑表达式；触发器 D 的逻辑表达式等。

(3)　状态方程。将驱动方程代入相应触发器的特性方程中，便得到该触发器的次态方程。时序逻辑电路的状态方程由各触发器次态的逻辑表达式组成。

在同步时序逻辑电路中，由于所有触发器都由同一个时钟脉冲信号 CP 来触发，它只控制触发器的翻转时刻，而对触发器翻转到何种状态并无影响，所以，在分析同步时序逻辑电路时，可以不考虑时钟条件。而在分析异步时序逻辑电路时必须考虑时钟条件，除了前面讲到的 3 个方程，还要写出时钟方程。

### 2．列状态转换真值表

将电路现态的各种取值代入状态方程和输出方程式进行计算，求出相应的次态和输出，从而列出状态转换真值表。如现态的起始值已给定时，则从给定值开始计算。如没有给定时，则可设定一个现态起始值依次进行计算。

时序逻辑电路的输出由电路的现态决定。

### 3．逻辑功能的说明

根据状态转换真值表来说明电路的逻辑功能。

### 4．画状态转换图和时序图

状态转换图是指电路由现态转换到次态的示意图。电路的时序图是在时钟脉冲 CP 作用下，各触发器状态变化的波形图。

【例 8-2】　试分析图 8.23 所示电路的逻辑功能，并画出状态转换图和时序图。

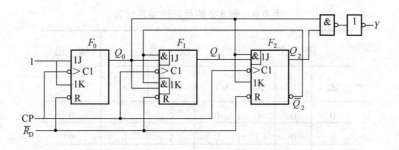

**图 8.23　待分析时序逻辑电路**

**解**　由图 8.23 所示电路可看出，时钟脉冲 CP 加在每个触发器的时钟脉冲输入端上。因此，它是一个同步时序逻辑电路，时钟方程可以不写。

(1) 写方程式。

① 输出方程：

$$Y = Q_2^n Q_0^n \tag{8-11}$$

② 驱动方程

$$\left. \begin{array}{l} J_0 = 1, \ K_0 = 1 \\ J_1 = \overline{Q}_2^n Q_0^n, \ K_1 = \overline{Q}_2^n Q_0^n \\ J_2 = Q_1^n Q_0^n, \ K_2 = Q_0^n \end{array} \right\} \tag{8-12}$$

③ 状态方程。将驱动方程式(8-12)代入 JK 触发器的特性方程 $Q^{n+1} = J\overline{Q^n} + \overline{K}Q^n$ 便得电路的状态方程，为

$$\left. \begin{array}{l} Q_0^{n+1} = J_0\overline{Q}_0^n + \overline{K}_0 Q_0^n = 1\overline{Q}_0^n + \overline{1}Q_0^n = \overline{Q}_0^n \\ Q_1^{n+1} = J_1\overline{Q}_1^n + \overline{K}_1 Q_1^n = \overline{Q}_2^n Q_0^n \overline{Q}_1^n + \overline{\overline{Q}_2^n Q_0^n} Q_1^n \\ Q_2^{n+1} = J_2\overline{Q}_2^n + \overline{K}_2 Q_2^n = Q_1^n Q_0^n \overline{Q}_2^n + \overline{Q}_0^n Q_2^n \end{array} \right\} \tag{8-13}$$

(2) 状态转换真值表。

设电路的现态为 $Q_2^n Q_1^n Q_0^n = 000$，代入式(8-11)和式(8-13)中进行计算后得 $Y=0$ 和 $Q_2^{n+1} Q_1^{n+1} Q_0^{n+1} = 001$，这说明输入第一个计数脉冲(时钟脉冲 CP)后，电路的状态由 000 翻转到 001，然后将 001 当作现态，即 $Q_2^n Q_1^n Q_0^n = 001$，代入上式两式中进行计算后得 $Y=0$ 和 $Q_2^{n+1} Q_1^{n+1} Q_0^{n+1} = 010$，即输入第二个 CP 后，电路的状态由 001 翻转到 010。其余类推。由此可求得表 8.8 所示的状态转换真值表。

(3) 逻辑功能说明。

由表 8.8 可看出，图 8.23 所示电路在输入第 6 个计数脉冲 CP 后，返回原来的状态，同时输出端 Y 输出一个进位脉冲。因此，图 8.23 所示电路为同步六进制计数器。

**表 8.8　例 8-2 的状态转换真值表**

| 现　态 | | | 次　态 | | | 输　出 |
|---|---|---|---|---|---|---|
| $Q_2^n$ | $Q_1^n$ | $Q_0^n$ | $Q_2^{n+1}$ | $Q_1^{n+1}$ | $Q_0^{n+1}$ | $Y$ |
| 0 | 0 | 0 | 0 | 0 | 1 | 0 |
| 0 | 0 | 1 | 0 | 1 | 0 | 0 |
| 0 | 1 | 0 | 0 | 1 | 1 | 0 |
| 0 | 1 | 1 | 1 | 0 | 0 | 0 |
| 1 | 0 | 0 | 1 | 0 | 1 | 0 |
| 1 | 0 | 1 | 0 | 0 | 0 | 1 |

(4)　画状态转换图和时序图。

根据表 8.8 可画出图 8.24(a)所示的状态转换图。图中的圆圈内表示电路的一个状态，箭头表示电路状态的转换方向。箭头线上方标注的 $X/Y$ 为转换条件，$X$ 为转换前输入变量的取值，$Y$ 为输出值，由于本例没有输入变量，故 $X$ 未标上数值。

图 8.24(b)为根据表 8.8 画出的时序图(或称工作波形图)。

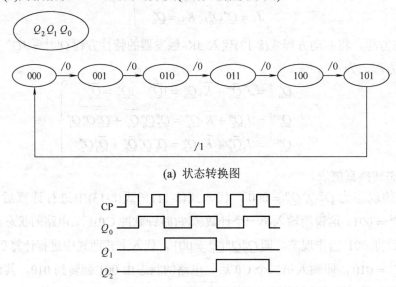

(a) 状态转换图

(b) 时序图

**图 8.24　例 8-2 的状态转换图和时序图**

(5)　检查电路能否自启动。

图 8.23 所示电路应有 $2^3$=8 个工作状态，由图 8.24(a)可看出，它只有 6 个被利用了，这 6 个状态称为有效状态。而 110 和 111 没有被利用，被称为无效状态。将无效状态 110 代入状态方程中进行计算，得 $Q_2^{n+1}Q_1^{n+1}Q_0^{n+1}=111$，再将 111 代入状态方程后得 $Q_2^{n+1}Q_1^{n+1}Q_0^{n+1}=010$，为有效状态。可见，图 8.23 所示同步时序逻辑电路如果由于某种原因而进入无效状态工作

时，只要继续输入计数脉冲 CP，电路便会自动返回到有效状态工作，所以，该电路能够自启动。

# 8.3　寄存器和移位寄存器

寄存器是用来存放数码、运算结果或指令的电路，按有无移动功能来区分，寄存器可分为数码寄存器和移位寄存器两种。数码寄存器和移位寄存器是数字系统和计算机中常用的基本逻辑部件，应用很广。

一个触发器可存储一位二进制代码，$n$ 个触发器可存储 $n$ 位二进制代码。因此，触发器是寄存器和移位寄存器的重要组成部分。下面分别介绍它们的工作原理及应用。

## 1. 数码寄存器

图 8.25 所示为由 D 触发器组成的 4 位数码寄存器。图中 $\overline{CR}$ 是置 0 输入端，$D_0 \sim D_3$ 为并行数码输入端，CP 为时钟脉冲端，$Q_0 \sim Q_3$ 为并行数码输出端。

当置 0 端 $\overline{CR}=0$ 时，触发器 $F_0 \sim F_3$ 同时被置"0"。寄存器工作时，$\overline{CR}$ 为高电平 1。由图 8.25 可知，$D_0 \sim D_3$ 分别是 4 个触发器 $D$ 端的输入数码，因此，当时钟脉冲 CP 上升沿到达时，$D_0 \sim D_3$ 被并行置入到 4 个触发器中，这时 $Q_3Q_2Q_1Q_0=D_3D_2D_1D_0$。

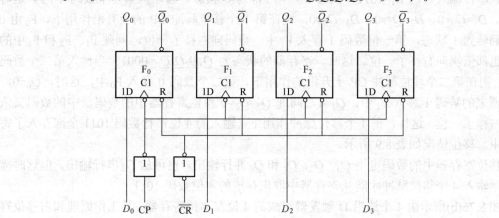

图 8.25　4 位数寄存器的逻辑图

当 $\overline{CR}=1$、CP=0 时，寄存器中寄存的数码保持不变，即 $F_0 \sim F_3$ 的状态保持不变。

## 2. 移位寄存器

具有存放数码和使数码逐位右移或左移的电路称作移位寄存器，又称移存器。移位寄存器又分为单向移位寄存器和双向移位寄存器。下面分别进行介绍。

### 1) 单向移位寄存器

图 8.26(a)所示为由 4 个边沿 D 触发器组成的 4 位右移寄存器。这 4 个 D 触发器共用一个时钟脉冲信号，因此为同步时序逻辑电路。数码由 $F_0$ 的 $D_1$ 端串行输入，其工作原理如下。

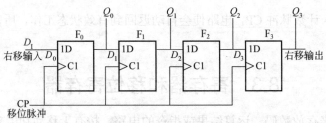

(a) 右移位寄存器

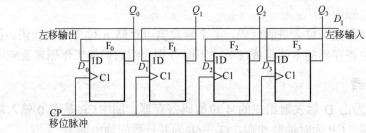

(b) 左移位寄存器

图 8.26  由 D 触发器组成的单向移位寄存器

设串行输入数码 $D_I$=1011，同时 $F_0 \sim F_3$ 都为 0 状态。当输入第一个数码 1 时，这时 $D_0$=1、$D_1$=$Q_0$=0、$D_2$=$Q_1$=0、$D_3$=$Q_2$=0，则在第 1 个移位脉冲 CP 的上升沿作用下，$F_0$ 由 0 状态翻转到 1 状态，第一位数码 1 存入 $F_1$ 中，数码向右移了一位，同理 $F_1$、$F_2$ 和 $F_3$ 中的数码也都依次向右移了一位。这时，寄存器的状态为 $Q_3Q_2Q_1Q_0$=0001。当输入第二个数码 0 时，则在第二个移位脉冲 CP 上升沿的作用下，第二个数码 0 存入 $F_0$ 中，这时，$Q_0$=0，$F_0$ 中原来的数码 1 移入 $F_1$ 中，$Q_1$=1，同理 $Q_2$=$Q_3$=0 移位寄存器中的数码器中的数码又依次向右移了一位。这样，在 4 个移位脉冲作用下，输入的 4 位串行数码 1011 全部存入了寄存器中。移位情况如表 8.9 所示。

移位寄存器中的数码可用 $Q_3$、$Q_2$、$Q_1$ 和 $Q_0$ 并行输出，也可从 $Q_3$ 串行输出，但这时需要继续输入 4 个移位脉冲才能从寄存器中取出存放的 4 位数码 1011。

图 8.26(b)所示由 4 个边沿 D 触发器组成的 4 位左移位寄存器。其工作原理和右移位寄存器相同，这里不再重复了。

表 8.9  右移寄存器的状态表

| 移位脉冲 | 输入数据 | 移位寄存器中的数 | | | |
|---|---|---|---|---|---|
| | | $Q_0$ | $Q_1$ | $Q_2$ | $Q_3$ |
| 0 | | 0 | 0 | 0 | 0 |
| 1 | 1 | 1 | 0 | 0 | 0 |
| 2 | 0 | 0 | 1 | 0 | 0 |
| 3 | 1 | 1 | 0 | 1 | 0 |
| 4 | 1 | 1 | 1 | 0 | 1 |

2)  双向移位寄存器

由前面讨论单向移位寄存器工作原理时可知，右移位寄存器和左移位寄存器的电路和

276

结构是基本相同的，如适当加入一些控制电路和控制信号，就可将右移位寄存器和左移位寄存器结合在一起，构成双向移位寄存器。如图 8.27 所示，由图可以写出各 D 触发器的状态方程。

$$\left.\begin{array}{l} Q_4^{n+1} = \overline{[MA + \overline{M}\,Q_3^n]} \\[4pt] Q_3^{n+1} = \overline{[M\overline{Q_4^n} + \overline{M}\,\overline{Q_2^n}]} \\[4pt] Q_2^{n+1} = \overline{[M\overline{Q_3^n} + \overline{M}\,\overline{Q_1^n}]} \\[4pt] Q_1^{n+1} = \overline{[M\overline{Q_2^n} + \overline{M}B]} \end{array}\right\} \qquad (8\text{-}14)$$

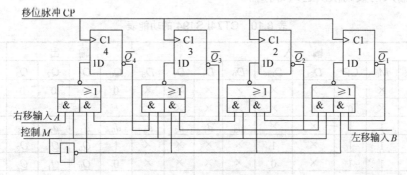

图 8.27  双向移位寄存器

其中，$A$ 为右移串行输入数码，$B$ 为左移串行输入数码。当 $M=1$ 时，$Q_4^{n+1} = \overline{A}$，$Q_3^{n+1} = Q_4^n$，$Q_2^{n+1} = Q_3^n$，$Q_1^{n+1} = Q_2^n$，因此在移存脉冲 CP 作用下，实现右移移位寄存功能；当 $M=0$ 时，$Q_4^{n+1} = Q_3^n$，$Q_3^{n+1} = Q_2^n$，$Q_2^{n+1} = Q_1^n$，$Q_1^{n+1} = \overline{B}$，因此在移存脉冲 CP 作用下，实现左移移位寄存功能。由于移位寄存器各级触发器是在同一个时钟 CP 作用下发生状态转移，所以是同步时序逻辑电路。

### 3．集成 4 位双向移位寄存器及应用

1）  CT74LS194 功能简介

图 8.28 所示为 4 位双向移位寄存器 CT74LS194 逻辑功能示意图。图中 $\overline{CR}$ 为置 0 端，$D_0 \sim D_3$ 为并行数码输入端，$D_{SR}$ 为右移串行数码输入端，$D_{SL}$ 为左移串行数码输入端，$M_0$ 和 $M_1$ 为工作方式控制端，$Q_0 \sim Q_3$ 为并行数码输出端，CP 称位脉冲输入端。

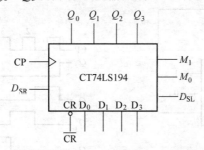

图 8.28  CT74LS194 逻辑功能示意图

CT74LS194 的功能如表 8.10 所示，由该表可知，它有如下主要功能。

(1) 置0功能。当 $\overline{CR}$ =0 时，双向移位寄存器置0。$Q_0 \sim Q_3$ 都为0状态。

(2) 保持功能。当 $\overline{CR}$ =1，CP=0，或 $\overline{CR}$ =1、$M_1 M_0$=00 时，双向移位寄存器保持原状态不变。

(3) 并行送数功能。当 $\overline{CR}$ =1，$M_1 M_0$=11 时，在 CP 上升沿作用下，使 $D_0 \sim D_3$ 端输入的数码 $d_0 \sim d_3$ 并行送入寄存器，显然是同步并行送数。

(4) 右移串行送数功能。当 $\overline{CR}$ =1，$M_1 M_0$=01 时，在 CP 上升沿作用下，执行右移功能，$D_{SR}$ 端输入的数码依次送入寄存器。

(5) 左移串行送数功能。当 $\overline{CR}$ =1，$M_1 M_0$=10 时，在 CP 上升沿作用下，执行左移功能，$D_{SL}$ 端输入的数码依次送入寄存器。

表 8.10  CT74LS194 的功能表

| 输　入 | | | | | | | | | | 输　出 | | | | 说　明 |
|---|---|---|---|---|---|---|---|---|---|---|---|---|---|---|
| $\overline{CR}$ | $M_1$ | $M_0$ | CP | $D_{SL}$ | $D_{SR}$ | $D_0$ | $D_1$ | $D_2$ | $D_3$ | $Q_0$ | $Q_1$ | $Q_2$ | $Q_3$ | |
| 0 | × | × | × | × | × | × | × | × | × | 0 | 0 | 0 | 0 | 置0 |
| 1 | × | × | 0 | × | × | × | × | × | × | 保持 | | | | |
| 1 | 1 | 1 | ↑ | × | × | $d_0$ | $d_1$ | $d_2$ | $d_3$ | $d_0$ | $d_1$ | $d_2$ | $d_3$ | 并行置数 |
| 1 | 0 | 1 | ↑ | × | 1 | × | × | × | × | 1 | $Q_0$ | $Q_1$ | $Q_2$ | 右移输入1 |
| 1 | 0 | 1 | ↑ | × | 0 | × | × | × | × | 0 | $Q_0$ | $Q_1$ | $Q_2$ | 右移输入0 |
| 1 | 1 | 0 | ↑ | 1 | × | × | × | × | × | $Q_1$ | $Q_2$ | $Q_3$ | 1 | 左移输入1 |
| 1 | 1 | 0 | ↑ | 0 | × | × | × | × | × | $Q_1$ | $Q_2$ | $Q_3$ | 0 | 左移输入0 |
| 1 | 0 | 0 | × | × | × | × | × | × | × | 保持 | | | | |

2) 移位寄存器的应用举例

用 CT74LS194 可以作为顺序脉冲发生器。顺序脉冲是在每个循环周期内，在时间上按一定先后顺序排列的脉冲信号。产生顺序脉冲信号的电路称为顺序脉冲发生器。在数字系统中，常用以控制某些设备按照事先规定的顺序进行运算或操作。

图 8.29(a)所示为由双向移位寄存器CT74LS194构成的顺序脉冲发生器。当取 $M_1 M_0$=10、$\overline{CR}$ =1、$D_0 D_1 D_2 D_3$=0001，并使电路处于 $Q_0 Q_1 Q_2 Q_3$=$D_0 D_1 D_2 D_3$=0001，同时将 $Q_0$ 和左移串行数码输入端 $D_{SL}$ 相连时，这时，随着移位脉冲 CP 的输入，电路开始左移操作，由 $Q_3 \sim Q_0$ 端依次输出顺序脉冲，如图 8.29 (b)所示。顺序脉冲的宽度为 CP 的一个周期，它实际上也是一个环形计数器。

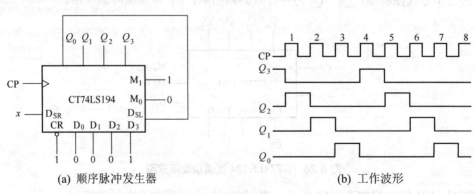

(a) 顺序脉冲发生器　　　　　　(b) 工作波形

图 8.29  由 CT74LS194 构成的脉冲发生器和工作波形

图 8.30(a)所示为由 CT74LS194 构成的顺序脉冲发生器。当加启动负脉冲，$M_1M_0$=11 时，寄存器执行并行置数功能，$Q_0Q_1Q_2Q_3$=$D_0D_1D_2D_3$=0111。启动脉冲结束后为高电平，由于 $Q_0$=0，$G_1$ 输出 1，$G_2$ 输出 0，即 $M_1M_0$=01。这时，在时钟脉冲 CP 作用下，寄存器执行右移操作，由 $Q_0$～$Q_3$ 依次输出低电平顺序脉冲，如图 8.30(b)所示。

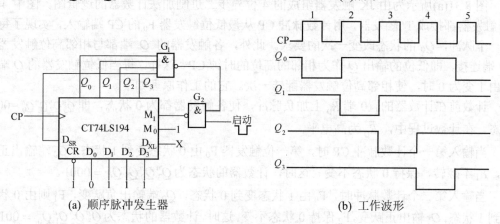

(a) 顺序脉冲发生器　　　　　　　　(b) 工作波形

图 8.30　由 CT74LS194 构成的低电平顺序脉冲发生器和工作波形

# 8.4　计　数　器

用以统计输入计数脉冲CP个数的电路，称为计数器，它主要由触发器组成。计数器的输出通常为现态的函数。

计数器累计输入脉冲的最大数目称为计数器的"模"，用 M 表示。如 M=6 计数器，又称六进制计数器。所以，计数器的"模"实际上为电路的有效状态数。

计数器的种类很多，特点各异。它的主要分类如下。

### 1．按计数进制分

二进制计数器：按二进制数运算规律计数的电路称作二进制计数器。

十进制计数器：按十进制运算规律计数的电路称作十进制计数器。

任意进制计数器：二进制计数器和十进制计数器之外的其他计数器统称为任意进制计数器，如五进制计数器、六十进制计数器等。

### 2．按计数增减分

加法计数器：随着计数脉冲的输入作递增计数的电路称作加法计数器。

减法计数器：随着计数脉冲的输入作递减计数的电路称作减法计数器。

加/减计数器：在加/减控制信号作用下，可递增计数，也可递减计数的电路，称作加/减计数器，又称可逆计数器。

### 3．按计数器中触发器翻转是否同步分

异步计数器：计数脉冲只加到部分触发器的时钟脉冲输入端上，而其他触发器的触发信号则由电路内部提供，应翻转的触发器状态更新有先有后，这种计数器称作异步计数器。

同步计数器：计数脉冲同时加到所有触发器的时钟信号输入端，使应翻转的触发器同时翻转的计数器，称作同步计数器。显然，它的计数速度要比异步计数器快得多。

## 8.4.1  异步计数器

### 1. 异步二进制加法计数器

图 8.31(a)所示为由 JK 触发器组成的 4 位异步二进制加法计数器的逻辑图。图中 4 个 JK 触发器都接成 T′触发器,用计数脉冲 CP 从最低位触发器 $F_0$ 的 CP 端输入,实现了每输入一个脉冲,$Q_0$ 的状态改变一次的要求。此外,各触发器的 $Q$ 端都与相邻高位触发器的 CP 端连接,即低位的输出 $Q$ 作为相邻的高位的时钟 CP。这样,每当低位触发器的 $Q$ 端状态由 1 变为 0 时,使相邻高位触发器翻转一次。它的工作原理如下。

计数前在计数器的置0端 $\bar{R}_D$ 上加负脉冲,使各触发器都为 0 状态,即 $Q_3^n Q_2^n Q_1^n Q_0^n = 0000$ 状态。在计数过程中,$\bar{R}_D$ 为高电平。

当输入第一个计数脉冲 CP 时,第一位触发器 $F_0$ 由 0 状态变到 1 状态,$Q_0$ 端输出正跃变,$F_1$ 不翻转,保持 0 状态不变。这时,计数器的状态为 $Q_3^n Q_2^n Q_1^n Q_0^n = 0001$。

当输入第二个计数脉冲时,$F_0$ 由 1 状态变到 0 状态,$Q_0$ 端输出负跃变,$F_1$ 则由 0 状态翻到 1 状态,$Q_1$ 输出正跃变,$F_2$ 保持 0 状态不变。这时,计数器的状态为 $Q_3^n Q_2^n Q_1^n Q_0^n = 0010$。

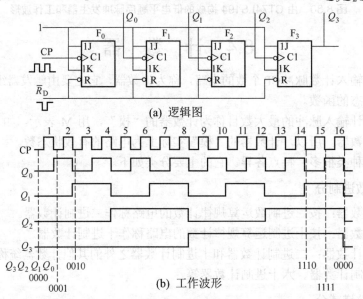

图 8.31  由 JK 触发器组成的 4 位异步二进制加法计数器和工作波形

当连续输入计数脉冲 CP 时,根据上述计数规律,只要低位触发器由 1 状态翻到 0 状态,相邻高位触发器的状态便改变。计数器中各触发器的状态转换顺序如表 8.11 所示。由该表可看出:当输入第 16 个计数脉冲 CP 时,4 个触发器都返回到初始的 $Q_3^n Q_2^n Q_1^n Q_0^n = 0000$ 状态,同时计数器的 $Q_3$ 输出一个负跃变的进位信号。从输入第 17 个计数脉冲 CP 开始,计数器又开始了新的计数循环。可见,图 8.31(a)所示电路为十六进制计数器。

图 8.31(b)所示为 4 位二进制加法计数器的工作波形(又称时序图或波形图),由该图可看出:输入的计数脉冲每经一级触发器,其周期增加一倍,即使频率降低一半。因此,一位二进制计数器就是一个 2 分频器,所以,图 8.31(a)所示计数器是一个 16 分频器。

表 8.11　4 位二进制加法计数器状态表

| 计数顺序 | 计数器状态 | | | |
|---|---|---|---|---|
| | $Q_3$ | $Q_2$ | $Q_1$ | $Q_0$ |
| 0 | 0 | 0 | 0 | 0 |
| 1 | 0 | 0 | 0 | 1 |
| 2 | 0 | 0 | 1 | 0 |
| 3 | 0 | 0 | 1 | 1 |
| 4 | 0 | 1 | 0 | 0 |
| 5 | 0 | 1 | 0 | 1 |
| 6 | 0 | 1 | 1 | 0 |
| 7 | 0 | 1 | 1 | 1 |
| 8 | 1 | 0 | 0 | 0 |
| 9 | 1 | 0 | 0 | 1 |
| 10 | 1 | 0 | 1 | 0 |
| 11 | 1 | 0 | 1 | 1 |
| 12 | 1 | 1 | 0 | 0 |
| 13 | 1 | 1 | 0 | 1 |
| 14 | 1 | 1 | 1 | 0 |
| 15 | 1 | 1 | 1 | 1 |
| 16 | 0 | 0 | 0 | 0 |

图 8.32 所示为由 D 触发器组成的 4 位异步二进制加法计数器的逻辑图。由于 D 触发器用输入脉冲的上升沿触发，因此，每个触发器的进位信号由 $\overline{Q}$ 端输出。其工作原理请读者自行分析。

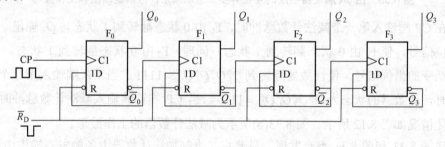

图 8.32　由 D 触发器组成的 4 位异步二进制加法计数器

**2. 异步二进制减法计数器**

在讨论减法计数器的工作原理前，先简要介绍一下二进制数的减法运算规则：1-1=0，0-1 不够，向相邻高位借 1 作 2，这时可视(1)0-1=1。如为二进制数 0000-1 时，可视为(1)0000-1=1111；1111-1=1110，其余减法运算以此类推。由上述讨论可知，4 位二进制减法计数器的状态应由 0000 翻转到 1111。

图 8.33(a)所示为由 JK 触发器组成的 4 位二进制减法计数器的逻辑图。$F_3 \sim F_0$ 都为 T′ 触发器，负跃变触发。为了能实现向相邻高位触发器输出借位信号，要求低位触发器由 0 状态变为 1 状态时能使高位触发器的状态翻转，因此，低位触发器应从 $\overline{Q}$ 端输出借位信号。图 8.33(a)就是按照这个要求连接的。它的工作原理如下。

电路在进行减法计数前，在置 0 端 $\overline{R}_D$ 上输入负脉冲，使计数器的状态为 $Q_3^n Q_2^n Q_1^n Q_0^n = 0000$。在减法计数过程中，$\overline{R}_D$ 为高电平。

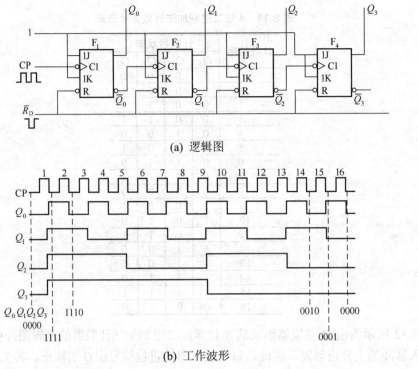

(a) 逻辑图

(b) 工作波形

图 8.33　由 JK 触发器组成的 4 位异步二进制减法计数器逻辑图和工作波形

当在 CP 端输入第一个减法计数脉冲时，$F_0$ 由 0 状态翻转到 1 状态，$\overline{Q}_0$ 输出一个负跃变的借位信号，使 $F_1$ 由 0 状态翻转到 1 状态。同理，$F_2$ 由 0 状态翻转到 1 状态，$\overline{Q}_3$ 输出一个负跃变的借位信号，使计数器翻转到 $Q_3^n Q_2^n Q_1^n Q_0^n = 1111$。当 CP 端输入第二个减法计数脉冲时，计数器的状态为 $Q_3^n Q_2^n Q_1^n Q_0^n = 1110$。当 CP 端连续输入减法计数脉冲时，电路状态变化情况如表 8.12 所示。图 8.33(b)所示为减法计数器的工作波形。

比较图 8.33 和图 8.31 不难发现，只要将二进制加法计数器中各触发器输出由 $Q$ 端改为 $\overline{Q}$ 端后，则二进制加法计数器便成为减法计数器了。

### 3．异步十进制加法计数器

异步十进制加法计数器是在 4 位异步二进制加法计数器的基础上经过适当修改获得的。它跳过了 1010～1111 六个状态，利用自然二进制数的前十个状态 0000～1001 实现十进制计数。计数顺序如表 8.13 所示。

图 8.34(a)所示为由 4 个 JK 触发器组成的 8421BCD 码异步十进制计数器的逻辑图。它的工作原理如下。

设计数器从 $Q_3 Q_2 Q_1 Q_0 = 0000$ 状态开始计数。由图 8.34(a)可知，$F_0$ 和 $F_2$ 为 T′ 触发器。在 $F_3$ 为 0 状态时，$\overline{Q}_3 = 1$，这时 $J_1 = \overline{Q}_3 = 1$，$F_1$ 也为 T′ 触发器。因此，输入前 8 个计数脉冲时，计数器按异步二进制加法计数规律计数。在输入第 7 个计数脉冲时，计数器的状态为 $Q_3 Q_2 Q_1 Q_0 = 0111$。这时，$J_3 = Q_2 Q_1 = 1$，$K_3 = 1$。

表 8.12　四位二进制减法计数器状态表

| 计数顺序 | 计数器状态 | | | |
|---|---|---|---|---|
| | $Q_3$ | $Q_2$ | $Q_1$ | $Q_0$ |
| 0 | 0 | 0 | 0 | 0 |
| 1 | 1 | 1 | 1 | 1 |
| 2 | 1 | 1 | 1 | 0 |
| 3 | 1 | 1 | 0 | 1 |
| 4 | 1 | 1 | 0 | 0 |
| 5 | 1 | 0 | 1 | 1 |
| 6 | 1 | 0 | 1 | 0 |
| 7 | 1 | 0 | 0 | 1 |
| 8 | 1 | 0 | 0 | 0 |
| 9 | 0 | 1 | 1 | 1 |
| 10 | 0 | 1 | 1 | 0 |
| 11 | 0 | 1 | 0 | 1 |
| 12 | 0 | 1 | 0 | 0 |
| 13 | 0 | 0 | 1 | 1 |
| 14 | 0 | 0 | 1 | 0 |
| 15 | 0 | 0 | 0 | 1 |
| 16 | 0 | 0 | 0 | 0 |

表 8.13　十进制计数器状态表

| 计数顺序 | 计数器状态 | | | |
|---|---|---|---|---|
| | $Q_3$ | $Q_2$ | $Q_1$ | $Q_0$ |
| 0 | 0 | 0 | 0 | 0 |
| 1 | 0 | 0 | 0 | 1 |
| 2 | 0 | 0 | 1 | 0 |
| 3 | 0 | 0 | 1 | 1 |
| 4 | 0 | 1 | 0 | 0 |
| 5 | 0 | 1 | 0 | 1 |
| 6 | 0 | 1 | 1 | 0 |
| 7 | 0 | 1 | 1 | 1 |
| 8 | 1 | 0 | 0 | 0 |
| 9 | 1 | 0 | 0 | 1 |
| 10 | 0 | 0 | 0 | 0 |

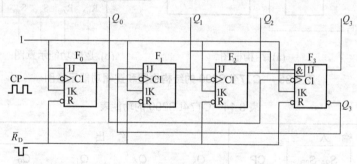

(a) 逻辑图

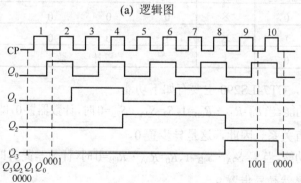

(b) 工作波形

图 8.34　8421BCD 码异步十进制加法计数器和工作波形

第 8 个计数脉冲时，$F_0$ 由 1 状态翻转到 0 状态，$Q_0$ 输出的负跃变一方面使 $F_3$ 由 0 状态翻转到 1 状态。与此同时，$Q_0$ 输出的负跃变也使 $F_1$ 由 1 状态翻转到 0 状态，$F_2$ 也随之翻转到 0 状态。这时计数器的状态为 $Q_3Q_2Q_1Q_0 = 1000$，$\overline{Q_3} = 0$ 使 $J_1 = \overline{Q_3} = 0$，因此 $Q_3$=1 时，$F_1$ 只能保持在 0 状态，不可能再次翻转。所以，输入第 9 个计数脉冲时，计数器的状态为 $Q_3Q_2Q_1Q_0 = 1001$。这时，$J_3$=0，$K_3$=1。

输入第 10 个计数脉冲时，计数器从 1001 状态返回到初始的 0000 状态，电路从而跳过了 1010～1111 六个状态，实现了十进制计数，同时 $Q_3$ 端输出一个负跃变的进位信号。图 8.34(b)所示为十进制计数器的工作波形。

### 4. 集成异步计数器 CT74LS290

图 8.35(a)所示为集成异步二-五-十进制计数器 CT74LS290 的电路结构框图(未画出置 0 和置 9 输入端)。由该图可看出，CT74LS290 由一个一位二进制计数器和一个五进制计数器两部分组成。图 8.35(b)所示为 CT74LS290 的逻辑功能示意图。图中 $R_{0A}$ 和 $R_{0B}$ 为置 0 输入端，$R_{9A}$ 和 $R_{9B}$ 为置 9 输入端，表 8.14 为其功能表。

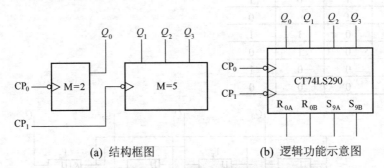

(a) 结构框图　　　　　　　(b) 逻辑功能示意图

图 8.35　CT74LS290 的结构框图和逻辑功能示意图

表 8.14　CT74LS290 的功能表

| 输　入 | | | 输　出 | | | | 说　明 |
|---|---|---|---|---|---|---|---|
| $R_{0A} \cdot R_{0B}$ | $S_{9A} \cdot S_{9B}$ | CP | $Q_3$ | $Q_2$ | $Q_1$ | $Q_0$ | |
| 1 | 0 | × | 0 | 0 | 0 | 0 | 置 0 |
| 0 | 1 | × | 1 | 0 | 0 | 1 | 置 9 |
| 0 | 0 | ↓ | 计　　数 | | | | |

由表 8.14 可知，CT74LS290 主要有如下功能。

(1) 异步置 0 功能。当 $R_0=R_{0A} \cdot R_{0B}$=1、$S_9=S_{9A} \cdot S_{9B}$=0 时，计数器置 0，即 $Q_3Q_2Q_1Q_0 = 0000$。与时钟脉冲 CP 没有关系。因此，这是异步置 0。

(2) 异步置 9 功能。当 $S_9=S_{9A} \cdot S_{9B}$=1、$R_0=R_{0A} \cdot R_{0B}$=0 时，计数器置 9，即 $Q_3Q_2Q_1Q_0 = 1001$，它也与 CP 无关。显然是异步置 9。

(3) 计数功能。当 $R_{0A} \cdot R_{0B}$=0、$S_{9A} \cdot S_{9B}$=0 时，CT74LS290 处于计数工作状态，有下面四种情况。

① 计数脉冲由 $CP_0$ 输入，从 $Q_0$ 输出时，则构成一位二进制计数器。

② 计数脉冲由 $CP_1$ 输入，输出 $Q_3Q_2Q_1$ 时，则构成异步五进制计数器。

③ 如将 $Q_0$ 和 $CP_1$ 相连，计数脉冲由 $CP_0$ 输入，输出为 $Q_3Q_2Q_1Q_0$ 时，则构成 8421BCD 码异步十进制计数器。

④ 如将 $Q_3$ 和 $CP_0$ 相连，计数脉冲由 $CP_1$ 端输入，从高位到低位的输出为 $Q_0Q_3Q_2Q_1$ 时，则构成 5421BCD 码异步十进制加法计数器。

## 8.4.2　同步计数器

### 1. 同步二进制计数器

图 8.36 所示为由 JK 触发器组成的 4 位同步二进制加法计数器，用下降沿触发，计数脉冲同时加到四片触发器的时钟输入端，称为同步触发器。下面分析它的工作原理。

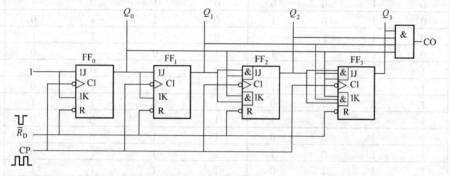

图 8.36　由 JK 触发器组成的四位同步二进制加法计数器

1) 写方程式

(1) 输出方程：

$$CO = Q_3^n Q_2^n Q_1^n Q_0^n \tag{8-15}$$

(2) 驱动方程：

$$\begin{cases} J_0 = K_0 = 1 \\ J_1 = K_1 = Q_0^n \\ J_2 = K_2 = Q_1^n Q_0^n \\ J_3 = K_3 = Q_2^n Q_1^n Q_0^n \end{cases} \tag{8-16}$$

(3) 状态方程。将驱动方程代入 JK 触发器的特性方程 $Q^{n+1} = J\overline{Q^n} + \overline{K}Q^n$ 中，便得到计数器的状态方程，为

$$\begin{cases} Q_0^{n+1} = J_0\overline{Q_0^n} + \overline{K_0}Q_0^n = \overline{Q_0^n} \\ Q_1^{n+1} = J_1\overline{Q_1^n} + \overline{K_1}Q_1^n = Q_0^n\overline{Q_1^n} + \overline{Q_0^n}Q_1^n \\ Q_2^{n+1} = J_2\overline{Q_2^n} + \overline{K_2}Q_2^n = Q_1^n Q_0^n\overline{Q_2^n} + \overline{Q_1^n Q_0^n}Q_2^n \\ Q_3^{n+1} = J_3\overline{Q_3^n} + \overline{K_3}Q_3^n = Q_2^n Q_1^n Q_0^n\overline{Q_3^n} + \overline{Q_2^n Q_1^n Q_0^n}Q_3^n \end{cases} \tag{8-17}$$

2) 列状态转换真值表

四位二进制计数器共有 $2^4 = 16$ 种不同的组合。设计数器的现态为 $Q_3^n Q_2^n Q_1^n Q_0^n = 0000$，

代入式(8-15)和式(8-17)中进行计算后得 CO=0 和 $Q_3^{n+1}Q_2^{n+1}Q_1^{n+1}Q_0^{n+1} = 0001$，这说明在输入的第一个计数脉冲 CP 作用下，电路状态由 0000 翻转到 0001。然后将 0001 作为现态代入两式中进行计算，以此类推，可得表 8.15 所示的状态转换真值表。

表 8.15　四位二进制计数器状态转换真值表

| 计数脉冲序号 | 现态 | | | | 次态 | | | | 输出 |
|---|---|---|---|---|---|---|---|---|---|
| | $Q_3^n$ | $Q_2^n$ | $Q_1^n$ | $Q_0^n$ | $Q_3^{n+1}$ | $Q_2^{n+1}$ | $Q_1^{n+1}$ | $Q_0^{n+1}$ | CO |
| 0 | 0 | 0 | 0 | 0 | 0 | 0 | 0 | 1 | 0 |
| 1 | 0 | 0 | 0 | 1 | 0 | 0 | 1 | 0 | 0 |
| 2 | 0 | 0 | 1 | 0 | 0 | 0 | 1 | 1 | 0 |
| 3 | 0 | 0 | 1 | 1 | 0 | 1 | 0 | 0 | 0 |
| 4 | 0 | 1 | 0 | 0 | 0 | 1 | 0 | 1 | 0 |
| 5 | 0 | 1 | 0 | 1 | 0 | 1 | 1 | 0 | 0 |
| 6 | 0 | 1 | 1 | 0 | 0 | 1 | 1 | 1 | 0 |
| 7 | 0 | 1 | 1 | 1 | 1 | 0 | 0 | 0 | 0 |
| 8 | 1 | 0 | 0 | 0 | 1 | 0 | 0 | 1 | 0 |
| 9 | 1 | 0 | 0 | 1 | 1 | 0 | 1 | 0 | 0 |
| 10 | 1 | 0 | 1 | 0 | 1 | 0 | 1 | 1 | 0 |
| 11 | 1 | 0 | 1 | 1 | 1 | 1 | 0 | 0 | 0 |
| 12 | 1 | 1 | 0 | 0 | 1 | 1 | 0 | 1 | 0 |
| 13 | 1 | 1 | 0 | 1 | 1 | 1 | 1 | 0 | 0 |
| 14 | 1 | 1 | 1 | 0 | 1 | 1 | 1 | 1 | 0 |
| 15 | 1 | 1 | 1 | 1 | 0 | 0 | 0 | 0 | 1 |

3)　逻辑功能

由表 8.15 可看出，图 8.36 所示电路在输入第 16 个计数脉冲 CP 后返回到初始的 0000 状态，同时进位输出端 CO 输出一个进位信号。因此，该电路为十六进制计数器。

**2. 同步二进制减法计数器**

由表 8.12 所示四位二进制减法计数器的状态表可看出，要实现四位二进制减法计数，必须在输入第一个减法计数脉冲时，电路状态由 0000 变为 1111。为此，只要将图 8.36 所示的二进制加法计数器的输出由 $Q$ 端改为 $\overline{Q}$ 端后，便成为同步二进制减法计数器了。

**3. 集成同步计数器**

1)　集成同步二进制计数器 CT74LS161

图 8.37 所示为集成四位二进制同步加法计数器 CT74LS161 的逻辑功能示意图。图中 $\overline{\text{LD}}$ 为同步置数控制端，$\overline{\text{CR}}$ 为异步置 0 控制端，$\text{CT}_P$ 和 $\text{CT}_T$ 为计数控制端，$D_0 \sim D_3$ 为并行数据输入端，$Q_0 \sim Q_3$ 为输出端，CO 为进位输出端。表 8.16 所示为 CT74LS161 的功能表。

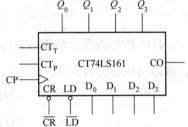

图 8.37　CT74LS161 的逻辑功能示意图

表 8.16 CT74LS161 的功能表

| 输　入 | | | | | | | | | 输　出 | | | | | 说　明 |
|---|---|---|---|---|---|---|---|---|---|---|---|---|---|---|
| $\overline{CR}$ | $\overline{LD}$ | $CT_P$ | $CT_T$ | CP | $D_3$ | $D_2$ | $D_1$ | $D_0$ | $Q_3$ | $Q_2$ | $Q_1$ | $Q_0$ | CO | |
| 0 | × | × | × | × | × | × | × | × | 0 | 0 | 0 | 0 | 0 | 异步置 0 |
| 1 | 0 | × | × | ↑ | $d_3$ | $d_2$ | $d_1$ | $d_0$ | $d_3$ | $d_2$ | $d_1$ | $d_0$ | | $CO=CT_T \cdot Q_3Q_2Q_1Q_0$ |
| 1 | 1 | 1 | 1 | ↑ | × | × | × | × | | 计　数 | | | | $CO= Q_3Q_2Q_1Q_0$ |
| 1 | 1 | 0 | × | × | × | × | × | × | | 保　持 | | | | $CO=CT_T \cdot Q_3Q_2Q_1Q_0$ |
| 1 | 1 | × | 0 | × | × | × | × | × | | 保　持 | | | 0 | |

由表 8.16 可知 CT74LS161 有如下主要功能。

(1) 异步置 0 功能。当 $\overline{CR}$ =0 时，不论有无时钟脉冲 CP 和其他信号输入，计数器被置 0，即 $Q_3Q_2Q_1Q_0$=0000。

(2) 同步并行置数功能。当 $\overline{CR}$ =1、$\overline{LD}$ =0 时，在输入时钟脉冲 CP 上升沿的作用下，并行输入的数据 $d_3 \sim d_0$ 被置入计数器，即 $Q_3Q_2Q_1Q_0= d_3d_2d_1d_0$。

(3) 计数功能。当 $\overline{LD} = \overline{CR}$ =CT$_T$=CT$_P$=1，CP 端输入计数脉冲时，计数器进行二进制加法计数。

(4) 保持功能。当 $\overline{LD} = \overline{CR}$ =1，且 CT$_T$ 和 CT$_P$ 中有"0"时，则计数器保持原来状态不变。当 CT$_P$=0、CT$_T$=1 时，则 CO= CT$_T$ $Q_3Q_2Q_1Q_0=Q_3Q_2Q_1Q_0$，即进位输出信号 CO 不变；如 CT$_P$=1、CT$_T$=0 时，则 CO=0，即进位输出为低电平 0。

2) 集成十进制同步加法计数器 CT74LS160

图 8.38 所示为集成十进制同步加法计数器 CT74LS160 的逻辑功能示意图。图中 $\overline{LD}$ 为同步置数控制端，$\overline{CR}$ 为异步置 0 控制端，CT$_P$ 和 CT$_T$ 为计数控制端；$D_0 \sim D_3$ 为并行数据输入端，$Q_0 \sim Q_3$ 为输出端，CO 为进位输出端。表 8.17 为 CT74LS160 的功能表，由该表可知它有如下主要功能。

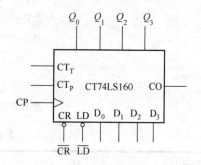

图 8.38 CT74LS160 的逻辑功能示意图

表 8.17 CT74LS160 的功能表

| 输　入 | | | | | | | | | 输　出 | | | | | 说　明 |
|---|---|---|---|---|---|---|---|---|---|---|---|---|---|---|
| $\overline{CD}$ | $\overline{LD}$ | $CT_P$ | $CT_T$ | CP | $D_3$ | $D_2$ | $D_1$ | $D_0$ | $Q_3$ | $Q_2$ | $Q_1$ | $Q_0$ | CO | |
| 0 | × | × | × | × | × | × | × | × | 0 | 0 | 0 | 0 | 0 | 异步置 0 |
| 1 | 0 | × | × | ↑ | $d_3$ | $d_2$ | $d_1$ | $d_0$ | $d_3$ | $d_2$ | $d_1$ | $d_0$ | | $CO=CT_T \cdot Q_3Q_0$ |
| 1 | 1 | 1 | 1 | ↑ | × | × | × | × | | 计　数 | | | | $CO=Q_3Q_0$ |
| 1 | 1 | 0 | × | × | × | × | × | × | | 保　持 | | | | $CO=CT_T \cdot Q_3Q_0$ |
| 1 | 1 | × | 0 | × | × | × | × | × | | 保　持 | | | 0 | |

(1) 异步置 0 功能。当 $\overline{CR}$ =0 时，无论其他输入端有无信号输入，计数器被置 0，这时 $Q_3Q_2Q_1Q_0$=0000。

(2) 同步并行置数功能。当 $\overline{CR}$ =1、$\overline{LD}$ =0 时，在时钟脉冲 CP 上升沿到来时，并行输入的数据 $d_3 \sim d_0$ 被置入计数器相应的触发器中，这时，$Q_3Q_2Q_1Q_0 = d_3d_2d_1d_0$。

(3) 计数功能。当 $\overline{LD}$ = $\overline{CR}$ =CT$_T$=CT$_P$=1，CP 端输入计数脉冲时，计数器按照 8421BCD 码的规律进行十进制加法计数。

(4) 保持功能。当 $\overline{LD}$ = $\overline{CR}$ =1，且 CT$_T$ 和 CT$_P$ 中有 0 时，则计数器保持原来状态不变。在计数器执行保持功能时，如 CT$_P$=0、CT$_T$=1 时，则 CO=CT$_T$$Q_3Q_0$=$Q_3Q_0$，如 CT$_P$=1、CT$_T$=0 时，则 CO=CT$_T$·$Q_3Q_0$=0。

3) 集成十进制同步加/减计数器 CT74LS190

图 8.39 所示为集成十进制同步加/减计数器 CT74LS190 的逻辑功能示意图。图中 $\overline{LD}$ 为异步置数控制端，$\overline{CT}$ 为计数控制端，$D_0 \sim D_3$ 为并行数据输入端，$Q_0 \sim Q_3$ 为输出端，$\overline{U}/D$ 为加/减计数方式控制端，CO/BO 为进位输出/借位输出端，$\overline{RC}$ 为行波时钟输出端。CT74LS190 没有专用置 0 输入端，但可借助数据 $D_3Q_2D_1D_0$=0000 时，实现计数器的置 0 功能。表 8.18 为 CT74LS190 的功能表。由该表可知它有如下主要逻辑功能。

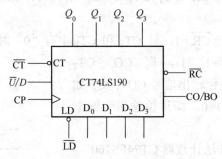

图 8.39　CT74LS190 的逻辑功能示意图

表 8.18　CT74LS190 的功能表

| 输入 | | | | | | | | 输出 | | | | 说明 |
|---|---|---|---|---|---|---|---|---|---|---|---|---|
| $\overline{LD}$ | $\overline{CT}$ | $\overline{U}/D$ | CP | $D_3$ | $D_2$ | $D_1$ | $D_0$ | $Q_3$ | $Q_2$ | $Q_1$ | $Q_0$ | |
| 0 | × | × | × | $d_3$ | $d_2$ | $d_1$ | $d_0$ | $d_3$ | $d_2$ | $d_1$ | $d_0$ | 并行置数 |
| 1 | 0 | 0 | ↑ | × | × | × | × | 加计数 | | | | CO/BO=$Q_3Q_0$ |
| 1 | 0 | 1 | ↑ | × | × | × | × | 减计数 | | | | CO/BO=$Q_3Q_2Q_1Q_0$ |
| 1 | × | × | | | | | | 保　持 | | | | CO=CT$_T$·$Q_3Q_0$ |

(1) 异步置数功能。当 $\overline{LD}$ =0 时，不论有无时钟脉冲 CP 和其他信号输入，并行输入的数据 $d_3 \sim d_0$ 被置入计数器相应的触发器中，这时 $Q_3Q_2Q_1Q_0 = d_3d_2d_1d_0$。

(2) 计数功能。在 $\overline{CT}$ =0、$\overline{LD}$ =1 的情况下，当 $\overline{U}/D$ =0 时，在 CP 脉冲上升沿作用下，进行十进制加法计数。当 $\overline{U}/D$ =1 时，在 CP 脉冲上升沿作用下，进行十进制减法计数。

(3) 保持功能。当 $\overline{CT}$ = $\overline{LD}$ =1 时，计数器保持原来状态不变。

(4) 行波输出。$\overline{RC}$ 输出一个宽度为 CP 低电平部分的低电平脉冲。利用 $\overline{RC}$ 端，可级

联成 N 位同步计数器。当采用并行 CP 控制时，则将 $\overline{RC}$ 接到后一级 $\overline{CT}$；当采用并行 $\overline{CT}$ 控制时，则将 $\overline{RC}$ 接到后一级 CP。

## 8.4.3　用中规模器件实现任意模值计数器

假定已有的是 N 进制计数器，而需要得到的是 M 进制计数器。这时有 M<N 和 M>N(又称大容量计数器)两种情况。下面分别讨论两种情况下构成任意进制计数器的方法。

**1．M<N 的情况**

在 N 进制计数器的顺序计数过程中，若设法使之跳跃(N−M)个状态，就可得到 M 进制计数器了。

实现跳跃的方法有置零法(或称复位法)和置数法(或称置位法)两种。

1)　置零法(反馈归零法)

置零法适用于异步置零输入端的计数器。设原有的计数器为 N 进制。当它从全 0 状态 $S_0$ 开始计数并接收了 M 个计数脉冲以后，电路进入 $S_M$ 状态。如果将 $S_M$ 状态译码或称反馈产生一个置零信号，加到计数器置零端，则计数器将立即返回 $S_0$ 状态，这样就可以跳过(N−M)个状态而得到 M 进制计数器。

用 $S_1,S_2,\cdots,S_M$ 表示输入 $1,2,\cdots,M$ 个计数脉冲 CP 时计数器的状态。

(1)　写出计数器的二进制代码。例如构成 M=12(十二进制计数器)，$S_M$=1100。

(2)　写出反馈归零函数。实际上是根据 $S_M$ 写置 0 的逻辑表达式。

(3)　画连线图。主要根据反馈归零数画连线图。

**【例 8-3】**　试用 CT74LS290 构成六进制计数器。

**解**　(1)　写出 $S_6$ 的二进制代码，$S_6$=0110。

(2)　写出反馈归零函数。由于 CT74LS290 的异步置 0 信号为高电平 1，因此

$$R_0=Q_2Q_1=R_{0A}R_{0B}$$

(3)　画连线图。由上式可知，对 CT74LS290 而言，要实现六进制计数器，应将异步置 0 输入端 $R_{0A}$ 和 $R_{0B}$ 分别接 $Q_2$、$Q_1$，同时将 $S_{9A}$ 和 $S_{9B}$ 接 0，由于计数容量大于 5，还应将 $Q_0$ 和 $CP_1$ 相连。因此，连线图如图 8.40(a)所示。

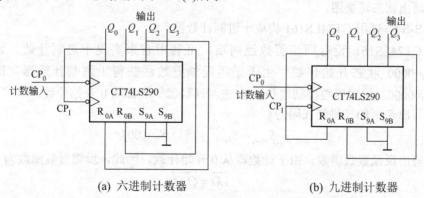

(a)　六进制计数器　　　　　(b)　九进制计数器

**图 8.40　用 CT74LS290 构成六进制计数器和九进制计数器**

用同样的方法，也可将 CT74LS290 构成九进制计数器，如图 8.40(b)所示。

【例 8-4】 试用 CT74LS161 构成十二进制计数器。

**解** (1) 写出 $S_{12}$ 的二进制代码，$S_{12}=1100$。

(2) 写出反馈归零函数。由于 CT74LS161 的异步置 0 信号为低电平 0，因此

$$\overline{CR} = \overline{Q_3 Q_2}$$

(3) 画连线图。由上式可知，对 CT74LS161 而言，要实现十二进制计数器，应在 CT74LS161 输出端和异步置 0 输入端之间加一片与非门。连线图如图 8.41 所示。

2) 置数法(反馈置数法)

置数法与置零法不同，它是利用中规模集成器件置数功能，以置入某一固定的二进制数值的方法实现模值为 $M$ 的计数器。置数操作可以在电路的任何状态下进行。

集成计数器的置数控制端也有同步和异步之分。和异步置零一样，异步置数与时钟脉冲没有任何关系，只要异步置数控制端出现置数

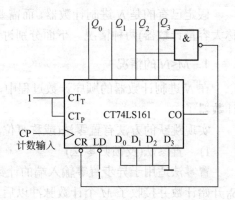

图 8.41 用 CT74LS161 构成十二进制计数器

信号时，并行输入的数据便立刻被置入计数器相应的触发器中。因此，利用异步置数控制端构成 $M$ 进制计数时，应在输入第 $M$ 个计数脉冲 CP 后，通过控制电路产生一个置数信号加到置数控制端上，使计数器返回到初始的预置数状态，即实现了 $M$ 进制计数。由于同步置数控制端获得 $M$ 进制计数器时，应在输入第 $M-1$ 个计数脉冲时，使同步置数控制端获得反馈的置数信号，这样，在输入第 $M$ 个计数脉冲 CP 时，计数器返回到初始的预置数状态，从而实现 $M$ 进制计数。利用反馈置数法获得 $M$ 进制计数器的方法如下。

(1) 写出计数状态的二进制代码。利用异步置数输入端获得 $M$ 进制计数器时，写出 $S_M$ 对应的二进制代码；利用同步置数端获得 $M$ 进制计数器时，写出 $S_{M-1}$ 对应的二进制代码。

(2) 写出反馈置数函数。这实际上是根据 $S_M$ 或 $S_{M-1}$ 写出置数端的逻辑表达式。

(3) 画连线图。主要根据反馈置数函数画连线图。

(4) 画出状态转换图。

【例 8-5】 试用 CT74LS161 构成十进制计数器。

**解** CT74LS161 设有同步置数控制端，可利用它来实现十进制计数。设计数从 $Q_3 Q_2 Q_1 Q_0 = 0000$ 状态开始计数，由于采用反馈置数法获得十进制计数器，因此应取 $D_3 D_2 D_1 D_0 = 0000$。采用置数控制端获得 $M$ 进制计数器一般都从 0 开始计数。

(1) 写出 $S_{M-1}$ 的二进制代码为

$$S_{M-1} = S_{10-1} \qquad S_9 = 1001$$

(2) 写出反馈置数函数。由于计数器从 0 开始计数，因此，反馈置数函数为

$$\overline{LD} = \overline{Q_3 Q_0}$$

(3) 画连线图。根据上式和置数的要求画十进制计数器的连线图，如图 8.42(a)所示。

(4) 画状态转换图如图 8-43(a)所示。

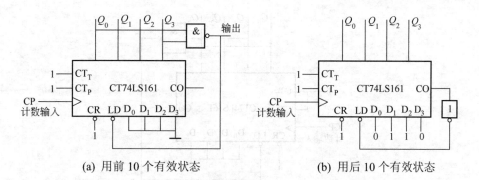

(a) 用前 10 个有效状态　　　　　　(b) 用后 10 个有效状态

**图 8.42　用 CT74LS161 构成十进制计数器的两种方法**

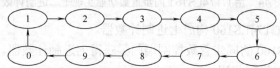

(a) 利用前 10 个有效状态的状态转换图

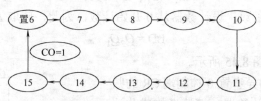

(b) 利用后 10 个有效状态的状态转换图

**图 8.43　CT74LS161 计数状态转换图**

图 8.42(a)是利用 4 位自然二进制数的前 10 个状态 0000～1001 来实现十进制计数的，如利用 4 位自然二进制数的后 10 个状态 0110～1111 实现十进制计数时，则数据输入端输入的数据应为 $D_3D_2D_1D_0=0110$，这时从 CT74LS161 的进位输出端 CO 取得反馈置数信号最简单，电路如图 8.42(b)所示，状态转换图如图 8.43(b)所示。这种置数方法，其电路结构是固定的，在改变模值 $M$ 时，只需要改变置入输入端 $D_3～D_0$ 的输入数据即可，若是同步置数，其置入输入数据为 $(2^n-M)$ 的二进制代码，这种由满值输出 $\overline{CO}$ 作为置数控制信号，一般计数顺序不是从 0000 开始，也就是它所跳越的 $(2^n-M)$ 个状态是从 0000 开始跳越。

另外说明一点，若是异步置数，例如 CT74LS191 是十进制同步置数，若用置数的方法获得 $M<10$ 加法计数器，其置入输入端数据为 $(9-M)$ 的二进制代码。

**【例 8-6】** 试用 CT74LS161 同步置数功能实现十二进制计数器。

**解**　设计数器从 0 开始计数。由于采用同步置数端获得十二进制计数器，因此，应取 $D_3D_2D_1D_0=0000$。

(1) 写出 $S_{M-1}$ 的二进制代码.

$$S_{12-1}=S_{11}=1011$$

(2) 写出反馈置数函数：

$$\overline{LD} = \overline{Q_3Q_1Q_0}$$

(3) 画连线图。根据 $\overline{LD}$ 的表达式画连线图，如图 8.44 所示。

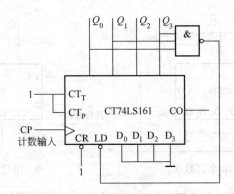

图 8.44　用 CT74LS161 同步置数功能实现十二进制计数器

【例 8-7】　试用 CT74LS160 构成七进制计数器。

**解**　利用 CT74LS160 的同步置数控制端归零获得七进制计数器。

(1) 写出 $S_{M-1}$ 的二进制代码：

$$S_{M-1}=S_{7-1}=S_6=0110$$

(2) 写出反馈置数函数。设计数器从 0 开始计数，为此，应取 $D_3Q_2D_1D_0=0000$，故

$$\overline{LD}=\overline{Q_2Q_1}$$

(3) 画连线图。如图 8.45 所示。

利用 CT74LS160 的异步置 0 控制端 $\overline{CR}$ 的归零，同样可构成七进制计数器，请读者构成此计数器。

**2. 利用计数器的级联获得大容量 $M$ 进制计数器($M>N$)**

计数器的级联是将多个集成计数器串接起来，以获得计数容量更大的 $M$ 进制计数器。一般集成计数器都设有级联用的输入端和输出端，只要正确连接就可获得所需进制的计数器。

图 8.46 所示为由两片 CT74LS290 级联组成的一百进制异步计数器。

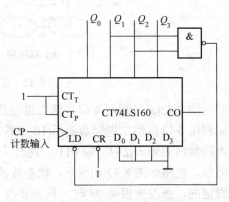

图 8.45　用 CT74LS160 构成七进制计数器

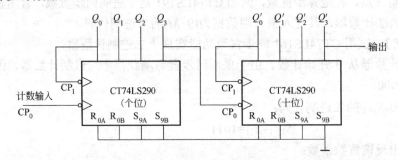

图 8.46　两片 CT74LS290 构成的一百进制异步计数器

图 8.47 所示为由两片 CT74LS160 级联组成的一百进制同步加法计数器。由图可看出：

低位片 CT74LS160(1)在计到 9 以前，其进位输出 CO=$Q_3Q_0$=0，高位片 CT74LS160(2)的 $CT_T$=0，保持原状态不变。当低位片计到 9 时，其输出 CO=1，即高位片的 $CT_T$=1，这时，高位片才能接收 CP 端输入的计数脉冲。所以，输入第 10 个计数脉冲时，低位片回到 0 状态，同时使高位片加 1。显然图 8.47 所示电路为一百进制计数器。

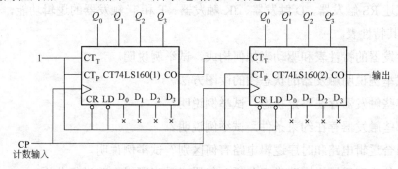

图 8.47　两片 CT74LS160 构成的一百进制同步加法计数器

图 8.48 所示为由两片 4 位二进制数加法计数器 CT74LS161 级联组成的五十进制计数器。十进制数 50 对应的二进制数为 00110010，所以，当计数器计到 50 时，计数器的状态为，$Q_3'Q_2'Q_1'Q_0'Q_3Q_2Q_1Q_0$= 00110010，其反馈归零函数为 $\overline{CR} = Q_1'Q_0'Q_1$，这时，与非门输出低电平 0，使两片 CT74LS161 同时被置 0，从而实现了五十进制计数。

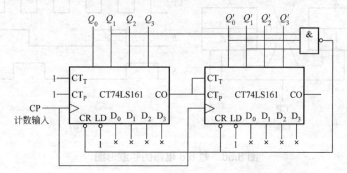

图 8.48　两片 CT74LS161 构成的五十进制计数器

图 8.49 所示为由两片 CT74LS290 构成的二十三进制计数器。当高位片 CT74LS290(2)计到 2、低位片计到 3 时，与非门组成的与门输出高电平 1，使计数器回到初始的 0 状态，从而实现了二十三进制计数。

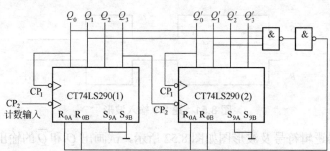

图 8.49　两片 CT74LS290 构成的二十三进制计数器

# 8.5　思考题与习题

8.1　试述 RS 触发器、D 触发器、JK 触发器、T 和 T′ 触发器的逻辑功能，写出特性方程，并列出其特性表。

8.2　触发器的特性表和驱动表如何构成，试举例说明。

8.3　试举例说明触发器的状态图的读图方法。

8.4　哪些触发器存在不定状态，试举例说明。

8.5　哪些触发器存在约束条件，试举例说明。

8.6　组合逻辑电路和时序逻辑电路有何区别？试举例说明。

8.7　为什么要对逻辑电路进行分析？怎样对时序逻辑电路进行分析？

8.8　图 8.50(a)所示电路中，输入如图 8.50(b)所示波形，试画出 $Q$ 和 $\overline{Q}$ 的输出波形。设触发器的初始状态为 $Q=0$。

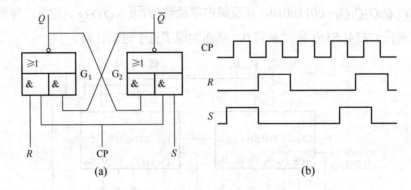

图 8.50　题 8.8 电路图和波形图

8.9　在 8.1 节中讲述的图 8.2 中，输入图 8.51 所示波形，试画出 $Q$ 和 $\overline{Q}$ 端输出波形。设触发器的初始状态为 $Q=1$。

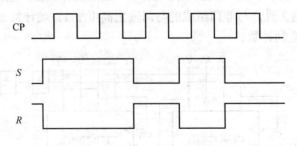

图 8.51　题 8.9 输入波形

8.10　触发器逻辑符号及波形图如图 8.52 所示，试画出 $Q$ 和 $\overline{Q}$ 的输出波形。设触发器的初始状态为 $Q=0$。

8.11　电路如图 8.53(a)所示，输入 CP、$A$、$B$ 的波形如图 8.53(b)所示，试画出 $Q$ 和 $\overline{Q}$

的输出波形。设触发器的初始状态为 $Q=0$。

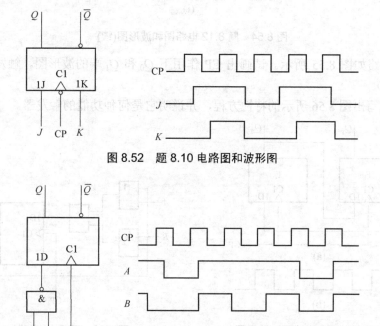

图 8.52　题 8.10 电路图和波形图

图 8.53　题 8.11 电路图和波形图

8.12　图 8.54(a)~(h)为边沿触发器构成的电路，图 8.54(i)为 CP 的波形图，试对应 CP 波形画出各触发器的输出端 $Q$ 波形。设触发器的初始状态为 $Q=0$。

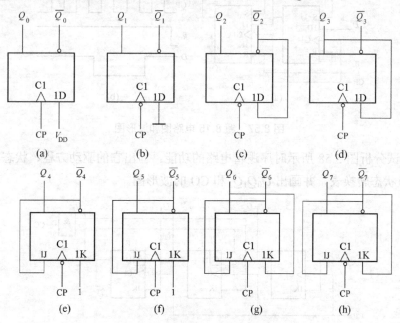

图 8.54　题 8.12 电路图和波形图

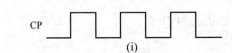

图 8.54　题 8.12 电路图和波形图(续)

8.13　电路如图 8.55 所示。试画出 CP 作用下 $Q_0$ 和 $Q_1$ 端的波形图。触发器的初始状态为 $Q_0=Q_1=0$。

8.14　试写出图 8.56 所示的特性方程，并说明它是何种功能的触发器。

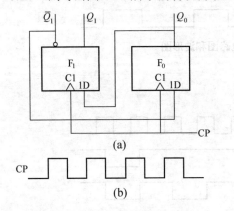

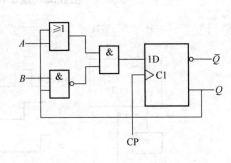

图 8.55　题 8.13 电路图和波形图　　　　图 8.56　题 8.14 电路

8.15　根据图 8.57 的电路及 CP、$\overline{R}_D$ 和 $D$ 端的输入波形，试画出 $Q_0$、$Q_1$ 的波形。设触发器的初始状态为 $Q_0=Q_1=1$，$\overline{S}_D=1$。

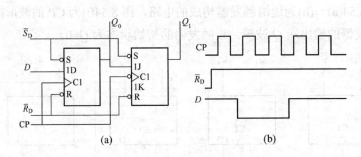

图 8.57　题 8.15 电路图和波形图

8.16　试分析图 5.58 所示时序逻辑电路的功能。写出它的驱动方程、状态方程、输出方程，列出状态转换表，并画出 $Q_0Q_1Q_2$ 和 CO 的波形图。

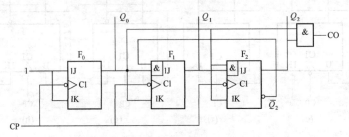

图 8.58　题 8.16 电路

8.17 试用 D 触发器构成异步二进制减法计数器。

8.18 试用 D 触发器构成同步二进制加法计数器。

8.19 试用 JK 触发器设计一个同步五进制加法计数器，并检查能否自启动。

8.20 试用 D 触发器设计一个同步六进制加法计数器，并检查能否自启动。

8.21 试用 CT74LS290 异步置 0 功能分别构成：①五进制计数器；②七进制计数器；③二十进制计数器。可以附加必要的门电路。

8.22 试分别用 CT74LS161 异步置 0 功能和同步置数功能构成下列计数器：①十进制计数器；②六十进制计数器；③一百进制计数器。可以附加必要的门电路。

8.23 试分别用 CT74LS160 异步置 0 功能和同步置数功能构成下列计数器：①九进制计数器；②二十进制计数器；③一百进制计数器。可以附加必要的门电路。

8.24 试分别用 CT74LS163 同步置 0 功能和同步置数功能构成下列计数器：(1)九进制计数器；(2) 二十四进制计数器。可以附加必要的门电路。

8.25 试分析图 8.59 所示各计数器电路的模值(几进制计数器)，试画出状态转换图。

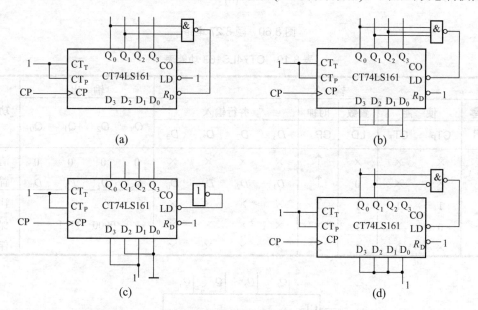

**图 8.59 题 8.25 电路**

8.26 试用 CT74LS190 的异步置数功能构成七进制加法计数器。

8.27 试分析图 8.60 所示各计数器电路的模值(几进制计数器)。

8.28 CT74LS163 是四位二进制同步加法计数器，其功能表如表 8.19 所示。图 8.61 是 CT74LS163 的逻辑符号。

(1) 试由功能表分析它的清零、置数、计数和保持等功能。

(2) 试用反馈清零法构成十进制计数器，画出逻辑电路。要求计数循环为 0000～1001，共 10 个状态。

(3) 试用反馈置数法构成十进制计数器，画出逻辑电路。要求计数循环为 0110～1111，共 10 个状态。

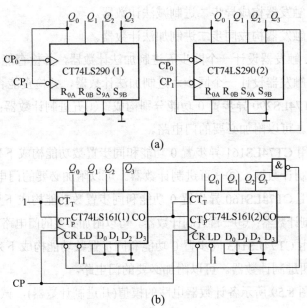

图 8.60　题 8.27 电路

表 8.19　CT74LS163 功能表

| 输　入 | | | | | | | | | 输　出 | | | | 功能 |
|---|---|---|---|---|---|---|---|---|---|---|---|---|---|
| 清零 | 使　能 | | 置数 | 时钟 | 并行输入 | | | | | | | | |
| $\overline{CR}$ | $CT_P$ | $CT_T$ | $\overline{LD}$ | CP | $D_3$ | $D_2$ | $D_1$ | $D_0$ | $Q_3$ | $Q_2$ | $Q_1$ | $Q_0$ | |
| 0 | × | × | × | ↑ | × | × | × | × | 0 | 0 | 0 | 0 | 清零 |
| 1 | × | × | 0 | ↑ | $D_3$ | $D_2$ | $D_1$ | $D_0$ | $D_3$ | $D_2$ | $D_1$ | $D_0$ | 置数 |
| 1 | 1 | 1 | 1 | ↑ | × | × | × | × | 0000～1111 | | | | 计数 |
| 1 | 0 | × | 1 | × | × | × | × | × | | | | | 保持 |
| 1 | × | 0 | 1 | × | × | × | × | × | | | | | 保持 |

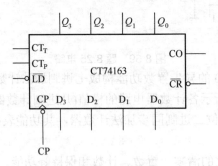

图 8.61　题 8.28 电路

# 第 9 章　半导体存储器

**本章学习目标**

本章主要介绍只读存储器(ROM)和随机存储器(RAM)的内部结构及工作原理，并介绍了存储器存储容量的扩展方法。通过对本章的学习，读者应掌握和了解以下知识。

- 了解只读存储器(ROM)和随机存储器(RAM)的区别，它们各用于什么场合。
- 理解集成存储器的引脚功能。
- 熟练掌握用 ROM 实现组合逻辑函数的方法。
- 掌握 ROM、RAM 的扩展方法。

## 9.1　只读存储器

存储器的主要功能是存储信息，半导体存储器以其集成度高、容量大、功耗低、存取速度快等特点，已广泛用于数字系统。根据用途不同存储器分为两大类：一类是只读存储器(ROM)；另一类是随机存取存储器(RAM)。

只读存储器用于存放固定不变的信息。它在正常工作时，只能按给定地址读出信息，而不能写入信息，故称为只读存储器，简称为 ROM。由于 ROM 中写入(称为固化)信息不会因断电而丢失，又称为非易失性存储器。像计算机中的自检程序、初始化程序便是固化在 ROM 中的。计算机接通电源后，首先运行它，对计算机硬件系统进行自检和初始化，自检通过后，装入操作系统，计算机才能正常工作。ROM 种类繁多，如以使用元件来分类，则有二极管 ROM、TTL-ROM、MOS-ROM。如以内容的更新情况来分，大致可分为：

(1) 固定内容只读存储器(简称 ROM)：它的内容由生产厂家在制造过程中存入，不可更新内容。其特点是集成度高、可靠性高、成本低。

(2) 可编程序只读存储器(简称 PROM)：它的存储单元在制造时全部做成 1 态(或 0 态)，使用它可写入用户编制的程序，一旦内容写入后便不可更改，即只能实现"一次写入"。其特点是通用性强，灵活性大，但是"一次写入"操作麻烦，目前应用较少。

(3) 可擦可编只读存储器(简称 EPROM)：这类存储器可以多次更改内容，一般是采用紫外线照射器件一定时间便抹去原先存储内容，再重新写入新内容。它比 PROM 通用性更强，使用灵活性更大，所以应用范围广泛。

(4) 电可编程序只读存储器(简称 E²PROM)：这类存储器也可多次更改内容，不过它不需用紫外线照射，而是由高电压或者由控制端的逻辑电平来完成写操作。因而这种存储器使用最方便，深受用户欢迎，在产品开发过程中使用这类存储器者日渐增多。

### 9.1.1 固定 ROM 的结构和工作原理

#### 1. 电路组成

图 9.1(a)所示为二极管 ROM 的原理图。它由一个 2—4 线译码器和一个 4×4 的二极管存储矩阵组成。$A_1$、$A_0$ 为输入的地址码,可产生 $W_0 \sim W_3$ 4 个不同的地址,用以选择存储的内容,$W_0 \sim W_3$ 称为字线。存储矩阵由二极管或门组成,其输出为 $D_0 \sim D_3$。在 $W_0 \sim W_3$ 中,任一输出为高电平时,在 $D_0 \sim D_3$ 4 根线上输出一组 4 位二进制代码,每组代码称作一个字,$D_0 \sim D_3$ 称作位线。

#### 2. 读数

读数主要是根据地址码将指定存储单元中的数据读出来。例如,当地址码 $A_1A_0$=00 时,只有字线 $W_0$ 为高电平,其他字线均为低电平,故只有与字线 $W_0$ 相连接的 2 个二极管导通,此时,输出 $D_3D_2D_1D_0$=1010;同理可知:当 $A_1A_0$=01、10、11 时,则输出 $D_3D_2D_1D_0$ 依次为 0100、1101 和 1011。由此可知,所谓存储信息 1,就是指在字线和位线的交叉处接有二极管。所谓存储信息0,就是指在字线和位线的交叉处没有二极管。所以字线与位线的交叉点称为存储单元。读取信息时,字线为高电平,与之相连的二极管导通,对应的位线输出高电平 1,没有二极管的位线输出低电平 0。图 9.1(a)可用图 9.1(b)的简化阵列图来表示,字线和位线交叉处的圆点 "." 代表二极管(或 MOS 管、晶体管),表示存储 1,没有小圆点的表示存储 0。

常用存储单元的数量表示存储器的容量。写成 "字数×位数"=存储容量,对于图 9.1(a)来说,其存储容量为 4×4 的 ROM。

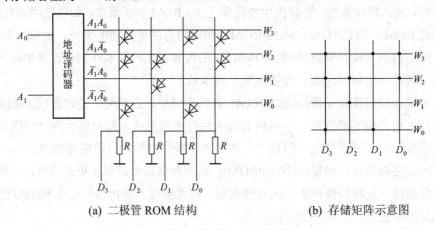

(a) 二极管 ROM 结构　　　　　　　(b) 存储矩阵示意图

**图 9.1　4×4 二极管 ROM 结构图**

既然二极管可作为一个受控开关组成固定 ROM,同样,用双极型晶体三极管和 MOS 管也可组成 TTL 型 ROM 和 MOS 型 ROM,电路如图 9.2(a)和(b)所示。它们的工作原理与二极管 ROM 相似,读者可以自己分析。

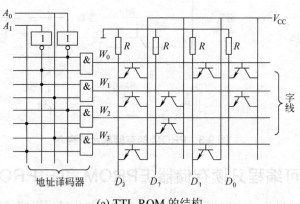

(a) TTL-ROM 的结构

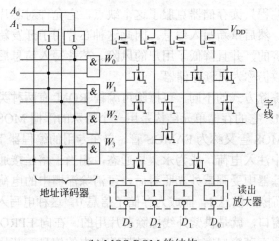

(b) MOS-ROM 的结构

图 9.2　晶体管 ROM

## 9.1.2　可编程只读存储器

可编程只读存储器是一种用户可直接向芯片写入信息的存储器，这样的 ROM 称为可编程 ROM，简称 PROM。向芯片写入信息的过程称为对存储器芯片编程。PROM 是在固定 ROM 上发展来的，其存储单元的结构仍然是用二极管、晶体管作为受控开关，不同的是在等效开关电路中串接了一个熔丝，如图 9.3 所示。在 PROM 中，每个字线和位线的交叉点都接有一个这样的熔丝开关电路，在编程前，全部熔丝都是连通的，所有存储单元都相当于存储了 1。用户编程时，只需按自己的要求，借助于一定的编程工具，将不需要连接的开关元件上串联的熔丝烧断即可。熔丝烧断后，便不可恢复，故这种可编程的存储器只能进行一次编程。存储器芯片经编程后，只能读出，不能再写入。

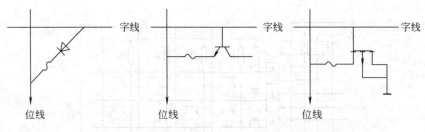

图9.3　PROM 的存储单元结构

### 9.1.3　可擦除可编程只读存储器(EPROM 和 $E^2$PROM)

由于 PROM 只能进行一次编程，所以一旦出错，芯片只能报废，这使用户承担了一定的风险。可改写、可编程只读存储器克服了这个缺点，它允许对芯片进行反复改写，即可以把写入的信息擦除，然后重新写入信息。因此这种芯片用于开发新产品，或对设计进行修改都是很方便、经济的，并且降低了用户的风险。芯片写入信息后，在使用时，仍然是只读出，不再写入，故仍称为只读存储器。

根据对芯片内容擦除方式的不同，可擦除可编程 ROM 有两种类型：一种是紫外线擦除方式，称为 EPROM。它的存储单元结构是用一个特殊的浮栅 MOS 管(N 沟道或 P 沟道)替代熔丝，这种浮栅 MOS 管又称为 FAMOS 管。它在专用的编程器下，用幅度较大的编程脉冲作用后，使浮栅中注入电荷，成为永久导通态，相当于熔丝接通，存储信息 1。如将它置于专用的紫外擦除器中受强紫外光照射后，可消除浮栅中的电荷，成为永久截止态，相当于熔丝断开，从而擦除信息 1，而成为存储了信息 0。这种电写入、紫外线擦除的只读存储器芯片上的石英窗口，就是供紫外线擦除芯片用的。在向 EPROM 芯片写入信息后，一定要用不透光胶纸将石英窗口密封，以免破坏芯片内的信息。芯片写好后，数据可保持10 年左右。另一种是电擦除可编程方式，称为 EEPROM(也写作 $E^2$PROM)。它的存储结构类似于 EPROM，只是它的浮栅上增加了一个隧道二极管，利用它由编程脉冲控制向浮栅注入电荷或消除电荷，使它成为导通态或截止态。从而实现电写入信息和电擦除信息。这种 $E^2$PROM 可以对存储单元逐个擦除改写，因此它的擦除与改写可以边擦除边写入一次完成，速度比 EPROM 快得多，可重复改写的次数也比 EPROM 多，$E^2$PROM 芯片写入数据后，可保持 10 年以上时间。

目前广泛使用的集成 EPROM 电路芯片类型很多，但基本电路结构及工作原理都差不多，这里以 Intel 2716EPROM 为例，介绍 EPROM 的结构及工作原理。2716EPROM 的基本结构如图 9.4 所示。它由存储矩阵、译码器、数据输出电路和控制电路等组成。对于较大容量的 ROM，其内部都采用双地址码寻址方式，即分行地址码和列地址码。地址码的位数决定了存储器的容量，在 ROM 中，由地址码位数算出的存储容量是以字为单位的。对于 2716EPROM 有 $A_0\sim A_{10}$ 11 位地址码，其中 $A_3\sim A_{10}$ 是 8 位行地址码，可译出 $2^8$=256 条行地址线(字线)，$A_2\sim A_0$ 是 3 位列地址码，它通过 8 个八选一数据选择器从 64 条位线中选出 8 条位线组成一个字输出，因此它的容量为 $2^8\times 2^3$=256×8=2 KB(习惯上把 $2^{10}$=1024 称为1K)，因 2716 是 8 位存储器(每个字 8 位)，所以按位(bit)计算 2716EPROM 的存储容量为 16KB，即它的存储矩阵有 16KB 存储单元。2716EPROM 的工作原理很简单。当给定地址码后，由行译码器选中某一行，再由列译码器通过 8 个数据选择器选出 8 位数据，经输出电路输出。

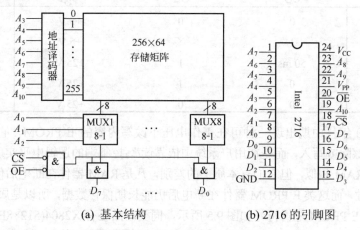

(a) 基本结构　　　　　　　(b) 2716 的引脚图

**图 9.4　2716 的基本结构和外引线图**

图 9.4(b)画出了 2716 的引脚图，各引脚的功能如下。

$A_{10} \sim A_0$：地址码输入端。

$D_7 \sim D_0$：8 位数据线。正常工作时为数据输出端，编程时为写入数据输入端。

$V_{CC}$ 和 GND：+5V 工作电源和地。

$\overline{CS}$：具有两种功能。一是在正常工作时，为片选使能端，低电平有效。$\overline{CS}=0$ 时，芯片被选中，处于工作状态；$\overline{CS}=1$ 时，芯片处于维持态。二是在对芯片编程时，为编程控制端。

$\overline{OE}$：数据输出允许端。低电平有效。$\overline{OE}=0$ 时，允许读出数据；$\overline{OE}=1$ 时，不能读出数据。

$V_{PP}$：编程高电压输入端。编程时，加+25 V 电压；正常工作时，加+5V 电压。

根据 $\overline{CS}$、$\overline{OE}$ 和 $V_{PP}$ 的不同状态，2716 有 5 种工作方式。

(1) 读方式：当 $\overline{CS}=0$、$\overline{OE}=0$，并有地址码输入时，从 $D_7 \sim D_0$ 读出该地址单元的数据。

(2) 维持方式：当 $\overline{CS}=1$ 时，数据输出端 $D_7 \sim D_0$ 呈高阻隔离态，此时芯片处于维持状态，电源电流下降到维持电流 27mA 以下。

(3) 编程方式：$\overline{OE}=1$，在 $V_{PP}$ 加入 25V 编程电压，在地址线上输入单元地址，数据线上输入要写入的数据后，在 $\overline{CS}$ 端送入 50ms 宽的编程正脉冲，数据就被写入到由地址码确定的存储单元中。

(4) 编程禁止：在编程方式下，如果 $\overline{CS}$ 端不送入编程正脉冲，而保持低电平，则芯片不能被编程，此时为编程禁止方式，数据端为高阻隔离态。

(5) 编程校验：当 $V_{PP}$=+25 V，$\overline{CS}$ 和 $\overline{OE}$ 均有效(低电平)时，送入地址码，可以读出相应存储单元中的数据，以便校验。

现将上述五种工作方式归纳于表 9.1 中。

表 9.1　EPROM2716 的工作方式

| 工作方式 | $\overline{CS}$ | $\overline{OE}$ | $V_{PP}$ | 数据输出端 $D$ |
|---|---|---|---|---|
| 读数据 | 0 | 0 | +5 V | 数据输出 |
| 维持 | 1 | × | +5 V | 高阻隔离 |
| 编程 | 50 ms | 1 | +25 V | 数据输入 |
| 编程禁止 | 0 | 1 | +25 V | 高阻隔离 |
| 编程校验 | 0 | 0 | +25 V | 数据输出 |

20 世纪 80 年代中期出现一种可在工作电压下改写内容的 $E^2PROM$，它不需要借助于编程器来完成擦除或写入，而是在用户系统中依靠读/写控制端的逻辑电平实现改写内容，在使用方法上与 RAM 相似，但它们有本质上的差别，凡是 RAM 器件在断电后便失去数据，即具有数据易失性，而这类 $E^2PROM$ 器件在断电后仍能长期保存数据，所以是属于 ROM 器件。X2816(2K×8B) $E^2PROM$ 逻辑符号如图 9.5 所示，同类产品还有 X2804(512×8B)。写入时间只需 10ns，读取时间 300ns，操作电流 110mA，备用电流 40mA，输入、输出与 TTL 兼容。

X2816 型 $E^2PROM$ 的内容改写是由读/写控制端 $\overline{WE}$ 逻辑电平控制的，当 $\overline{WE}$ 为 1 时进行读出操作，当 $\overline{WE}$ 为 0 时进行写入操作。可见对它改写内容非常方便，而且具有在线编程的独特功能，存储内容的保存时间达 10 年以上，而改写次数已提高到 100 次以上(2816 $E^2PROM$ 系列相同)。由于这些优点使它的应用范围日渐扩大，使其成为所有 ROM 器件中的佼佼者。

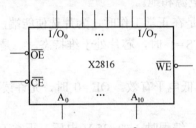

图 9.5　X2816 型 $E^2PROM$

## 9.1.4　用 ROM 实现组合逻辑函数

由于 ROM 的地址译码器是一个全译码器，并且是不可编程的与阵列，又称为固定与阵列，它可以产生对应于地址码的全部最小项。而存储矩阵为可编程的或阵列，因此 ROM 可方便地实现与一或逻辑功能。而所有的组合逻辑函数都可变换为标准与一或式，所以都可以用 ROM 实现，只要 ROM 有足够的地址线和数据输出线就行了。实现的方法就是把逻辑变量从地址线输入，把逻辑函数值写入相应的存储单元中，而数据输出端就是函数输出端。ROM 有几个输出端，就可得到几个逻辑函数。不难推想，用具有 $n$ 位输入地址、$m$ 位数据输出的 ROM 可以获得一组(最多为 $m$ 个)任何形式的 $n$ 变量组合逻辑函数，这个原理也适用于 RAM。

【例 9-1】　试用 PROM 实现下列逻辑函数：

$$Y_1 = A\overline{C} + \overline{B}C$$
$$Y_2 = AB + AC + BC$$

**解**　(1)　将函数化为标准与一或式：

$$Y_1 = \sum m(1,4,5,6)$$
$$Y_2 = \sum m(3,5,6,7)$$

(2) 确定存储单元内容：由函数最小项表达式可知函数 $Y_1$ 和 $Y_2$ 相应的存储单元中各有 4 个存储单元为 1。

(3) 画出用 PROM 实现的逻辑阵列图，如图 9.6 所示。

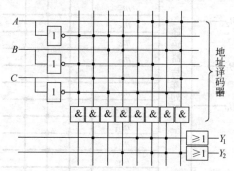

图 9.6　例 9-1 阵列逻辑图

【例 9-2】　试用 PROM 实现将二进制码变换为格雷码。

**解**　(1) 列出二进制码转换为格雷码的真值表，见表 9.2。

(2) 将 4 位二进制码从地址线输入，并根据表 9.2 将对应的格雷码存入存储矩阵中，这样在数据输出端就可输出相应的格雷码。

(3) 画出用 PROM 实现的逻辑图，如图 9.7 所示。

表 9.2　二进制码转换为格雷码

| 二进制码 | | | | 格 雷 码 | | | |
|---|---|---|---|---|---|---|---|
| $B_3$ | $B_2$ | $B_1$ | $B_0$ | $G_3$ | $G_2$ | $G_1$ | $G_0$ |
| 0 | 0 | 0 | 0 | 0 | 0 | 0 | 0 |
| 0 | 0 | 0 | 1 | 0 | 0 | 0 | 1 |
| 0 | 0 | 1 | 0 | 0 | 0 | 1 | 1 |
| 0 | 0 | 1 | 1 | 0 | 0 | 1 | 0 |
| 0 | 1 | 0 | 0 | 0 | 1 | 1 | 0 |
| 0 | 1 | 0 | 1 | 0 | 1 | 1 | 1 |
| 0 | 1 | 1 | 0 | 0 | 1 | 0 | 1 |
| 0 | 1 | 1 | 1 | 0 | 1 | 0 | 0 |
| 1 | 0 | 0 | 0 | 1 | 1 | 0 | 0 |
| 1 | 0 | 0 | 1 | 1 | 1 | 0 | 1 |
| 1 | 0 | 1 | 0 | 1 | 1 | 1 | 1 |
| 1 | 0 | 1 | 1 | 1 | 1 | 1 | 0 |
| 1 | 1 | 0 | 0 | 1 | 0 | 1 | 0 |
| 1 | 1 | 0 | 1 | 1 | 0 | 1 | 1 |
| 1 | 1 | 1 | 0 | 1 | 0 | 0 | 1 |
| 1 | 1 | 1 | 1 | 1 | 0 | 0 | 0 |

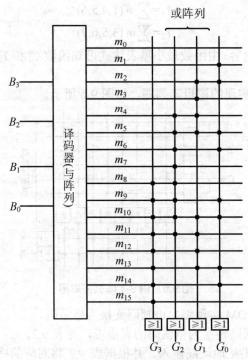

图 9.7　例 9-2 逻辑阵列图

如果用 EPROM 实现上述一组逻辑函数，只要按表 9.1 将所有的数据写入对应的地址单元即可。

## 9.2　随机存取存储器

随机存取存储器是一种可以随时存入或读出信息的半导体存储器，简称为 RAM。RAM 的基本结构如图 9.8 所示。它主要由存储矩阵、地址译码器和读/写控制电路组成。

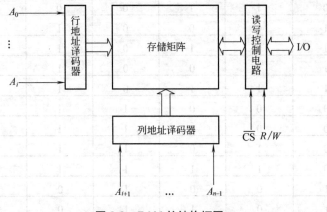

图 9.8　RAM 的结构框图

存储矩阵由许多个存储单元排列成 $n$ 行、$m$ 列的矩阵组成，共有 $n \times m$ 个存储单元，每个存储单元可以存储一位二进制数(1 或 0)，存储器中存储单元的数量又称为存储容量；地址译码器分为行地址译码器和列地址译码器，它们都是线译码器。在给定地址码后，行地址译码器输出线(称为行选线用 $X$ 表示，又称字线)中有一条为有效电平，它选中一行存储单元，同时列地址译码器的输出线(称为列选线用 $Y$ 表示，又称位线)中也有一条为有效电平，它选中一列(或几列)存储单元，这两条输出线(行与列)交叉点处的存储单元便被选中(可以是一位，或几位)，这些被选中的存储单元由读/写控制电路控制，与输入/输出端接通，实现对这些单元的读或写操作。当 $R/\overline{W}=1$ 时，进行读出数据操作；当 $R/\overline{W}=0$ 时，进行写入数据操作。当然，在进行读/写操作时，片选信号必须为有效电平即 $\overline{CS}=0$。

## 9.2.1 RAM 的存储单元

不同类型的 RAM，其基本电路结构都是类似的。存储单元电路不同时，读/写控制电路也不同。下面介绍存储器单元电路。

### 1. 双极型存储单元

双极型存储单元如图 9.9 所示，$T_1$ 和 $T_2$ 的一对发射极接同一条字线；另一对发射极分别接数据线 $D$ 和 $\overline{D}$。

(1) 维持态：设单元为 0 态，则 $T_1$ 导通，$T_2$ 截止，这时字线为低电平，而数据线 $D$ 和 $\overline{D}$ 上电压均为 1.4V，电流经 $T_1$ 流入字线，维持 0 态不变。

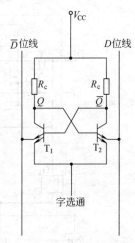

图 9.9 双极型存储单元

(2) 写入态：设写入数据 1。首先是字选通脉冲出现，字线电平被抬高至 3.5V，同时读写放大器将 $D$ 线上电平降低到 0.7V，$\overline{D}$ 线上电平仍保持 1.4V，则 $T_2$ 开始导通，其集电极电平下降，使 $T_1$ 电流减少，它的集电极电压增加，经正反馈后迫使 $T_2$ 饱和，$T_1$ 截止，即单元呈 1 态。

(3) 读出态：读出时，先出现字选通脉冲，字线电平被抬高3.5V。若单元为 1 态，则经 $T_2$ 流入字线的电流要流入 $D$ 线，经读写放大器转换成电平，输出 1 信号；反之，$D$ 线无电流输出，即读出 0 信号。所以，只需鉴别 $D$ 线上有无电流输出便可读出存储信息。

### 2. 静态 MOS 存储单元

图 9.10 是静态 MOS 六管存储单元。电路均由增强型 NMOS 管构成，$T_1$、$T_3$ 和 $T_2$、$T_4$ 两个反相器交叉耦合构成触发器。当字线 $X$ 和 $Y$ 均为高电平时，$T_5 \sim T_8$ 均导通，则该单元被选中，若此时 $R/\overline{W}$ 为 1，则电路为读出态，三态门 $G_1$、$G_2$ 被禁止，三态门 $G_3$ 工作，存储数据经数据线 $D$，通过三态门 $G_3$ 至 I/O 引脚输出。若 $R/\overline{W}$ 为 0，则三态门 $G_1$、$G_2$ 工作，三态门 $G_3$ 被禁止，由 I/O 输入数据经 $G_1$、$G_2$ 便写入存储单元。

### 3. 动态 MOS 存储单元

静态 MOS 存储单元由于管数多，故占用芯片面积大，集成度难以提高。动态 MOS 存储单元其电路结构有四管、三管和单管等形式。目前大容量 RAM 一般都采用单管动态存储单元，因为它结构简单，占用芯片面积小，有利于制造大容量存储器。图 9.11 是单管动态 MOS 存储单元，数据储存在存储电容 $C_1$ 中，只设置了一条数据线连接那一列的所有单元。若要访问该单元，令 $X=Y=1$，即选中该单元地址，通过 $T_1$ 把数据线电平加至 $C_1$ 便完成写入；或者把 $C_1$ 上的电平通过 $T_1$ 传至数据线上便完成读出。单管存储单元存在两个问题。一是外围电路复杂，它的读出是破坏性的，这是由于 $C_1$ 不可能做得很大(节省芯片面积)，而 $C_2$ 是列线上所有单元分布电容的总和，因此 $C_2>C_1$，每次读出操作之后存储内容就被破坏了，为了保存数据则在每次读出之后要采取恢复措施，因而增设恢复电路。又由于有漏电流，$C_1$ 上电容会逐渐减少，所以，要周期性地刷新存储数据，为此又必须增设刷新电路；二是需要高灵敏度的读出放大器，这是由于在读出时，$C_2$ 与 $C_1$ 并联会使数据线上的 1 电位降低。这些技术问题早 20 世纪在 80 年代已妥善解决了，256KBD-RAM 和 1M 位 D-RAM 都是采用单管存储单元。

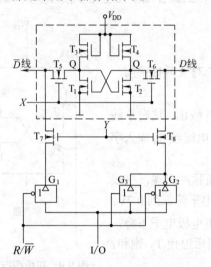

图 9.10　六管静态 MOS 存储单元

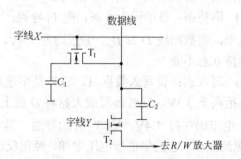

图 9.11　动态单管存储单元

## 9.2.2　RAM 的典型产品介绍

### 1. 集成静态存储器 2114A

Intel 2114A 是单片 1K×4B(即有 1K 个字，每个字 4 位)的静态存储器(SRAM)，它是双列直插 18 脚封装器件，采用 5 V 供电，与 TTL 电平完全兼容，图 9.12 所示为 2114A 的电路结构框图和器件引脚图。

2114A 的引脚功能如图 9.12(b)所示。1～7 脚和 15～17 脚为 10 条地址线，11～14 脚为 4 条双向数据线(即 I/O 线)，8 脚为片选控制 $\overline{CS}$，低电子有效，10 脚为读写控制信号 $R/\overline{W}$，当 $R/\overline{W}$ 为高电平 1 时，数据读出；当 $R/\overline{W}$ 为低电平时，数据写入存储单元中；18 脚为+5V 电源，9 脚为地。其工作原理简述如下。

2114A 的存储器是由 CMOS 6 管静态存储单元组成，排列成 64×64 的矩阵，其中每一行存储单元又分成 16 个字；每个字 4 位。它有 10 条地址线，对应于 $A_0\sim A_9$ 十位地址码，其中 $A_3\sim A_8$ 为 6 位行地址码，经行译码器译码后产生 $2^6=64$ 条行选择线，每次选中存储矩阵中的一行，$A_0 \sim A_2$ 和 $A_9$ 为 4 位列地址码，经列地址译码器译码后产生 $2^4=16$ 条列选择线，每条列选线同时选中 4 位(4 列)存储单元，即选中一个字，因此每次同时对 4 位数进行读/写操作，见图 9.12(a)。总存储容量为 $64 \times 16 \times 4=1024 \times 4$ 位，习惯上称 1K×4 位。

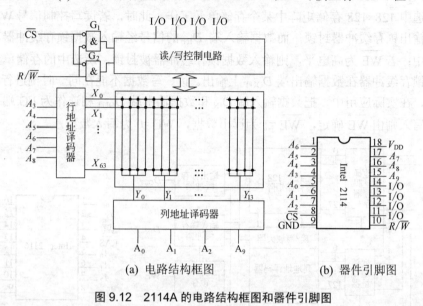

(a) 电路结构框图      (b) 器件引脚图

图 9.12   2114A 的电路结构框图和器件引脚图

读/写控制电路是存储矩阵和数据输入输出端的接口电路，在 $R/\overline{W}$ 信号配合下，控制信号的流向，同时完成对信号的放大，提供必需的逻辑电平和驱动电流。

读/写操作由片选信号 $\overline{CS}$ 和读写信号 $R/\overline{W}$ 控制。决定芯片是否工作，当 $\overline{CS}$ 为高电平时，门 $G_1$、$G_2$ 输出均为 0，使读/写控制电路处于禁止状态，不能对芯片进行读/写操作，只有当 $\overline{CS}=0$ 时，芯片才允许读/写操作。此时 $R/\overline{W}$ 控制读/写操作，当 $R/\overline{W}=0$ 时，$G_2$ 门输出低电平，$G_1$ 门输出高电平，控制读/写电路进行写入操作，外部信号被写入存储单元中；当 $R/\overline{W}=1$ 时，$G_1$ 门输出低电平，$G_2$ 门输出高电平，控制读/写电路进行读操作，存储单元的数据被读出。

### 2．集成动态存储器 2116

Intel 2116 单片 16 K×1B 动态存储器(DRAM)，是典型的单管动态存储芯片。它是双列直插 16 脚封装器件，采用+12 V 和±5 V 三组电源供电，其逻辑电平与 TTL 兼容，图 9.13 为 2116 的电路结构框图和引脚功能图。

2116 引脚功能如图 9.13(b)所示，其中 1 脚为-5V 电源，9 脚为+5V 电源，8 脚为+12V 电源，16 脚为地。5～7 脚和 10～13 脚为地址线，2 脚为数据输入，14 脚为数据输出，3 脚为读写使能控制，4 脚为行地址选通信号，低电平有效，15 脚为列地址选通信号，低电平有效，其数据读写原理简述如下。

2116 的存储矩阵为 128×128 的单管动态存储单元组成，需要 14 位地址码($2^{14}=16384$)。它分为低 7 位的行地址码和高 7 位的列地址码。在实际制造时，为减少芯片的引脚数，2116 只设置了 7 条地址线 $A_0 \sim A_6$，它将 14 位地址码分作两次从 7 条地址线送入到行地址锁存器和列地址锁存器中。当地址线 $A_0 \sim A_6$ 上为低 7 位行地址码时,行地址码选通信号 $\overline{CAS}$ 为低电平,将行地址锁存到行地址锁存器中;当地址线 $A_0 \sim A_6$ 上为高 7 位列地址码时,列地址选通信号 $\overline{CAS}$ 为低电平,将列地址锁存到列地址锁存器中。再经行、列地址译码器进行译码,选中 128×128 存储矩阵中某个存储单元工作。此时,若读写控制信号 $\overline{WE}$ 为低电平,则将输出锁存缓冲器封锁,而数据输入端 $D_{IN}$ 的信号经输入数据锁存缓冲器写入所选中的单元中;若 $\overline{WE}$ 为高电平,则输入数据锁存缓冲器被封锁,所选中的存储单元中的数据经输出锁存缓冲器在数据输出端 $D_{OUT}$ 上输出。读、写数据不能在同一时刻进行,因此为减少连线,在实际应用中,把数据输入端 $D_{IN}$ 和数据输出端 $D_{OUT}$ 相连作为 I/O 端口,数据的读出与写入则由 $\overline{WE}$ 确定, $\overline{WE}$ =1 为读出数据, $\overline{WE}$ =0 为写入数据。

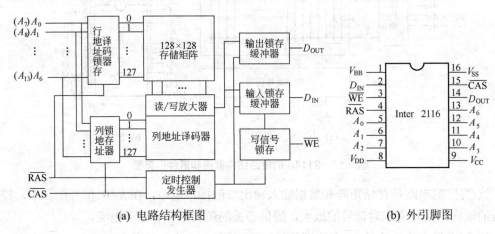

(a) 电路结构框图　　　　　　　　　　　　(b) 外引脚图

**图 9.13　电路结构框图和外引脚图**

2116 内部有专门的灵敏恢复/读出放大器,完成数据的读出放大,同时对存储单元进行刷新。刷新按 $A_0 \sim A_6$ 上传来的行地址进行,每次刷新一行(128 个存储单元)。全部存储单元刷新一遍需 128 次,约 2 ms。

## 9.2.3　RAM 的扩展

当单片 RAM 不能满足存储容量的要求时,这时可把多个单片 RAM 进行组合,扩展成大容量存储器。RAM 扩展分为位扩展和字扩展,也可以位、字同时扩展以满足存储容量的要求。

### 1. RAM 的位扩展

当所用单片 RAM 的位数不够时,就要进行位扩展。位扩展就是把几片相同 RAM 的地址并接在一起,让它们共用地址码,各片的片选线 $\overline{CS}$ 接在一起,读/写控制线 $R/\overline{W}$ 也接在一起,每片的数据线并行输出,如此就实现了位扩展。如用2片4位的 RAM(Intel 2114A),扩展成一个 8 位的 RAM,其位扩展接线如图 9.14 所示。

### 2. RAM 的字扩展

当所用单片 RAM 的字数不够时,就要进行字扩展。字扩展就是把几片相同 RAM 的数据线并接在一起作为共用输入输出端(即位不变)，读/写控制线也接在一起，把地址线加以扩展，用扩展的地址线去控制各片 RAM 的片选线 $\overline{\text{CS}}$。地址线需扩展几位，依字扩展的倍数决定。如将 RAM 扩展成 2 倍，则增加 1 位地址线；如将 RAM 扩展为 4 倍，则增加 2 位地址线，依次类推。如用 2 片 Intel 2114A(1024×4)扩展成 2048×4 的存储器，其字扩展的接线图如图 9.15 所示。

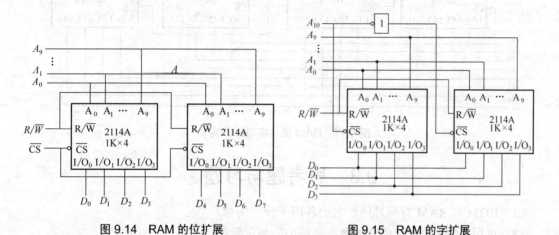

图 9.14　RAM 的位扩展　　　　　　图 9.15　RAM 的字扩展

如果用 4 片 Intel 2114RAM 扩展为 4 K×4 位存储器，则要增加 2 位地址线，这时需要一个 2—4 线译码器，用译码器的 4 个输出分别控制 4 片 RAM 的片选端 $\overline{\text{CS}}_1$、$\overline{\text{CS}}_2$、$\overline{\text{CS}}_3$、$\overline{\text{CS}}_4$，其接线如图 9.16 所示。芯片的其他接线和图 9.15 一样，把地址线 $A_0 \sim A_9$ 并接起来，把读/写控制线也都接在一起即可。

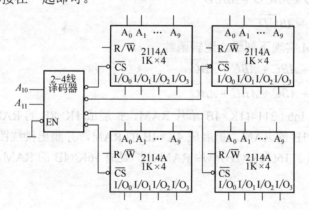

图 9.16　多片 RAM 字扩展方法

### 3．RAM 的位线字线同时扩展

当 RAM 的位线和字线都需要扩展时，一般是先进行位扩展，然后进行字扩展。如用四片 Intel 2114 组成一个 2K×8B 的存储器时，应先把每两片进行位扩展，见图 9.14，再把位扩展后的两组 1K×8B 的存储器进行字扩展。扩展接线如图 9.17 所示。

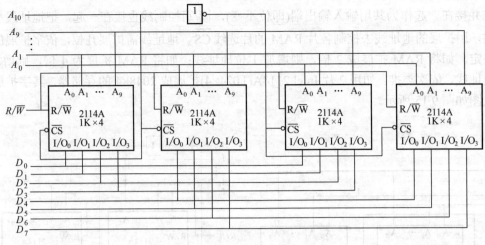

图 9.17　RAM 位、字同时扩展

## 9.3　思考题与习题

9.1　ROM 与 RAM 有何异同？它们各用于什么场合？

9.2　试用 ROM 构成一位全加器，并画出阵列逻辑图。

9.3　试用 ROM 实现下列组合逻辑函数。

$$Y_0 = BCD + \overline{BC}\,\overline{D}$$
$$Y_2 = \overline{A}CD + ABC\overline{D}$$
$$Y_3 = \overline{A}BCD + \overline{A}\overline{B}C\overline{D} + ABCD$$
$$Y_4 = AC\overline{D} + \overline{A}\overline{B}C\overline{D}$$

9.4　试用 ROM 实现下列组合逻辑函数。

$$Y_0 = AB\overline{C} + A\overline{B}\,\overline{C} + \overline{A}B\overline{C} + \overline{A}\overline{B}C$$
$$Y_1 = \overline{A}B\overline{C} + A\overline{B}\,\overline{C} + \overline{A}\,\overline{B}C + AB\overline{C}$$

9.5　试用两片 Intel 2114(1K×4B)单片 RAM，扩展成 1K×8B 的 RAM，并画出接线图。

9.6　试将 1K×1B 的 RAM，扩展成 4K×4B 的 RAM，并画出接线图。

9.7　试用 Intel 2116(16K×1B)单片 RAM，扩展成 16K×4B 的 RAM，并画出接线图。

# 第 10 章　脉冲单元电路

**本章学习目标**

本章主要讨论由集成逻辑门和 555 定时器所构成的脉冲单元电路，如施密特触发器、单稳态触发器和自激多谐振荡器。着重分析电路的工作原理、工作波形图，并介绍它们的应用。在学习本章时应掌握以下几点。

- 掌握施密特触发器、单稳态触发器和自激多谐振荡器的工作特点，了解它们的工作原理和应用。
- 熟悉 555 定时器的电路结构及功能。
- 掌握如何用 555 定时器构成施密特触发器、单稳态触发器和自激多谐振荡器，能够对所构成的电路进行参数计算。

## 10.1　集成逻辑门构成的脉冲单元电路

本节以 TTL 集成逻辑门为例，介绍由其所构成的脉冲单元电路。为了使电路的工作原理分析方便，现作了以下几点约定。

当 TTL 与非门输出高电平时，输出将等效于电压为 3.6V，内阻为 $100\Omega$ 的电压源；

当 TTL 与非门输出低电平时，输出将等效于电压为 0.3V，内阻为 0 的电压源；

TTL 门电路的阈值电平 $U_{\text{TH}}$=1.4V。

另外，在实际应用 TTL 与非门时，经常会遇到输入端通过一个电阻接地的情况，如图 10.1 所示。下面讨论外接电阻 $R_\text{i}$ 对 TTL 与非门工作状态的影响。

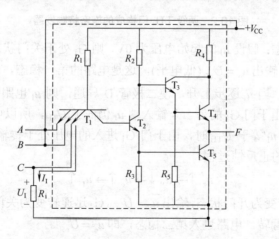

**图 10.1　输入端经电阻 $R_\text{i}$ 接地情况**

由图可得 $U_\text{I}=I_\text{I}\times R_\text{i}$，$R_\text{i}$ 阻值越大，$U_\text{I}$ 越高。

如果要保证电路稳定工作在关态，必须使 $U_\text{I}\leqslant U_{\text{off}}$，此时由于 $T_1$ 处于饱和导通状态，因此

$$U_{\mathrm{I}} = \frac{U_{\mathrm{CC}} - U_{\mathrm{BE(on)}}}{R_1 + R_{\mathrm{i}}} \cdot R_{\mathrm{i}} \leqslant U_{\mathrm{off}} \tag{10-1}$$

这样允许 $R_{\mathrm{i}}$ 的数值为

$$R_{\mathrm{i}} \leqslant \frac{U_{\mathrm{off}} \cdot R_1}{U_{\mathrm{CC}} - U_{\mathrm{BE(on)}} - U_{\mathrm{off}}} \tag{10-2}$$

设 TTL 与非门典型电路参数为 $U_{\mathrm{off}}=0.8\mathrm{V}$，$R_1=4\mathrm{k}\Omega$，则 $R_{\mathrm{i}}\leqslant0.91\mathrm{k}\Omega$。

同样在典型电路参数的条件下，通过计算可得出：当 $R_{\mathrm{i}}\geqslant3.2\mathrm{k}\Omega$，$U_{\mathrm{I}}\geqslant U_{\mathrm{on}}$，从而保证电路稳定工作在开态。

综上所述，对于典型 TTL 与非门，如果输入端外接电阻 $R_{\mathrm{i}}\leqslant0.91\mathrm{k}\Omega$，则该输入端为低电平输入，电路工作在关态，从而输出为高电平；如果 $R_{\mathrm{i}}\geqslant3.2\mathrm{k}\Omega$，则该输入端为高电平输入，若其他输入端也为高电平，则电路工作在开态，从而输出为低电平。

## 10.1.1 集成逻辑门构成的施密特触发器

### 1. 工作原理

图 10.2 所示为用两个 TTL 门构成的施密特触发器。图中，$G_1$ 为与非门，$G_2$ 为反相器，$u_{\mathrm{I}}$ 通过电阻 $R_1$ 和 $R_2$ 来控制门的状态。

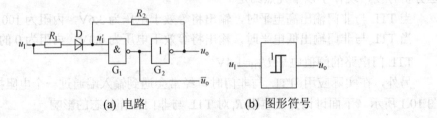

(a) 电路　　　　　(b) 图形符号

**图 10.2　两级 TTL 门构成的施密特触发器**

(1) 第一稳定状态：假设 $u_{\mathrm{I}}$ 的起始电压为 0V，则 $G_1$ 处于关门状态，$\bar{u}_{\mathrm{o}} = u_{\mathrm{oH}}$ (高电平)，门 $G_2$ 处于开门状态，输出 $u_{\mathrm{o}} = U_{\mathrm{oL}}$ (低电平)，这是电路的第一稳态，即 $u_{\mathrm{o}} = U_{\mathrm{oL}}$。

(2) 第一次翻转：当 $u_{\mathrm{I}}$ 逐步上升，使二极管 D 导通，则 $u_{\mathrm{I}}'$ 也跟随 $u_{\mathrm{I}}$ 上升。当 $u_{\mathrm{I}}$ 上升至阈值电平 $U_{\mathrm{TH}}$ 时，由于门 $G_1$ 的另一个输入端 $u_{\mathrm{I}}'$ 仍低于 $U_{\mathrm{TH}}$，所以电路的状态并不改变。当 $u_{\mathrm{I}}$ 继续升高，并使 $u_{\mathrm{I}}'$ 等于 $U_{\mathrm{TH}}$ 时，由于门 $G_1$ 进入的电压处于传输特性的转折区，所以 $u_{\mathrm{I}}'$ 的增加将引发如下的正反馈过程：

$$u_{\mathrm{I}}' \uparrow \to \bar{u}_{\mathrm{o}} \downarrow \to u_{\mathrm{o}} \uparrow \to u_{\mathrm{I}}' \uparrow$$

于是使 $G_1$ 迅速转变为开门状态，输出 $\bar{u}_{\mathrm{o}} = U_{\mathrm{oL}}$，$G_2$ 迅速转变为关门状态，输出 $u_{\mathrm{o}} = U_{\mathrm{oH}}$，此时电路状态发生了翻转，电路进入第二稳态，即 $u_{\mathrm{o}} = U_{\mathrm{oH}}$。

定义将 $u_{\mathrm{I}}$ 上升过程中使电路状态发生翻转所对应的输入电平称为上触发电平，记作 $U_{\mathrm{T+}}$。因为此时有 $u_{\mathrm{I}}' = U_{\mathrm{TH}}$，如果忽略 $u_{\mathrm{I}}' = U_{\mathrm{TH}}$ 时 $G_1$ 的输入电流，则可得到

$$u_{\mathrm{I}}' = U_{\mathrm{TH}} = (U_{\mathrm{T+}} - U_{\mathrm{D}} - U_{\mathrm{oL}})\frac{R_2}{R_1 + R_2} + U_{\mathrm{oL}} \tag{10-3}$$

式中，$U_D$ 为二极管 D 的导通压降，$U_{oL}=0.3\text{V}\approx0\text{V}$。故得

$$U_{T+} = \frac{R_1 + R_2}{R_2} U_{TH} + U_D \tag{10-4}$$

(3) 第二稳定状态：当电路进入第二稳定状态以后，只要 $u_I > U_{T+}$，电路就处于 $u_o = U_{oH}$ 的稳定状态不变。

(4) 第二次翻转：当 $u_I$ 由高电平逐步降低时，二极管 D 将处于截止状态，此时门 $G_1$ 的工作状态由 $u_I$ 决定。只要 $u_I$ 降至 $U_{TH}$，$u_I$ 的下降会引发又一个正反馈过程

$$u_I\downarrow\rightarrow\overline{u}_I\uparrow\rightarrow u_o\downarrow\rightarrow\overline{u}_o\uparrow$$

于是 $G_1$ 迅速转变为关门状态，输出 $\overline{u}_o = U_{oH}$，$G_2$ 迅速转变为开门状态，输出 $u_o = U_{oL}$，此时电路状态发生第二次翻转，电路重新回到第一稳态，即 $u_o = U_{oL}$。

定义将 $u_I$ 下降过程中使电路状态发生翻转所对应的输入电平称为下触发电平，记作 $U_{T-}$。显然

$$U_{T-} = U_{TH} \tag{10-5}$$

通过对该电路的分析，可以得出其电压传输特性如图 10.3(a)所示。因为 $u_I$ 和 $u_o$ 的高低电平是同相的，所以也把这种形式的电压传输特性称为同相输出的施密特触发特性。如果以图 10.3(a)中的 $\overline{u}_o$ 作为输出端，则得到的电压传输特性如图 10.3(b)所示。由于 $u_I$ 和 $\overline{u}_o$ 的高低电平是反相的，因此把这种形式的电压传输特性称为反相输出的施密特触发特性。

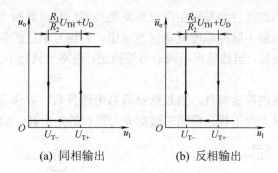

(a) 同相输出　　　　　　(b) 反相输出

图 10.3　施密特触发器的电压传输特性

### 2. 工作特点

施密特触发器具有两种稳定工作状态，它处于哪一种工作状态取决于输入信号电平的高低。当输入信号由低电平逐步上升到上触发电平 $U_{T+}$ 时，电路的状态发生一次转换；当输入信号由高电平逐步下降到下触发电平 $U_{T-}$ 时，电路的状态又会发生转换。

施密特触发器的上触发电平 $U_{T+}$ 和下触发电平 $U_{T-}$ 是不同的，它们之间的差值称为回差电压，用 $\Delta U$ 来表示，即

$$\Delta U = U_{T+} - U_{T-} \tag{10-6}$$

对于图 10.2 所示的施密特触发器，根据式(10-4)和式(10-5)，可得出电路的回差为

$$\Delta U = \frac{R_1}{R_2} U_{TH} + U_D \tag{10-7}$$

可见，调整电阻 $R_1$ 和 $R_2$ 的分压值，可以改变回差的大小。

### 3. 施密特触发器的应用

施密特触发器的主要用途有：波形变换、整形及脉冲幅度鉴别等。

(1) 波形变换及整形。

利用施密特触发器可以将正弦波、三角波以及各种周期性的不规则波形变换并整形为边沿陡峭的矩形波，如图 10.4 所示。其输出的矩形波可以作为计数器的时钟输入，因此，施密特触发器常被用作计数器的输入整形电路。

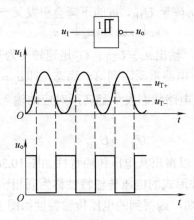

图 10.4 波形变换及整形示意图

值得一提的是，当施密特触发器用作波形变换及整形时，其回差应越小越好，因为施密特触发器所能鉴别的最小脉冲幅度就是回差电压。若信号电压的幅度小于回差电压，则电路一经翻转就不能回复，当然就得不到矩形波输出，电路也就起不到波形变换的作用了。

(2) 抑制干扰。

利用施密特触发器的回差特性，通过选择适当电路参数，以保证有一定的回差，就可以抑制叠加在输入信号上的干扰，使输出波形变为理想的矩形波，如图 10.5 所示。

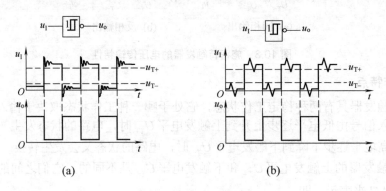

图 10.5 抑制干扰示意图

(3) 脉冲幅度鉴别。

若将一系列幅度各异的脉冲信号加到施密特触发器的输入端，则只有那些幅度大于上触发电平 $U_{T+}$ 的脉冲才能使电路发生翻转，电路有相应输出，因此可以选出幅度大于 $U_{T+}$ 的脉冲，如图 10.6 所示，可见它具有幅度鉴别的能力。

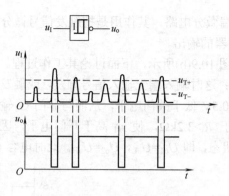

图 10.6 脉冲幅度鉴别示意图

### 4．集成施密特触发器

施密特触发器具有良好的波形整形功能，因此无论是在 TTL 门电路还是在 CMOS 门电路中，都具有带施密特触发器作为输入的反相器和与非门，并且手册上都会标注。如 CC40106 是 CMOS 六反相器(施密特触发)、CC14093 是 CMOS 二输入与非门(施密特触发)、CT5414/CT7414 是 TTL 六反相器(施密特触发)、CT54132/CT74132 是 TTL 四 2 输入与非门(施密特触发)等。图 10.7 和图 10.8 所示为带有施密特触发器作为输入的非门和与非门的逻辑符号。

图 10.7 施密特非门                    图 10.8 施密特与非门

## 10.1.2 集成逻辑门构成的单稳态触发器

单稳态触发器是具有一个稳定状态和一个暂稳状态的电路。其工作特点为：在触发信号加入之前，电路处于稳定状态，在外加触发脉冲的作用下，电路能转换为另一个状态，但这个状态只是暂时维持的(故称之为暂稳态)，经过一段时间之后，电路将自动返回到原来的稳定状态。暂稳态维持时间的长短仅取决于电路本身的参数，与外加触发脉冲的宽度和幅度无关。

由于具备这些工作特点，单稳态触发器在脉冲数字系统中应用十分广泛，如用作脉冲的整形，把波形不规则的脉冲改造成宽度和幅度都一致的脉冲，也可用作延时，用来产生滞后于触发脉冲的输出信号，以及用作定时，用来产生固定时间宽度的脉冲信号等。

单稳态触发器的暂稳态通常是靠 RC 电路的充电、放电过程来维持的。根据 RC 电路的不同接法(是接成微分形式还是接成积分形式)，可将单稳态触发器分为微分型和积分型两种。

### 1．微分型单稳态触发器

微分型单稳态触发器电路如图 10.9(a)所示。其中，$G_1$ 和 $G_2$ 为两级正反馈连接的与非门，$R$ 和 $C$ 构成定时电路，它们按微分电路的连接方式接在 $G_1$ 门的输出端和 $G_2$ 门的输入

端之间，$R_i$、$C_i$ 构成输入端微分电路，其作用是把触发信号微分成尖脉冲，两个与非门的输出端 $u_{o1}$ 和 $u_{o2}$ 作为触发器的输出。

触发器的工作波形如图 10.9(b)所示，下面讨论其工作过程。

(1) $0 \sim t_1$ 为稳定状态：这时输入端无输入信号触发，或触发输入信号 $u_1$ 为高电平。由于 $R=390<0.91\text{k}\Omega$，使 $u_2=0.5\text{V}$ 低于关门电平，从而与非门 $G_2$ 输出高电平 $u_{o2}=3.6\text{V}$，它反馈至门 $G_1$ 的输入；又由于 $R_i>3.2\text{k}\Omega$，使 $u_1$ 高于开门电平，因此与非门 $G_1$ 输出低电平 $U_{o1}=0.3\text{V}$，触发器为稳定状态，即 $U_{o1}=U_{oL}$，$U_{o2}=U_{oH}$。此时电容 $C$ 上的电压 $u_C$ 约为$-0.2\text{V}$。

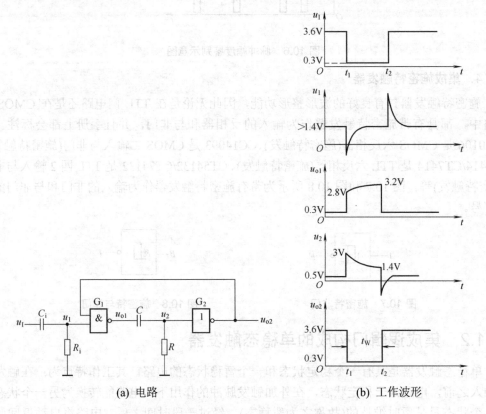

(a) 电路　　　　　　　　　　　　　(b) 工作波形

图 10.9　微分型单稳态触发器及其工作波形

(2) $t_1 \sim t_2$ 为暂稳态：当 $t=t_1$ 时，输入信号 $u_1$ 负脉冲出现，经微分电路后得到负尖脉冲，使 $u_{o1}$ 上跳至高电平，由于电容两端的电压不能突变，因此 $u_2$ 也随之上跳为高电平，输出 $u_{o2}$ 由高电平变为低电平，电路发生一次翻转，从而进入暂稳态，即 $u_{o1}=U_{oH}$，$u_{o2}=u_{oL}$。而这个状态是暂时的，因为 $u_{o2}$ 低电平反馈至门 $G_1$ 的输入端维持 $u_{o1}$ 为高电平，此高电平将对电容 $C$ 进行充电，充电等效电路如图 10.10 所示。其充电时间常数 $\tau=(R+R_o)C$，$R_o$ 为门 $G_1$ 的输出电阻，阻值约为 $100\Omega$。

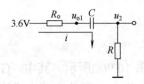

图 10.10　电容充电等效电路

由于初始($t = t_1$)最大充电电流为

$$i = \frac{3.6\text{V} - u_\text{C}}{R + R_\text{o}} = \frac{3.6\text{V} - (-0.2)\text{V}}{(0.1 + 0.39)\text{k}\Omega} \approx 7.8\text{mA}$$

所以在 $t = t_1$ 时，

$$u_\text{o1} = 3.6\text{V} - iR_\text{o} = 2.8\text{V}$$

$$u_2 = iR = 3\text{V}$$

而后随着充电过程的进行，充电电流 $i$ 越来越小，因此，$u_\text{o1}$ 随之增大，$u_2$ 随之减小。当 $t = t_2$ 时，$u_2$ 减小到 1.4V($U_\text{TH}$)，门 $G_2$ 开始关闭，且由于 $G_1$ 和 $G_2$ 之间存在正反馈，因此，电路迅速转换为 $G_2$ 关闭，$G_1$ 开启的状态，从而 $u_\text{o2}$ 由低电平变为高电平 3.6V，$u_\text{o1}$ 由高电平变为低电平 0.3V，电路自动翻转一次，暂稳态结束。暂稳态所维持的时间取决于定时电路 RC 的充电速度。

(3) $t > t_2$ 为电路的恢复期：在 $t = t_2$ 时，$u_2$ 减小到 1.4V，在门 $G_2$ 翻转前瞬间，由于

$$u_\text{o1} = 3.6\text{V} - \frac{1.4\text{V}}{0.39\text{k}\Omega} \times 0.1\text{k}\Omega \approx 3.2\text{V}$$

$$u_\text{C} = (3.2 - 1.4)\text{V} = 1.8\text{V}$$

因此当电路自动翻转以后，$u_\text{o1}$ 将由 3.2V 下跳至 0.3V，$u_2$ 也随之由 1.4V 下跳至 -1.5V，电路进入恢复期。此时电容 $C$ 通过电阻 $R$ 和门 $G_2$ 进行放电，放电等效电路如图 10.11 所示。其放电时间常数 $\tau_\text{d} = (R/R_1)C \approx RC$，且随着放电的进行，$u_\text{C}$ 逐步减小，$u_2$ 逐步增大，经过($3 \sim 5)\tau_\text{d}$ 后，$u_2 = 0.5\text{V}$，电容两端恢复到初始稳定状态时的电压值，即 $u_\text{C} = -0.2\text{V}$。所以电路的恢复时间为

$$t_\text{R} = (3 \sim 5)\tau_\text{d} = (3 \sim 5)RC \tag{10-8}$$

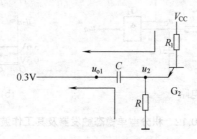

**图 10.11　电容放电等效电路**

(4) 输出脉冲宽度 $t_\text{W}$ 的计算。单稳态触发器的输出 $u_\text{o2}$ 可以产生一定宽度的负脉冲，其宽度 $t_\text{W}$ 由 $u_2$ 按指数规律下降至 1.4V 的时间确定，即

$$t_\text{W} = \tau \ln \frac{u_2(\infty) - u_2(0^+)}{u_2(\infty) - u_2(t_\text{W})} = \tau \ln \frac{0 - 3}{0 - 1.4} \approx \tau \ln 2$$

$$\approx 0.7\tau = 0.7(R + R_\text{o})C \tag{10-9}$$

通常采用改变电容的大小来实现脉冲宽度的粗调，而用改变电阻的大小来实现脉冲宽度的微调。

**2. 积分型单稳态触发器**

积分型单稳态触发器的电路如图 10.12(a)所示。图中 RC 构成积分电路连接在与非门 $G_1$ 和 $G_2$ 之间。门 $G_2$ 的输出 $u_\text{o2}$ 作为触发器的输出。

触发器的工作波形如图 10.12(b)所示，下面讨论它的工作过程。

(1) $0 \sim t_1$ 为稳定状态：这时输入信号 $u_1$ 为低电平，两个门的输出 $u_{o1}$ 和 $u_{o2}$ 都为高电平 3.6V，触发器处于稳定状态，即 $u_{o2} = U_{OH}$。此时电容 $C$ 被充电至高电平，且电容两端的电压 $u_C = 3.6V$。

(2) $t_1 \sim t_2$ 为暂稳态：当 $t = t_1$ 时，输入 $u_1$ 由低电平跳变至高电平，门 $G_1$ 和 $G_2$ 都处于开门状态，$u_{o1}$ 和 $u_{o2}$ 均由高电平跳变到低电平，触发器发生一次翻转，从而进入暂稳态，即 $u_{o2} = u_{oL}$。但这个状态是不能持久的。由于电容上的电压不能突变，所以当触发器发生一次翻转后，$u_C$ 仍为高电平，从而电容 $C$ 将通过 $R$ 和门 $G_1$ 进行放电，使 $u_C$ 按指数规律下降。当 $t = t_2$ 时，$u_C$ 减小到 $1.4V(U_{TH})$，门 $G_2$ 关闭，使 $u_{o2}$ 由低电平跳回到高电平，暂稳态结束。但此时，电容 $C$ 的放电仍将继续进行。

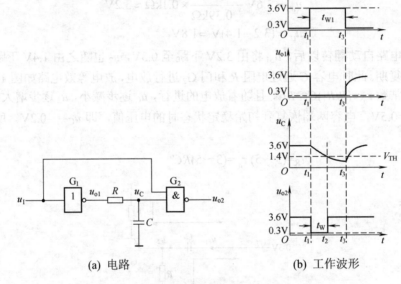

(a) 电路　　　　　　　　　(b) 工作波形

图 10.12　积分型单稳态触发器及其工作波形

(3) $t \geqslant t_3$ 为电路的恢复期：当 $t = t_3$ 时，输入 $u_1$ 由高电平跳变至低电平，门 $G_1$ 关闭，输出 $u_{o1}$ 为高电平，电路进入恢复过程。此时，$u_{o1}$ 和门 $G_2$ 对电容 $C$ 重新充电，经过一定时间，当 $u_{o1}$ 和 $u_C$ 都上升到 3.6V，电路才返回到初始稳定状态。

(4) 输出脉冲宽度 $t_W$ 的计算：单稳态触发器的输出 $u_{o2}$ 可以产生一定宽度的负脉冲，其宽度 $t_W$ 由 $u_C$ 按指数规律下降至 1.4V 的时间确定，即

$$t_W = \tau \ln \frac{u_C(\infty) - u_C(0^+)}{u_C(\infty) - u_C(t_W)} = \tau \ln \frac{0 - 3.6}{0 - 1.4} \tag{10-10}$$
$$\approx 1.1\tau = 1.1RC$$

改变 $R$ 和 $C$ 的值，就可以改变输出的脉冲宽度。

必须指出，在暂稳态期间，电容 $C$ 放电未达到阈值电压 $U_{TH}$ 之前，触发输入信号不能由高电平下跳至低电平，否则与非门 $G_2$ 将由于 $u_1$ 的下跳提前关闭，从而提早结束电路的暂稳态过程，达不到 RC 电路控制定时的目的。因此要求输入的正触发脉冲宽度 $t_{W1}$ 必须大于

输出的负脉冲宽度 $t_W$。

如果要求能够在窄脉冲触发下得到较宽的输出脉冲，可以采用如图 10.13 所示的电路，此时输入和输出均为负脉冲，其工作过程与图 10.12 所示电路类似，不再重复。

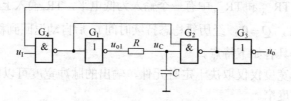

图 10.13　宽脉冲输出电路

### 3. 集成单稳态触发器

鉴于单稳态触发器的应用十分广泛，因此在 TTL 电路和 CMOS 电路的产品中都生产了单片集成的单稳态触发器器件。集成单稳态触发器可分为不可重触发和可重触发两种类型。它们的逻辑符号如图 10.14 所示。

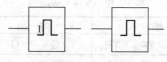

(a) 不可重触发　(b) 可重触发

图 10.14　单稳态触发器通用逻辑符号

所谓不可重触发的单稳态触发器，是指在暂稳态定时时间 $t_W$ 之内，若有新的触发脉冲输入，电路不会产生任何响应，必须在暂稳态结束之后，它才能接受下一个触发脉冲而转入暂稳态，如图 10.15(a)所示。而可重触发的单稳态触发器，是指在暂稳态定时时间 $t_W$ 之内，若有新的触发脉冲输入，可被新的输入脉冲重新触发，使输出脉冲再维持一个 $t_W$ 的宽度，如图 10.15(b)所示。

属于不可重触发的单稳态触发器有 74121、7422、CC74HC123 等，属于可重触发的单稳态触发器有 74122、74123、CC14228、CC14538 等。这里以不可重触发单稳态触发器 74121 为例来介绍它们。

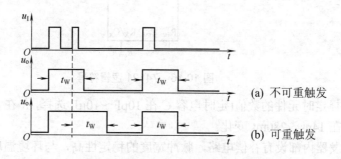

图 10.15　单稳态触发器的工作波形

74121 内部电路复杂，在一般集成电路手册中也不提供其逻辑图。但从电路符号图及功能真值表就可确定其应用方案，拟定其电路接线图，因此对其内部电路不必去深究。

图 10.16 所示是 74121 型单稳态触发器的符号，功能表见表 10.1。由功能表可见：$TR_{-A}$、$TR_{-B}$ 和 $TR_+$ 是触发脉冲输入端。其中，$TR_+$ 为正跳沿触发，$TR_{-A}$ 和 $TR_{-B}$ 为下跳沿触发。当电路处于稳定状态时，输出 $Q=0$，$\overline{Q}=1$。在 $TR_+$ 为高电平，$TR_{-A}$ 或 $TR_{-B}$ 中有一个输入下跳沿触发时，或者在 $TR_{-A}$ 和 $TR_{-B}$ 中有一个输入为低电平，$TR_+$ 输入上跳沿触发时，电路进入暂稳态，输出 $Q=1$，$\overline{Q}=0$，经历暂稳态持续时间 $t_W$ 后自动返回到稳态。

此外，该触发器具有如下特点。

(1) 输出脉冲的宽度仅仅取决于定时元件，输出的脉冲宽度可以比输入脉冲宽度宽，也可以比输入脉冲宽度窄。

当不外接定时元件时（即 $R_{int}$ 接 $V_{CC}$，$C_{ext}$ 和 $R_{ext}/C_{ext}$ 端之间开路），可得到宽度典型值为 30ns 或 35ns 的输出脉冲；

当外接定时元件时（即在 $C_{ext}$ 和 $R_{ext}/C_{ext}$ 端之间外接电容 $C$，在 $R_X/C_X$ 和 $V_{CC}$ 端之间外接电阻 $R$），输出脉冲宽度 $t_W$ 由下式确定

$$t_W = 0.7RC \tag{10-11}$$

表 10.1　74121 功能表

| 输　入 | | | 输　出 | |
|---|---|---|---|---|
| $TR_{-A}$ | $TR_{-B}$ | $TR_+$ | $Q$ | $\overline{Q}$ |
| 0 | × | 1 | 0 | 1 |
| × | 0 | 1 | 0 | 1 |
| × | × | 0 | 0 | 1 |
| 1 | 1 | × | 0 | 1 |
| 1 | ↓ | 1 | ⊓ | ⊔ |
| ↓ | 1 | 1 | ⊓ | ⊔ |
| ↓ | ↓ | 1 | ⊓ | ⊔ |
| 0 | × | ↑ | ⊓ | ⊔ |
| × | 0 | ↑ | ⊓ | ⊔ |

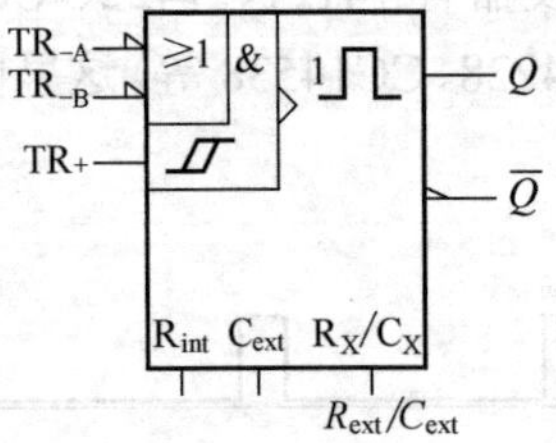

图 10.16　74121 逻辑符号

适当选择定时元件的数值（定时电容 $C$ 在 $10pF \sim 10\mu F$ 选择，$R$ 在 $2 \sim 40k\Omega$ 选择），输出脉冲宽度可在 $14ns \sim 280ms$ 变化。

(2) 触发器内部设有补偿电路，脉冲宽度的稳定性高，与环境温度无关。

(3) 如果 $R$ 使用最大推荐值，输出占空比（输出脉宽与重复周期之比 $t_W/T$）可高达 90%，且工作无颤动。

(4) $TR_+$ 输入端采用施密特触发输入电路，电路的抗干扰能力强。

### 10.1.3　集成逻辑门构成的自激多谐振荡器

自激多谐振荡器是没有稳定状态，而只有两个暂稳状态的电路，它无须外加触发信号的作用，便能自动产生一定幅度和频率的方波或矩形波。由于方波或矩形波中含有丰富的高次谐波，故习惯上称为多谐振荡器。其主要是用来作为脉冲信号源。

由集成逻辑门构成的自激多谐振荡器，其电路形式繁多，但工作原理与分析方法类似。下面主要介绍 RC 积分型环行振荡器和石英晶体振荡器。

#### 1. RC 积分型环行振荡器

带有 RC 定时电路的环行振荡器电路如图 10.17(a)所示。其中 $R_s$ 为限流保护电阻，其值很小(约 $100\Omega$)，$R$、$C$ 为定时元件，门 $G_3$ 的输出端 $u_o$ 为振荡器的输出。其工作波形如图 10.17(b)所示，工作过程如下。

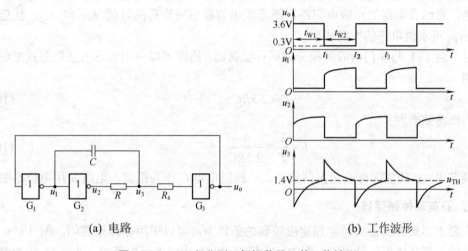

(a) 电路　　　　　　　　　　(b) 工作波形

**图 10.17　RC 积分型环行振荡器及其工作波形**

(1)　$0 \sim t_1$ 暂稳态：假设门 $G_3$ 的初始状态为关态(此时 $u_3$ 必然小于阈值电平 1.4V)，则 $u_o$ 的初始状态为高电平，反馈至门 $G_1$ 的输入端，使 $u_1$ 为低电平，从而 $u_2$ 为高电平。那么在 $0 \sim t_1$ 时间内，非门 $G_2$ 和 $G_3$ 将通过电阻 $R$ 对电容 $C$ 充电，充电回路如图 10.18 所示。随着电容 $C$ 的充电，电压 $u_3$ 呈指数规律上升。

当 $t = t_1$ 时，$u_3$ 上升到阈值电平 1.4V，使门 $G_3$ 开启，输出 $u_o$ 由高电平跳变为低电平，使 $u_1$ 由低电平跳变为高电平，$u_2$ 由高电平跳变为低电平。由于电容上的电压不能突变，$u_3$ 也随 $u_1$ 上跳。这样振荡器自动翻转一次，进入 $t_1 \sim t_2$ 的暂稳态。

(2)　$t_1 \sim t_2$ 暂稳态：当 $t > t_1$ 时，由于 $u_1$ 为高电平，$u_2$ 为低电平，则电容 $C$ 开始放电，放电回路如图 10.19 所示。随着电容 $C$ 的放电，电压 $u_3$ 呈指数规律下降。

当 $t = t_2$ 时，$u_3$ 下降到阈值电平 1.4V，门 $G_3$ 关闭，输出 $u_o$ 由低电平跳变为高电平，使 $u_1$ 由高电平跳变为低电平，$u_2$ 由低电平跳变为高电平。同时经过电容的耦合，$u_3$ 也随 $u_1$ 下跳。这样振荡器又自动翻转一次，进入 $t_2 \sim t_3$ 的暂稳态。

(3)　$t_2 \sim t_3$ 暂稳态：当 $t > t_2$ 时，由于振荡器的状态与 $t < t_1$ 时的状态相同，所以振荡器重复 $0 \sim t_1$ 时期的工作过程，即电容 $C$ 被充电，电压 $u_3$ 呈指数规律上升。同样当 $u_3$ 上升到阈

值电平 1.4V，振荡器发生翻转，则又将重复进行在 $t_1 \sim t_2$ 期间的工作过程。就这样周而复始地重复上述过程，形成多谐振荡。

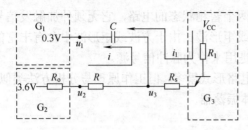 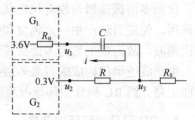

图 10.18　电容充电等效电路　　　　　　图 10.19　电容放电等效电路

（4）振荡周期 $T$ 的计算：由以上分析可知，RC 积分型环行振荡器是利用电容 $C$ 的充、放电过程来控制电压 $u_3$，从而控制非门的自动开闭，形成多谐振荡。因此根据 $u_3$ 的波形变化规律，再结合电路的充放电回路，不难求出暂稳态所维持的时间 $t_{W1}$ 和 $t_{W2}$，然后根据 $T=t_{W1}+t_{W2}$ 可求得电路的振荡周期。

对于由 TTL 与非门构成的积分型环行振荡器，通常可以采用如下的近似公式来估算振荡周期

$$T \approx 2.3RC \tag{10-12}$$

电路的振荡频率为

$$f = \frac{1}{T} = \frac{1}{2.3RC} \tag{10-13}$$

调节 $R$、$C$ 的值即可改变振荡频率。一般以电容 $C$ 作为粗调，电阻 $R$ 用电位器细调。

### 2. 石英晶体振荡器

在要求多谐振荡器的频率稳定度较高的条件下，可以采用晶体来稳频。图 10.20 所示就是一种石英晶体振荡器电路。图中，非门 $G_1$ 和 $G_2$ 构成多谐振荡器，非门 $G_3$ 作为整形电路。门 $G_2$ 输出至门 $G_1$ 输入的反馈支路中串接了石英晶体。

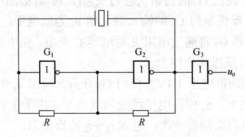

图 10.20　石英晶体振荡器

由于石英晶体具有极其稳定的串联谐振频率 $f_s$，在此频率的两侧，晶体的电抗值迅速增加。所以，晶体串入两级正反馈电路的反馈支路，则振荡器只有在 $f_s$ 频率上满足起振条件而起振，振荡的波形经过门 $G_3$ 整形后即输出矩形脉冲波。所以，这种振荡器的振荡频率取决于晶体的谐振频率，这就是晶体的稳频作用。这种振荡器的频率稳定度很高，可达 $10^{-7}$ 左右，足以满足大多数数字系统对频率稳定度的要求。

# 10.2　555 定时器及其应用

555 定时器是一种多用途的数字—模拟混合集成电路，利用它可以极方便地构成施密特触发器、单稳态触发器和自激多谐振荡器。由于使用方便、灵活，555 定时器在自动控制、定时、仿声、电子乐器、防盗报警等方面都得以广泛应用。

尽管 555 定时器产品型号繁多，但所有双极型产品型号最后三位的号码都是 555，所有 CMOS 产品型号最后的四位都是 7555。而且它们的功能和外部引脚的排列完全相同。为了提高集成度，随后又生产了双定时器产品 556(双极型)和 7556(CMOS 型)。

## 10.2.1　555 定时器的电路结构与功能

### 1. 555 定时器的电路结构

555 定时器电路如图 10.21 所示。它由比较器 $A_1$ 和 $A_2$、基本 RS 触发器、集电极开路的放电三极管 T 和缓冲器 $G_3$ 四部分组成。虚框外面是集成 555 定时器电路的 8 个引脚标号及所对应的名称，它们分别为：脚 1——接地端 GND，脚 2——触发输入端 $u_{I2}$，脚 3——输出端 $u_o$，脚 4——复位端 $\overline{R}_D$，脚 5——控制端 $U_{CO}$，脚 6——触发输入端 $u_{I1}$，脚 7——放电端 $u_o'$，脚 8——电源端 $V_{CC}$。

### 2. 555 定时器的功能

由图 10.21 可知：

(1) $\overline{R}_D$ 是置零输入端，低电平有效。只要在 $\overline{R}_D$ 端加上低电平，输出端 $u_o$ 便立刻被置成低电平，三极管 T 处于导通状态，而不受其他输入端的影响。正常工作时必须使 $\overline{R}_D$ 处于高电平。

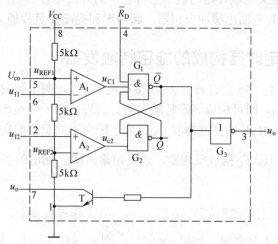

**图 10.21　555 定时器电路结构**

(虚线内的阿拉伯数字为器件外部引出端的编号)

(2) 当 $\overline{R}_D$ 为高电平时，555 定时器的功能主要由两个比较器 $A_1$ 和 $A_2$ 的工作状态决定。由于比较器 $A_1$ 和 $A_2$ 的参考电压(电压比较的基准)$U_{RFF1}$ 和 $U_{RFF2}$ 由 $V_{CC}$ 经三个 5kΩ 的电阻分压给出，所以在控制电压输入端 $U_{CO}$ 悬空时，$U_{REF1} = \dfrac{2}{3}V_{CC}$，$U_{REF2} = \dfrac{1}{3}V_{CC}$。如果外接固定

电压 $U_{CO}$，则 $U_{REF1}=U_{CO}$，$U_{REF2}=\frac{1}{2}U_{CO}$。那么

① 当 $u_{I1}<U_{RFF1}$、$u_{I2}<U_{RFF2}$ 时，$u_{C1}=1$、$u_{C2}=0$，使基本 RS 触发器的状态 $Q=1$，$\overline{Q}=0$，经门 $G_3$ 反相后，输出 $u_o=1$，同时三极管 T 处于截止状态；

② 当 $u_{I1}<U_{RFF1}$、$u_{I2}>U_{RFF2}$ 时，$u_{C1}=1$、$u_{C2}=1$，使基本 RS 触发器的状态保持不变，因而输出 $u_o$ 和三极管 T 状态的状态也保持不变；

③ 当 $u_{I1}>U_{RFF1}$、$u_{I2}<U_{RFF2}$ 时，$u_{C1}=0$、$u_{C2}=0$，基本 RS 触发器将处于 $Q=\overline{Q}=1$ 的状态，经门 $G_3$ 反相后，输出 $u_o=0$，同时三极管 T 处于导通状态；

④ 当 $u_{I1}>U_{RFF1}$、$u_{I2}>U_{RFF2}$ 时，$u_{C1}=0$、$u_{C2}=1$，则基本 RS 触发器的状态 $Q=0$，$\overline{Q}=1$，经门 $G_3$ 反相后，输出 $u_o=0$，同时三极管 T 处于导通状态。

这样我们就可以得到表 10.2 所示的 555 定时器的功能表。

表 10.2  555 定时器的功能表

| 输　入 | | | 输　出 | |
|---|---|---|---|---|
| $\overline{R_D}$ | $u_{I1}$ | $u_{I2}$ | $u_o$ | T |
| 0 | × | × | 0 | 导通 |
| 1 | $<(2/3)V_{CC}$ | $<(1/3)V_{CC}$ | 1 | 截止 |
| 1 | $<(2/3)V_{CC}$ | $>(1/3)V_{CC}$ | 不变 | 不变 |
| 1 | $>(2/3)V_{CC}$ | $<(1/3)V_{CC}$ | 0 | 导通 |
| 1 | $>(2/3)V_{CC}$ | $>(1/3)V_{CC}$ | 0 | 导通 |

另外，三极管 T 是集电极开路的输出三极管，为外接电容提供充、放电回路，也称为泄放三极管。反相器 $G_3$ 为输出缓冲反相器，起整形和提高带负载能力的作用。

## 10.2.2　由 555 定时器构成的施密特触发器

如图 10.22 所示，将 555 定时器的 $\overline{R_D}$ 端接高电平 $V_{CC}$，两个触发输入端 $u_{I1}$ 和 $u_{I2}$ 连在一起作为信号输入端 $u_I$，即可构成施密特触发器。另外，为了提高比较器参考电压的稳定性，可在 $U_{CO}$ 端接有 $0.01\mu F$ 的滤波电容 $C_M$；为了配合不同负载的需要，也可在放电输出端 $u_o'$ 加上拉电阻 $R$ 和电源 $E_C$ 构成反相器，则反相输出端 $u_o'$ 输出的信号高电平可由电源 $E_C$ 加以调节。

该施密特触发器的工作波形如图 10.23 所示，其工作过程如下。

(1) 当 $u_I$ 从 0V 逐渐升高时，如果 $u_I<\frac{1}{3}V_{CC}$，则 $u_{C1}=1$、$u_{C2}=0$，使基本 RS 触发器与非门 $G_1$ 的状态为 0，经反相后，输出 $u_o=1$；如果 $\frac{1}{3}V_{CC}<u_I<\frac{2}{3}V_{CC}$，则 $u_{C1}=1$、$u_{C2}=1$，使基本 RS 触发器的状态保持不变，因而输出保持 $u_o=1$ 不变；如果 $u_I>\frac{2}{3}V_{CC}$，则 $u_{C1}=0$、$u_{C2}=1$，使基本 RS 触发器与非门 $G_1$ 的状态为 1，经反相后，输出 $u_o=0$，输出状态发生一次翻转。

不难得出触发器上触发电平

$$U_{T+} = \frac{2}{3}V_{CC} \tag{10-14}$$

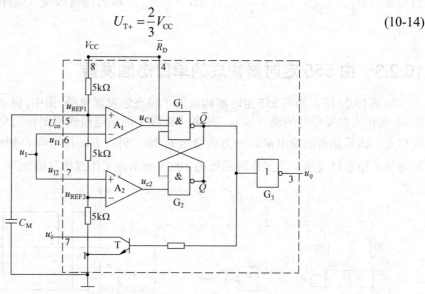

图 10.22　由 555 定时器构成施密特触发器

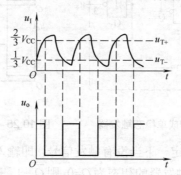

图 10.23　图 10.22 所示电路工作波形

(2)　当 $u_1$ 从高于 $\frac{2}{3}V_{CC}$ 逐渐下降时，如果 $\frac{1}{3}V_{CC} < u_1 < \frac{2}{3}V_{CC}$，则 $u_{C1}=1$、$u_{C2}=1$，使基本 RS 触发器的状态保持不变，因而输出状态保持不变，仍然 $u_o=0$；如果 $u_1 < \frac{1}{3}V_{CC}$，则 $u_{C1}=1$、$u_{C2}=0$，使基本 RS 触发器的与非门 $G_1$ 的状态为 0，经反相后，输出 $u_o=1$，输出状态又发生一次翻转，且可知触发器下触发电平

$$U_{T-} = \frac{1}{3}V_{CC} \tag{10-15}$$

由此得到电路的回差

$$\Delta U = U_{T+} - U_{T-} = \frac{1}{3}V_{CC} \tag{10-16}$$

图 10.3(b)所示是该电路的电压传输特性，它是一个典型的反相输出的施密特触发特性。

如果参考电压由外接电压 $U_{CO}$ 供给，则 $U_{REF1} = U_{CO}$，$U_{REF2} = \frac{1}{2}U_{CO}$，显然这个施密特

触发器的 $U_{T+}=U_{CO}$，$U_{T-}=\dfrac{1}{2}U_{CO}$，$\Delta U=\dfrac{1}{2}U_{CO}$。那么通过改变 $U_{CO}$ 的值可改变回差的大小。

### 10.2.3 由 555 定时器构成的单稳态触发器

如图 10.24 所示为用 555 定时器构成的单稳态触发器电路。图中，将 $\overline{R}_D$ 端接高电平 $V_{CC}$，以 $u_{I2}$ 端作为触发信号的输入端 $u_I$，并将三极管 T 的集电极输出 $u_o'$ 通过电阻 $R$ 接 $V_{CC}$，构成反相器。该反相器的输出 $u_o'$，一方面接至 $u_{I1}$ 端，另一方面接电容 $C$ 到地。这样，就构成积分型单稳态触发器，其工作波形如图 10.25 所示，工作过程分析如下。

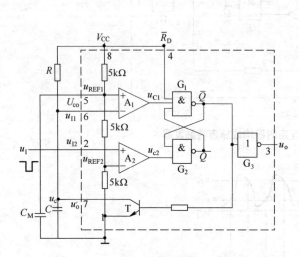

图 10.24　由 555 定时器构成单稳态触发器

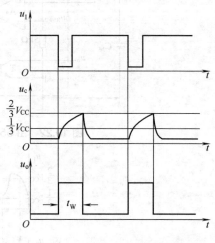

图 10.25　图 10.24 所示电路工作波形

(1) 稳定状态：首先来确定一下当没有触发信号，即输入 $u_I$ 为高电平($V_{CC}$)时电路所处的稳定状态。假设接通电源后触发器的初态为 $Q=0$，则 $\overline{Q}=1$，三极管 T 导通，那么 $u_{I1}=u_C=u_o' \approx 0$，故 $u_{C1}=1$，且由于 $u_{I2}=u_I=V_{CC}$，推知 $u_{C2}=1$，所以电路将稳定地维持 $Q=0$ 及 $u_o=0$ 的状态不变。若接通电源后触发器的初态为 $Q=1$，则由于 $u_{C2}=1$，必然 $\overline{Q}=0$，故三极管 T 截止，电源 $V_{CC}$ 将通过电阻 $R$ 对电容 $C$ 充电，电容 $C$ 上的电压 $u_C$ 因充电而上升，当 $u_C$ 上升至 $\dfrac{2}{3}V_{CC}$ 时，$u_{C1}=0$，$\overline{Q}=1$，则触发器状态 $Q=0$ 及 $u_o=0$，且由于 T 导通，电容 $C$ 又将通过三极管 T 迅速放电，使 $u_C \approx 0$，此后因为 $u_{C1}=u_{C2}=1$，触发器将保持 $Q=0$ 的状态不变，输出也相应地稳定在 $u_o=0$ 的状态。

通过以上分析可见，无论接通电源后触发器的初态是 0 还是 1，在无触发输入的情况下，电路都将稳定在 $u_{C1}=u_{C2}=1$，$Q=0$，$u_o=0$ 的状态，且此时三极管 T 导通，$u_C \approx 0$。

(2) 暂稳状态：当触发脉冲 $u_I$ 的下降沿到达，使 $u_{I2}$ 跳变到 $\dfrac{1}{3}V_{cc}$ 以下时，则 $u_{C2}=0$，触发器状态 $Q=1$，$\overline{Q}=0$，使电路输出 $u_o=1$，电路发生翻转，进入暂稳态。由于这时三极管 T 处于截止状态，电源 $V_{CC}$ 将通过电阻 $R$ 向电容 $C$ 充电，电容 $C$ 上的电压 $u_C$ 随着充电而上升，当 $u_C$ 上升至 $\frac{2}{3}V_{CC}$ 时，$u_{C1}=0$，而此时输入端的触发脉冲已消失，$u_I$ 重新回到高电平 $V_{CC}$，使 $u_{C2}=1$，从而触发器的状态 $Q=0$，$\overline{Q}=1$，$u_o$ 由高电平跳变为低电平，暂稳态结束，三极管 T 由截止状态变为导通状态。

必须指出，输入 $u_I$ 的负脉冲宽度要求小于单稳态触发器的输出脉冲宽度 $t_W$，否则会影响电路的正常工作。通常可在电路的输入端加接微分电路，将宽脉冲转换为窄脉冲后再去触发单稳态触发器。

(3) 恢复阶段：由于 T 处于导通状态，则电容 C 将通过 T 迅速放电，使 $u_C \approx 0$，从而 $u_{C1}=u_{C2}=1$，电路恢复到稳定。

(4) 输出脉冲宽度 $t_W$ 的计算：输出脉冲宽度 $t_W$ 等于暂稳态维持的时间，可根据 $u_C$ 的波形再结合充电回路，不难得出：

$$t_W=RC\ln\frac{V_{CC}-0}{V_{CC}-\frac{2}{3}V_{CC}}=RC\ln 3 \approx 1.1RC \tag{10-17}$$

通常电阻 R 的取值范围为几百欧至几兆欧，电容 C 的取值范围为几百皮法至几百微法，所以 $t_W$ 对应范围可在几微秒至几分钟。

## 10.2.4　由 555 定时器构成的自激多谐振荡器

如图 10.26 所示为一个由 555 定时器构成的自激多谐振荡器。图中，定时元件除电容 C 之外，还有两个电阻 $R_1$ 和 $R_2$，它们串接在一起，电容 C 和 $R_2$ 的连接点接到定时器的两个输入端 $u_{I1}$ 和 $u_{I2}$，$R_1$ 和 $R_2$ 的连接点接到放电管 T 的输出端 $u_o'$。此电路实际上是将图 10.22 所示的施密特触发器的反相输出端 $u_o'$ 通过 RC 积分电路反馈至它的输入端。该电路的工作波形如图 10.27 所示，现分析其工作过程。

(1) 暂稳态 I：在电路接通电源时，由于电容 C 还未充电，所以 $u_C$ 为低电平，使 $u_{C1}=1$，$u_{C2}=0$，从而触发器的状态 $Q=1$，$\overline{Q}=0$，$u_o$ 为高电平。由于此时三极管 T 处于截止状态，则电源 $V_{CC}$ 将通过电阻 $R_1$ 和 $R_2$ 对电容 C 进行充电，电路进入暂稳态 I。随着充电，电容 C 上的电压 $u_C$ 呈指数规律上升，当 $u_C$ 上升至 $\frac{2}{3}V_{CC}$ 时，$u_{C1}=0$，$u_{C2}=1$，从而 $Q=0$，$\overline{Q}=1$，$u_o$ 由高电平跳变为低电平，暂稳态 I 结束，此时三极管 T 处于导通状态，电容 C 将通过 $R_2$ 和 T 进行放电，电路进入暂稳态 II。

(2) 暂稳态 II：随着放电，电容 C 上的电压 $u_C$ 呈指数规律下降，当 $u_C$ 下降至 $\frac{1}{3}V_{CC}$ 时，$u_{C1}=1$，$u_{C2}=0$，从而 $Q=1$，$\overline{Q}=0$，$u_o$ 又由低电平跳回至高电平，暂稳态 II 结束。此时由于三极管 T 处于截止状态，电容 C 又开始充电，电路重新进入暂稳态 I。以后，电路重复上述过程，形成多谐振荡。

(3) 振荡周期 T 的计算。由图中 $u_C$ 的波形，可求得电容 C 的充电时间 $t_{W1}$ 和放电时间 $t_{W2}$ 各为

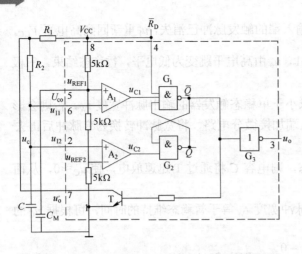

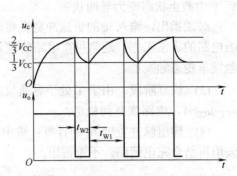

图 10.26　由 555 定时器构成自激多谐振荡器　　　图 10.27　图 10.26 所示电路工作波形

$$t_{W1} = (R_1 + R_2)C \ln \frac{V_{CC} - \frac{1}{3}V_{CC}}{V_{CC} - \frac{2}{3}V_{CC}} = (R_1 + R_2)C \ln 2 \tag{10-18}$$

$$\approx 0.7(R_1 + R_2)C$$

$$t_{W2} = R_2 C \ln \frac{0 - \frac{2}{3}V_{CC}}{0 - \frac{1}{3}V_{CC}} = R_2 C \ln 2 \tag{10-19}$$

$$\approx 0.7 R_2 C$$

故电路的振荡周期为

$$T = t_{W1} + t_{W2} = 0.7(R_1 + 2R_2)C \tag{10-20}$$

振荡频率为

$$f = \frac{1}{T} = \frac{1}{0.7(R_1 + 2R_2)C} \tag{10-21}$$

占空比为

$$q = \frac{t_{W1}}{t_{W1} + t_{W2}} = \frac{R_1 + R_2}{R_1 + 2R_2} \tag{10-22}$$

调节 $R_1$、$R_2$ 和 $C$，即可改变电路的振荡频率及占空比。

# 10.3　思考题与习题

10.1　什么叫双稳态触发器？施密特触发器与双稳态触发器有哪些异同点？

10.2　施密特触发器有哪些应用？它产生回差的主要原因是什么？

10.3　为什么单稳态触发器经外界触发后，不能长期稳定在另一种状态？它的"暂稳状态"是如何维持的？

10.4　自激多谐振荡器的特点是什么？它的主要用途是什么？

10.5　图 10.28(a)是具有电平偏移二极管的施密特触发器电路，试分析它的工作原理，画出在图 10.28(b)输入波形 $u_I$ 作用下的输出波形 $u_o$。$G_1$、$G_2$、$G_3$ 均为 TTL 门电路。

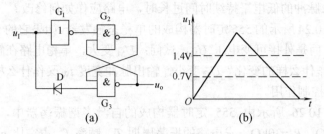

图 10.28

10.6　在图 10.9 给出的单稳态触发器中，已知 $R_i=10k\Omega$，$C_i=50pF$，$R_-200\Omega$，$C=5000pF$，并设 $R_o=100\Omega$，试求输出脉冲的宽度。

10.7　图 10.29 的两个电路都是单稳态触发器，图 10.29(a)的 $R$ 值较小，且一端接地电位；图 10.29 (b)的 $R$ 值较大，且一端接高电位。试根据图 10.29 (c)给出的输入信号 $u_I$，分别画出两个电路的输出波形图。设电路的时间常数 $RC$ 比 $u_I$ 脉宽小许多。

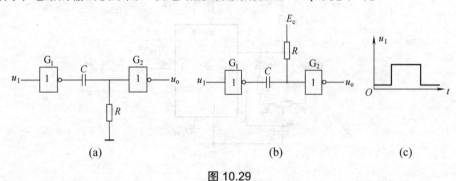

图 10.29

10.8　积分型单稳态触发器如图 10.30 所示，其中，$t_{Wi}=5\mu s$，$R=300\Omega$，$C=1000pF$，试对应画出 $u_I$、$u_{o1}$、$u_C$、$u_{o2}$、$u_o$ 的波形，并计算输出脉宽。

10.9　在图 10.17 的 RC 积分型环行振荡器电路中，试说明：

(1)　$R$、$C$、$R_s$ 各起什么作用？

(2)　为降低电路的振荡频率可以调节哪些参数？是加大还是减小？

(3)　$R$ 的最大值有无限制？

10.10　图 10.31 所示是用 $n$ 个反相器接成的环行振荡器电路。某同学用示波器观察输出 $u_o$ 的波形时发现，取 $n=3$ 和 $n=5$ 所测得的脉冲频率几乎相等，试分析其原因。

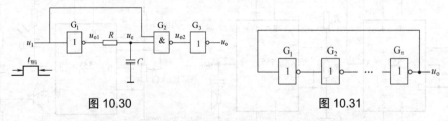

图 10.30　　　　　　　　　　　　图 10.31

10.11　用 555 定时器接成的施密特触发器如图 10.22 所示，试问：

(1)　当 $V_{CC}=12V$ 而没有外接控制电压时，$U_{T+}$、$U_{T-}$ 及 $\Delta V$ 各为多少伏？

(2)　当 $V_{CC}=9V$，控制电压 $V_{CO}=5V$ 时，$U_{T+}$、$U_{T-}$ 及 $\Delta V$ 又各为多少伏？

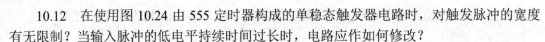

10.12 在使用图 10.24 由 555 定时器构成的单稳态触发器电路时,对触发脉冲的宽度有无限制?当输入脉冲的低电平持续时间过长时,电路应作如何修改?

10.13 如图 10.24 所示的 555 定时器构成的单稳态触发器,如果它的 5 脚不是接 0.01μF 的电容 $C_M$ 到地,而是外接可变电压 $U_M$,试问:$U_M$ 变大,单稳电路在触发信号作用下,输出脉冲宽度 $t_W$ 作什么样的变化?$U_M$ 变小,输出脉冲宽度 $t_W$ 又作什么样的变化?根据分析结果说明 $U_M$ 的控制作用。

10.14 如图 10.26 所示由 555 定时器构成的自激多谐振荡器中,电源 $V_{CC}=12V$,$C=0.1μF$,$R_1=20kΩ$,$R_2=30kΩ$,求电路的振荡周期 $T$,频率 $f$,占空比 $q$,并画出 $u_C$ 及 $u_o$ 的对应波形,若要此振荡器停振,则在 4 脚应加什么信号?

10.15 试分析图 10.32 所示 555 定时器构成的自激多谐振荡器,其输出脉冲占空比取决于哪些参数?若要求占空比为 50%,则这些参数应符合什么样的要求?该振荡器的振荡频率为何值?

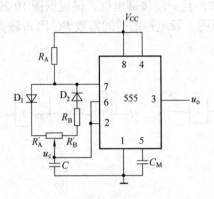

图 10.32

10.16 图 10.33 所示为由两个振荡器构成的模拟声响发生器。若调节定时元件 $R_1$、$R_2$ 和 $C_1$,使第 I 个振荡器的振荡频率为 1Hz,调节定时元件 $R_3$、$R_4$ 和 $C_2$,使第 II 个振荡器的振荡频率为 2kHz,试说明此电路的工作原理,并对应画出 $u_{o1}$、$u_o$ 的波形。

10.17 图 10.34 是一个过压监视电路,试说明当监视的电压 $u_X$ 超过一定值时,发光二极管 D 将发出闪烁的信号。(提示:当 T 饱和导通时,555 定时器的 1 脚可以认为处于地电位。)

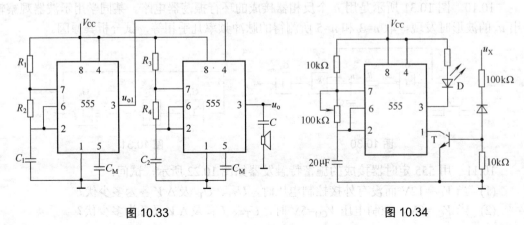

图 10.33                                      图 10.34

# 第 11 章  电子设计自动化软件 EWB 的应用

**本章学习目标**

本章首先介绍了 EWB 的基本使用方法，然后列举了几个有代表性的仿真实验，以使大家能掌握它的一般操作和分析方法，满足学习电子技术课程的需要，提高学生利用现代化手段分析和开发设计能力。通过对本章的学习，读者应掌握和了解以下知识。

- 掌握 EWB 基本操作和仿真分析方法。理解本章 11.2 节中列举的实验项目并熟练完成各实验。
- 合理选择仪器库中的测量仪器，将自行设计的电路在 EWB 上进行调试。

## 11.1  EWB 的基本使用方法

EWB 的全称为 Electronics Workbench(电子工作台)，是由加拿大 "Interactive Image Technologies" 公司研制开发的电路仿真分析、设计软件。可用于模拟电路、数字电路和部分强电电路的实验、分析和设计。

与其他仿真分析软件相比，EWB 的最显著特点是提供了一个操作简便且与实际很相似的虚拟实验平台。它几乎能对电子技术课程中所有基本电路进行虚拟实验(又称仿真实验)，虚拟实验过程和仪器操作方法与实际相似，但比实际方便、省时，它还能开设实际无法进行或不便进行的实验内容，例如观测开路、短路、漏电和过载等异常情况的影响或后果等，通过存储、打印等方法还可精确记录实验结果。因此 EWB 是一种优秀的电子技术课程 CAI 工具。应用 EWB，可使电子技术课程教学方便地实现边学边练的教学模式，从而使学生更快、更好地掌握理论知识，并熟悉常用电子仪器的使用方法和电子电路的测量方法，便于比较理论分析与工程实际之间的异同。

EWB 还提供了十多种电路分析功能，能仿真分析所设计电路的实际工作状态和性能。它与其他 EDA(电子设计自动化)软件具有较好的互通性，例如，它与常用的电子电路分析软件 PSPICE 元器件库兼容，且电路可通过 PSPICE 网表文件相互转换；所设计好的电路可直接输出至印制电路板排版软件(PCB 软件)，如 Protel 等，因此 EWB 也是一种优秀的 EDA 软件。

下面介绍 EWB 目前常用版本 EWD5.0 的基本使用方法。

### 11.1.1  EWB 的主窗口

用鼠标双击 EWB 图标启动 EWB，将出现图 11.1 所示的主窗口，其主要组成及各部分作用如下。

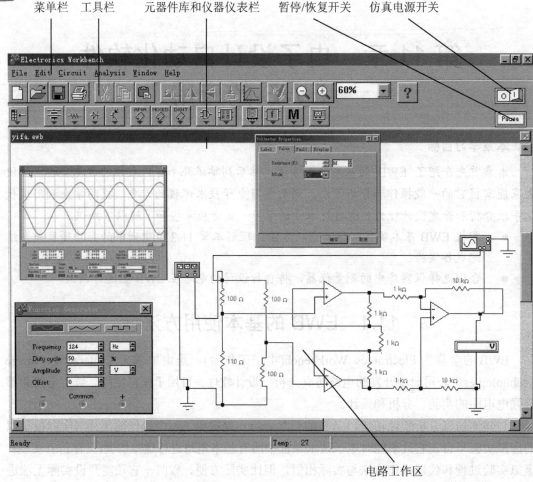

**图 11.1　EWB 的主窗口**

### 1. 菜单栏

用于文件管理、创建电路和仿真分析等所需的各种命令。

### 2. 工具栏

提供常用的操作命令，如图 11.2(上栏)所示，此图对各图标功能做了简单描述。这里重点介绍一下生成子电路、调出分析图、元件特性这 3 个图标的作用。用鼠标单击某一按钮可完成相应功能。

- 生成子电路：作用是把某个具有功能的电路(或电路中的某个部分)生成一个子电路文件，该文件可以作为一个用户建立的小型集成电路元件的模型，存放在自定义器件库中。可以像调用其他元件一样被调用。

- 调出分析图：在对设计电路进行分析后，可单击该图标，调出分析结果，它包括静态工作点分析、工作波形、频率特性等。

- 元件特性：选中某个元件后，再单击该图标，就打开了元件特性对话框，简单元件(如电阻、电容)和复杂元件(如三极管、门电路等)的特性对话框略有不同。选中

对话框上方不同的标签，可以对元件参数进行设置。设置方法在下面的元件操作
中讲述。

### 3．EWB 的元器件库和仪器仪表库

EWB 提供了丰富的元器件库和仪器仪表库，如图 11.2(下栏)所示。单击某一图标可打
开该库，如图 11.3～图 11.15 所示。

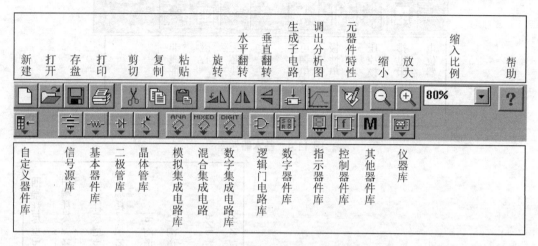

图 11.2　EWB 工具栏和元器件及仪器仪表栏

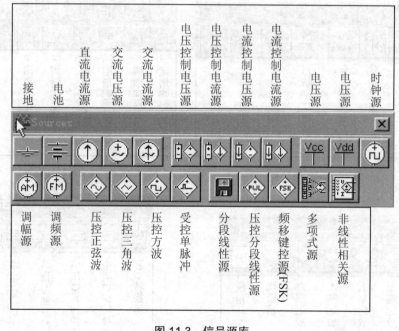

图 11.3　信号源库

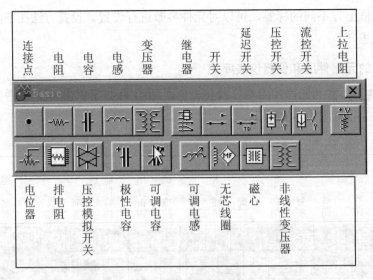

图 11.4  基本器件库

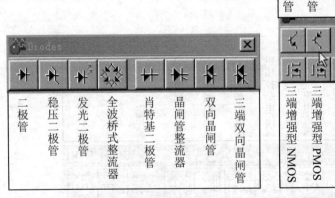

图 11.5  二极管库

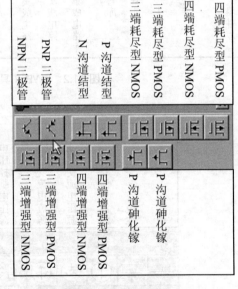

图 11.6  晶体管库

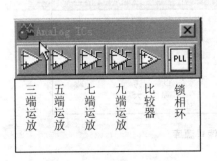

图 11.7  模拟集成电路库

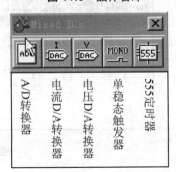

图 11.8  混合集成电路库

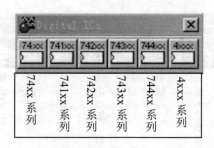

图 11.9　数字集成电路库

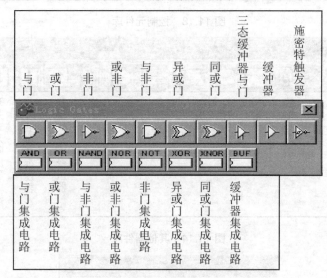

图 11.10　逻辑门电路库

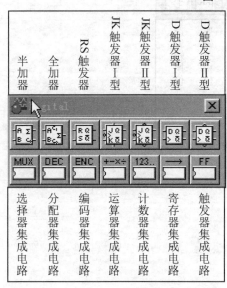

图 11.11　数字器件库

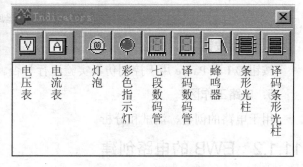

图 11.12　指示器件库

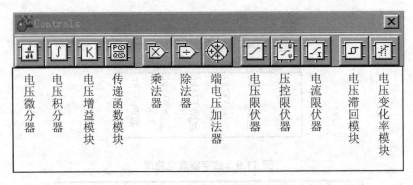

图 11.13　控制元件库

图 11.14　其他器件库

图 11.15　仪器库

**4．控制按钮**

按钮 O/I 和 Pause 用于控制仿真实验运行与否。

**5．电路工作区**

用于电路的创建、测试和分析。

## 11.1.2　EWB 的电路创建

进行仿真分析之前首先要在主窗口的工作区创建电路，通常是在主窗口(相当于一个实验平台)直接选用元器件连接电路，其一般步骤和方法如下。

### 1．元器件的取用

取用某元器件的操作为：用鼠标单击它所在的元器件库，然后用鼠标单击并按住所需元件，将它拖曳至电路工作区的欲放置位置。

### 2．元器件的编辑

在创建电路时，常需要对元器件进行移动、旋转、删除和复制等编辑操作，这时首先要选中该元器件，然后进行相应操作。

选中某元器件的方法是单击之，被选中的元器件将以红色显示。若要同时选中多个元器件，可按住 Ctrl 键不放，然后逐个单击所选的元器件，使它们都显示为红色，然后放开 Ctrl 键。若要选中一组相邻元器件，可用鼠标拖曳画出一个矩形区域把这些元器件框起来，使它们都显示为红色。若要取消选中状态，可单击电路工作区的空白部分。

移动元器件的方法为：先选中，再用鼠标拖曳，或用箭头键作微小移动。

旋转元器件的方法为：先选中，再根据旋转目的单击工具栏的"旋转""水平反转"和"垂直反转"等相应按钮。

删除和复制元器件的方法与 Windows 下的常用删除和复制方法一样，例如，选中元器件后，用 Delete 键删除，用工具栏 Copy 按钮和 Paste 按钮进行复制、粘贴等。

### 3．元器件的设置

从库中取出的元器件的设置是默认值(又称缺省值)，构成电路时需将它按电路要求进行设置。方法为：选中该元件后单击工具栏的"元件特性"按钮 (或双击该元件)，弹出相应的元件特性对话框，如图 11.16 所示，然后单击对话框的选项标签，进行相应设置。通常是对元器件进行标识和赋值(或模型选择)，举例如下。

(1) 电阻、电容和电感等简单元器件：其元件特性对话框如图11.16(a)所示。如要将电阻标为 $R_{b1}$ 并取值 15kΩ，则应在元件特性对话框中进行如下操作。

- 单击标识选项 Label 进入 Label 对话框，输入该电阻的标识符号"$R_{b1}$"。
- 单击数值选项 Value 进入 Value 对话框，输入电阻值"15"，并用图中的箭头按钮选中"kΩ"。
- 单击【确定】按钮。电容和电感等的操作方法类似。

(2) 三极管和运放等复杂元器件：其元件特性对话框如图 11.16(b)所示，与简单元器件特性对话框的主要区别是数值选项"Value"换成了模型选项"Models"。例如要将某运放标为 $A_1$ 并选用 LM741，则在对话框中：

- 单击标识选项 Label，输入标识符号"$A_1$"。
- 单击模型选项 Models 选择欲采用的模型：在 Library 框单击 LM7××，在 Model 框单击 LM741。
- 单击"确定"按钮。选项 Models 的默认设置通常为"ideal"。利用 Models 选项中的 Edit 按钮，还可进行元器件参数的设置。

(3) 电位器和可调电容等可调元件的设置与使用：其元件特性对话框如图 11.16(c)所示，与简单元器件特性对话框的主要区别是选项"Value"的设置。例如要将某可变电容设置为：标识 $C_1$，满电容量 200pF，当前电容量调为满电容量的 50%(即 100pF)，用"C"键控制调节电容值，且敲一下 C 键使电容量减小满电容量的 10%，则应在元件特性对话框中进行如下操作。

标识 数值 故障设置 显示 分析设置

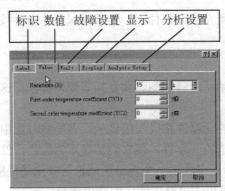

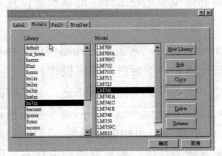

(a) 电阻特性对话框             (b) 运放特性对话框

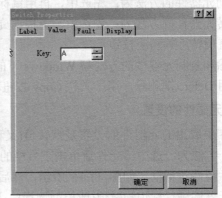

(c) 可调电容特性对话框             (d) 开关特性对话框

**图 11.16　元件特性对话框**

- 单击标识选项"Label"，输入标识符号"$C_1$"。
- 单击选项"Value"进入 Value 对话框，在 key 框输入控制键符号"C"，在 Capacitance 框输入满电容量值"200"，并用箭头按钮选中"pF"，在 Setting 框用箭头按钮将可调电容的当前位置选为"50%"，在 Increment 框用箭头按钮将电容调节时的变化量选为"10%"。
- 单击"确定"按钮。若电路中有多个可调电容，当它们的控制键相同时，按动控制键可对它们进行联调；反之，若要分别调节它们，则控制键不能相同。

电位器的设置与使用方法与可调电容类似。

(4) 开关的设置与使用：开关特性对话框如图11.16(d)所示，通常要设置标识符和控制键。当某开关的控制键设为"K"时，按一下 K 键，则该开关动作一次。

除了对元器件进行上述常用设置外，利用元件特性对话框中的 Fault 选项，可设置 Short (短路)、Open(开路)和 Leakage(漏电)等故障，以便仿真观察这些故障对电路工作的影响。选项的默认设置为 None(无故障)。

**4. 电路的连接**

**1) 连接方法**

将鼠标指向欲连接端点使其出现小圆点，然后按住鼠标左键拖曳出一根导线并指向欲连的另一个端点使其出现小圆点，释放鼠标左键则完成连线。

导线上的小圆点称为连接点，它会在连线时自动产生，也可以放置，需要放置时可从基本元件库拖取，直接插入连线中。引出电路的输入、输出端时，就需要先放置连接点，然后将作为输入、输出端子的连接点与电路连通。需注意，一个电路节点上最多可在上下左右 4 个方向上连出 4 条引线，并应注意连线的走向与节点引出线的位置要一致。否则，会产生连线的扭绕情况。

将元件拖曳放在导线上，并使元件引出线与导线重合，则可将该元件直接插入导线。

2) 编辑方法。

(1) 删除、改接与调整。

导线、连接点和元器件都可在选中后按 Delete 键进行删除。对导线还可这样操作：将鼠标指向该导线的一个连接点使其出现小圆点，然后按住鼠标左键拖曳该圆点使导线离开原来的连接点，释放鼠标左键则完成连线的删除。若将拖曳移开的导线连至另一个连接点，则可完成连线的改接。

在连接电路时，常需要对元器件、连接点或导线的位置进行调整，以保证导线不扭曲和电路连接简洁、可靠、美观。移动元器件、连接点的方法为：选中后用四个箭头键微调。移动导线的方法为：将光标贴近该导线，然后单击鼠标，这时光标变成双向箭头，拖动鼠标，即可移动该导线。

(2) 导线颜色的设置。

通常示波器的输入线需设置颜色，因为示波器波形的颜色由相应输入通道的导线颜色确定，不同输入通道设置不同颜色后便于观察与区别。设置方法为：选中该导线后单击工具栏的"元件特性"按钮 (或双击该导线)，使弹出导线特性对话框，然后单击选项"Schematic Options"，单击 Set Wire Color 按钮，弹出 Wire Color 对话框，单击欲选的颜色，最后单击"确定"按钮。

(3) 连接点的设置。

与元器件和导线类似，连接点也可通过其特性对话框进行设置，通常对其标识或设置颜色。

### 5. 检查电路并及时保存

输入的电路图文件应及时保存，第一次保存前需确定文件欲保存的路径和文件名。电路完成连接后应仔细检查，确保输入的电路图无误、可靠。

读者可以按 11.2 节的实验项目进行创建电路的练习，并保存电路文件以便后面仿真时用。

## 11.1.3　虚拟仪器仪表的使用

EWB 的仪器库提供了数字多用表、函数信号发生器、示波器、波特图仪、数字信号发生器、逻辑分析仪和逻辑转换仪等七种虚拟仪器，其图标如图 11.15 所示，指示器件库中提供了电压表和电流表，其图标如图 11.12 所示，它们的使用方法基本上与实际仪表相同，虚拟仪器每种只有一台，而电压表和电流表的数量则没有限制。下面介绍模拟仪器仪表的使用方法。

### 1. 仪器仪表的取用与接法

取用仪器仪表的方法与取用元器件相同，即单击打开相应库，将相应图标拖曳到工作区的欲放置位置。移动和删除的方法也相同。

连接实验电路时，仪器仪表以图标形式存在，其输入、输出端子的含义如图 11.17～图 11.33 所示，可根据其含义在电路中进行相应连接，这与实际实验是一样的。

### 2. 电压表和电流表的使用

电压表和电流表的图标如图 11.17(a)所示，粗黑边对应的端子为负极，另一端则为正极，测量直流(DC)电量时若正极接电位高端，负极接电位低端，则显示正值；反之则显示负值。测量交流(AC)电量时显示信号的有效值。它有纵向和横向两种引出线方式，选中后使用工具栏旋转按钮可进行引出方式的转换。其默认设置为：测量直流时，电压表内阻为 $1M\Omega$、电流表内阻为 $1n\Omega$，测量时应根据需要进行设置。例如要测量交流电压，估计被测电路阻抗为 $10M\Omega$，为减小测量误差，欲将电压表内阻设置为 $1000M\Omega$，操作方法为：双击该电压表打开特性对话框，如图 11.17(b)所示，单击选项"Value"，在 Resistance 框输入"1000"，并用箭头按钮选择"M"，在 Mode 下拉列表中选择 AC 选项，最后单击"确定"按钮。利用特性对话框也可进行电压表、电流表的标识。

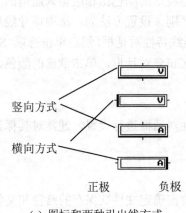
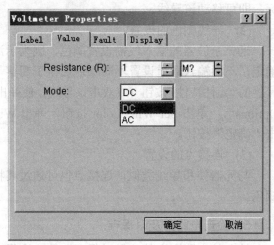

(a) 图标和两种引出线方式　　　　　　　(b) 特性对话框

图 11.17　电压表和电流表

### 3. 数字万用表的使用

双击数字万用表图标可打开其面板，如图 11.18 所示。它用于测量交、直流的电压和电流，也可测电阻，只要选中相应的按钮即可。对它也能设置表内阻等参数，方法是：单击 Setting 按钮打开对话框，根据测量需要进行相应设置。

### 4. 函数信号发生器的使用

双击图标打开其面板，如图 11.19(b)所示，根据实验电路对输入信号的要求进行相应设置。例如要输出 1kHz、100mV 正弦波的设置为：单击正弦波按钮，在 Frequency 微调框输入"1"并选择单位"kHz"，在 Amplitude 框输入"100"并选择单位 mV。占空比设置用于三角波和方波，偏移量指在信号波形上所叠加的直流量。需注意，信号大小的设置值为幅度而不是有效值。

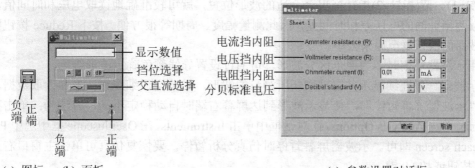

(a) 图标　(b) 面板　　　　　　　　　　　　　　　　(c) 参数设置对话框

图 11.18　数字万用表

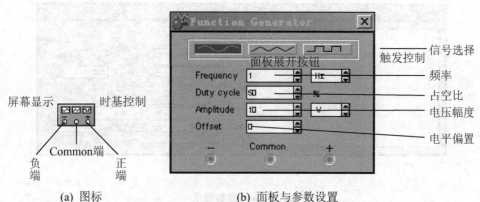

(a) 图标　　　　　　　　(b) 面板与参数设置

图 11.19　函数信号发生器

### 5．示波器的使用

双击仪器库中示波器图标打开其面板，如图 11.20(a)所示，可见它与实际仪器一样，由显示屏、输入通道设置、时基调整和触发方式选择四部分组成，其使用方法也和实际仪器相似，简介如下。

1) 输入通道(Channel)设置

输入通道 A 和 B 是各自独立的，其设置方法一样。输入方式 AC/0/DC 中，AC 方式用于观察信号的交流分量，DC 方式用于观察信号的瞬时量，选择 0 则输入接地。Y 轴刻度表示纵坐标每格代表多大电压，应根据信号大小选择合适值。Y 轴位置用于调节波形的上下位置以便观测。刻度和位置值可输入，也可单击箭头按钮选择。

2) 触发方式(Trigger)选择

包括触发信号、触发电平和触发沿选择三项，通常单击选中"Auto"即可。

3) 时基(Time base)调整

显示方式选项在观测信号波形时选择 Y/T，X 轴刻度表示横坐标每格代表多少时间，应根据频率高低选择合适值。X 轴位置用于调节波形的左右位置。刻度和位置值可输入，也可单击箭头按钮选择。

4) 虚拟示波器的特殊操作

单击面板上部的"Expand"按钮可将 EWB 示波器的面板展开，如图 11.20(b)所示，将红(指针 1)、蓝(指针 2)指针拖曳至合适的波形位置，就可较准确地读取电压和时间值，并能读取两指针间的电压差和时间差，因此测量幅度、周期等很方便。按下 Reduce 按钮则可将示波器面板恢复至原来大小。

用示波器观察时，为便于区分波形，可通过设置导线颜色确定波形颜色。

示波器一般连续显示并自动刷新所测量的波形，如希望仔细观察波形和读取数据，可设置"示波器屏幕暂停"，使显示波形到达屏幕右端时自动稳定不动，方法为：单击菜单 Analysis，单击 Analysis Options，在对话框中单击 Instruments，在 Oscilloscope 框中选中 Pause after each screen 即可。示波器屏幕暂停时仿真分析暂停，要恢复仿真可单击主窗口右上角 Pause 按钮或按 F9 键。

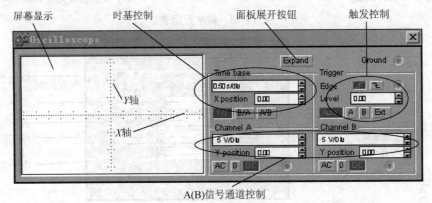

(a) 面板与参数设置

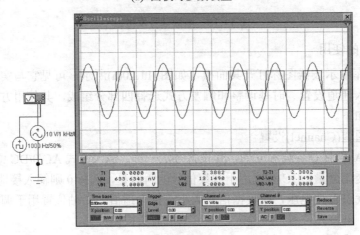

(b) 面板展开

图 11.20 示波器

### 6. 波特图仪的使用

波特图仪又称频率特性仪或扫频仪，用于测量电路的频率特性。以RC低通滤波器测试电路为例来说明它的应用。其图标如图 11.21 上面左图所示，它的一对输入端应接被测电路的输入端，而一对输出端应接被测电路的测试端，测量时电路输入端必须接交流信号源并设置信号大小，但对信号频率无要求，所测的频率范围由波特图仪设定。使用方法为：双击打开面板，如图 11.21 所示，进行如下设置。

(1) 选择测量幅频特性或相频特性：单击相应按钮。

(2) 选择坐标类型：单击相应按钮。通常水平坐标选择 Log 类型，垂直坐标测幅频特性时选择 Log 类型(单位为 dB)、测相频特性时选择 Lin 类型(单位为角度)。

(3) 设置坐标的起点(I 框)和终点(F 框)：选择合适值以便清楚完整地进行观察。水平坐标选择的是所测量的频率范围，垂直坐标选择的是测量的分贝范围(或角度范围)，单击主窗口的启动开关 O/I 按钮，电路开始仿真，波特图仪的显示屏就可显示所测频率特性，拖曳显示屏上的指针至欲测位置，根据读数显示值就可得欲测值，例如图 11.21 中读数为频率 161.4Hz、增益-3.071dB。若观测时波特图仪参数或电路测试点有变动，建议重新启动电路，以保证仿真结果的准确性。

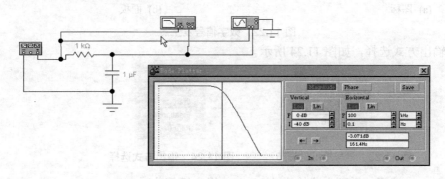

图 11.21　RC 低通滤波器测试电路

### 7. 字信号发生器

字信号发生器图标和面板如图 11.22(a)、(b)所示，能够产生一组 16 路(位)二进制字信号传送给逻辑电路工作。在字信号编辑区，16 路(位)二进制信号以 4 位十六进制数编辑与保存。可以保存 1024 条信号，地址编号为 0～3FFh。

(1) 字信号发生器的连接。

字信号发生器的连接如图 11.22 所示，左边接高位，右边接低位。

(2) 字信号发生器的调节。

① 字信号地址编辑，如图 11.23 所示。

● Edit 按钮：显示当前正在编辑的字信号的内容；

● Current 按钮：显示当前正在编辑的字信号的地址；

● Initial 按钮：显示一个循环的首地址；

● Final 按钮：显示一个循环的末地址。

字信号地址编辑区          输出方式选择

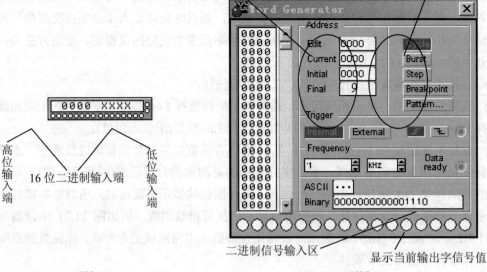

高位输入端    16 位二进制输入端    低位输入端

二进制信号输入区        显示当前输出字信号值

(a) 图标                  (b) 面板

图 11.22 数字信号发生器

② 输出方式选择，如图 11.24 所示。

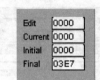           

图 11.23 信号地址的调节      图 11.24 输出方式选择

- Cycle 按钮：循环方式输出(按 Ctrl+T 组合键停止)；
- Burst 按钮：单帧方式输出；
- Step 按钮：单步方式输出；
- Breakpoint：可以设置某一个特定的字信号为中断点，当用 Burst 或 Cycle 输出方式运行至该位置时输出就会暂停；
- Pattern…按钮：字信号编辑，可对字信号进行自动设置，如图 11.25 所示。

清除编辑区信息

打开字信号文件

字信号文件存储

递增编码

递减编码

右移编码

左移编码

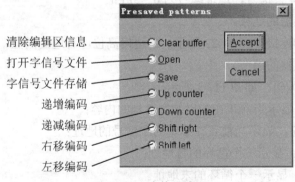

图 11.25 字信号编辑

【例 11-1】 如图 11.26 连线,要求译码显示器按如下要求显示结果。

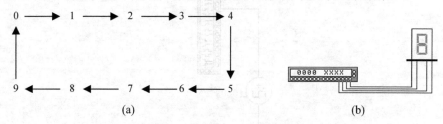

图 11.26  例 11-1 连线图

(1)  从显示器件库和仪器库中分别调出七段译码显示器和字信号发生器,并按照图 11.27 所示连接好线路。

(2)  双击字信号图标,弹出面板,再单击 Pattern 按钮,出现如图 11.25 所示对话框,选择 Up counter(按递增编码),单击 Accept 按钮。

(3)  在面板上设置参数 Initial(起始值)为 0000、Final(末值)为 0009、Frequency(频率)设为 1Hz。

(4)  分别用循环方式(单击 Cycle 按钮)、单帧方式(单击 Burst 按钮)、单步方式(连续单击 Step 按钮)三种方式演示看看有什么不同。

(5)  改变 Frequency(频率)参数的设置,看看显示有什么不同。

### 8.逻辑分析仪

逻辑分析仪图标和面板如图 11.27(a)、(b)所示,逻辑分析仪的主要用途是对数字信号的高速采集和时序分析,可用来同时记录和显示 16 路逻辑信号,分析输出波形。

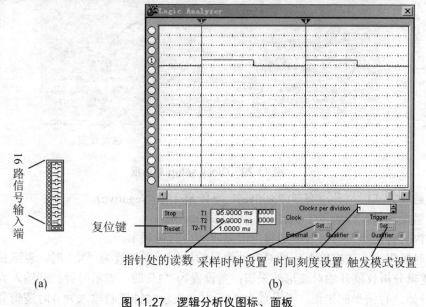

图 11.27  逻辑分析仪图标、面板

(1)  字信号地址编辑。

如图 11.28 所示连线,就可连接好逻辑分析仪。双击图标,展开面板,可显示出时钟信号的输出波形。

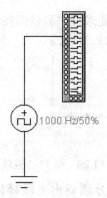

1000 Hz/50%

图 11.28　连接逻辑分析仪

(2) 采样时钟设置。

双击采样时钟按钮，弹出如图 11.29 所示对话框。该对话框用于对波形采集的控制时钟进行设置。

触发方式
触发选择
内时钟频率
时钟限定

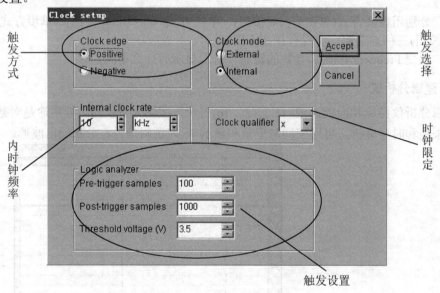

触发设置

图 11.29　Clock setup 对话框

① 触发方式：上升沿有效(Positive)、下降沿无效(Negative)。

② 触发选择：外触发(External)、内触发(Internal)。

③ 内时钟频率：可以改变选择内触发时的内时钟频率。

④ 时钟限定：决定输入信号对时钟信号的控制，当设置为"X"时，表示只要有信号到达，逻辑分析仪就开始对波形的采集；当设置为"1"时，表示时钟控制输入为1时逻辑分析仪开始进行波形的采集；当设置为"0"时，表示时钟控制输入为0时逻辑分析仪开始进行波形的采集。

⑤ 触发设置：触发前数据点数(Pre-trigger samples)、触发后数据点数(Post-trigger samples)、触发门数(Threshold voltage)。

(3) 触发模式设置。

单击触发模式设置按钮，弹出如图 11.30 所示对话框。对话框中可以输入 A、B、C 三个触发字。三个触发字的识别方式可以进行选择，分为以下几种组合情况：A or B，A or B or C，A then B，(A or B) then C，A then (B or C)，A then B then C，A then B (no C)。

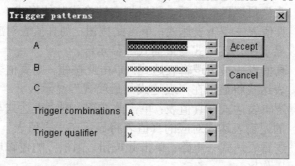

图 11.30　触发模式设置对话框

【例 11-2】　用逻辑分析仪测试频率为 1000Hz、占空比为 50%的时钟脉冲信号。

(1) 从元器件库和仪器库中分别调出时钟脉冲信号和逻辑分析仪，按图 11.28 所示连接好电路；

(2) 双击时钟脉冲信号源，把信号频率参数设置为 1000 Hz、占空比为 50%；

(3) 双击逻辑分析仪图标，展开逻辑分析仪面板，调节面板上的时间刻度设置为 2，按"启动"按钮使电路开始仿真，仿真波形图如图 11.27 所示；

(4) 调节面板上的读数指针 1 和指针 2 至相差一个周期位置，如图 11.27 所示；

(5) 从指针处读数框中可以得到测试数据，T1 对应时刻为 19.5ms，T2 对应时刻为 20.5ms，波形周期为 T2−T1 = 1ms。

### 9. 逻辑转换仪

逻辑转换仪是 EWB 5.0 特有的仪表，在数字电路中是一个非常实用的测试仪器。图标和展开面板如图 11.31 所示。可用来完成真值表、逻辑表示式和逻辑电路三者之间的相互转换。

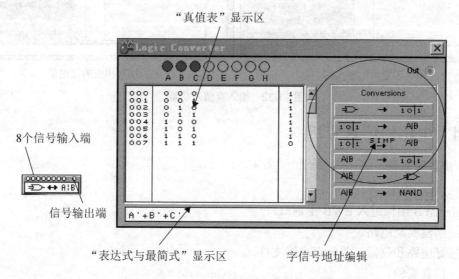

图 11.31　逻辑转换仪图标、面板

(1) 字信号地址编辑。

电路→真值表：单击此按钮，则逻辑电路的真值表将显示在"真值表"显示区。然后，可以把它转换成其他形式。

真值表→逻辑表达式：单击此按钮，则真值表对应的逻辑表达式将显示在"表达式与最简式"显示区。

真值表→最简逻辑表达式：单击此按钮，则真值表对应的最简逻辑表达式将显示在"表达式与最简式"显示区。

逻辑表达式→真值表：单击此按钮，则"表达式与最简式"显示区的逻辑表达式对应的真值表将显示在"真值表"显示区。

逻辑表达式→电路：单击此按钮，则相应的逻辑电路将显示在电路工作区。

逻辑表达式→与非门电路：单击此按钮，则相应的由与非门组成的逻辑电路将显示在电路工作区。

(2) 输入真值表功能。

逻辑转换仪器还有输入真值表的功能。可根据设计要求编写真值表，并由此得出逻辑最简表达式和逻辑电路图。

① 单击逻辑转换仪顶部的输入符号确定所需的输入端，如图 11.32(a)所示，设置了 A、B、C 三个输入信号，并按二进制方式显示输入状态。

② 根据电路的设计要求可以对应输入状态填写相应的输出值，可设置为 0、1、X(X 表示任意，可为 0，也可为 1)，如图 11.32(b)所示。

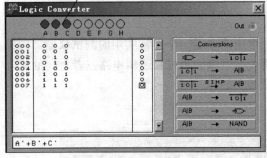
(a) 确定所需输入端

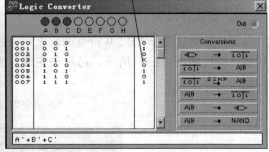
(b) 填写相应的输出值

图 11.32　输入真值表功能

## 11.1.4　电路的仿真分析

### 1. 虚拟实验法

(1) 启动 EWB。

双击 EWB 图标进入 EWB 主窗口。

(2) 创建实验电路。

连接好电路和仪器，并保存电路文件。

(3) 仿真实验。

① 设置仪器仪表参数。

② 运行电路：单击主窗口的启动开关 O/I 按钮，电路开始仿真，若再单击此按钮，则仿真实验结束。若要使实验暂停，可单击主窗口中的 Pause 按钮，也可按 F 键，再次单击 Pause 按钮，则实验恢复运行。

③ 观测记录实验结果。实验结果也可存储或打印输出，并可用 Windows 的剪贴板输出。

读者可以按 11.2 节的实验项目进行训练。

**2．电路分析法**

EWB 提供了直流工作点分析、交流频率分析、瞬态分析、失真分析、参数扫描分析和温度扫描分析等共十多种电路分析功能。11.2 节通过实例介绍了直流工作点分析和交流频率分析的方法。

# 11.2　《电子技术基础》仿真实验与分析举例

## 11.2.1　模拟电路仿真实验与分析

### 实验 1　二极管应用电路仿真实验

**1．目的**

● 熟悉 EWB 的操作环境，学习 EWB 的电路图输入法和仿真实验法。

● 学习 EWB 中双踪示波器、信号发生器、开关的设置及使用方法。

● 了解二极管限幅工作原理，加深理解二极管的其他应用。

**2．内容与方法**

(1) 进入 Windows 环境并建立用户文件夹。

(2) 创建二极管限幅器实验电路。

① 双击 EWB 图标启动 EWB。

② 按图 11.33 在电路工作区连接电路：首先安放元器件(或仪器)：单击打开相应元器件库或仪器库，将所需元器件(或仪器)拖曳至相应位置。利用工具栏的旋转、水平反转、垂直反转等按钮使元器件符合电路的安放要求，再连接电路。

③ 给元器件标识赋值(或选择模型)：双击元器件打开元器件对话框，进行相应设置。

● 信号源 $u_s$：单击 Label，输入 $u_s$。单击 Value，将 Voltage、Frequency、Phase 框分别设置为 10V、1kHz、0，单击【确定】按钮。

● 二极管 D：分别在两个二极管对话框中单击 Label，依次输入"$D_1$、$D_2$"；单击 Models，选中 Library 中的 default 和 Model 中的 ideal，单击【确定】按钮。

● 电阻 R：单击 Label，输入 R。单击 Value，将 Resistance 设置为"3"并用图中的箭头按钮选中"$k\Omega$"，单击【确定】按钮。

● 开关 K：由于有两个开关，分别在两个开关对话框中，单击 Label，输入"A"和"B"，单击【确定】按钮。按一下键盘"A"或"B"，则该开关动作一次。

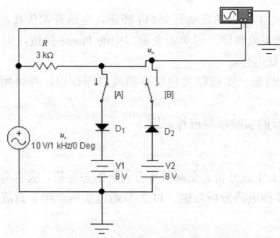

图 11.33　二极管限幅电路仿真电路图

- 给输出节点进行标识：双击结点打开其特性对话框，单击 Label，输入标识符号 $u_o$，然后单击【确定】按钮。
- 通过设置导线颜色确定示波器波形颜色：双击示波器相应输入线打开其特性对话框，单击选项 Schematic Options，单击 Set Wire Color 按钮使弹出 WireColor 对话框，单击欲选的颜色，最后单击【确定】按钮。

仔细检查，确保输入的电路图无误，然后存盘。电路名取为 xfq.ewb。

(3) 仿真实验。

① 观测限幅电路：双击示波器图标打开面板，如图 11.20(a)所示。设置示波器参数，下面给出参考值。Timebase 设置："0.50ms/div""Y/T"显示方式。Channel A 设置："10V/div"、Y Position "1.40"、"DC"或"AC"工作方式。Channel B 设置："10V/div"、Y Position "-1.2""DC"或"AC"工作方式。Trigger 设置："Auto"触发方式。

运行电路：单击主窗口右上角的 O/I 按钮，示波器即可显示工作波形。Channel A 显示输入电压 $u_s$ 波形，Channel B 显示限幅电路输出电压 $u_o$ 的波形。输出电压波形可分别观察开关 A、B 处于三种不同状态时的波形(A 通 B 断、B 通 A 断和 A 通 B 通)。

② 观察并记录波形及其幅度。

为便于观测，可单击示波器面板上的 Expand 按钮将示波器面板展开，如图 11.20(b)所示。单击 Reduce 按钮则回到示波器面板。单击主窗口 Pause 按钮可控制暂停或仿真，利用示波器读数针读取幅度。利用 File 菜单中的 Print 功能，可将示波器波形打印输出。

③ 仿真结果分析：若仿真结果不收敛或波形不正常，可能由下列问题引起。

- 电路连接不正确或并未真正接通。
- 没有"接地"或"地"没有真正接好。
- 元器件参数设置不当。
- 测量仪器设置、使用不当。

### 实验 2　三极管放大电路仿真实验

#### 1. 目的

- 熟悉 EWB 的仿真实验法，熟悉 EWB 中双踪示波器和信号发生器的设置和使用方法。

- 熟悉放大电路的基本测量方法，了解使放大电路不失真地放大信号应注意的问题。
- 加深理解共发射极放大电路的工作原理、性能和特点。

**2．内容与方法**

(1)　进入 Windows 环境并建立用户文件夹。

(2)　创建实验电路。

①　启动 EWB。

②　按图 11.34 连接电路。

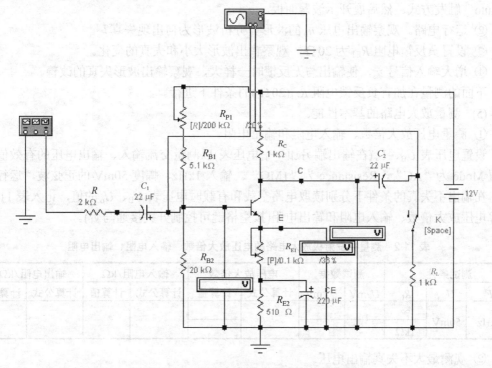

**图 11.34　共发射极放大电路仿真电路图**

③　给元器件标识、赋值(或选择模型)，建议电位器 $R_{P1}$ 的变化量 "Increment" 设置为 1%。

④　仔细检查，确保电路无误、可靠。

⑤　保存(注意路径和文件名，并及时保存)。

(3)　测量静态工作点。

①　单击主窗口右上角的 O/I 按钮运行电路，记录电压表 $U_B$、$U_C$、$U_E$ 的读数，填入表 11.1，分析静态工作点是否合适，并与理论值进行比较(需说明，电压表未加设置时其参数为默认值，即测量直流、内阻 1MΩ)。

**表 11.1　测量共发射极放大电路的静态工作点**

| 电压表 | 测试数据 | | | 测试计算值 | | |
|---|---|---|---|---|---|---|
| 内阻/MΩ | $U_{BQ}$/V | $U_{CQ}$/V | $U_{EQ}$/V | $U_{BEQ}$/V | $U_{CEQ}$/V | $I_{CQ}$/mA |
| 1 | | | | | | |
| 0.1 | | | | | | |

② 将电压表 $U_B$ 的 Resistance 设置改为："0.1MΩ"，重新启动电路，观察电压表 $U_B$、$U_C$、$U_E$ 读数的变化，分析原因。用电压表 $U_B$ 分别测量 B、E、C 三点的电位(测量 E 和 C 点时需重新启动电路)，填入表 11.1，比较仪器输入阻抗对被测电路工作和测量结果的影响。

(4) 观察与调整。

① 打开信号发生器面板，设置输出 1kHz、幅度 50mV 的正弦波。打开示波器面板，进行设置，参考值为：Time base 设置 "0.2ms/div"、"Y/T" 显示方式；Channel A 设置 "10mV/div" "AC" 输入方式；Channel B 设置 "1V/div" "AC" 输入方式；Trigger 设置 "Auto" 触发方式。然后展开示波器面板。

② 运行电路。观察输出电压 $u_o$ 的波形。分析波形为何出现失真？

③ 设置负反馈电阻 $R_{E1}$ 为 20Ω，观察输出波形大小和失真的变化。

④ 增大输入信号 $u_s$，使输出与无反馈时一样大，观察输出波形失真的改善。

下面的测量在加有负反馈电阻 $R_{E1}(20Ω)$ 的条件下进行。

(5) 测量放大电路的基本性能。

① 测量电压放大倍数、输入电阻和输出电阻。

设置电压表 $U_B$、$U_o$(在输出端另加一个电压表)以测量交流输入、输出电压的有效值：设置 Mode 为 "AC"，Resistance 为 "1MΩ"。输入 1kHz、幅度 50mV 的正弦波，运行电路，在输出不失真的条件下分别读取电路空载和有载时电压表 $U_B$、$U_o$ 的值，记入表 11.2，计算电压放大倍数、输入电阻和输出电阻(按空格键可控制开关接通与否)。

表 11.2  测量共发射极放大电路的电压放大倍数、输入电阻、输出电阻

| 测试条件 | | | 测试数据 | | 电压放大倍数 | | 输入电阻/kΩ | | 输出电阻/kΩ | |
|---|---|---|---|---|---|---|---|---|---|---|
| $F$ | $U_{sm}$ | $R_L$ | $U_i$/mV | $U_o$/mV | 计算公式 | 计算值 | 计算公式 | 计算值 | 计算公式 | 计算值 |
| 1kHz | 50mV | ∞ | | | | | | | | |
| | | 1kΩ | | | | | | | | |

② 观测最大不失真输出电压。

增大信号发生器的信号幅度，使输出波形失真。再逐步减小输入使输出波形刚刚不失真，此时的输出即为最大不失真输出，电压表 $U_o$ 的读数即为最大不失真输出电压有效值。

(6) 观察电容对电路工作的影响。

在 $R_L$=1kΩ，输入为 1kHz、幅度 50mV 正弦波的条件下，分别定性观测 $C_1$、$C_2$ 和 $C_E$ 对输出信号和输出、输入间相移的影响情况，记入表 11.3。

表 11.3  耦合和旁路电容对电路工作的影响

| 电容值 | | | 定性观测结果 | |
|---|---|---|---|---|
| $C_1$/μF | $C_2$/μF | $C_E$/μF | 输出信号大小的变化 | 输出、输入间相移的变化 |
| 22 | 22 | 220 | | |
| 10 | 22 | 220 | | |
| 0.01 | | | | |
| 22 | 10 | 220 | | |
| | 0.01 | | | |
| 22 | 22 | 100 | | |
| | | 2.2 | | |

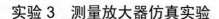

### 实验 3　测量放大器仿真实验

#### 1．目的

(1)　熟悉仪器放大器电路及其应用，了解集成运算放大器应用中应注意的问题。

(2)　了解非电量的测量原理、测量方法和测量电路。

#### 2．内容与方法

自然界的物理信号多为非电量，为了应用电子电路对它进行处理，需要采用相应的器件将其转换为电信号，这种将非电量转换为电量的器件称为换能器或传感器，例如，将压力信号转换为电信号的称为压力传感器，它常用压力应变电阻实现；将温度信号转换为电信号的称为温度传感器，它常用铂电阻实现。由于传感器的输出信号通常很微弱，在精密测量和控制系统中需要采用高精度、高性能的放大器对它进行放大。图 11.35 中三个高性能运算放大器构成的电路就是一种高精度的放大器，常称为测量放大器或数据放大器，它具有很高的共模抑制比、极高的输入电阻、很低的输出电阻和很大的增益，其增益可调范围也很大。图 11.35 中激励信号源 $u_s$ 桥路电阻 $R_3 \sim R_6$ 和 $R_{P1}$ 构成传感器的信号检测电路，$R_{P1}$ 为压力应变电阻，其电阻值随所承受的压力而变，通常正比于压力。$R_{P1}$ 也可理解为温度传感器铂电阻，电阻值随温度而变。通常正比于温度。

由图 11.35 可推导得出，当 $R_{P1}$ 很小时，信号检测电路的输出信号，即仪器放大器的输入信号为

$$u_a - u_b \approx \frac{R_{P1}}{9600} u_s$$

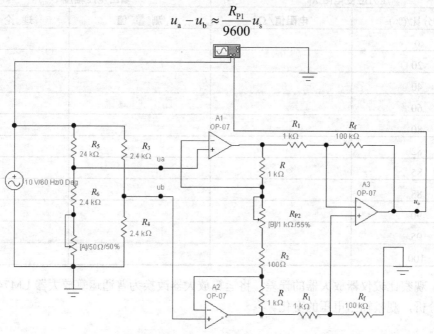

图 11.35　测量放大器仿真电路图

测量放大器的电压放大倍数为

$$A_{uf} = \frac{u_o}{u_a - u_b} = \frac{R_f}{R_1}\left(1 + \frac{2R}{R_2 + R_{P2}}\right) = -100\left(1 + \frac{2000\Omega}{100\Omega + R_{P2}}\right)$$

因此输出电压 $u_o$ 为

$$u_o = -\frac{R_{P1}}{96}\left(1 + \frac{2000\Omega}{100\Omega + R_{P2}}\right)u_s$$

可见，仪器放大器的输出电压正比于电阻 $R_{P1}$，随压力而变。根据以上分析可知，当 $R_{P1}=1\Omega$、$u_e$ 的幅度为 10V 时，$(u_a-u_b)$仅为 1.04mV，即测量放大器的输入信号很小，但测量放大器放大倍数很高，当 $R_{P2}=500\Omega$ 时放大倍数为 433，因此经放大后可得到较大的输出。减小 $R_{P2}$ 则可提高仪器放大器的放大倍数，增大输出幅度。

本实验的内容与方法如下。

(1) 启动 EWB，输入图 11.35 所示电路($u_e$ 设置为 10V、100Hz、占空比 10%，运算放大器选用 OP07)，仔细检查，确保电路无误后，及时保存。

(2) 设置示波器和波形颜色。

(3) 测量输出电压 $u_o$ 和压力应变电阻 $R_{P1}$ 的关系：运行电路，改变 $R_{P1}$ 的阻值，利用示波器 expand 窗口的可移动指针读取输出脉冲电压 $u_o$ 的幅度 $U_{om}$，记入表 11.4 中，并与理论值进行比较。

(4) 信号检测放大电路放大倍数的调节：①观察调节电位器 $R_{P2}$ 对输出电压的影响。②在 $R_{P1}=10\Omega$ 时使 $U_{om}=9V$，应将 $R_{P2}$ 调至多少？

表 11.4 信号检测放大电路输出与压力应变电阻的关系

| 压力应变电阻 $R_{P1}$ | | 输出电压幅度 $U_{om}$/V | |
|---|---|---|---|
| 百分比/(%) | 电阻值/$\Omega$ | 测量值 | 理论值 |
| 0 | | | |
| 20 | | | |
| 40 | | | |
| 60 | | | |
| 80 | | | |
| 82 | | | |
| 85 | | | |
| 88 | | | |
| 90 | | | |
| 95 | | | |
| 100 | | | |

(5) 观察比较仪器放大器的误差：将运算放大器改换为普通运算放大器 LM741，再进行仿真分析，观察输出电压的变化。

## 11.2.2 数字电路仿真实验与分析

数字电路的仿真实验是通过介绍一个一位全加器电路的仿真实例，使读者进一步掌握测试分析数字逻辑电路常用的方法。而后给出几个实验题目，读者可以自拟实验步骤，进行仿真分析。

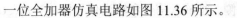

一位全加器仿真电路如图 11.36 所示。

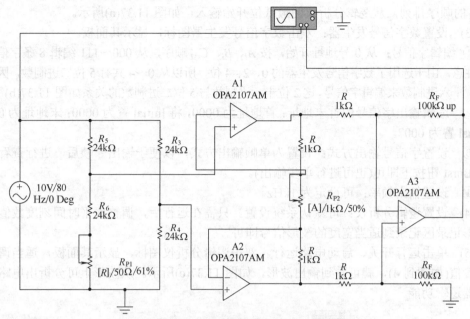

图 11.36  一位全加器仿真电路图

实验方法一：用单刀双掷开关送入逻辑变量 $A_i$、$B_i$、$C_{i-1}$，用发光二极管指示灯显示输出结果。操作如下。

(1) 调入开关器件：单击基本器件库图标，在库中找到单刀双掷开关图标，用鼠标拖入工作区。重复 3 次操作，调入 3 个开关，并水平翻转后置于输入端前面。

(2) 单击指示器件库图标，找到红色发光二极管指示灯，将它拖入工作区 2 次，旋转好方向后置于输出端。

(3) 单击电源库图标，调入 $V_{CC}$ 和接地符号到工作区，置于适当位置。

(4) 连接开关、电源、地和电路输入端，构成逻辑开关电路。开关合向上方，接通 $V_{CC}$，合向下方接通地。发光指示灯分别连接于输出的 $S_i$ 端和 $C_i$ 端。

(5) 设置开关控制键：3 个开关的初始控制键由系统默认均为空格键[Space]，按一下空格键，会看到 3 个开关同时动作，因此要分别为它们定义自己的控制键。双击与 $A_i$ 输入端连接的开关，打开元器件特性对话框，在 Key 文本框中输入"A"，然后确定，完成对开关 A 的控制键定义，此时看到开关 A 上面的标号由原来的[Space]变为[A]，表明该开关由键盘上的字母键 A 控制。试着按一下 A 键，看到开关 A 在动作。同样的方法定义开关 B 和 C 的控制键为[B]和[C]。完成后的仿真电路如图 11.36 所示。

(6) 仿真：单击启动开关，运行电路。依次输入 3 个开关逻辑电平的各种取值组合(000～111)，观察输出端指示灯的状态变化，结果完全符合全加器的逻辑运算关系。

实验方法二：用数字信号发生器输入逻辑信号，同时用逻辑分析仪记录输入和输出的波形，分析电路是否满足全加器逻辑功能。

(1) 单击仪器库图标，调入数字信号发生器到工作区，置于输入侧。可任选数字信号发生器的 3 个输出信号端与全加器输入端连接。为不使连线过密，从低位开始选用 0、2、4 号输出端与电路输入端 $A_i$、$B_i$、$C_{i-1}$ 相连接。

(2) 调入逻辑分析仪到工作区，置于输出侧。把输入信号和输出信号依 $A_i$、$B_i$、$C_{i-1}$、$S_i$、$C_i$ 的顺序排列，从逻辑分析仪的最低位开始输入，如图 11.37(a)所示。

(3) 设置数字信号发生器：双击数字信号发生器图标，显示其面板。

① 编辑字信号：从 0 号地址开始，按 $A_i$、$B_i$、$C_{i-1}$ 顺序，从 000～111 编辑 8 条字信号。特别注意，由于选用了数字信号发生器的 0、2、4 位，所以从 0～4 共有 5 位二进制数，因此要用 2 位十六进制数来编辑字信号,这 2 位十六进制数与 5 位二进制数的关系如图 11.37(b)所示。

② 编辑输出字信号的首末地址：首地址为 0000，将 Initial 置为 0000；末地址为 0007，将 Final 置为 0007。

③ 设置字信号输出方式：设置为单帧输出方式，以便于输出一帧后，进行查看。只要将 Burst 钮按下即可(也可进行单步输出)。

④ 设置输出频率：可设定为 1kHz。

(4) 设置逻辑分析仪：可默认系统设置。只需在运行后，调整水平时间刻度数值，使在波形记录区记录到适当宽度的波形信号即可。

(5) 单击运行开关、启动电路运行。双击逻辑分析仪图标，显示其面板，适当调整时间刻度值(如调到 4)，就可看到输出波形，如图 11.37(c)所示。从波形上可分析出电路满足全加器逻辑功能。

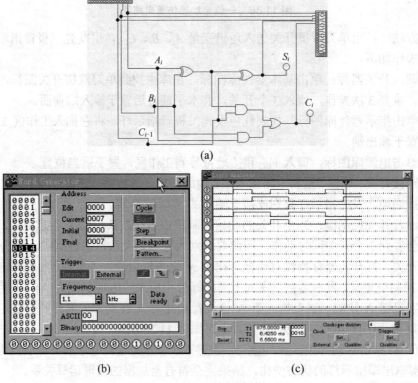

图 11.37 逻辑分析仪

### 自拟实验 1 组合逻辑电路冒险现象观察

(1) 在 EWB 虚拟实验平台上，用 74LS00 实现逻辑函数：$F = A + \overline{A}$，观察 $A + \overline{A}$ 型的逻辑冒险实验电路及实验仪器的参数设置，参照图 11.38。

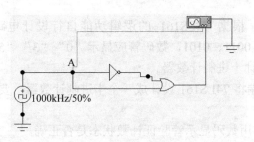

图 11.38   逻辑冒险仿真实验电路

(2)  自选器件，实现 $F = A \cdot \overline{A}$，观察 $A \cdot \overline{A}$ 型的逻辑冒险。

(3)  如何消除电路的冒险现象？

### 自拟实验 2   555 时基电路的应用

(1)  用 555 构成多谐振荡器。测量其振荡频率、振荡幅度。参考电路如图 11.39 所示。

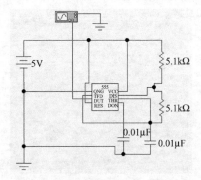

图 11.39   多谐振荡器仿真实验电路

(2)  若构成占空比可调的多谐振荡器电路结构如何调整？

(3)  用 555 构成施密特触发器观察其输入、输出波形。参考电路如图 11.40 所示。

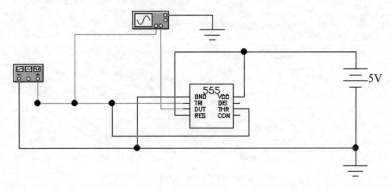

图 11.40   施密特触发器

### 自拟实验 3   计数器及应用

(1)  74LS161 功能测试。

①  复位功能测试：根据 74LS161 的逻辑功能表自行设计电路，仍要求用数码显示管直接显示结果。将 74LS161 复位成 $Q_3Q_2Q_1Q_0=0000$，数码管显示为 0。

② 置数功能测试：根据 74LS161 的逻辑功能自行设计电路，要求同上。分别将 $Q_3Q_2Q_1Q_0$ 置数成 0000、0011、0101，数码管应显示"0""3""5"数字。

(2) 用 74LS161 设计十进制计数器。

① 利用 $\overline{CR}$ 或 $\overline{LD}$ 端将 74LS161 设计成一个十进制计数器，要求同上，画出接线图和状态图。

② 按设计图接线，用数码显示管验证计数状态是否正确。

# 参 考 文 献

[1] 胡宴如. 模拟电子技术[M]. 北京：高等教育出版社，2000.

[2] 杨志忠. 数字电子技术[M]. 北京：高等教育出版社，2000.

[3] 周连贵. 电子技术基础[M]. 北京：机械工业出版社，1988.

[4] 曹汉房. 脉冲与数字电路[M]. 武汉：华中理工大学出版社，1988.

[5] 童诗白，华成英. 模拟电子技术基础[M]. 北京：高等教育出版社，2001.

[6] 陈大钦. 模拟电子技术基础[M]. 北京：高等教育出版社，2000.

[7] 康华光. 电子技术基础(模拟部分)[M]. 北京：高等教育出版社，1999.

[8] 王毓银. 数字电路逻辑设计[M]. 北京：高等教育出版社，1999.

[9] 孙丽霞. 数字电子技术[M]. 北京：高等教育出版社，2004.

[10] 何如聪. 模拟电子技术[M]. 北京：机械工业出版社，2001.

[11] 王佩珠. 电路与模拟电子技术[M]. 南京：南京大学出版社，1994.

[12] 蔡明生. 电子设计[M]. 北京：高等教育出版社，2005.

[13] 何希才. 常用集成电路应用实例[M]. 北京：电子工业出版社，2007.

[14] 张树江，王成安. 模拟电子技术(基础篇)[M]. 2 版. 大连：大连理工大学出版社，2005.

# 参考文献

[1] （content illegible）2000.
[2] （content illegible）2000.
[3] （content illegible）1988.
[4] （content illegible）1988.
[5] （content illegible）2001.
[6] （content illegible）2001.
[7] （content illegible）1999.
[8] （content illegible）1999.
[9] （content illegible）2004.
[10] （content illegible）2001.
[11] （content illegible）1994.
[12] （content illegible）2005.
[13] （content illegible）2007.
[14] （content illegible）2005.